多模态情感分析：经典与量子

张亚洲　戎璐　靳晓嘉　丁漪杰　赵东明　著

西北工业大学出版社

西 安

【内容简介】 本书以多模态情感分析的发展历程、基本理论、经典方法、实际应用以及未来趋势为主线,系统、全面地介绍了这一研究领域的基础知识与最新进展。本书深入探讨了文本、图像、视频、音频等多种模态数据在情感分析中的融合与应用,包括情感分析从传统单模态到多模态的演进过程;重点分析了不同模态之间的相互作用与数据融合的核心方法,并引入了量子概率这一创新性理论,为情感分析提供了全新的视角与方法,进一步拓展了情感分析的理论深度和应用广度。

本书可供高等学校计算机科学与技术、人工智能、数据科学与大数据技术专业的硕士研究生使用,也可供高年级本科生以及相关领域的研究人员和技术人员阅读参考。

图书在版编目(CIP)数据

多模态情感分析 : 经典与量子 / 张亚洲等著.
西安 : 西北工业大学出版社,2024.11. — ISBN 978 - 7 -
5612 - 9620 - 2

Ⅰ. TP391

中国国家版本馆 CIP 数据核字第 2024XA4988 号

DUO MOTAI QINGGAN FENXI :JINGDIAN YU LIANGZI

多 模 态 情 感 分 析 : 经 典 与 量 子

张亚洲　戎璐　靳晓嘉　丁漪杰　赵东明　著

责任编辑:张　潼　成　瑶		策划编辑:倪瑞娜		
责任校对:杨　兰		装帧设计:高永斌　李　飞		
出版发行:西北工业大学出版社				
通信地址:西安市友谊西路 127 号		邮编:710072		
电　　话:(029)88491757,88493844				
网　　址:www.nwpup.com				
印　刷　者:西安五星印刷有限公司				
开　　本:787 mm×1 092 mm		1/16		
印　　张:16.5				
字　　数:412 千字				
版　　次:2024 年 11 月第 1 版		2024 年 11 月第 1 次印刷		
书　　号:ISBN 978 - 7 - 5612 - 9620 - 2				
定　　价:68.00 元				

如有印装问题请与出版社联系调换

前　　言

　　情感分析是随着互联网发展而产生的,早期主要用于分析网上销售商品的用户评语,以便判断用户对所购物品的满意度。后来随着社交媒体的快速发展,被评价的实体及其属性从单一的产品扩展到服务、个人、问题、主题和机构等,评价的结果也细化为观点、情感、情绪和态度等,评价的方式更是从单一的文本拓展为图片、视频和音频等,进一步出现了多模态情感与情绪分析。

　　随着社交网络的不断发展,不同于以往只通过文本媒体传递信息,越来越多的用户倾向使用多种媒体形式(如文本加上图像、文本加上歌曲、文本加上视频等)共同表达他们的态度与情感。传统的单一模态,例如文本仅仅依赖单词、短语和它们之间的语义关联,并不足以鉴别复杂的情感信息。而多模态在文本基础上,加入面部表情、语音和语气后,往往能够提供更为生动的描述,传达更加准确和丰富的情感信息,展现出文本可能隐藏的信息。分析多模态主观性文档的重要性已经被社会各行各业认识到,它可以帮助产品商改善产品,帮助用户做出决策,帮助政府了解民众的喜好,等等。因此,多模态情感分析不仅具有重要的理论意义,而且蕴含着巨大的社会价值。

　　得益于互联网和社交媒体的迅速发展,人们可以随时随地共享信息,而这些带有鲜明情感和情绪信息的数据的费用便宜,研究者容易获得,因此在多模态情感和情绪分析领域,研究者可使用各种适当的方法进行不同模态间数据的融合,其中很多研究者都取得了非凡的成就。

　　虽然目前没有一个完美算法能够彻底解决情感分析问题,但是在过去20年里,许多学者对情感分析进行了深入的研究,也研发出了一些能够应用于实际生活中的情感分析系统,随之产生了许多非常经典的算法。尤其是在多模态情感与情绪分析成为学者研究的一大主题之后,许多研究成果和实验中的研究经验值得每一位刚入门的研究者学习。因此本书在众多前人研究的基础上,从基础知识讲起,由浅入深,详细讲解情感分析领域的成果和进展,更加侧重于较新的多模态情感与情绪分析的介绍。

　　本书的组织结构具体如下:第1章对本书进行了概述,介绍情感分析的相关应用、情感分析的重要性和实用性以及人们对情感分析的需求度,由此可见情感分析是一个值得挑战的研究领域。第2章对情感分析出现的背景以及其更加精准的定义进行了完整的描述,并且对于一些与情感分析关联性较大的词汇、概念也进行了介绍，从本章中读者可以明白情感分析的本质和定义。第3章对情感分析的基础知识进行了简要介绍，如分类与回归、数据集和评价指标等。本章适合新入门的研究者认真研读学习，有一定机器学习和自然语言处理基础的读者可以快读或略读。第4章介绍了单模态情感分析，其中包括文本情感分析和图像/视觉情感分析。从本章可以看出单模态情感分析尤其是文本情感分析的研究已经非常成熟，虽然也面临一些挑战与困难，但总体来说相关研究成果丰硕。第5章着重介绍了多模态情感分析，从本章可以看出，虽然它的提出时间没有单模态情感分析的早，但是由于它具有很高的商业价值和更高的挑战，所以研究人员对它的研究热情高涨。第6章详细介绍了多模态表征，其中包括静态表征、动态表征和多模态对齐。本章的主要内容是如何以模型可以使用的格式表示原始多模态数据问题。第7章介绍了多模态交互，包括模态内交互、模态间交互和模态外交互。在进行多模态情感分析时，数据融合是非常重要的。第8章介绍了经典多模态情感分析方法，其中包括基于词典的方法、基于机器学习的方法和基于深度学习的方法。第9章介绍了量子概率方法，通过量子概率的相关理论，读者可以学到量子情感分析这一全新领域的知识。第10章对本书内容进行了总结，并讨论了情感分析这一领域未来可能的发展热点与方向。

在撰写本书的过程中，作者团队分工明确，以确保内容的连贯性和深度。张亚洲(天津大学)作为主要作者，负责了大部分章节的撰写工作，内容涵盖了情感分析的基础理论、多模态情感分析的研究进展及其前沿方法(第1~4章)。戎璐(天津大学)撰写了多模态情感分析、表征与交互部分(第5~7章)。靳晓嘉(中国移动通信集团天津有限公司)对经典多模态情感分析方法进行了详细的阐述(第8章)。丁漪杰(电子科技大学)撰写了量子概率方法(第9章)。赵东明(中国移动通信集团天津有限公司)与张亚洲共同探讨了情感分析领域未来的发展趋势(第10章)。希望通过这本书，能够为读者提供一个系统的、深入的情感分析研究框架。

在撰写本书过程中，笔者参阅了大量文献资料，在此向其作者表示感谢。

由于水平有限，书中难免存在不足之处，恳请广大读指正。

著　者

2024 年 5 月

目　　录

第1章 引 言

改革开放以来,我国的政治、经济、文化、科技等都在蓬勃发展,其中科技的飞速发展举世瞩目,主要的表现是互联网的飞速发展。互联网发展至今,它已经渗透到社会政治经济生活的各个方面,影响着人们的日常生活。伴随着互联网时代的到来,社交平台如同雨后春笋般迅速发展,打破了过去封闭堵塞的社交模式,为用户之间的开放性交往提供更为广阔的平台,也给人们的日常生活提供了便利。

现在,越来越多的人喜欢在社交平台(例如微博、微信、Facebook、YouTube 等)上分享自己的日常,发表自己的态度和评论,参与其他用户的互动聊天,还有许多人利用网络的便利在社交媒体上进行商业交易工作。国内社交媒体方面,新浪微博 2021 年第一季度财报显示,微博月活跃用户已达 5.3 亿,成为世界上拥有顶级网络流量的社交平台,同时其日活跃用户增至 2.3 亿,移动端占比 94%,每天视频播放量超过 1 000 万次。腾讯公司 2021 年第一季度财报显示,微信及 WeChat 合并月活跃账户达 12.41 亿,其在 2020 年衍生就业机会 3 684 万个,同比增长 24.4%,可见它已经成为新的流量枢纽中心。国外社交媒体方面,Facebook 月度活跃用户数量为 28.5 亿,约占世界 3/10 人口体量,日活跃用户数量平均值为 18.8 亿。YouTube 紧随其后,目前拥有超过 20 亿月活跃注册用户,而且 YouTube 的用户参与度很高,每分钟上传到平台的视频的总时长超过 500 小时,用户每天观看视频的总时长超过 10 亿小时。社交平台每天会涌现出上万 TB 级的数据内容,成为人们日常生活中获取信息的主要来源之一。这些信息不仅包含客观事实的报道,还携带了大量主观性情感的表达。挖掘并识别其中蕴含的情感信息对于社会科学、舆情分析、市场营销以及投资预测等各领域,具有举足轻重的意义。在此背景下,情感分析理论研究应运而生[1]。

情绪与情感是人对客观事物是否满足自己需要而产生的态度体验,是人们交流互动过程中传递给彼此的重要信息,它在日常生活中起着至关重要的作用。事实上,在许多成功的人际互动场景中,情商要比智商更加重要[3]。过去几十年里,人工智能领域的研究者们竭尽所能,试图赋予机器识别、解释以及表达情感情绪的认知能力,这些努力取得初步性和阶段性成效,有效推动了情感分析领域诞生与发展。

情感分析(Sentiment Analysis),又名意见挖掘(Opinion Mining)、主观性分析(Subjectivity Analysis),通常是指利用自然语言处理技术(Natural Language Processing)、统计学(Statistics)知识和机器学习(Machine Learning)技术去研究、分析和识别主观性文档所蕴含的情感极性[2]。一般而言,情感分析旨在确定说话者、作者或其他主体对象对某个主题、文档或事件的观点态度,可以是判断或评价、情感状态(说话者或作者的情绪状态)或情感交流(说话者或作者想要传达的情感效果)。在 1990 年,Wiebe[4] 就发表文章研究在小说中某一句话是否代表了书中角色的观点。1997 年，Hatzivassiloglou 和 McKeown[5] 发表论文，他们从大量语料库中识别和验证了形容词的正面或负面语义，使用对数线性回归模型，并实现了对该语料库中出现的形容词分类精度超过 90% 的准确度，从此掀起了文本情感分析的浪潮。情感分析这一术语最早在 2003 年由 Nasukawa 和 Yi[6] 提出，同年 Dave 等人[7] 在文章中提出意见挖掘这一词。由于情感分析在意见挖掘、意见提取、情感挖掘、主观性分析、观点分析、情绪分析、倾向性分析和评论挖掘等方面都有重要的作用，并且在发展过程中出现了许多具有挑战性的研究问题，所以引起了学术界和工业界的共同关注。

根据粒度等级不同，情感分析可以细分为词语级、特征级、语句级、篇章级以及会话级。其中词语级和特征级情感分析属于基础任务，主要是评价单词或特征的情感极性，例如 Senti Word Net[8]。语句级与篇章级情感分析是判断该语句/文档是主观还是客观，如果是主观，那么对其情感倾向进行进一步判断，并从中提取与情感倾向性论述相关的各个要素，如评价对象、情感特征等。会话级情感分析旨在通过分析聊天会话中的话语内容，确定每位谈话者在交互过程中的情感极性和情感演化趋势。本章 1.2 节将会对此给出更加规范和细致的定义。目前，情感极性的判断类别主要流行两种：一种是倾向性分类，即积极（positive）、中性（neutral）与消极（negative）；另一种是细粒度的情绪分类，即快乐、悲伤、恐惧、惊讶、愤怒和嫉妒等。

随着微信、微博、Twitter（现改名为 X）、Facebook 等社交软件以及电商平台的进一步发展，人们在这些平台上产生了大量带有情感倾向的内容，而这些内容的表达形式也更加丰富，如人们通过图片、视频或者音频表达自己的情感和情绪。如何分析多模态数据中的情感，是当前情感分析领域面临的机遇和挑战。一方面，以往情感分析聚焦于单个模态，如文本情感分析着眼于分析、挖掘和推理文本中蕴含的情感，图像情感分析则侧重于图像中所含有的情感。而多模态情感分析则需要对多个模态的数据进行处理和分析，难度和工作量都加大了。另一方面，传统的单一模态，例如文本仅仅依赖单词、短语和它们之间的语义关联并不足以鉴别复杂的情感信息，而多模态在文本基础上，加入面部表情、语音语气后，往往能够提供更为生动的描述，传达更加准确和丰富的情感信息，展现出文本可能隐藏的信息[9]。例如"你真的非常大气！"如果只从文本来看，人们认为可能是夸赞别人大气，而如果其附加白眼的图片，可能就是讽刺。虽然多模态情感与情绪分析具有很大的复杂性和挑战性，但是这也引起了研究人员的高度重视，因为不同模态信息相互补充，可以帮助机器更好地理解情感。从人机交互角度出发，多模态情感与情绪分析可以使机器在更加自然的情况下与人进行交互。机器可以基于图像中人的面部表情、声音中的语气音调，以及识别出的自然语言来理解用户情感，进而进行反馈。

多模态情感分析发展时间相对短，总体仍处于快速发展阶段，该领域内还存在一些科学问题尚未彻底解决，例如多模态信息融合机制的建立、上下文交互特性、如何建立不同模态数据之间关联的研究等。众多学者对于这些问题也进行了细致的讨论和研究。本书将梳理、概述迄今为止多模态情感与情绪分析的研究进展与经典的研究方法。

在以人为中心的环境中，情感分析在社会政治、经济中都有着巨大的研究价值，可见虽然情感分析起源于计算机科学领域，但是在商界乃至政界都有着极其重要的作用。管理学、心理学、社会科学和认知科学等领域的学者也逐渐开始了情感分析的研究。随着研究的深入，情感分析的重要性也越发凸显。从普通大众的观点问题、企业的决策依据，乃至社会上的舆论走向，到政治学、经济学、管理学等学科的发展，情感分析都褶褶生辉。本书从基础定义开始讲起，按照情感分析的发展脉络、研究进展和研究方法，兼顾单模态情感分析和多模态情感分析，以多模态情感分析问题为重点，由浅入深，对情感分析这一领域进行系统细致的介绍。

1.1　情感分析的应用

情感分析的萌芽源于 20 世纪 90 年代国外研究者对文本中隐喻、叙述、观点及实据的解释性工作[10-12]。研究者真正认识到情感分析及意见挖掘引发的研究问题及机遇始于 2001 年 Das 和 Chen 对市场趋势分析的工作[13]。之后的几年里，随着互联网的发展、机器学习在自然语言处理的流行、大规模数据集的出现及人工智能的浪潮，国外研究者们对情感分析爆发出极大的热情，发表了一系列相关研究工作[14-18]。国内方面，从 2003 年开始，北京大学计算语言学研究所、复旦大学、上海交通大学、中国科学院自动化研究所以及哈尔滨工业大学信息检索研究所作为国内情感分析的先锋，纷纷展开对中文情感分析的研究，包括中文词语的情感评价、中文情感词典的构建、中文语句情感倾向性的判断等[19-23]。这些国内外的学术成果推动了文本情感分析的成型，使得文本情感分析成为自然语言处理领域的一个热门研究方向，每年都会有许多研究者投身其中，从事这方面的研究工作。此外，随着学术界将对情感分析任务的研究成果逐渐应用到实际生活中，人类社会的政治、文化、经济、法律政策、生活等都发生了巨大的变化。

在政治方面，情感分析任务可以帮助人们实现真正的民主。互联网为社情民意的表达提供了平台，体现网民意愿、评论和态度的网络舆情渐渐受到关注。网络舆情即对社会热门问题持有不同看法的网络舆论，是社会舆论的一种表现形式，也是公众通过互联网对现实生活中的某些热点、焦点问题发表的具有较强影响力、倾向性的言论和观点[24]。在国内，广大群众可以通过微博、微信等社交媒体发表对政府的看法，针对政府制定的任何一个政策都可以提出意见和建议，还可以对个别政府官员的违法违纪行为进行揭露和曝光。同样政府也可以通过网络舆情分析得到的群众的情绪变化和情感倾向来判断问题所在，从而采取进一步措施。例如如果有意图不轨者蓄意煽风点火，政府可以及时制止。对于广大群众提出的新颖的、对国家和人民有利的意见，政府可以斟酌采纳或者给出不予采纳的理由，共创风清气正的政治生态。在国外，通过舆情分析和情感分析，政党可以根据民众的意见采取行动，吸引更多的选票。这样不仅可以提高政党解决问题的效率，还可以选出为民众办实事的政党。可见民众通过社交媒体发表的意见，可以直接或间接的影响到国家政府的政策和行动。

在文化方面，通过情感分析技术可以分析出以往的阅读者或观看者对图书和影视等文化传媒的褒贬意见，用户可以快速浏览正反两方面的评论意见。如果情感分析能够实现书评、影评等资源的自动分类，就可以减少人们阅读图书或观看影视的盲目性。随着大量图书和电影的出现，同一类别的图书或电影数不胜数，人们常常不知道哪个是最适合自己阅读或观看的，而情感分析技术可以通过其他受众对图书或电影的评价和推荐指数为另外一些人提供阅读和观影推荐。这是一种推广文化,是提高民众阅读率的方式。而对于某个特定领域,会有许多这个领域内特有的特征词和评价情感词,怎么获取它们成为特定领域情感分析的关键。例如,Turney[25]提到情感词"unpredictable",它如果出现在电影领域的评论中,则可能想说这部电影情节跌宕起伏不容易猜到结局,是褒义的;而当它出现在汽车领域的评论中,则可能是贬义的,如果汽车任何一项功能不可预测,那么这辆汽车是不安全的。因此,在针对特定领域进行情感分析时,要充分考虑领域的依赖性。

在经济方面,情感分析可以创造巨大的商业价值。①情感分析可以帮助公司快速地对自己的产品进行优化。公司通过监控社交媒体中用户对某产品、服务和业务等的意见,借助情感分析软件,分析社交平台上的个人情绪和整体公众情绪倾向,快速优化自己的产品来响应负面或正面评论。②情感分析可以帮助公司优先处理客户的紧急问题。由于客户请求数量众多、请求问题多样,公司无法对紧迫性高的请求及时响应。因此通过情感分析读取常规人类语言的含义、情感、语气等,公司能快速地了解客户的要求,进而根据要求的紧迫性而进行优先级排序。③情感分析可以帮助公司进行品牌监控和声誉管理,品牌管理和产品推广是商业中最受欢迎的情感分析应用场景。负面评价会在网上滚雪球,放任不管的时间越长,情况就会越糟糕。利用情感分析,公司可以及时收到品牌负面消息的通知,还可以随时跟踪本公司的品牌形象和声誉。公司可以收集在新闻报道、博客、论坛和其他社交媒体里面有关本品牌的信息,然后将这些数据转换为可用的信息和统计数据。但是需要注意的是,负面评价并不总是坏事,谷歌的零售业咨询总监 John McAteer 说过:"没有人会相信所有的正面评价。"在没有差评的时候,购买者会认为好评都是刻意制造的。④情感分析可以帮助公司提升员工的核心竞争力。通过情感分析相关软件分析员工反馈的情感情绪信息,公司高层可以了解如何提升员工的工作积极性、减少核心人员流失。⑤情感分析可以帮助公司提升市场竞争力。公司使用情感分析进行市场和竞争对手研究,可以认识到自己与竞争对手产品的优劣对比,进而对自己的产品做出适当的调整。通过情感分析,公司还可以分析竞争对手与他们的客户交谈时的积极语言,进而学习借鉴与客户交流的方法技巧,提升本公司服务方面的语言能力。

在法律政策方面,情感分析任务可以帮助解决涉及复杂文本文档的法规遵从性问题以及与群众关联性较大的政策决策问题。在法律方面,医疗保健、制药和金融服务公司面临着沉重的监管合规负担。传统的数据分析技术无法处理监管、法律和医疗文件,因为它们缺乏关键的支持技术来解析这些文件的结构和内容,所以可能会遗漏有价值的数据或忽略合规专业人员所依赖的重要背景。而情感分析工具可以识别、提取和理解这些数据,因此有些公司使用情感分析来构建半定制应用程序,为客户解决特定的合规挑战。在政策方面,各级政府可以对即将推出的政策进行民意调查。通过情感分析相关软件分析人民群众对新政策的观点和看法,各级政府决策者能够及时对新政策进行调整。对于已经发布的政策,政府人员也可以通过人民群众的观点反馈,对其进行后续的修订和调整,使这些政策能够适应整个政治、经济和社会的发展需要。

在社会生活方面,情感分析的影响更加具体。就社会整体而言,人民群众使用社交媒体软件随时随地发表自己的观点、看法,可以揭露犯罪诈骗、黄赌毒、非法交易等很多社会问题。利用情感分析相关软件,国家政府可以准确定位哪些地区有民主、法治、公平、正义等发展不平衡不充分的问题,这有利于后续对这些问题的解决。在生活问题决策方面,人们通过微博、微信、知乎、博客等社交媒体发布的一些对产品、服务和体验等的观点和经验,会对他人的决策有很大的影响。现在随着抖音、快手、火山等短视频软件的蓬勃发展,很多博主通过测评化妆品、衣服、日用品等快速走红,原因是他们对于自己测评实体的看法与经验具有特别真实强烈的视觉冲击力,许多用户愿意相信那些博主的观点与看法,跟随着他们一起买产品,这种购买方式往往是更加明智、更加知情的。在一个社交网络中,这种个人观点也已经被证明比付费广告对用户的影响更大[26]。Zhang 等人的研究[27]也表明,情感对用户行为和喜好的决定有着非常重要的作用,在信息推荐过程中充分考虑用户的情感倾向可以更好地适应用户的个性化需求,以便更好地实现个性化推荐服务。

除此之外,情感分析在金融预测、选情预测等预测方面也发挥着重要的作用。在金融预测方面,Devitt 等人[28]发现对金融文本的情感极性进行分析,在一定程度上可以预测股票价格、市场交易和公司收益波动性的未来走势。美国印第安纳大学和英国曼彻斯特大学的研究者[29]证明了 Twitter 可以从一定程度上预测 3～4 天后的股市变化。在选情预测方面,Tumasjan 等人[30]在美国大选期间通过分析 Twitter 上民众对各竞选团队的评价和意见,从而制定了针对摇摆州(指在美国大选中竞争双方势均力敌,没有明显优势的州)的特定宣传政策,这提高了己方的民意支持率。之后,Kim 等人[31]通过对网络新闻的分析以 81.68% 的准确率成功预测出美国大选花落谁家。而在 2011 年意大利议会选举和 2012 年法国总统大选过程中,Ceron 等人[32]通过情感分析计算出 Twitter 中民众对政治领导候选人的支持率。

1.2 情感分析的研究粒度

根据情感分析研究粒度等级不同,情感分析可以细分为词语级、特征级、语句级、篇章级、方面级以及会话级。本节笔者将详细地介绍语句级、篇章级、方面级和会话级,它们的任务都是在词语级和特征级的基础上展开的。

1.2.1 语句级情感分析

语句级情感分析,也称句子级情感分析,是指以句子为单位进行研究,判断一个句子所表达的情感是正倾向、负倾向还是中立态度。正倾向表达的是积极的、喜悦的、高兴的情感。负倾向表达的是让人沮丧的、消极的、郁闷的情感。中立态度表示句子中没有表达任何情感态度,这些句子重在客观叙述某个事实或者现象。语句级情感分析和主客观分类任务十分相关[33]。句子的主客观判别是区分一个句子表达的是主观性信息(主观句)还是陈述的真实性信息(客观句)。但是主观句不代表这个句子就是包含情感和观点的句子(例如,"我认为这家餐馆休息日也会正常营业。"),也不是只有主观句才表达观点或者看法,客观句里有时也隐藏着情感(例如,"我上个星期买的电脑死机了好几次。")。

语句级情感分析的研究方法主要有 3 种:基于词典的方法、基于规则的方法和机器学习方法。①基于词典的方法是利用表示情感倾向的各类词典，为一个句子中所有含有情感倾向的单词打分，然后对它们总体的得分进行加权作为这个句子的得分，根据得分的正负来判断这个句子的情感倾向。国内典型的词典是由董振东和董强建立的知网（HowNet），它包含中英双语，以概念为主来描述对象，由此来揭示概念与概念自身属性的关系。国外的词典是由心理学教授乔治建立和维护的 WordNet，它根据词条的意义将其分组，把具有相同意义的词条组称为一个同义词的集合。②基于规则的方法是在词典的基础上多考虑了句子的结构特点和词汇的依存关系，通过语言学的知识来判断句子的语法结构。而词汇由于词性会在这个语法结构中的不同位置上，进而合并成一句完整的话。基于规则的方法充分考虑到词汇之间的逻辑依存关系和句子元素之间的联系，通过建立语义模式库，根据规则，以打分的方式来判断句子的情感倾向。③机器学习的方法则把情感分析的任务当成一个二元分类的任务来解决，对于分类等知识，本书将在 3.2 节进行详细的解释。通过一些处理步骤来提取句子里的情感特征信息，比如情感词的数量频率、词汇之间的位置关系等，然后利用训练好的情感分类器进行分类，进而判断出句子的情感属性。

1.2.2　篇章级情感分析

篇章级情感分析是判别整篇文档表达了褒义倾向还是贬义倾向[34-35]。这一任务也称为篇章级情感分类。例如某篇产品评论的文档，系统将这篇文档看作一个整体，判别出总体上这篇文档对于这个产品的情感倾向是积极的还是消极的。但是文档中可能涉及多个实体或者属性，对于这些实体或者属性的情感倾向系统并没有涉及，因此篇章级情感分析非常粗糙。尽管它在情感分析领域被广泛研究，但是其在实际应用中有很大的局限性。

篇章级情感分析是最简单的情感分析任务，因为它将目标文档看成一个整体，将这一任务当成传统的文本分类问题，只是类别变成了情感倾向而已。由于篇章级情感分析的特点，研究人员只能研究一些特殊的文档：整篇文档只有一个观点持有者，并且只对一个实体进行评价。学术界对篇章级情感分析的研究比较深入，研究人员提出了不同的方法来解决这一问题，包括在句子级情感分析里提到的基于机器学习和情感词典的方法、自定义打分函数方法（属于基于监督学习的方法。例如，Dave 等人[37]在 2003 年提出的打分函数，即通过特定的函数对每个单词打分，然后再将每个单词的情感倾向加起来作为整篇文档的情感倾向）、使用语法模板和网页搜索方法（属于基于无监督学习的方法。例如，Turney[25]在 2002 年将每一个句法模板看作一个带约束的词性标签序列，根据所给的词性标记的模板抽取两个连续的词，通过短语与正面情感词和负面情感词的关联度来计算出它的情感倾向。词语的概率值通过搜索引擎来估计，最后计算所有短语的情感倾向，来判别这个文档的情感倾向），还有人工标注的方法（例如，Tsou[37]对公众人物的评论文档进行了人工标注，即人工识别评论文档中有情感倾向的词语，手动标注词语的情感极性）。

1.2.3　方面级情感分析

方面级情感分析（Aspect Based Sentiment Analysis）由 Thet 等人[38]在 2010 年明确提

出，他们定义评论对象"方面"为实体的属性或实体的组成部分。方面级情感分析更加细致地关注文本评论的各个评价对象方面以及对各个对象的情感。无论是语句级还是篇章级情感分析，都有一定的局限性。对于篇章级的局限性，前面有所提及，它是在只有一个评论者对一个实体对象进行评价的基础上来分析情感极性的。而语句级情感分析也有局限性，即如果认为某个句子有积极的情感倾向，则认为观点持有者对该句子中提到的所有的对象都有着积极的观点。这显然是不符合实际情况的。例如"华为在混乱的科技行业中表现得很好"，无法说这句话是积极的情感极性还是消极的情感极性，因为这句话里既包含着对华为公司的赞美，又包含着对科技行业的贬义情感。所以语句级和篇章级情感分析都不能反映人们对意见目标细粒度的情感倾向。但是在方面级情感分析任务里，研究人员会重视对评论对象的抽取与分析。例如"虽然这家餐馆服务态度不好，但是它家的菜很好吃"，在这句话中，有"服务态度"和"餐馆的菜"这两个评论对象，分别对其进行情感分析，判别出作者对"服务态度"是贬义的情感，对"餐馆的菜"是褒义的情感。这在推荐系统、问答系统等实际应用中有重要的作用，而且评价对象通常是一个实体（餐馆）或者该实体的属性（服务态度）。还有一点需要说明，并不是所有的实际应用都需要知道情感分析系统挖掘的所有相关实体属性的观点信息，因为对于有些情况，用户只关注实体上的观点信息。

对于方面级情感分析任务，一方面，它需要抽取文本中的评论对象信息，而评论对象方面在文本中可能是显示地出现也可能是隐式地包含在文本语义中。由于对象方面的数量和出现的形式都是不确定的，所以方面级情感分析任务不仅要能够对显式的语言表达结构进行分析，还要能够对隐式的语义表达进行深层理解。另一方面，方面级情感分析要判断对每一个评论对象的情感极性，这就需要为每个评论对象确定对其表达情感的上下文范围。关于方面级情感分析的研究方法，也有基于无监督学习、半监督学习和有监督学习的分类方法。目前，多数研究针对方面术语抽取、方面类别检测、方面术语情感分类和方面极性情感分类四个子任务之一进行技术研究，极少量研究构建了多个子任务的联合模型来同时研究多个任务。

1.2.4　会话级情感分析

会话级情感分析属于多模态情感分析领域。它旨在挖掘聊天、会话中每位谈话者的情感状态以及他们的情感演变趋势。会话级情感分析在各种呼叫中心、人机交互系统等领域有着广阔的应用前景。例如，在呼叫中心中，通过分析客服对话中会话人的情感演化趋势，工作人员可以发现客户对服务员是否有不满情绪，客服的工作态度是否端正等问题，这样可以及时解决隐患问题。针对会话级情感分析，开始的方法是对一段会话提取一系列的声学特征，然后通过这些声学特征来训练分类器。后来随着研究的深入，研究人员使用自动语音识别（ASR）技术将语音转化为文本，然后通过提取的文本特征与声学特征一起进行情感与情绪分析。但是多模态会话情感分析涉及更加复杂的交互动力学，不仅包含了词项和数据之间的交互、多模态交互，还考虑到了谈话者话语之间的交互影响。虽然多模态会话情感分析课题中交互问题很复杂，但是很多学者勇于尝试，取得了很多意义匪浅的成果。

新加坡国立大学的 Hazarika 团队[39]提出了一个面向会话情感识别的深度会话记忆网络，通过注意力机制从历史会话记录中捕捉上下文依赖，该工作被北美自然语言处理顶级会议（NAACL）接收。他们团队的 Poria 等人[40]基于长短期记忆网络分别设计了上下文式双向长短期记忆网络（LSTM）以及层次式双向 LSTM 模型，该模型首先从每条话语的周围话语（语境）中提取该话语的上下文特征，然后通过 LSTM 模型识别该话语的情感，该工作发表于自然语言处理顶级会议计算语言学年会（ACL）上。他们团队的 Majumder 等人[41]描述了一个 DialogueRNN 模型，该网络能够追溯聊天中每位谈话者的情感状态，并将该状态信息记录保存，作为历史信息用于识别后面话语的情感。该工作已经被 2019 年人工智能顶级会议（AAAI）接收。鉴于目前研究界非常缺乏高质量的多模态会话情感数据集，他们团队从美国情景喜剧《老友记》中收集并开源了一个多模态多人对话情感数据集 MELD[42]。此外，国内苏州大学张栋等人[43]首次将图卷积神经网络应用于多模态会话情感分析，用于对谈话者话语上下文之间的依赖建模。天津大学张亚洲等人[44]在 2019 年国际人工智能联合会议（IJCAI）上借助深度学习与量子理论的数学框架，提出了一个面向文本会话情感分析的量子启发的交互网络模型，取得了非常优秀的研究结果。2020 年，他们在以往研究成果的基础上进行了更加细致的研究，具体是描述出对话过程中每个说话者的情感演变以及在对话结束时，每个说话者的情感极性。他们还在自己创建的 ScenarioSA 数据集上[45]评估了几种典型的情感分析算法，这推动了情感分析模型的进一步发展，此成果由 IEEE 期刊收录。

1.3　情感分析在自然语言处理中的地位

自然语言处理（Natural Language Processing，NLP）是指用计算机来理解、处理以及运用人类的自然语言（包括中文与英文）。它属于人工智能的一个分支，是计算机科学与语言学的交叉学科，常被称为计算语言学。自然语言处理在人们的日常生活中有着令人无法想象的影响力，例如机器翻译、机器写作、信息检索、信息抽取、文本挖掘、问答系统、文档分类、定向广告、语音识别、舆情分析、自动文摘和信息过滤等。这些与每个人的生活息息相关。

情感分析是自然语言处理领域的一个核心研究课题，旨在从给定的自然语言文本中发现所隐含的多种主观信息，它在词汇语义、文本挖掘、信息抽取、舆情分析等自然语言处理任务中有着重要的作用。而且随着互联网和社交媒体的发展，情感分析任务不仅仅局限于文本中所隐含的情感信息，视频、图像和音频中所表达的情感倾向逐步成为研究者重点研究的方向，多模态情感分析应运而生。而多模态情感分析和情感识别在对话理解和意图分析中具有巨大的潜力，是自然语言处理中的一个活跃任务[46-47]。它的出现使得情感分析不仅仅是自然语言处理领域中的一个子领域，而且推动了自然语言处理更深一步的研究。具体表现在，最初研究人员利用自然语言处理的方法解决情感分析的问题，但是由于情感分析问题具有特殊性,即它需要研究情感倾向以及具体对哪个评价对象的情感倾向,所以直接使用通用的自然语言处理方法不能完成这个任务。随着研究的深入,研究人员提出了许多解决情感分析问题的模型,做了很多与各个实际领域密切相关的前沿工作,这不仅推动了各个实际领域的进一步发展,更为自然语言处理提供了许多全新的视角。

情感分析极高的商业和社会价值使得学术界和工业界对它的研究非常重视,针对自然语言处理方向比较重要的国际顶级会议有计算语言学年会(ACL)、国际计算机学会信息检索大会(SIGIR)、国际人工智能联合会议(IJCAI),国内主流会议如自然语言处理及中文计算会议(NLPCC)等都增加了情感分析这一研究方向。许多学者对它进行了深入的研究,有关情感分析领域的论文层出不穷,这为情感分析问题的解决提供了不同的思路。在后面的章节中,笔者会介绍情感分析研究者在这方面的研究成果,包括单模态情感分析任务和多模态情感分析任务的提出、发展、研究方法、研究成果和存在的挑战与困难。许多研究者都是研究自然语言处理的其他领域,他们并没有改变研究方向,只是将原来处理的语料更换成包含情感倾向的信息相关语料,他们有其他领域的方法和思维,这为情感分析这一领域的研究提供了许多新颖的想法。截至目前,对于情感分析的研究仍在继续,相信在研究人员的共同努力下,人们最终能够找到完美解决情感分析这一任务的终极算法。

1.4 本书内容安排

在本书中,笔者对情感分析任务尤其是最近几年发展迅速的多模态情感分析任务进行了探索与讨论。在 1.1 节笔者对情感分析任务的应用进行了详细的描述,充分说明了情感分析的重要性。学术界对情感分析的研究比较深入,从解决单模态情感分析问题到解决多模态情感分析问题的过程中,许多学者进行了详细的研究和激烈的讨论。

针对单模态情感分析问题(包括文本情感分析问题和图像情感分析问题),研究人员提出了不同领域、不同语言的数据集和方法模型,这推动了单模态情感分析的更深层次的研究和多模态情感分析问题的提出与解决。多模态情感分析问题比模态情感分析问题要复杂的多,同时它有着更广泛的实际应用,因此最近几年来对它的研究成为情感分析这一领域重点。在本书中,笔者首先介绍解决多模态情感分析问题的两个比较重要的任务,即多模态表征问题和多模态交互问题。多模态表征问题即如何以计算模型可以使用的格式表示原始多模态数据问题,它包括静态表征、动态表征和多模态对齐。多模态交互问题包括模态内(词项)交互、模态间(决策)交互以及模态外(话语上下文)交互。随后笔者才开始介绍解决多模态情感分析问题的方法。

笔者充分考虑到刚入门的情感分析研究者,因此在具体介绍单模态情感分析问题和多模态情感分析问题之前,笔者设置了基础知识介绍(第 3 章)。在这章的基础上,笔者希望读者能够明白本书所介绍的内容。当然,要将情感分析这一领域的所有主要思想和技术都进行详细的介绍是不太现实,笔者只能将截至目前比较著名的方法进行简要的介绍,希望各位读者在情感分析后续发展中可以加以补充。

参 考 文 献

[1] PORIA S, HUSSAIN A, CAMBRIA E. Multimodal sentiment analysis[M]. Cham:Springer International Publishing, 2018.

[2] PANG B, LEE L. Opinion mining and sentiment analysis[J]. Foundations and Trends in Information Retrieval, 2008, 2(1/2): 1 - 135.

[3] PICARD R W. Affective computing: challenges[J]. International Journal of Human-Computer Studies, 2003, 59(1 - 2): 55 - 64.

[4] WIEBE J M. Identifying subjective characters in narrative[C]//Proceedings of the 13th Conference on Computational Linguistics. Helsinki: Association for Computational Linguistics, 1990.

[5] HATZIVASSILOGLOU V, MCKEOWN K R. Predicting the semantic orientation of adjectives[C]//Proceedings of the 35th annual meeting on Association for Computational Linguistics. Madrid: Association for Computational Linguistics, 1997: 174 - 181.

[6] NASUKAWA T, YI J. Sentiment analysis: capturing favorability using natural language processing[C]//Proceedings of the International Conference on Knowledge capture , K - CAP 2003. Sanibel : ACM, 2003: 70 - 77.

[7] DAVE K, LAWRENCE S, PENNOCK D M. Mining the peanut gallery: opinion extraction and semantic classification of product reviews[C]//Proceedings of the 12th International Conference on World Wide Web. Budapest:ACM, 2003: 519 - 528.

[8] BACCIANELLA S, ESULI A, SEBASTIANI F. SentiWordNet 3. 0: an enhanced lexical resource for sentiment analysis and opinion mining[C]// Proceedings of the 7th International Conference on Language Resources and Evaluation . Valletta:European Language Resources Association ,2010:2200 - 2204.

[9] PORIA S, CAMBRIA E, HOWARD N, et al. Fusing audio, visual and textual clues for sentiment analysis from multimodal content[J]. Neurocomputing, 2016, 174: 50 - 59.

[10] HEARST M A. Direction-based text interpretation as an information access refinement[J]. Text based intelligent systems: current research and practice in information extraction and retrieval, 1992: 257 - 274.

[11] HUETTNER A, SUBASIC P. Fuzzy typing for document management [J]. ACL 2000 Companion Volume: Tutorial Abstracts and Demonstration Notes, 2000:

26 - 27.

[12] SACK W. On the computation of point of view [C]//Proceedings of 12th National Conference on Artificial Intelligence. Seattle：AAAI, 1994：1488 - 1488.

[13] DAS S, CHEN M. Yahoo! for Amazon：extracting market sentiment from stock message boards[J]. Management Science, 2007, 53(9)：1375 - 1388.

[14] CARDIE C, WIEBE J, WILSON T, et al. Combining low-level and summary representations of opinions for multi-perspective question answering [C]//Symposium on New Directions in Question Answering. Menlo Park：AAAI Press, 2003：20 - 27.

[15] WANKHADE M, RAO AC, KULKARNI C. A survey on sentiment analysis methods, applications, and challenges [J]. Artificial Intelligence Review, 2022, 55 (7)：5731 - 5780.

[16] DINI L, MAZZINI G. Opinion classification through information extraction[J]. WIT Transactions on Information and Communication Technologies, 2002(28)：157 - 166.

[17] LIU H, LIEBERMAN H, SELKER T. A model of textual affect sensing using real-world knowledge[C]//Proceedings of the 8th international conference on Intelligent user interfaces - IUI '03. Miami：ACM, 2003：125 - 132.

[18] GÉNÉREUX M, POIBEAU T, KOPPEL M. Sentiment analysis using automatically labelled financial news items[M]. Dordrecht：Springer Netherlands, 2011.

[19] 王治敏, 朱学锋, 俞士汶. 基于现代汉语语法信息词典的词语情感评价研究 [J]. 中文计算语言学期刊, 2005, 10 (4)：581 - 591.

[20] 李建华, 刘功申, 林祥. 情感倾向性分析及应用研究综述[J]. 信息安全学报, 2017, 2(2)：48 - 62.

[21] 姚天昉, 聂青阳, 李建超. 一个用于汉语汽车评论的意见挖掘系统[C]//中文信息处理前沿进展：中国中文信息学会二十五周年学术会议论文集. 北京：清华大学出版社, 2006：260 - 281.

[22] 谢丽星, 周明, 孙茂松. 基于层次结构的多策略中文微博情感分析和特征抽取[J]. 中文信息学报, 2012, 26(1)：73 - 83.

[23] 赵力, 钱向民, 邹采荣, 等. 语音信号中的情感识别研究[J]. 软件学报, 2001, 12 (7)：1050 - 1054.

[24] HAO Y, ZHENG Q, CHEN Y, et al. Recognition of abnormal behavior based on data of public opinion on the Web[J]. Computer Research & Development, 2016, 53(1)：1 - 12.

[25] TURNEY P D. Thumbs up or thumbs down? semantic orientation applied to unsupervised classification of reviews[C]//Proceedings of the Association for Computa-

tional Linguistics. Philadelphia: Association for Computational Linguistics，2002：417 - 424.

[26] BUGHIN J，DOOGAN J，VETVIK O J. A new way to measure word-of-mouth marketing[J]. McKinsey Quarterly,2010,(2):113 - 116.

[27] ZHANG Y F，LAI G K，ZHANG M，et al. Explicit factor models for explainable recommendation based on phrase-level sentiment analysis[C]//Proceedings of the 37th International ACM SIGIR Conference on Research & Development in Information Retrieval. Gold Coast: ACM，2014：83 - 92.

[28] DEVITT A，AHMAD K. Sentiment polarity identification in financial news: A cohesion-based approach[C]//Proceedings of the 45th Annual Meeting of the Association of Computational Linguistics. Prague: Association for Computational Linguistics，2007：984 - 991.

[29] BOLLEN J，MAO H N，ZENG X J. Twitter mood predicts the stock market[J]. Journal of computational science，2011，2(1)：1 - 8.

[30] TUMASJAN A，SPRENGER T，SANDNER P，et al. Predicting elections with Twitter: What 140 characters reveal about political sentiment[C]//Proceedings of the International AAAI Conference on Web and Social Media. Washington，DC: AAAI Press，2010，4(1)：178 - 185.

[31] KIM S M，HOVY E. Crystal: Analyzing predictive opinions on the Web[C]//Proceedings of the 2007 Joint Conference on Empirical Methods in Natural Language Processing and Computational Natural Language Learning (EMNLP-CoNLL). Prague: Association for Computational Linguistics，2007：1056 - 1064.

[32] CERON A，CURINI L，IACUS S M，et al. Every tweet counts? how sentiment analysis of social media can improve our knowledge of citizens' political preferences with an application to Italy and France[J]. New Media & Society，2014，16(2)：340 - 358.

[33] WIEBE J M，BRUCE R F，O'HARA T P. Development and use of a gold-standard data set for subjectivity classifications[C]//Proceedings of the Association for Computational Linguistics (ACL - 1999). Park: Association for Computational Linguistics，1999：246 - 253.

[34] PANG B，LEE L，VAITHYANATHAN S. Thumbs up? : sentiment classification using machine learning techniques[C]//Proceedings of the Conference on Empirical Methods in Natural Language Processing. Philadelphia: Association for Computational Linguistics，2002：79 - 86.

[35] ZHANG W，LI X，DENG Y，et al. A survey on aspect-based sentiment analysis:

tasks, methods, and challenges[J]. IEEE Transactions on Knowledge and Data Engineering. 2022, 35(11):11019 – 38.

[36] YUE L, CHEN W, LI X, et al. A survey of sentiment analysis in social media[J]. Knowledge and Information Systems, 2019, 60:617 – 663.

[37] TSOU B, YUEN R, KWONG O, et al. Polarity classification of celebrity coverage in the Chinese press[C]//Proceedings of the International Conference on Intelligence Analysis. McLean: International Conference on Intelligence Analysis, 2005: 1 – 10.

[38] THET T T, NA J C, KHOO C S G. Aspect-based sentiment analysis of movie reviews on discussion boards[J]. Journal of Information Science, 2010, 36 (6): 823 – 848.

[39] HAZARIKA D, PORIA S, ZADEH A, et al. Conversational memory network for emotion recognition in dyadic dialogue videos[C]//Proceedings of the 2018 Conference of the North American Chapter of the Association for Computational Linguistics: Human Language Technologies, New Orleans: ACL, 2018: 2122 – 2132.

[40] PORIA S, CAMBRIA E, HAZARIKA D, et al. Context-dependent sentiment analysis in user-generated videos[C]//Proceedings of the 55th Annual Meeting of the Association forComputational Linguistics. Vancouver: ACL, 2017: 873 – 883.

[41] MAJUMDER N, PORIA S, HAZARIKA D, et al. DialogueRNN: an attentive RNN for emotion detection in conversations[J]. Proc AAAI Conf Artif Intell, 2019, 33(1): 6818 – 6825.

[42] PORIA S, HAZARIKA D, MAJUMDER N, et al. MELD: a multimodal multiparty dataset for emotion recognition in conversations [C]//Proceedings of 57th Annual Meeting of the Association for Computational Linguistics. Florence: ACL, 2019:527 – 536.

[43] ZHANG D, WU L Q, SUN C L, et al. Modeling both context-and speaker-sensitive dependence for emotion detection in multi-speaker conversations[C]//Proceedings of the 28th International Joint Conference on Artificial Intelligence. Macao:IJCAI, 2019:5415 – 5421.

[44] ZHANG Y Z, LI Q C, SONG D W, et al. Quantum-inspired interactive networks for conversational sentiment analysis[C]//Proceedings of the 28th International Joint Conference on Artificial Intelligence. Macao: IJCAI, 2019:5436 – 5442.

[45] ZHANG Y Z, ZHAO Z P, WANG P P, et al. ScenarioSA: a dyadic conversational database for interactive sentiment analysis[J]. IEEE Access, 2020, 8: 90652 – 90664.

[46] LI R F, CHEN H, FENG F X, et al. Dual graph convolutional networks for

aspect-based sentiment analysis[C]//Proceedings of the 59th Annual Meeting of the Association for Computational Linguistics and the 11th International Joint Conference on Natural Language Processing. Stroudsburg：ACL-IJCNLP，2021：6319 – 6329.

[47] LIU Y C，ZHANG Y Z，LI Q C，et al. What does your smile mean? Jointly detecting multi-modal sarcasm and sentiment using quantum probability[C]//Findings of the Association for Computational Linguistics：EMNLP 2021. Punta ：ACL，2021：871 – 880.

第2章　情　感　分　析

　　本章将情感分析与内容/事实分析进行对比,分析出它们之间的关联与区别,进而给出了情感分析更加准确的定义。通过这个定义,笔者对情感分析及其相关子问题进行了详细的描述。当人们描述一个新问题时,会先给出一个严谨度不高的说明,再利用具体的实例对这个说明展开通俗易懂的解释,最后针对这个问题给出结构化定义。在介绍情感分析时,笔者就使用了这种方法。由于本章的重点在多模态情感分析任务上,所以对多模态情感分析的问题和定义进行了更加详细的叙述。除此之外,本章也会讨论情感、情绪和欲望等与情感分析任务关联性较大的重要概念。

　　无论是单模态情感分析问题还是多模态情感分析问题,它们的研究重点都在主观信息上,只是研究的信息载体不同。主观信息具有特殊性,具体表现在:①观点提出者对相同的事物也许会有不同的看法,这是因为事情都具有两面性。例如当汽车被发明出来时,有些人认为它方便了人们的出行,提高了工作的效率。而有些人却认为它的尾气污染环境,损害了人们的身体健康。②观点提出者也许会有不同的兴趣和不同的意识形态。例如对于一瓶茉莉香水,有些人对香味深浅、留香时间等非常满意,而有些人甚至直接不喜欢茉莉味道。③观点提出者由于个人经历不同,也许会产生主观倾向相反的信息。例如同时网购某一特定品牌的玻璃杯,一个人的使用体验感非常好,他对这品牌的玻璃杯的情感倾向自然是积极的。但是,如果另外一个人拿到玻璃杯时玻璃杯碎了,那么他对于这个品牌的玻璃杯的态度很可能就是消极的,即使玻璃杯碎可能是快递运输的问题。由于这些不同的主观情感、看法、经验和意识形态具有特殊性,所以它们是不能做决策参考的。可见人们研究的主观信息指的是针对多数人的观点集合进行分析,而不是针对一个人的观点。而针对这些观点集合,需要将其归纳成某种形式。对于情感分析问题的定义就是在说明要归纳的形式是什么样子的。

2.1　情感分析与内容/事实分析对比

　　情感分析问题是情感计算研究[1]的一个分支,它旨在将文本(有时也包括音频和视频[2])分为积极或消极,甚至更加细致的类别。对于情感分析问题,最重要的子任务就是主观性检测[3],即去除缺乏情感的"事实"或"中立"信息,因为大多数情感极性分类器的优化是为了区分积极和消极文本。在进行主观性检测之前需要进行主观性分析,主观性分析本质上是分离事实信息和主观信息[4]。主观信息是指讨论主观话题,包含个人意见、解释、观点、情感、判断和其他私人状态的信息。事实信息是那些比较客观的分析，一般都是基于事实的、可衡量的和可观察的信息。

（1）情感分析与内容/事实分析的相同点。不管是情感分析还是基于事实的内容/事实分析，都是用来分析某个实体或属性的具体信息的，只是侧重点不同。例如对于索尼CX680这款摄像机的分辨率这个属性，情感分析任务侧重于用户对这款摄像机的分辨率的看法和观点，就分辨率这个属性而言，用户对于这个相机的体验是优秀、中等、良好还是差。而事实分析的任务就是直接找到这款相机分辨率的数值，然后通过与其他相机分辨率数值进行对比，判断这款相机分辨率的高低。不管是情感分析还是内容/事实分析，它们所分析和探究的都是这款摄像机分辨率这一属性的信息。

（2）情感分析与内容/事实分析的不同点。如上所述，情感分析主要是分析人们对于某个实体或属性的意见、解释、观点、情感和判断等含有主观情绪的信息。这种信息在社交媒体上有很多，例如"我喜欢中国科学技术大学"，这句话里表现出作者对中国科学技术大学喜欢、爱慕的情感情绪。"我认为这家饭店的服务不好"，这里表现的是作者对这家饭店服务这方面不满意的情感。事实分析主要是分析一些真实的、可观察衡量的信息，这些信息通常不以人为主语。例如"这个猫咪的颜色是黄色的"，这句话表明猫咪颜色的属性是黄色的这一事实。"蛋糕店在梧桐大街的东南角"，这句话描述了蛋糕店可观察、可衡量的地理位置信息。Biyani、Prakhar 等人[4]证明，由于主观句比客观句长，而且经常包含言语不当的内容，如辱骂，所以通常情感分析任务比内容/事实分析任务分析的语句要更长一些。

2.2　情感分析问题与定义

有人总结，文本情感分析包括情感分类、情感基本单元抽取、情感摘要和检索等任务[47]。而情感分类是情感分析中被广泛研究的任务，很多论文中把情感分类等同于情感分析[5-8]。在本书中，笔者也默认情感分析等同于情感分类。根据文献[9]，情感分析旨在确定说话者、作者或其他主体对象对某个主题、文档或事件的观点态度，可以是判断或评价、情感状态（说话者或作者的情绪状态）或情感交流（说话者或作者想要传达的情感效果）。这里某个主题、文档、事件、产品、组织、服务等可以统称为实体。在这个描述中，有几个名词的定义需要更加准确的阐述。

2.2.1　情感分析问题

情感分析是一种旨在从文本、音频、视频或其他数据或它们的组合中自动识别人类思想的私人状态，如观点、情感、情绪、行为和信念的计算学科，被称为情感分析。该学科是情感计算的一部分，是一个新兴的跨学科领域，它涵盖了人工智能（AI）、认知科学、计算机科学和社会科学。情感分析可以在不同的层次上进行。例如，主观性检测只将数据分类为主观的（那些包含情感的信息）和客观的。极性检测侧重于确定主观数据是否表明积极或消极的情绪。情绪识别进一步决定了数据中所表达的特定情绪：积极情绪可以由喜悦或惊讶引起，而消极情绪可以由恐惧或厌恶引起。尽管这项工作的主要重点是分类的视频情绪,笔者在此也展示出所提出的方法在情绪识别方面的性能。

1. 实体

一个实体 e 可以是一个产品、服务、主题、个人、组织、论题或者事件。它用 e:(T,W)来描述,其中 T 是部分、子部分等的层次结构,W 是 e 的一组属性(方面)。每个部分或子部分也有自己的属性集[10]。这一些科学文献中,实体也称为对象(object),属性也称为特征(feature)[11-12]。例如,对于一台苹果电脑,它有颜色、外形大小、内存大小、硬盘大小、中央处理器核数等属性。对于这台苹果电脑的显示屏这一子部分,它也具有最高亮度、对比度、分辨率、响应时间等属性。这个定义基于一种部分整体关系对实体的层次结构进行描述,根节点是实体名,上例中的苹果电脑就是根节点。其他子部分相当于根节点的子节点,显示屏就是苹果电脑的子节点,人们可以对任何节点及其属性表达情感、意见、评价等观点。

2. 情感对象

情感对象,也称为观点评价对象或目标,是观点所评价的主题(即围绕着某一个实体进行评价),它一般是实体本身、实体的子部分、实体或实体子部分的一个属性。

3. 观点和观点持有者

(1)观点。这里的观点是一个广义的概念,包含了意见、评价、态度、情感以及相关信息,包括观点持有者和情感对象。一个观点由两个重要组成部分,一个是观点评价的对象或者目标 g,另一个是针对该目标所表达的情感 s。因此观点可以用一个二元组表示:(g,s)。这里的 g 即情感对象,s 即情感极性或观点倾向,包括积极(表达积极情感倾向)、消极(表达消极情感倾向)和中立(表达无偏见的情感倾向或者不表达情感)。例如评价"我认为这个电脑是极好的,内存大,颜色也很好看,但是我男朋友说他打游戏的时候显示屏响应速度慢"。这里情感对象 g 包含电脑、电脑的内存、电脑的颜色、电脑显示屏的响应速度。对应的情感极性 s 分别是积极、积极、积极、消极。而且这个评论有两个评论者(即观点持有者),包含了对电脑和电脑显示屏的情感极性。

(2)观点持有者。这两个评论者被称为观点的来源和观点持有者[13-14]。上例中的两个观点持有者是作者和作者的男朋友。此外,尤其上述例子比较简单,忽略了观点时间这一关键因素,而观点时间对于探索观点的发展趋势和观测观点如何随时间变化是非常重要的。

这个时候观点可以用一个四元组表示:(g,s,h,t)。这里的 g 是情感对象,s 是对情感对象的情感倾向,h 是观点持有者,t 是发布观点的时间。在更深层次分析时,实体(对象)在组成或属性上又可分为不同部分。可以使用简明化的树型图表示,根节点为实体,叶子节点为实体的不同方面或属性(aspect)。这样观点又进一步分为 5 个部分:(e,a,s,h,t)。这里 e 是观点评价的目标实体,a 是目标实体中的一个方面或属性,s 是对目标实体 e 的属性或方面 a 的观点中的情感倾向,h 是观点持有者,t 是发布观点的时间。由于定义的简明化,所以这种 5 部分的分解方式可能会导致信息的丢失。可以通过嵌套关系来尽量使信息保持完整,但复杂的概念也会使问题的解决变得困难。基于此定义的情感分析称为基于属性的情感分析。

(3)观点的分类。观点可以分为常规型观点和比较型观点,常规型观点又可分为直接观点和间接观点。直接观点是指直接对实体或实体属性提出的观点,例如"电脑 A 的质量很差"。间接观点是间接地对实体或实体属性表述的观点,例如"用了电脑B,我的工作效率更高了"。比较型观点是指对两个或多个实体或实体属性相同点与不同点的比较,表达观点持有者对其中一个的偏好,或者对多个实体的共有属性的偏好[15-16]。例如"电脑A的质量比电脑B的质量好"。

根据文本的主、客观性可以把观点分为主观观点和隐藏在事实中的观点。主观观点主要指主观陈述中表达的常规型观点和比较型观点,它可再分为理性型观点和情绪型观点,具体的在本书2.3节中进行讲解。隐藏在事实中的观点是指在描述客观或真实的事实陈述中表达的常规型观点和比较型观点。它又可以分为隐藏在个人事实中的观点和隐藏在非个人事实中的观点,隐藏在个人事实中的观点是指这个客观或真实的事实陈述是个人真实经历过的,这个陈述里包含着个人的观点。隐藏在非个人事实中的观点不包含个人的观点,常见于事实报道中,而事实报道也不包含任何人的任何观点,例如"2021年双十一的成交额为5 403亿元"。隐藏在个人事实中的观点和隐藏在非个人事实中的观点都包含着对所涉及实体或话题期望或不期望的意愿,并且发布这些观点的人也许在暗示针对某个实体正面或负面的情感,因此可以将它们当成同一类型的观点。

根据观点是否是作者本人的,可以将观点分为第一人称观点和非第一人称观点。第一人称观点即表达了一个人、一个团体的代表或一个机构对一个实体的态度。非第一人称观点是由一个人转述他人的观点,即相信他人会持有某种观点,例如"我认为冬奥会短道速滑冠军王蒙非常热爱滑冰运动"。还有一种观点被称为元观点,它是针对观点的观点,即这个观点评论的对象也是一个观点,例如"我对中国足球在比赛中失分觉得很伤心"。

2.2.2　情感分析定义

基于上述介绍的定义,可以给出(基于属性的)情感分析的定义和一般步骤。情感分析的任务定义:给定一个包含观点信息的文档d,找出文档d中全部观点五元组(e, a, s, h, t)。对于更高要求的情感分析,还需要找到每个观点五元组的原因和限定条件[17]。情感分析的任务具体分为以下6个步骤:①将实体(entity)提取分类。提取文档d中的所有实体表达式,将同义词实体表达式分类或分组为实体簇(或类别)。每个实体表达式集群表示一个唯一的实体e。需要解决的问题是针对同一个实体可能会有几个不同的表述方式。②将方面(aspect)提取分类。提取实体的所有方面表达式,并将这些方面表达式分类到集群中。实体e的每个方面表达簇代表一个独特的方面a。遇到的主要问题如1.2.3节方面级情感分析所述,方面表述上有显式方面和隐式方面两种表述形式,对象方面的数量和出现的形式都是不确定的。③将评论所有者(holder)提取分类。从文本或结构化数据中提取观点持有者并进行分类。该任务类似于上述两个任务。④将情感(sentiment)提取分类。确定对方面a的意见是积极的、消极的还是中性的,或者为方面分配一个数字情绪评级。⑤将时间(time)提取分类。提取给出意见的时间,对不同的时间格式进行标准化。该任务也类似于上述任务。⑥根据以上任务的结果,生成文档d中表达的所有意见五元组(e, a, s, h, t)。

传统的单一模态,例如文本仅仅依赖单词、短语和它们之间的语义关联,并不足以鉴别复杂的情感信息,而多模态在文本基础上,加入面部表情、语音语气后,往往能够提供更为生动的描述,传达更加准确和丰富的情感信息,展现出文本可能隐藏的信息。多模态情感分析分为叙述式多模态情感分析和交互式多模态情感分析。叙述式多模态情感分析是指被分析的主观性内容(文档、视频、音频以及它们之间的结合等)通常以个人叙述的方式传达作者的情感态度。这些主观性内容相对独立,并不涉及多个作者/谈话者之间的交互,作者/谈话中自身情感一致且稳定。交互式多模态情感分析也称为多模态会话情感分析,它的任务是判别并预测谈话者在互动过程中的情感演化趋势。互联网聊天会话中通常携带着大量不断演化的谈话者的态度与情感,在互动交流过程中,每位谈话者都会与其他谈话者频繁地交互,谈话者的思维逻辑经常产生跳跃,前后话语内容可能并不连贯,从而导致他们的情感状态不会"从一而终",而是产生不确定性变化。与传统的文本情感分析相比,多模态情感分析往往涉及多模态表征学习,多模态对齐与多模态融合技术(譬如特征级、决策级及混合级)融合。

对于多模态情感分析,也可以进行问题公式化。

(1)任务定义:假设数据集中包含 L 个样本,第 t 个样本可以表示为 $\{X_t=(C_\lambda,U_t),Y_t\}$,其中 C_λ 表示第 λ 个上下文话语,U_t 是指待识别的目标话语,Y_t 是目标话语的情感标签,且 $\lambda\in[1,2,\cdots,k]$。

(2)本书定义任务:给定一段对话(包含目标话语 U_t 与其上下文话语 C_λ),如何判别目标话语的情感极性 Y_t。该任务可以形式化为

$$\zeta=\prod_\lambda p(Y_t\mid C_\lambda,U_t,\Theta)$$

式中:Θ 为参数集。

2.3 情感与情绪

1.情感

在许多关于情感计算和情感分析的文献中,情感和情绪经常交换使用,但是它们彼此之间有很大的差别[18-19]。情感(Sentiment)指的是人的主观经验和内心态度,往往涉及长期而深刻的人类认知和社会需要,例如,爱、骄傲、热情等[10]。情感是情绪和思想的结合,是稳定而持久的、具有深沉体验的感情反应。它是人们情绪的主观体验,即当我们意识到一种情绪,并决定如何对它做出反应时,它就从情绪变成了一种情感。一些心理学家和社会学家认为,与情绪不同,情感是一个社会学概念,因为它在认知和生理方面与社会和文化方面之间建立了联系。从这个意义上说,情感与主要局限于心理层面的情绪不同,通常不是基本的情绪而是高度有组织的情绪。McDougall 指出,情感通常将原始情绪与行动联系起来,这就是心理学家认为情感是有组织的原因。情感是与社会对象建立关系的结果,例如,爱、嫉妒、悲伤、蔑视等都是围绕着另外一个人,使这个人成为产生这种情感的社会对象。这些都表明,情感和情绪是两个不同而又相互关联的概念。

2.情绪

情绪(Emotion)被认为是大脑对刺激的一种短暂但是强烈的生理反应,表现为面部表情、声音语调和身体的变化,例如,愤怒、恐惧、快乐、悲伤都被认为是情绪[20]。情绪可以是

积极的,也可以是消极的,对人有很大的影响。根据 Eckman[21] 的说法,有 6 种基本情绪是普遍存在的,它们分别是快乐、惊讶、悲伤、愤怒、恐惧和厌恶。后来有其他心理学家把骄傲、羞愧、兴奋、尴尬等情绪也加入到基本情绪里。从生理层面上来说,情绪由主观体验、身体感觉和情绪表达 3 部分组成[22]。主观体验强调:虽然情绪几乎是普遍存在的,但是每种情绪的个人体验可能是不同的。一个人经历愤怒的方式可能与另一个人不同。从这个意义上说,情绪是主观的。身体感觉又叫生理反应,指的是身体的变化,例如,出汗、心跳加速、感觉恶心等,这是情感体验的一部分。情绪表达又叫行为反应,指的是对情绪的表达。例如,当一个人在掉眼泪时,人们有理由认为这个人是悲伤的。通过以上对情绪的描述,可以认识到情绪是非常复杂的,它可以受到人们在日常生活中遇到的情景和个人情况影响,是短暂而强烈的具有情景性的感情反应。

3.情感与情绪的关系

一般来说,人们把情绪和情感统称为感情。情感离不开情绪,稳定的情感在情绪的基础上形成,又通过情绪反应得以表达。情绪也离不开情感,情绪变化受情感支配,情感的深度决定着情绪表现的强度[23]。情绪是情感的外部表现,情感是情绪的本质内容,二者相互依存、不可分割。如父母对孩子不争气的恼怒,当孩子不求上进时,父母气愤不已。这其实包含了父母对儿女的舐犊之情,气愤恼怒只是短暂的外在表现的情绪,这些都是因为更深层次的情感:父母对儿女的期望和爱。

4.情感与情绪的区别

情绪具有情境性和短暂性的特点,一旦这一情境发生变化,相应的情绪体验就消失或改变。情感则具有较大的稳定性和持久性,一经产生就比较稳定,一般不受情境左右。例如友情不会因为朋友不在身边而消失。情绪是无意识的、先天产出的,出现和消失得很快,当人们的意识介入时,情感才会产生。情感从情绪演变过来需要时间,即情感需要更加复杂的激活过程。情绪主要是个体需要与情境相互作用的过程,即脑的神经活动过程,通常有较明显的生理唤醒;而情感主要指的是人的内心体验和感受,经常用来描述那些稳定的、深刻的具有社会意义的感情,例如对真理的热爱、对美的欣赏等。情绪总是先于情感,没有情绪,就不会有情感,同一种情绪可以激发同一个人不同的情感。例如快乐可以产生爱或幸福的情感(或两者都有)。情绪具有冲动性,并带有明显的外部表现,如愤怒时暴跳如雷、悔恨时捶胸顿足,情绪一般更加强烈,有时个体难以控制。而情感则经常以内隐的方式存在或以微妙的方式流露,它可以被人们的思想引导控制。虽然情感和情绪是两个不同的概念,但是为了方便后文叙述,本书以情感作为情感和情绪的统称。

2.4 欲望与情感

欲望(desire)是一种原始的本能,它是一种强烈表达人类想要获得或拥有某物的基本需求。它无穷无尽、永不满足的特性使人类区别于其他动物[24]。对于欲望的分类,人们从不同的角度切入,分出的类别也千差万别。彭富春将欲望分为 3 类:身体欲望、非身体欲望和欲望之欲望。他说:"身体的欲望表现为生死爱欲;非身体的欲望主要表现为物欲、名誉欲、权欲;欲望之欲望主要表现为贪欲。"[25] 前两种比较好理解,最后一种其实是前二者的加重,按他的说法则是"使欲望自身成为了欲望的对象和目标"。林汉章先讨论了从人的生活意义方面划分出的 5 种欲望——生存欲望、获取欲望、享受欲望、表现欲望和发展欲望,然后又详细讨论了欲望在实施中的 4 种基本类型——本能型、自我型、环境型、至善型[26]。谭光辉按欲望对象将欲望分为身体性欲望、物质性欲望、情感性欲望和符号性欲望 4 大类[27]。此外 Reiss 的 16 种基本欲望理论被大家广泛认可[28],这 16 种欲望分别是权力、好奇心、独立性、社会地位、社会交往、复仇、荣誉、理想主义、体力活动、浪漫、家庭、秩序、饮食、被接受、安全感、储蓄。无论对欲望怎么分类,都显示了理解欲望的重要性。在计算机计算领域,如果机器能够对人类的欲望有更深入的理解,甚至做出合理的欲望感知反应,那就说明对识别人类情感智能的人工智能的研究又迈进了一步[29]。

欲望是想做某事或拥有某物的强烈愿望,它不仅涉及一种语言表达,还涉及驱动人类情感和情绪的潜在认知现象[30]。对于欲望与情感之间的关系,每一个人都有不同的见解。有些人认为欲望是情感的一种,《礼记》中说:"何谓人情? 喜、怒、哀、惧、爱、恶、欲,七者弗学而能。"[31] 这个说法很流行,后来发展出"七情"之说。笛卡儿的观点与《礼记》相似,他把人所有的情感生活还原为 6 种基本的感情:惊奇、喜爱、憎恶、欲望、快乐、悲哀[32]。霍布斯、沃尔夫等人的观点也与此类似[33-34]。有些人认为欲望是情感的派生,曹伯韩总结了朱熹的观点:"性是心之理,理与气合,方才有心之灵明。心又包含情与才,情是心之动,才是心之力,情之流而至于滥者,则为欲。性是天理,即'道心'。欲是人欲,即'人心',或称为私欲。"即情感是自然的,但是若不加以控制而任其泛滥,就是欲,欲是指情感中那种非生存而必需的东西。人们认为欲望与情感是独立且互补的。欲望暗中支配情感情绪,而情感情绪反过来对欲望也有影响。它们的关系是互补的,情感、情绪知识能够帮助提高对欲望的感知,对欲望的分析也能够帮助理解情感分析。例如,当人们迫切地想要知道某个问题的答案时,这种强烈的求知欲会让人们学习了解这个问题。当人们知道答案时,人们会得到极大的满足感和幸福感(欲望对情感的暗中支配作用),这种积极的情绪也会鼓励人们产生更多、更强的求知欲(情感反过来对欲望的正积极的作用)。

在情感分析领域,随着研究人员对情感智能的进一步理解和多模态语言分析的进步,欲望理解和欲望分析逐渐进入人们的视野[35-36]。但是对于欲望的分析,使用 NLP 和多模态情感计算的相关研究非常少。Jia 等人[37] 第一个提出了带有情感情绪和欲望标签的基准数据集(MELD),并使用最先进的基线对此数据集进行了评估。其他对欲望分析的研究大都分布在心理学、社会学和哲学领域,例如,Lim 等人设计了一个包含音频和手势模态的多模态欲望分析模型,他们仅从情绪的角度来分析男人的欲望[38]。Schutte 和 Malouff 对 2 692 名个体进行元分析调查,探索好奇心和创造力之间的关系[39]。Hoppe 等人使用支持向量机(SVM)和眼动数据自动识别不同水平的好奇心,但这项工作并不在多模态领域[40]。Cacioppo 等人提出了一个多层核密度(fMRI)分析方法以理解性欲与爱之间互动的异同[41]。此外,相关研究还有欲望推理[42-43]、欲望与爱之间的关系[44-45]、欲望判断[46] 等,这些成果正在被研究者认真研究以解释和分析人类的欲望。

2.5　本　章　小　结

　　本章主要是对情感分析问题与多模态情感分析问题分别进行了定义，对于解决情感分析任务的一般步骤进行了详细的介绍。本章介绍了不同类型的多模态情感分析，并分别对它们进行了公式化的定义，这是这个领域的基础，对于其他研究方向来说，也是一个通用的处理框架。在介绍情感分析问题定义之前，通过情感分析和内容/事实分析进行对比，让读者能直观地感受到两者的不同，对情感分析有着大致的、模糊的概念。然后介绍了观点、实体、情感对象等概念，阐述这些概念不仅是为了引出情感分析问题的定义，更是为了帮刚入门的研究者打牢基础。简单讨论了观点的分类，不同类型的观点可能需要不同的解决技术。通过情感分析问题的定义，可以发现情感分析问题有许多子问题相互交叉，而不是一个单独的问题，研究者可以利用这些子问题之间的关系去设计更强壮和准确的情感分析解决方案，实践者也可以从中发现构建情感分析系统所需的元素。详细介绍了情感、情绪、欲望的概念和它们之间的关系，可以看出，情感是人的主观体验和内心感受，它是长期而深刻的。情绪是大脑对刺激的外显的生理反应，它是短暂而强烈的。情绪是情感的外部表现，情感是情绪的本质内容，二者虽然本质不同，却相互依存、不可分割。欲望是人类想要获得或拥有某物的基本需求，欲望暗中支配情感情绪，而情感情绪反过来对欲望也有影响，它们的关系是互补的。在 NLP 和多模态情感计算研究中，情感与情绪的研究逐渐成熟，它们的应用领域丰富，且多模态情感分析任务中还有一些没有解决的问题，研究者并没有停下对它们探寻的脚步。对于欲望的研究则大多分布在心理学、社会学和哲学领域，但是随着情感分析领域的学者们意识到欲望的重要性，对它的研究定会更加深入。

参 考 文 献

[1]　PORIA S, CAMBRIA E, BAJPAI R, et al. A review of affective computing：from unimodal analysis to multimodal fusion[J]. Information Fusion, 2017, 37：98 - 125.

[2]　PORIA S, CAMBRIA E, HAZARIKA D, et al. Context-dependent sentiment analysis in user-generated videos[C]//Proceedings of the 55th Annual Meeting of the Association for Computational Linguistics. Vancouver：Association for Computational Linguistics, 2017：873 - 883.

[3]　CHATURVEDI I, CAMBRIA E, WELSCH R E, et al. Distinguishing between facts and opinions for sentiment analysis：survey and challenges[J]. Information Fusion, 2018, 44：65 - 77.

[4]　BIYANI P, BHATIA S, CARAGEA C, et al. Using non-lexical features for identifying factual and opinionative threads in online forums[J]. Knowledge-Based Sys-

tems, 2014, 69(10): 170 - 178.

[5] WANG X, WEI F, LIU X, et al. Topic sentiment analysis in twitter: a graph-based hashtag sentiment classification approach[C]//Proceedings of the 20th ACM International Conference on Information and Knowledge Management. Glasgow: ACM, 2011: 1031 - 1040.

[6] HU X, TANG L, TANG J, et al. Exploiting social relations for sentiment analysis in microblogging[C]//Proceedings of the Sixth ACM International Conference on Web Search and Data Mining. Rome: ACM, 2013: 537 - 546.

[7] ZHOU S, CHEN Q, WANG X. Active deep networks for semi-supervised sentiment classification[C]// Proceedings of the 23rd International Conference on Computational Linguistics,Coling 2010. Beijing: Association for Computational Linguistics, 2010: 1515 - 1523.

[8] SOCHER R, PERELYGIN A, WU J, et al. Recursive deep models for semantic compositionality over a sentiment treebank[C]//Proceedings of the 2013 Conference on Empirical Methods in Natural Language Processing. Seattle: Association for Computational Linguistics, 2013: 1631 - 1642.

[9] CAMBRIA E. Affective computing and sentiment analysis[J]. IEEE Intelligent Systems, 2016, 31(2): 102 - 107.

[10] LIU B. Sentiment analysis and opinion mining[J]. Synthesis Lectures on Human Language Technologies, 2012, 5(1): 1 - 167.

[11] HU M, LIU B. Mining and summarizing customer reviews[C]//Proceedings of ACM SIGKDD International Conference on Knowledge Discovery and Data Mining (KDD-2004). Seattle: ACM, 2004: 139 - 148.

[12] LIU B. Sentiment analysis and subjectivity[M]. Boca Raton, FL, USA: CRC Press, 2010.

[13] KIM S M, HOVY E. Determining the sentiment of opinions[C]//Proceedings of International Conference on Computational Linguistics (COLING-2004). Geneva: Association for Computational Linguistics, 2004: 1367 - 1373.

[14] WIEBE J, WILSON T, CARDIE C. Annotating expressions of opinions and emotions in language [J]. Language Resources and Evaluation, 2005, 39 (2): 165 - 210.

[15] JINDAL N, LIU B. Identifying comparative sentences in text documents[C]//Proceedings of ACM SIGIR Conference on Research and Development in Information Retrieval (SIGIR-2006). Seattle: ACM, 2006a: 43 - 50.

[16] JINDAL N, LIU B. Mining comparative sentences and relations[C]//Proceedings of National Conference on Artificial Intelligence (AAAI-2006). Boston: AAAI

Press，2006b：1321 - 1326.

[17] 刘康. 情感分析：挖掘观点，情感和情绪[J]. 中国计算机学会通讯，2018，14(8)：10 - 18.

[18] LIU P，ZHANG L，GULLA J A. Multilingual review-aware deep recommender system via aspect-based sentiment analysis[J]. ACM Transactions on Information Systems (TOIS)，2021，39(2)：1 - 33.

[19] ZHANG Y，SONG D，LI X，et al. A quantum-like multimodal network framework for modeling interaction dynamics in multiparty conversational sentiment analysis [J]. Information Fusion，2020，62：14 - 31.

[20] DOLAN R J. Emotion，cognition，and behavior[J]. Science，2002，298(5596)：1191 - 1194.

[21] EKMAN P，FRIESEN W V，ELLSWORTH P. What emotion categories or dimensions can observers judge from facial behavior？[J]. Emotion in the Human Face，1972：67 - 75.

[22] KARAISMAILOGLU S，ERDEM A. Neurophysiology of Emotions[M]. New York，NY，USA：Springer，2011.

[23] EVANS D. Emotion：The science of sentiment[M]. Oxford：Oxford University Press，2002.

[24] PORTNER P，RUBINSTEIN A. Desire，belief，and semantic composition：variation in mood selection with desire predicates[J]. Natural Language Semantics，2020，28(4)：343 - 393.

[25] 彭富春. 美学[M]. 武汉：武汉大学出版社，2005.

[26] 林汉章. 欲望纵横谈[M]. 广州：中山大学出版社，2015.

[27] 谭光辉. 论欲望：社会发展的情感动力[J]. 西南民族大学学报：(人文社会科学版)，2020，41(1)：8.

[28] REISS S. Multifaceted nature of intrinsic motivation：the theory of 16 basic desires[J]. Review of General Psychology，2004，8(3)：179 - 193.

[29] HOFMANN W，NORDGREN L F. The psychology of desire[M]. New York：Guilford Publications，2015.

[30] ROBINSON J. Emotion，judgment，and desire[J]. The Journal of Philosophy，1983，80(11)：731 - 741.

[31] 杨天宇. 礼记译注：上[M]. 上海：上海古籍出版社，2016.

[32] 墨菲，柯瓦奇. 近代心理学历史导引：上册[M]. 林方，王景和，译. 北京：商务印书馆，2010.

[33] 霍布斯. 利维坦[M]. 黎思复，译. 北京：商务印书馆，1985.

[34] 沃尔夫. 十六、十七世纪科学技术和哲学史[M]. 周昌忠，苗以顺，毛荣运，等，译.

北京：商务印书馆，1985.

[35] GOLDBERG A B, FILLMORE N, ANDRZEJEWSKI D, et al. May all your wishes come true：A study of wishes and how to recognize them[C]//Proceedings of Human Language Technologies：The 2009 Annual Conference of the North American Chapter of the Association for Computational Linguistics. Boulder：Association for Computational Linguistics, 2009：263 – 271.

[36] RUFFMAN T, SLADE L, ROWLANDSON K, et al. How language relates to belief, desire, and emotion understanding[J]. Cognitive Development, 2003, 18(2)：139 – 158.

[37] JIA A, HE Y, ZHANG Y, et al. Beyond Emotion：a multi-modal dataset for human desire understanding[C]//Proceedings of the 2022 Conference of the North American Chapter of the Association for Computational Linguistics：Human Language Technologies. Seattle：Association for Computational Linguistics, 2022：1512 – 1522.

[38] LIM A, OGATA T, OKUNO H G. The desire model：cross-modal emotion analysis and expression for robots[J]. Information Processing Society of Japan, 2012, 5(4)：123 – 130.

[39] SCHUTTE N S, MALOUFF J M. A meta-analysis of the relationship between curiosity and creativity[J]. The Journal of Creative Behavior, 2020, 54(4)：940 – 947.

[40] HOPPE S, LOETSCHER T, MOREY S, et al. Recognition of curiosity using eye movement analysis[C]//Adjunct Proceedings of the 2015 ACM International Joint Conference on Pervasive and Ubiquitous Computing and Proceedings of the 2015 ACM International Symposium on Wearable Computers. Osaka：ACM, 2015：185 – 188.

[41] CACIOPPO S, BIANCHI-DEMICHELI F, FRUM C, et al. The common neural bases between sexual desire and love：a multilevel kernel density fMRI analysis[J]. The Journal of Sexual Medicine, 2012, 9(4)：1048 – 1054.

[42] DONG J, YANG H I, CHANG C K. Identifying factors for human desire inference in smart home environments[C]//International Conference on Smart Homes and Health Telematics. Singapore：Springer, 2013：230 – 237.

[43] DONG J, YANG H I, OYAMA K, et al. Human desire inference process based on affective computing[C]//Proceedings of the 2010 IEEE 34th Annual Computer Software and Applications Conference. Seoul：IEEE, 2010：347 – 350.

[44] CACIOPPO S, BIANCHI-DEMICHELI F, FRUM C, et al. The common neural bases between sexual desire and love：a multilevel kernel density fMRI analysis[J].

The Journal of Sexual Medicine，2012，9（4）：1048－1054.

［45］ KAUNDA C J，KAUNDA M M. Gender and sexual desire justice in African Christianity［J］. Feminist Theology，2021，30（1）：21－36.

［46］ MENDELMAN L. Diagnosing desire：mental health and modern American literature，1890-1955［J］. American Literary History，2021，33（3）：601－619.

［47］ 赵妍妍，秦兵，刘挺. 文本情感分析［J］. 软件学报，2010，21（8）：1834－1848.

第3章　情感分析的基础知识

本章对情感分析的基础知识(也是机器学习的基础知识)进行简要介绍。机器学习技术可以被认为是基于过去的观测学习如何做出预测,给定一个巨大的输入-输出映像集合,机器学习技术将这些数据"喂"给网络,其产生输入的后继转换,直到用最终的转换来预测输出。网络产生的转换都学习自给定的输入-输出映像,以便每个转换都更易于将数据和期望的标签建立起联系。具体来讲,面对由输入样例 $x_{1:n}$ 和相应标准标签 $y_{1:n}$ 组成的数据集,可以构造一个函数 $f(x)$,该函数可以将训练集中输入 x 正确地映射到输出 y'。如何知道构造的函数 $f(\ )$ 是好的呢?可以将训练样例 $x_{1:n}$ 输入 $f(\ )$,记录预测结果 $y'_{1:n}$,将其与期望标签 $y_{1:n}$ 比较并计算准确率。但是要注重这个函数的泛化能力,即遇到一个新的输入数据,它产生的输出也要正确。这里,输入样例的标准形式,一般采用分词和词干化技术对样例进行处理。对于输出形式,引入了分类和回归的任务定义。要对函数泛化能力进行评估,就涉及数据集的划分和一些评价指标。

这些知识在情感分析乃至整个自然语言处理任务中都有着十分重要的作用。为了照顾刚入门的情感分析研究者,本章的例子尽可能简单、日常,以尽可能地让他们了解这些基础概念和技术真正的内涵。如果读者拥有比较扎实的机器学习和自然语言处理的基础知识,可以略读或跳读本章。

3.1　分词与词干化

3.1.1　分　词

分词(Word Segmentation),就是将句子、段落、文章分解为被称为标记的小单元的过程,标记可以是一个词、一个词的一部分或只是像标点符号这样的字符。它是最基本的NLP任务之一,也是一项艰巨的任务,因为每种语言都有自己的语法结构,这些语法结构通常很难写成规则。自然语言处理与形式语言密切相关,形式语言是介于语言学和计算机科学之间的一个领域,主要研究编程语言方面。就像自然语言一样,形式语言中有不同的有意义的字符串,通常称它们为单词,但为了避免混淆,人们将形式语言称为标记。换一种说法,标记是具有已知含义的字符串。它首先可以在代码编辑器中看到。当用 Python 软件编写def 时,它会被着色,因为代码编辑器将 def 识别为具有特殊含义的标记。简单来说,分词就是为了将文本进行单词或词组的分割，以便构建特征。例如，"I am a student"，可以分词为"I""am""a""student"，也可以分为"I""am""a student"。这是分词粒度问题，后面会介绍。

为什么要分词？①将复杂的问题转化为数学问题。机器学习之所以看上去可以解决很多复杂的问题，是因为它把那些问题都转化为了数学问题。而NLP也是相同的思路，文本都是一些非结构数据，需要先将这些数据转化为结构化数据，结构化数据就可以转化为数学问题了，而分词就是转化的第一步。②词是一个表达完整含义的最小单位，字的粒度太小，无法表达完整含义，例如"牙"可以是"牙齿"，也可以是"补牙"。而句子的粒度太大，承载的信息量多，很难复用。例如"猫和老鼠里的老鼠每次都能逃跑"。③深度学习时代，部分任务也可以分词。随着数据量和算力的爆炸式增长，很多传统的方法被颠覆。分词一直是NLP的基础，但是现在也发生了变化，在一些特定任务中，分词还是有必要的，如关键词提取、命名实体识别等。

3.1.1.1 中英文分词的区别

（1）分词方式不同，中文更难。英文单词之间有空格隔开容易进行分词。而中文没有，分词就是一个需要专门去解决的问题了。

（2）英文单词有多种形态。为了应对这些复杂的变换，相比中文，英文NLP有一些独特的标准化处理步骤，例如词形还原（Lemmatization）和词干提取（Stemming）。

（3）中文分词需要考虑粒度的问题。不同应用对粒度的要求不一样，例如，"苹果手机"可以是一个词也可以是两个词。粒度越大，表达意思越准确，但是也会导致召回减少。

（4）中文分词有自己需要解决的问题：分词规范、歧义切分和未登录词识别。

3.1.1.2 中文分词的难点

1.分词规范

人们从学习汉字开始，基本顺序就是汉字、词语、句子、段落、篇章。其中词语是什么，如何界定一个词语，这是分词中比较重要的话题。有调查表明，母语为汉语的被试者，对汉语文本中出现的分词规则的认同率只有大约70%，从计算的严格意义上说，自动分词是一个没有明确定义的任务[1]。有一个经典的例子："小明看到湖岸上的花草，一株不知名的小花引起了他的注意。"对于这句话中"湖岸""花草""不知名"等词语，不同的界定方式会出现不同的分词结果，可以分为以下几种形式：①"小明/看到/湖岸/上的/花草，一株/不知名/的/小花/引起/了/他的/注意"；②"小明/看到/湖/岸/上的/花/草，一株/不/知名/的/小花/引起了/他的/注意"；③"小明/看到/湖岸/上的/花/草，一株/不知名的/小花/引起/了/他的/注意"。可以看出，对于不同的词语界定方式，可以组合出很多种分词的结果，因此分词可以看作是寻一个没有明确定义问题的答案。当人们在衡量一个分词模型的好坏时，首先需要确定一个统一的标准，即所谓的Golden Data，研究者需要将所有的模型都在统一的数据集上进行训练和评测，这样的比较才具有参考性。

2.歧义切分

歧义字段在汉语中是普遍存在的，而歧义字段是汉语的一个重要难点，梁南元[2]最早将歧义切分字段分为交集型歧义切分字段和组合型歧义切分字段。交集型歧义切分字段：设字符串B是词A的后缀（即AB），又是词C的前缀（即BC），字段ABC在汉语句子中出现过,则称 B 为交集子串,ABC 为交集型歧义切分字段。例如,"大学生"(大学/学生)、"结合成"(结合/合成)、"研究生物"(研究生、生物)等。组合型歧义切分字段:设 A、B、C 都是词,若词 C＝AB,则子串 AB 为组合型歧义切分字段。例如,"起身"在句子"他/站/起/身/来"和"起身/去北京"是不一样的切分。"学生会",在句子"我在/学生会/帮忙"和"我的/学生/会来/帮忙"也是不一样的切分。不管哪种类型的歧义字段,都给人们分词带来了极大的困扰,想要做出正确的划分判断,需要结合上下文语境、韵律、语气、重音、停顿等。

3. 未登录词识别

未登录词,一种是指已有的词表中没有收录的词,另一种是指训练语料中未曾出现过的词,也叫集外词(Out of Vocabulary,OOV)。通常不加以区分未登录词和集外词。未登录词大体可以分为如下几个类型:

(1)新出现的词汇。网络用语中层出不穷的新词,如"yyds""贴贴"等在人们的分词系统中也是一大挑战。一般对于大规模数据的分词系统,会专门集成一个新词发现模块,用于对新词进行挖掘发现,经过验证后加入到词典中。

(2)专有名词。在分词系统中一般有一个专门的模块,即命名体识别(NER Name Entity Recognize),用于对人名、地名以及组织机构名称等单独进行识别。

(3)专业名词和研究领域名称。这个在通用分词领域出现的情况比较少,如果出现特殊的新领域、专业等,就会随之产生一批新的词汇。汉语分词出现问题大多是由未登录词造成的,那么分析模型对于未登录词的处理将是衡量一个系统好坏的重要指标。

3.1.1.3　分词方法

1. 基于词典匹配的分词方法

将待分词的字符串根据一定规则切分和调整,然后和已建立好的"充分大的"词典中的词语进行匹配,匹配成功则按照词典的词分词,匹配失败则要调整或重新选择,如此反复循环即可。常见的基于词典的分词方法有正向最大匹配法(FMM)、逆向最大匹配法(RMM)、双向匹配分词法(Bi－MM)和 N－最短路径分词算法(对 Dijkstra 算法的扩展比较简单,此处不再介绍)等方法。基于词典匹配的分词方法的优点是速度快、成本低,缺点是适应性不强、不同领域效果差别大。

(1)正向最大匹配法。首先从左向右取待分语句的 m 个字作为匹配字段,m 为词典中最长词的字符数,然后查找机器词典进行匹配,若匹配成功,则将这个匹配字段作为一个词切分出去,若匹配不成功,则将这个字段最后一个字去掉,剩下的字符串作为新匹配字段,进行再次匹配,重复上述过程,直到切分完所有词为止。

(2)逆向最大匹配法。RMM 的基本原理与 FMM 基本相同,不同的是分词的方向与FMM 相反。它是从被处理文档的末端开始匹配扫描,每次取最末端的 i 个字符(i 为词典中最长词的字符数)作为匹配字段,若匹配失败,则去掉匹配字段最前面的一个字符,继续匹配。相应地,它使用的分词词典是逆序词典,其中每个词条都将按逆序方式存放。但是在实际处理时,会先将文档进行倒排处理,生成逆序文档,然后根据逆序词典,对逆序文档用正向匹配算法处理。

(3)双向匹配分词法。Bi-MM 是将正向最大匹配法得到的分词结果和逆向最大匹配法得到的结果进行比较,然后按照最大匹配原则,选取词数切分最少的作为结果。Efron 和 Tibshirani(1994)的研究表明,中文中 90.0%左右的句子,其正向最大匹配法和逆向最大匹配法完全重合且正确,只有大概 9.0%的句子的两种切分方法得到的结果不一样,但其中必有一个是正确的(歧义检测成功),只有不到 1.0%的句子,使用正向最大匹配法和逆向最大匹配法的切分虽然重合但是错的,或者两种方法切分不同但结果都不对(歧义检测失败)。这正是双向最大匹配法在中文信息处理系统中得以普遍使用的缘由所在。

2.基于统计的分词方法

这种方法认为每个词都是由词的最小单位(各个字)组成的,相连的字在不同的文本中出现的次数越多,就证明这相连的字很可能就是一个词。因此可以利用字与字相邻共出现的各个字的组合的频率,当组合频率高于某一个临界值时,便可认为此字组可能会构成一个词语。常用的基于统计的分词方法有 N 元模型(N-gram)、隐马尔可夫模型(Hidden Markov Model,HMM)、条件随机场模型(Conditional Random Fields,CRF)、深度学习方法(8.3节将详细介绍该方法的原理)等。

(1)N 元模型(N-gram)。

N-gram 是一种语言模型(Language Model),语言模型是一个基于概率的判别模型,它的输入是一句话(单词的顺序序列),输出是这句话的概率,即这些单词的联合概率(Joint Probability)。而 N-gram 则是将文本里面的内容按照字节进行大小为 N 的滑动窗户操作,形成长度为 n 的字节片段序列。例如,"我喜欢深度学习。"这句话,bi-gram($n=2$)的序列为:"我喜""喜欢""欢深""深度""度学""学习"。tri-gram($n=3$)的序列为:"我喜欢""喜欢深""欢深度""深度学""度学习"。每一个字节片段称为 gram,对所有 gram 的出现频度进行统计,并且按照事先设定好的阈值进行过滤,形成关键 gram 列表,也就是这个文本的向量特征空间,列表中的每一种 gram 就是一个特征向量维度。N-gram 有两个特点:一个是某个词的出现依赖于其他若干个词,另一个是人们获得的信息越多,预测越准确。假设一个字符串 S 由 m 个词组成,需要算出这串字符的概率(利用链式法则将联合概率转换成条件概率的连乘形式):

$$P(S)=P(w_1,w_2,\cdots,w_m)=P(w_1)P(w_2\,|\,w_1)P(w_3\,|\,w_1,w_2)\cdots$$
$$P(w_m\,|\,w_1,w_2,\cdots,w_{m-1}) \tag{3-1}$$

直接算出这个概率的难度有点大,因此引入马尔可夫假设(Markov Assumption):某个单词出现的概率不再依赖于全部上下文,而是取决于离它最近的 n 个单词。因此也就不必追溯到最开始的那个词,这样便可以大幅缩减上述算式的长度,即

$$P(w_i\,|\,w_1,w_2,\cdots,w_{i-1})\approx P(w_i\,|\,w_{i-n+1},\cdots,w_{i-2},w_{i-1}) \tag{3-2}$$

对于某个很小的 n,例如 n 为 1 时,得到一个 uni-gram 模型:

$$P(w_1,w_2,\cdots,w_m)=\prod_{i=1}^{m}P(w_i) \tag{3-3}$$

即在 uni-gram 模型中,假设一个句子出现的概率等于每个单词单独出现的概率的乘积,这意味着每个单词出现的概率相互独立,即人们并不关心每个单词的上下文。

同理得 bi-gram 模型:

$$P(w_1, w_2, \cdots, w_m) = \prod_{i=1}^{m} P(w_i \mid w_{i-1}) \tag{3-4}$$

在此模型中,假设句子中每个单词出现的概率都和它前一个单词出现的概率有关。

tri-gram 模型:

$$P(w_1, w_2, \cdots, w_m) = \prod_{i=1}^{m} P(w_i \mid w_{i-2}, w_{i-1}) \tag{3-5}$$

在此模型中,假设句子中每个单词出现的概率都和它前两个单词出现的概率相关。

然后下面的思路就很简单了,在给定的训练语料中,利用贝叶斯定理,将上述的条件概率值(因为一个句子出现的概率都转变为右边条件概率值相乘了)都计算出来即可。

uni-gram 模型的计算方法:

$$P(w_i) = \frac{C(w_i)}{M} \tag{3-6}$$

式中:C 是计数函数;$C(w_i)$ 表示单词 w_i 在语料库中出现的次数;M 表示语料库中所有单词的数量。

bi-gram 模型的计算方法:

$$P(w_i \mid w_{i-1}) = \frac{C(w_{i-1}, w_i)}{C(w_{i-1})} \tag{3-7}$$

式中:(w_{i-1}, w_i) 是单词 w_{i-1} 和单词 w_i 前后相邻一起出现的次数。

n-gram 模型的计算方法:

$$P(w_i \mid w_{i-n+1}, \cdots, w_{i-1}) = \frac{C(w_{i-n+1}, \cdots, w_i)}{C(w_{i-n+1}, \cdots, w_{i-1})} \tag{3-8}$$

在这里,即计算 n-gram 出现的次数,除以 $(n-1)$-gram(即上下文)出现的次数。

搜索引擎和输入法的联想提示是 n-gram 模型的典型应用。当使用谷歌时,输入一个或几个词,搜索框通常会以下拉菜单的形式给一些备选,这些备选其实是在猜想用户想要搜索的那个词串;当用户使用输入法输入一个汉字的时候,输入法通常可以联系出一个完整的词。这些都是以 n-gram 基础来实现的,即通过统计用户搜索/输入的日志,排列出与搜索词在一起出现的其他词语的概率。当 n 比较大的时候,则对下一个词出现的约束性信息更多,有更大的辨别力,但是更稀疏(即某些 n-gram 从未出现过,解决方法是数据平滑技术,也有几种比较著名的方法,有兴趣的同学可以自行了解一下),并且 n-gram 的总数也更多,为 V^n 个(V 为词汇表的大小)。当 n 比较小的时候,在训练语料库中出现的次数更多,有更可靠的统计结果,但是约束信息更少。

(2)隐马尔可夫模型(Hidden Markov Model,HMM)。

N-gram 模型需要附带词表,计算字符的概率,对于词表中不存在的新词,算法效果并不是很好。隐马尔可夫模型是基于字统计的分词算法。无需词表,无需统计词频,对新词识别友好。它的原理是基于字标注词语切分,假设切分标注只有从左到右的前后依赖关系,且每一个标注只与上一个标注有关,但和上一次之前的标注无关。这样就适合利用隐马尔可夫模型,此时待切分语句就是观测序列,切分结果就是隐藏的状态序列。于是分词任务就变成 HMM 算法中给定模型和观测序列找到最大化隐藏状态序列任务。

隐马尔可夫模型是马尔可夫链的一种。马尔可夫链:假设状态序列为$\cdots,x_{t-2},x_{t-1}$,$x_t,x_{t+1},x_{t+2},\cdots$,则

$$P(x_{t+1}|\cdots,x_{t-2},x_{t-1},x_t)=P(x_{t+1}|x_t) \qquad (3-9)$$

即某一时刻状态转移的概率只依赖于它的前一个状态,这大大简化了计算。在隐马尔可夫模型中,首先由一个隐藏的马尔可夫链随机生成一个状态随机序列,再由状态随机序列中的每一个状态对应生成各自的观测,由这些观测组成一个观测随机序列。因此,隐马尔可夫模型中其实伴随着两条"线",一条是观测随机序列这条"明线",另一条是隐藏着的状态随机序列这条"暗线"。为了更清晰地说明问题,以盒子摸球实验为例,来介绍隐马尔可夫模型的组成和要点。

假设有 3 个盒子,编号分别为 1 号盒子、2 号盒子、3 号盒子,每个盒子里都装着数量不等的黑球和白球。其中,1 号盒子里有黑球 2 个、白球 8 个;2 号盒子里有黑球 6 个、白球 4 个;3 号盒子里有黑球 4 个、白球 6 个。进行如下实验:随机出现一个盒子,从这个盒子里随机摸出一个球,记录球颜色后放回到盒子里,下次再随机出现一个盒子,同样随机摸出一个球记录颜色后放回盒子里,依此类推。这样随着实验的进行,会依次出现不同编号的盒子,这盒子的编号序列就是实验者的状态序列,也称隐含状态序列。每次实验都记录了抽取球的颜色,这个球的颜色序列就是实验者的观测序列。

假设实验重复进行 7 次,出现的观测序列为 $O=\{黑,黑,白,白,白,黑,黑\}$。对应的隐藏状态序列:$I=\{2号,3号,2号,1号,3号,2号,1号\}$,再次强调这个序列是实际存在的,但实验者无法直接观测到它。在整个过程中,假定每次盒子随机出现的过程都是一个马尔可夫过程,状态集合为 $Q=\{1号,2号,3号\}$,$N=3$,同时,各个盒子第一次出现的概率分布为 1 号 30%,2 号 50%,3 号 20%,则状态的初始概率分布为 $\boldsymbol{\pi}=(0.3\quad0.5\quad0.2)^T$。假设各个盒子之间转移的概率是不一样的,则会有一个状态转移矩阵,这里假设为

$$\boldsymbol{A}=\begin{bmatrix}0.4&0.4&0.2\\0.3&0.2&0.5\\0.2&0.6&0.2\end{bmatrix}$$

即假设 2 号盒子出现后,下一次出现的是 1 号盒子的概率是 0.3,出现的是 2 号盒子的概率是 0.2,出现的是 3 号盒子的概率是 0.5,依此类推。从盒子中摸球的过程,比如在 1 号盒子中黑球 2 个,白球 8 个,采用的是放回式的摸球试验,这就是最简单的古典概型。因此从 1 号盒子中摸出黑球的概率是 0.2,摸出白球的概率是 0.8,也就是所谓的观测概率,也叫输出概率,它是从特定的隐含状态当中生成指定观测的概率。把 3 个盒子的观测概率集中在一起,放在同一个矩阵当中,就得到了另一个重要的矩阵——观测概率矩阵:

$$\boldsymbol{B}=\begin{bmatrix}0.2&0.8\\0.6&0.4\\0.4&0.6\end{bmatrix}$$

在这里,观测集合 $V=\{白球,黑球\}$,$M=2$。

根据上面的例子,这里给出隐马尔可夫的定义。隐马尔可夫模型是关于时序的概率模型,隐藏的马尔可夫链随机生成的状态序列,称为状态序列 $I=(i_1,i_2,\cdots,i_n)$;每个状态生成一个观测,而由此产生的观测随机序列,称为观测序列 $O(o_1,o_2,\cdots,o_n)$。序列的每个位

置又可以看作是一个时刻。隐马尔可夫模型中所有的隐含状态构成状态集合 $Q = \{q_1, q_2, \cdots, q_n\}$，状态个数为 n。所有可能观测的集合为 $V = \{v_1, v_2, \cdots, v_m\}$，观测的个数为 m，经过一段时间 t 后，生成长度为 t 的状态序列 $I = (i_1, i_2, \cdots, i_t)$，以及对应的观测序列 $O = (o_1, o_2, \cdots, o_t)$。隐马尔可夫模型的图结构如图 3.1 所示，图中的箭头表示了变量之间的依赖关系。

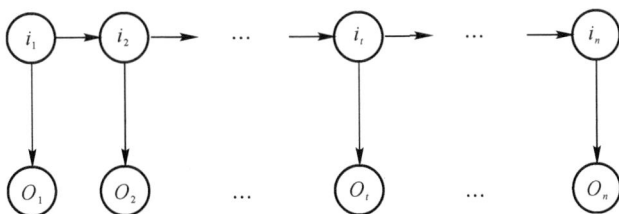

图 3.1　隐马尔可夫的图结构

隐马尔可夫模型由初始状态概率向量 $\boldsymbol{\pi}$、状态转移概率矩阵 $\boldsymbol{A}$ 和观测概率矩阵 $\boldsymbol{B}$ 决定。

$$\boldsymbol{A} = [a_{xy}]_{N \times N}$$

式中：$a_{xy} = P(i_{t+1} = q_y | i_t = q_x)$；$1 \leqslant x, y \leqslant N$，表示在任意时刻 t，若状态为 q_x，则下一时刻状态为 q_y 的概率。

$$\boldsymbol{B} = [b_{xy}]_{N \times M}$$

式中：$b_{xy} = P(o_t = v_y | i_t = q_x)$；$1 \leqslant x \leqslant N$；$1 \leqslant y \leqslant M$，表示在任意时刻 t，若状态为 q_x，则观测值 v_y 被获取的概率。

可以看出，$\boldsymbol{\pi}$ 和 $\boldsymbol{A}$ 决定状态序列，$\boldsymbol{B}$ 决定观测序列。因此，隐马尔可夫模型可以用三元符号表示，即 $\lambda = (\boldsymbol{A}, \boldsymbol{B}, \boldsymbol{\pi})$。这称为隐马尔可夫模型的三要素。如果加上一个具体的状态集合 Q 和观测序列 V，就构成了 HMM 的五元组，这也是隐马尔可夫模型的所有组成部分。初始概率向量 $\boldsymbol{\pi} = (\pi_1, \pi_2, \cdots, \pi_N)$，其中 π_i 表示的就是隐含状态序列中第 i 个状态为 q_i 的概率，即 $\pi_i = P(i_i = q_i)$。从定义中可以发现隐马尔可夫模型作了两个基本假设：马尔可夫性假设和观测独立性假设。马尔可夫性假设之前已经描述过，观测独立性假设即假设任意时刻的观测只依赖于该时刻的马尔科夫链的状态，与其他观测及状态无关，该性质用条件概率描述为

$$P(o_t | i_t, i_{t-1}, o_{t-1}, i_{t-2}, o_{t-2}, \cdots i_1, o_1) = P(o_t | i_t), \quad t = 1, 2, 3, \cdots, T \quad (3-10)$$

隐马尔可夫模型有 3 个基本问题：首先是概率计算问题，又称模型评估问题，即已知一个观测序列 O 和模型 $\lambda = (\boldsymbol{A}, \boldsymbol{B}, \boldsymbol{\pi})$，计算观测序列 O 的概率，即 $P(O | \lambda)$。对应算法有向前算法和向后算法。其次是学习问题，又称参数评估问题，即已知观测序列 O，如何调整模型参数 $\lambda = (\boldsymbol{A}, \boldsymbol{B}, \boldsymbol{\pi})$ 使得 $P(O | \lambda)$ 最大。对应算法有极大似然法（Maximum Likelihood）、期望最大值（Expectation Maximization）、鲍姆-韦尔奇算法（Baum-Welch Algorithm）和贝叶斯估计（Bayesian Estimation）。最后是预测问题，又称解码问题，即已知模型参数和观测序列 O，求给定观测序列条件概率 $P(I | O)$ 最大的状态序列 $I = (i_1, i_2, \cdots, i_t)$，也就是说，给定观测序列 O，求最有可能的状态序列 I。对应的算法有维比特算法（Viterbi Algorithm)。隐马尔可夫模型在人脸识别、语音识别和入侵检测等领域都有巨大的作用。

（3）条件随机场模型（Conditional Random Fields，CRF）。

概率模型（Probabilistic Modal）提供这样一种描述的框架，将学习任务归结于计算变量的概率分布。在概率模型中，利用已知变量推测未知变量的分布称为"推断"，其核心是如何基于可观测变量推测出未知变量的条件分布。具体来说，假定所关心的变量集合为 I，可观测变量集合为 O，其他变量的集合为 R，"生成式"（Generative）模型考虑联合概率分布 $P(I,R,O)$；"判别式"（Discriminative）模型考虑条件分布 $P(I,R|O)$。给定一组观测变量值，推断就是要由 $P(I,R,O)$ 或 $P(I,R|O)$ 得到条件概率分布 $P(I|O)$。

因为属性变量之间存在复杂的联系，所以概率模型的学习变得困难。大家使用概率图模型（Probabilistic Graphical Modal）来表达变量的关系。它以图为表示工具，结点表示一个或一组随机变量，结点之间的边表示变量间的相关关系。根据边有无方向，概率图模型大致分为两类：第一类是使用有向无环图表示变量间的依赖关系，称为有向图模型或贝叶斯网（Bayesian Network）；第二类是使用无向图表示变量之间的相关关系，称为无向图模型或马尔可夫网（Markov Network）。

前面讲的 HMM 是一种生成式概率图模型。条件随机场（CRF）与 HMM 不同，它是一种判别式的概率图模型。隐马尔可夫模型引入了马尔可夫假设，即当前时刻的状态只与其前一时刻的状态有关。但是，在序列标注任务中，当前时刻的状态，应该同该时刻前后的状态均相关。于是，在很多序列标注任务中，研究者引入了条件随机场。

CRF 试图对多个变量在给定观测值后的条件概率进行建模。具体来讲，若令 $O=(o_1, o_2, \cdots, o_n)$ 为观测序列，$I=(i_1, i_2, \cdots, i_n)$ 为与之相应的标记序列，则条件随机场的目标是构建条件概率模型 $P(I|O)$。若标记序列 I 中元素构成一个无向图 $G(V,E)$，当 O 与 I 两个随机变量的概率分布满足如下的条件：

$$P(i_v|O, I_{V\setminus\{v\}}) = P(i_v|O, I_{n(v)}) \tag{3-11}$$

则 (I,O) 构成一个条件随机场。简单说明一下上面的条件概率公式：v 表示 G 中的任一结点，i_v 表示与结点 v 对应的标记向量，$n(v)$ 表示结点 v 的邻接结点，$V\setminus\{v\}$ 表示 V 中除了 v 的任一节点。式（3-11）的含义就是，G 中每个变量 i_v 都满足马尔可夫性，即 i_v 在某一时刻的状态，仅与其有边连接的结点有关。

理论上来说，只要能表示标记变量之间的条件独立性关系即可，但在 NLP 中，常用的是线性链的条件随机场，称为链式条件随机场（Chain-structured CRF），如图 3.2 所示。下面将着重介绍这种条件随机场。

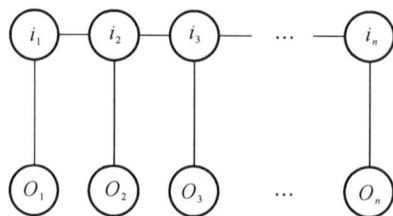

图 3.2　链式条件随机场

设 $O=(o_1,o_2,\cdots,o_n)$，为观测序列，$I=(i_1,i_2,\cdots,i_n)$，为与之相应的标记序列，它们都为线性链表示的随机变量序列，若在给定随机观测序列 O 的情况下，随机标记序列 I 的条件概率 $P(I,O)$ 满足条件随机场，即满足以下条件：

$$P(i_t|O,i_1,i_2,\cdots,i_{t-1},i_{t+1},\cdots,i_n)=P(i_t|O,i_{t-1},i_{t+1}) \tag{3-12}$$

从上面的定义可以看出，条件随机场与 HMM 之间的差异是，在 HMM 中，I 在 t 时刻状态与其前一时刻即 i_{t-1} 相关。而在 CRF 中，I 在 t 时刻的状态与其前后时刻，即 i_{t-1} 与 i_{t+1} 均相关。

在条件随机场中，通过选用指数势函数并引入特征函数（Feature Function）。条件概率被定义为

$$P(I\mid O)=\frac{1}{Z}\exp\Big(\sum_j\sum_{t=1}^{n-1}\lambda_j v_j(i_{t+1},i_t,O,t)+\sum_k\sum_{t=1}^{n}u_k s_k(i_t,O,t)\Big) \tag{3-13}$$

式中：$v_j(i_{t+1},i_t,O,t)$ 是定义在观测序列的两个相邻标记位置上的转移特征函数（Transition Feature Function），用于刻画相邻标记变量之间的相关关系以及观测序列对它们的影响；$s_k(i_t,O,t)$ 是定义在观测序列的标记位置 t 上的状态特征函数（Status Feature Function），用于刻画观测序列对标记变量的影响；λ_j 和 u_k 为参数；Z 为规范化因子，用于确保此定义为正确定义的概率，

$$Z=\sum_I\exp\Big[\sum_j\sum_{t=1}^{n-1}\lambda_j v_j(i_{t+1},i_t,O,t)+\sum_k\sum_{t=1}^{n}u_k s_k(i_t,O,t)\Big]$$

显然，要使用条件随机场，还需要定义合适的特征函数。特征函数通常是实值函数，以刻画数据的一些很可能成立或期望成立的经验特征。通常条件随机场模型不同的应用会有相应的合适的特征函数，这里就不详细说明了，有兴趣的读者可以参考周志华的《机器学习》[3] 等相关资料进行深入的学习。

3.混合分词方法

常见的分词器都是使用机器学习算法和词典相结合，一方面能够提高分词准确率，另一方面能够改善领域适应性。如有人尝试使用双向长短期记忆网络（LSTM）（深度学习方法其中的一种）和 CRF 实现分词器，其本质都是序列标注，因此有通用性，命名实体识别等都可以使用该模型，据报道其分词器字符准确率高达 97.5%。混合分词方法具有准确率高、适应性强等优点，但是成本高一些，而且速度比较慢。

由于分词是 NLP 最基本的任务，研究者基于之前描述的算法和思想发明了许多好用分词工具。中文分词工具有 HanLP、StanfordcoreNLP、Jieba、SnowNLP、THULAC、LTP、NLPIR、Pynlpir、Ansj 分类器、KCWS 分词器、ZPar、IKAnalyzer 等。英文分词工具有 NLTK、SpaCy、StanfordCoreNLP、Keras、Gensim 等。

3.1.2　词干化

在 NLP 中，对一句话或一个文档分词后，一般要进行词干化处理，它是对不同状态的单词进行简化处理（包括把一些名词的复数去掉、动词的不同时态去掉等），例如 listened 转化

为 listen，目的是减少词汇量，进而减少特征。这是针对英文而言的，中文没有这方面的需要。常用的词干化处理包括词干提取和词形还原，虽然词干提取和词形还原的目的一致，但是两者还是存在一些差异，接下来介绍它们的概念、异同、实现算法等。

1．词干提取

词干提取（Stemming）：提取词干（Word Stem：表示每个单词的主体部分）的过程，通常是去除单词的前后缀得到词根的过程。常见的前后词缀有名词的复数、进行时、过去分词等。例如，将 palys、playing、played、player 转化为词干 play 的过程。

2．词形还原

词形还原（Lemmatisation）：基于词典，将单词复杂形态转变成最基本的形态。词形还原不是简单地将前后缀去掉，而是会根据词典将单词进行转换。例如，将 is、are、am、been 还原为 be。

3．词干提取和词形还原的相同点

（1）目标一致。词干提取和词形还原的目标均为将词的曲折形态或派生形态简化或归并为词干或原形的基础形式，都是一种对词的不同形态的统一归并的过程。

（2）主流实现方法类似。目前词干提取和词形还原的主流实现方法均是利用语言中存在的规则或利用词典映射词干或获得词的原形。

（3）应用领域相似。它们主要应用于信息检索和文本、自然语言处理等方面，二者均是这些应用的基本步骤。

（4）结果部分交叉。词干提取和词形还原的结果不是互斥关系，而是有部分交叉的。一部分词利用这两类方法都能达到相同的词形转化效果。如 boys 的词干为 boy，其原形也为 boy。

4．词干提取和词形还原的区别

（1）原理不同。词干提取主要是采用"缩减"的方法，将单词转换为词干，如将 production 转化为 product。而词形还原主要采用"转变"的方法，将单词转变为其原形，如将 ate 处理为 eat。

（2）具体实现方法上各有侧重。词干提取的实现方法主要利用规则变化进行词缀的去除和缩减，从而达到词的简化效果。词形还原则相对较复杂，有复杂的形态变化，单纯根据规则无法很好地完成词形变化，其更依赖于词典进行词形变化和原形的映射，生成词典中的有效词。

（3）复杂度不同。词干提取方法相对简单，而词形还原需要返回词的原形，则需要对词形进行分析，不仅要进行词缀的转化，还要进行词性识别，区分相同词形但原形不同的词。词性标注的准确率也直接影响词形还原的准确率，因此，词形还原更为复杂。

（4）应用侧重点不同。词干提取更多被应用于信息检索领域，用于扩展检索，粒度较粗。词形还原则主要被应用于文本挖掘、自然语言处理，用于更细粒度、更为准确的文本分析和表达。

（5）结果不同。词干提取的结果可能并不是完整的、具有意义的词，而只是词的一部分，如 revival 词干提取的结果为 reviv。而经词形还原处理后获得的结果是具有一定意义的、完整的词,一般为词典中的有效词。

5.词干提取和词形还原的实现算法

(1)Porter。这种词干算法比较旧,其开发已经停止了。其主要关注点是删除单词的共同结尾,以便将它们解析为通用形式。它是一种很好的起始基本词干分析器,但不建议将它用于复杂的应用。相反,它在研究中作为一种很好的基本词干算法,可以保证重复性。与其他算法相比,它也是一种非常温和的词干算法。

(2)Snowball(Porter2)。它在 Porter 的基础上加了很多优化,被普遍认为比 Porter 更好。Snowball 与 Porter 相比,差异约为 5%。

(3)Lancaster(Paice-Husk)。这个算法比较激进,有时候会处理成一些比较奇怪的单词。如果在 NLTK 中使用词干分析器,则可以非常轻松地将自己的自定义规则添加到此算法中。词形还原的实现算法为:由于词形还原是基于词典的,每种语言都需要经过语义分析、词性标注来建立完整的词库。例如,Python 中的 NLTK 库就包含英语单词的词汇数据库。这些单词基于它们的语义关系链接在一起,特别是,研究人员可以利用 Wordnet 词典。

3.2　分类与回归

分类(Classification)与回归(Regression)问题是监督学习主要解决的两类问题。不管是分类还是回归,都是对输入做出预测,也就是说,它们根据特征来分析输入的内容,判断输入内容的类别(分类问题)或者预测输入内容具体的值(回归问题)。对只涉及两个类别的"二分类"(Binary Classification)任务,通常称其中一个类为"正类"(Positive Class),另一个类为"反类"(Negative Class)。当涉及多个类别时,称为"多分类"(Multi-class Classification)任务。

3.2.1　分类与回归的区别

(1)输出不同。分类问题输出的是物体所属类别,回归问题输出的是物体的值。同时,分类问题的输出是离散型变量,是一种定性输出;回归问题的输出是连续型变量,是一种定量输出。例如,从前几天的天气情况来预测今天天气状况是晴、阴、下雨还是下雪,这是分类问题;从前几天的温度情况来预测今天的温度具体是多少,这是回归问题。这里的离散和连续不是纯数学意义上的离散和连续,可以认为离散是规定好的有限数量的类别,这些类别是离散的。连续是理论上的可以取某个可控范围内的任意值。

(2)目的不同。分类的目的是寻找决策边界,即分类算法得到的是一个决策面,用于对数据集中的数据进行分类;回归的目的是找到最优拟合,通过回归算法得到的是一个最优拟合线,这个线条可以很好地接近数据集中的各个点。

(3)本质不同,即假设的模型不同[损失函数(Loss Function)不同]。分类的损失函数一般用交叉熵,而回归的损失函数一般用均方误差(MSE)。

（4）结果不同。分类的结果没有逼近，预测出的类别具有唯一性，即最终结果只有一个；回归则是对真实值的一种逼近预测，值不确定，当预测值与真实值相近时，即绝对误差较小时，可以认为这是一个好的回归。Chevalier Meirtz 对分类与回归区别的总结如表 3.1 所示。

表 3.1　分类与回归的区别

特　　性	分类（监督学习）	回　　归
输出类型	离散数据	连续数据
目的	寻找决策边界	找到最优拟合
评价方法	精度（Accuracy）、混淆矩阵等	SSE（Sum of Square Error）或拟合优度

但是分类基本上都是用"回归模型"解决的，只是假设的模型不同（损失函数不一样），这是因为不能把分类标签当回归问题的输出来解决，比如，最小二乘拟合曲线与最小二乘二分类，单层 Logistic 神经网拟合曲线与 Logistic 回归二分类等。有许多人认为 Logistic 回归属于回归，其实 Logistics 回归是分类。它只是用到了回归算法，其输出的结果是决策边界，是不连续的。

3.2.2　分类与回归的应用

学习分类与回归的主要目的是为了应用，而不是单纯了解它们有什么不同。下面简要介绍一下它们对应的应用领域。

（1）分类应用。分类问题应用非常广泛，最常见的分类方法是逻辑回归，或者叫逻辑分类。它通常是建立在回归之上，分类的最后一层通常要使用 Softmax 函数［Softmax 函数，又称归一化指数函数，用于多分类过程中，它将多个神经元的输出，映射到（0,1）区间内，可以看成概率，从而来进行多分类］判断其所属类别。例如，判断一幅图片上的动物是猫还是狗，判断明天天气的阴晴，判断零件的合格与不合格，等等。

（2）回归应用。回归问题通常是用来预测一个具体的值，如预测房价、股票的成交额等。一个比较常见的回归算法是线性回归算法（LR）。另外，回归分析用在神经网络上，其最上层是不需要加上 Softmax 函数的，而是直接对前一层累加即可。

3.3　数据集（语料库）

假设有几百条购买者对华为 P30 手机的评价记录，这些评价里的情感极性有积极、消极和中立，情绪极性有快乐、中立、惊讶、悲伤、愤怒。这组记录的集合称为一个数据集（Data Set），其中每一条记录是关于一个事件或对象（这里是对华为 P30 手机的评价）的描述，称为一个样本（Sample）或示例（Instance）。反映事件或对象在某方面的表现或性质（这里指的是评价的情感极性和情绪极性)的事项称为属性(Attribute)或特征(Feature)。在属性上的取值,例如积极、惊讶、中立和悲伤等,称为属性值(Attribute Value)。属性张成的空间称为属性空间(Attribute Space)、样本空间(Sample Space)或输入空间。例如把"情感极性"和"情绪极性"作为坐标轴,把它们张成一个描述评价的二维空间,每个评价都可以在这个空间找到自己的坐标位置。由于空间中的每个点对应一个坐标向量,因此也把一个样本称为一个特征向量(Feature Vector)。

一般地,令 $D = \{x_1, x_2, \cdots, x_n\}$ 表示包含 n 个样本的数据集,每个样本有 d 个属性描述,例如上面评价就使用了 2 个属性,则每个样本 $x_i = \{x_{i1}, x_{i2}, \cdots, x_{id}\}$ 都是 d 维样本空间 X 中的一个向量,被称为特征向量,$x_i \in X$,其中 x_{ij} 是 x_i 在第 j 个属性上的取值,d 称为样本的"维数"(Dimensionality)。

3.3.1 机器学习

机器学习的简单流程:首先使用大量和任务相关的数据集来训练模型;其次通过模型在数据集上的误差不断迭代训练模型;最后将调整好的模型进行现实应用。但是模型在现实数据上的预测效果与真实数据本身具有误差,这种误差称为泛化误差,研究者认为训练好的模型泛化误差越低越好,希望通过某个信号来了解模型的泛化误差,这样就能够指导研究者调整模型增加其泛化能力。如果直接将泛化误差作为了解模型泛化能力的信号,则研究者很有可能在部署环境和训练模型之间往复,代价很高。也不能使用模型对训练数据集的拟合程度作为了解模型泛化能力的信号,因为这样获得的数据往往不干净。最好的方式是将数据分割为两部分:训练集(Training Set)和测试集(Test Set)。可以使用训练集的数据来训练模型,然后用测试集上的误差作为最终模型在现实场景的泛化误差。有了测试集,想要验证模型的最终效果,只需将训练好的模型在测试集上计算误差(认为此误差为泛化误差的近似)即可。

如果要挑选不同的模型,可以让两个模型分别在训练集上训练,然后选择在测试集上误差小的模型作为最终要选择的泛化能力强的模型。但是研究者要做的不仅是对不同的模型与模型进行对比,很多时候需要对模型本身进行选择。例如,有两个模型,线性模型和神经网络模型,神经网络的泛化能力要比线性模型要强,因此选择了神经网络模型,但是神经网络中还有很多需要人工进行选择的参数,比如神经网络的层数和每层神经网络的神经元个数以及一些正则化的参数等,将这些参数称为超参数,调整模型里面的超参数可使模型泛化能力变强。这时如果直接通过模型在测试集上的误差来调节超参数,可能模型在测试集上的误差为 0,但是在现实场景中,效果非常差(信息泄露)。因此使用测试集作为泛化误差的近似,不到最后是不能将测试集的信息泄露出去的。这时研究者引进了验证集(Validation Set),将验证集作为调整模型的依据。也就是说最终将数据划分为训练集、验证集和测试集。在训练集上训练模型,在验证集上评估模型调整参数,找到最佳参数后,在测试集上进行测试,将此次误差作为泛化误差的近似。关于数据集的划分,如果当数据量不是很大的时候(万级别以下),将训练集、验证集以及测试集的比列划分为 6:2:2;若是数据量很大,可以将训练集、验证集、测试集比例调整为 $8:1:1$；但是在可用的数据很少的情况下，可以使用一些高级的方法，比如留出法、K 折交叉验证法等。

3.3.2 数据集划分

（1）留出法（Hold-our Method）。该法直接将整个数据集 D 划分为 3 个互斥的集合作为训练集、验证集和测试集。在划分的时候需要保持数据分布的一致性，避免因划分过程引入额外的偏差而对最终结果产生影响。例如，在分类任务中至少要保证样本的类别比例相似。因此通常使用分层采样（Stratified Sampling）划分数据以保证类别比例。即使这样也会有无数种数据集 D 的划分，因此单次使用留出法得到的估计结果往往不够稳定、可靠，一般要采用若干次随机划分，重复进行实验评估后取平均值作为留出法的评估结果。一般当数据集样本数量很大时，才会使用这种简单直接的方法，比如采用 $2:1:1$ 或者 $4:1:1$ 的分层比例进行数据划分。但是当数据集样本数量较少时，这种划分方法形成的模型评估结果可能就不够可靠了。

（2）交叉验证法（Cross Validation）。在这种数据集的划分中，将数据集划分为 K 个大小相似的互斥子集。其中每个子集都尽可能保持数据分布的一致性，即从 D 中通过分层采样得到。每个子集均做一次测试集，每次将其余 $K-1$ 个子集的并集作为训练集。这样就得到了 K 组划分，进行 K 次训练和测试，最后返回 K 个评估结果的均值。显然，交叉验证法评估结果的稳定性和保真性在很大程度上取决于 K 的取值。为了强调这一点，一般把交叉验证法称为"K 折交叉验证"（K-fold Cross Validation）。K 最常用的取值是 10，此时称为 10 折交叉验证。这种方法充分利用了数据集中的数据，故当样本数量较小时，可以采用这种方法划分数据集。交叉验证法有一个特例：留一法（Leave-one-out），即当数据集 D 中包含 n 个样本时，若令 $K=n$，则将这个数据集划分为 n 个子集，每个子集只会包含一个样本。在测试和训练时，这种方法使用的训练集只比初始数据集 D 少了一个样本，使用实际评估的模型与期望评估的使用完整数据集训练出的模型很相似，因此结果相对更加准确。但是当数据集 D 的样本很大时，留一法就需要耗费大量的算力，效率较低。

（3）自助法（Bootstrap Resampling）。该方法直接以自助采样（Bootstrap Sampling）为基础[4]，给定包含 n 个样本的数据集，对它进行采样，产生数据集 D'，方法是每次随机地从 D 中挑选一个样本，将其拷贝到 D' 中，然后再将该样本放回初始数据集 D 中，使得该样本在下次采样时仍有可能被采到。这个过程重复 n 次，就得到了有 n 个样本的数据集 D'，显然，D 中的某些样本会在 D' 中出现多次，也有些样本不在 D' 中。样本在 n 次采样中始终不被采到的概率是 $\left(1-\dfrac{1}{n}\right)^{n}$，取极限得到

$$\lim_{n\to\infty}\left(1-\frac{1}{n}\right)^{n}\to\frac{1}{e}\approx 0.368 \qquad (3-14)$$

因此通过自助采样，初始数据集 D 中约有 36.8% 的样本 D'。将 D' 作为训练集，D'/D

作为测试集。这样,实际评估的模型与期望评估的模型都使用 n 个训练样本,而仍有数据总量约 1/3 的没在训练集中出现的样本用于测试。这样的测试结果,也称为包外估计(Out-of-bag Estimate)。自助法在数据集较小、难以有效划分数据集时很有用,而且它能从初始数据集中产生多个不同的数据集,这对集成学习等方法有很大好处。然而自助法产生的数据集改变了初始数据集的分布,这样会引入偏差。因此,在初始数据量够多时,留出法和交叉验证法更常用一些。

3.4 评 价 指 标

对学习器的泛化能力进行评估,不仅需要有效可行的实验估计方法,还需要有衡量模型泛化能力的评价指标,这就是性能度量(Performance Measure)。性能度量反映了任务需求,在对比不同模型的能力时,使用不同的性能度量往往会产生不同的评判结果,这意味着模型的"好坏"是相对的。什么样的模型是好的,不仅取决于算法和数据,还取决于任务需求。

假设样本集 $D=\{(x_1,y_1),(x_2,y_2),(x_3,y_3),\cdots,(x_n,\ y_n)\}$,其中 y_i 是 x_i 的真实标记,要评估学习器 f 的的性能,就要把学习器预测结果 y' 或 $f(x)$ 与真实标记 y 进行比较。

3.4.1 回归任务的评价指标

在机器学习中的回归任务中,首先想到的是采用残差(实际值与预测值的差值)的均值来衡量,即

$$\text{residual}(y,y')=\frac{1}{n}\sum_{i=1}^{n}(y_i-y'_i) \tag{3-15}$$

但是当实际值分布在拟合曲线两侧时,对于不同样本而言,$(y_i-y'_i)$ 有正有负,加在一起后会相互抵消,因此采用预测值和真实值之间的距离来衡量,即平均绝对误差(Mean Absolute Error,MAE):

$$\text{MAE}(y,y')=\frac{1}{n}\sum_{i=1}^{n}|y_i-y'_i| \tag{3-16}$$

MAE 虽能很好地衡量回归模型的好坏,但是绝对值的存在导致函数不光滑,存在有某些点上不能求导的情况,这时候考虑将绝对值改为残差的二次方,这就是均方误差。在回归任务中最常用的性能度量是均方误差或均方偏差(Mean Squared Deviation,MSD),它又被称为 L2 范数损失。均方误差是一个风险函数,对应二次方误差损失或二次损失的期望值。这种差异的产生是因为随机性,或者是因为估计值没有考虑到能够产生更准确估计值的信息。MSE 的定义为

$$\text{MSE} = \frac{1}{n} \sum_{i=1}^{n} (y_i - y'_i)^2 \qquad (3-17)$$

对于一个特定的样本,这是一个容易计算的量。但由于 MSE 与目标变量的量纲不一致,为了保证量纲一致性,需要对 MSE 进行开二次方。这就出现了均方根误差 RMSE:

$$\text{RMSE} = \sqrt{\frac{1}{n} \sum_{i=1}^{n} (y_i - y'_i)^2} \qquad (3-18)$$

上面几种衡量标准的取值大小与具体的应用场景有关,很难定义统一的规则来衡量模型的好坏,且它们都是有量纲的指标,因此出现了有比较规范化即无量纲的指标:决定系数(R^2)。

变量之所以有价值,就是因为变量是变化的。例如,一组因变量为$[0,0,0,0,0]$,显然该因变量的结果是一个常数 0,好像也没有必要建模对该因变量进行预测。假如一组的因变量为$[1,3,7,10,12]$,该因变量是变化的,也就是有变异,因此需要通过建立回归模型进行预测。这里的变异可以理解为一组数据的方差不为 0。而决定系数就是反映因变量的全部变异能通过回归关系被自变量解释的比例。决定系数定义为($\bar{y}$ 为平均值)

$$\text{SST} = \sum_{i=1}^{n} (y_i - \bar{y})^2$$

$$\text{SSR} = \sum_{i=1}^{n} (y'_i - \bar{y})^2$$

$$\text{SSE} = \sum_{i=1}^{n} (y'_i - y_i)^2$$

$$\text{SST} = \text{SSR} + \text{SSE}$$

$$R^2(y, y') = \frac{\text{SSR}}{\text{SST}} \qquad (3-19)$$

如果结果是 0,就说明模型预测不能预测因变量。如果结果是 1,就说明是函数关系。如果结果是 0~1 之间的数,它就代表模型的好坏程度。化简式(3-19),分子就变成了均方误差 MSE,分母就变成了方差,即

$$R^2(y, y') = 1 - \frac{\text{SSE}}{\text{SST}} = 1 - \frac{\sum_{i=1}^{n}(y'_i - y_i)^2}{\sum_{i=1}^{n}(y_i - \bar{y})^2} = 1 - \frac{\sum_{i=1}^{n} \frac{(y'_i - y_i)^2}{n}}{\frac{\sum_{i=1}^{n}(y_i - \bar{y})^2}{n}} = 1 - \frac{\text{MSE}(y, y')}{\text{Var}(y)}$$

$$(3-20)$$

R^2 是基于误差的均值进行评估的,均值对异常点(Outliers)较敏感,如果样本中有一些异常值出现,就会对以上指标的值有较大影响,即均值是非鲁棒的。一般有两种方法来解决评估指标的鲁棒性问题:①剔除异常值。可以设定一个相对误差,当该值超过一定阈值时,认为其是一个异常点,剔除这些异常点后,再计算平均误差来对模型进行评估。②使用误差的分位数(下四分位数、中位数、上四分位数)来代替。例如利用中位数来代替平均数,即MAPE:

$$MAPE = media\left(\frac{|y_i - y'_i|}{y_i}\right) \tag{3-21}$$

MAPE 是一个相对误差的中位数,当然也可以使用别的分位数。

3.4.2 分类任务的评价指标

分类任务中最常用的性能度量是错误率和精度,它们既适用于二分类任务,也适用于多分类任务。错误率是分类错误的样本数占样本总数的比例。精度是指分类正确的样本数占样本总数的比例。错误率的定义为

$$E(y', y) = \frac{1}{n}\sum_{i=1}^{n}(y'_i \neq y_i) \tag{3-22}$$

精度的定义为

$$Acc(y', y) = \frac{1}{n}\sum_{i=1}^{n}(y'_i = y_i) = 1 - E(y', y) \tag{3-23}$$

错误率和精度虽然常用,但并不能满足所有任务需求,在信息检索、Web 搜索等应用中,人们经常会关心"搜索出来的信息中有多少比例是用户感兴趣的""用户感兴趣的信息有多少被检索出来了"等问题。"准确率"(Precision,又称查准率)和"召回率"(Recall,又称查全率)是更适合此类问题的性能度量。

对于二分类问题,可将样例根据其真实类别和分类器预测类别划分:

(1)TP:True Positive,真正,真实值为 positive,预测正确(预测值为 positive)。
(2)TN:True Negative,真负,真实值为 negative,预测正确(预测值为 negative)。
(3)FP:False Positive,假正,真实值为 negative,预测错误(预测值为 positive)。
(4)FN:False Negative,假负,真实值为 positive,预测错误(预测值为 negative)。

分类结果的混淆矩阵(Confusion Matrix)如表 3.2 所示。

表 3.2 混淆矩阵

真实类别	预测类别	
	正例	负例
正例	TP	FN
负例	FP	TN

TP+FN+FP+TN=样本总数。

查准率(Precision)是指在模型中所有判定的"真"的样本中,确实是真的占比,即

$$P = \frac{TP}{TP+FP} \tag{3-24}$$

查全率(Recall)是指在所有确实为真的样本中,被判为的"真"的占比,即

$$R = \frac{TP}{TP+FN} \tag{3-25}$$

此外,还有真正率(True Positive Rate,TPR):对任意正例被正确分类的概率的一个估

计,即

$$TPR = \frac{TP}{TP+FN} \tag{3-26}$$

真负率(False Positive Rate,FPR):被正确分类的负样本的比例,即

$$FPR = \frac{FP}{FP+TN} \tag{3-27}$$

查准率和查全率是一对矛盾的性能度量,一般而言,查准率高时,查全率往往偏低;而查全率高时,查准率往往偏低。真正率和真负率有时也被称为灵敏度(Sensitivity)和特异度(Specificity)。为了综合考察查准率和查全率的性能度量,引入了平衡点(Break-Even Point,BEP),它是"查准率=查全率"时的取值。以查准率为纵轴,查全率为横轴作图,就得到了查准率-查全率曲线,简称"P-R 曲线"。图 3.3 所示为 P-R 图,其中学习器 C 的 P-R 曲线被学习器 A 的曲线完全"包围",可以认为学习器 A 的性能优于学习器 C。也就是说,当一个学习器的 P-R 曲线被另一个学习器的曲线完全"包住",可以认为后者的性能优于前者的性能。当两个学习器的 P-R 曲线发生交叉时,则难以断定两者孰优孰劣,只能在具体的查准率和查全率的条件下进行比较,但是人们往往希望把学习器 A 与 B 比出高低,这时人们想到了比较 P-R 曲线下面积的大小,它在一定程度上表现了学习器在查准率和查全率取得相对"双高"的比例,但是这个值不太容易估算。人们常用的便是通过 BEP 进行比较,也就是说,BEP 取值越高,就认为这个学习器越好。在这种情况下,显然学习器 A 优于学习器 B。

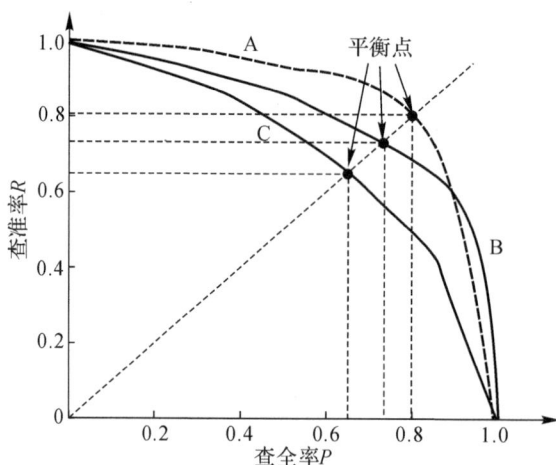

图 3.3 P-R 图

但是 BEP 太过简化了,因此常用的是 F_1 分数。在介绍 F_1 之前,首先介绍它的一般形式 F_β 分数,它是查准率和查全率的加权调和平均(Weighted Harmonic Mean,WHM),表达了对查准率和查全率的不同偏好,公式为(其中 β 是权重)

$$F_\beta = (1+\beta^2) \times \frac{PR}{\beta^2 P+R} \tag{3-28}$$

化简得

$$F_{\beta} = \frac{(1+\beta^2)PR}{\beta^2 P + R} = \frac{1}{\dfrac{\beta^2}{(1+\beta^2)R} + \dfrac{1}{(1+\beta^2)P}} = \frac{1}{\dfrac{1}{\left(1+\dfrac{1}{\beta^2}\right)R} + \dfrac{1}{(1+\beta^2)P}} \qquad (3-29)$$

可以看出,当 $\beta>1$ 时,查全率有更大的影响;当 $\beta=1$ 时,退化为标准的 F_1;当 $\beta<1$ 时,查准率有更大的影响。F_1 的定义为

$$F_1 = \frac{2PR}{P+R} = \frac{2\text{TP}}{\text{样本总数}+\text{TP}-\text{TN}} \qquad (3-30)$$

根据学习器的预测结果对样例进行排序,把学习器认为"最可能"是正例的样本排在前面,把学习器认为"最不可能"是正例的样本排在后面。这样,分类过程相当于在这个排序中以某个截断点将样本分为两部分,前一部分判别为正例,后一部分判别为反例。一般根据任务需求采用不同的截断点,当查准率的权重大些时,选择排序中靠前的位置进行截断,当查全率的权重大些时,选择排序中靠后的位置进行截断。排序后按此顺序逐个将样本作为正例进行预测,每次计算出两个重要量的值,分别以它们为横、纵坐标作图,当这两个重要量为查准率和查全率时,这个图像即 $P-R$ 图;当两个重要量为真正率(TPR)和真负率(FPR)时,这个图像就是受试者工作特征(Receiver Operating Characteristic,ROC)曲线图。其中以 FPR 为横轴,TPR 为纵轴,得到了 ROC 曲线。图 3.4 所示为 ROC 图。

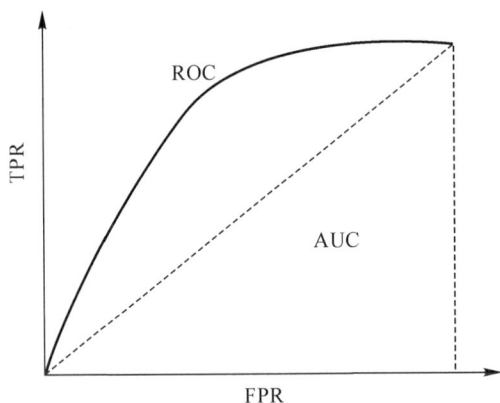

图 3.4　ROC 图

由图 3.4 可以看出,对角线对应于"随机猜测"的模型。而 AUC(Area Under ROC Curve)值为 ROC 曲线所覆盖的区域面积,显然,AUC 越大,分类器分类效果越好。当 AUC=1 时,是完美分类器;当 $0.5<\text{AUC}<1$ 时,优于随机猜测,有预测价值;当 AUC=0.5 时,跟随机猜测一样,没有预测价值;当 AUC <0.5 时,比随机猜测还差,但只要总是反预测而行,就优于随机猜测。AUC 的物理意义是正样本的预测结果大于负样本的预测结果的概率。因此 AUC 反映的是分类器对样本的排序能力。另外,值得注意的是,ROC 和 AUC 对样本类别是否均衡并不敏感,ROC 曲线只与横坐标(FPR)和纵坐标(TPR)有关系。可以发现,TPR 只是正样本中预测正确的概率,而 FPR 只是负样本中预测错误的概率,和正负样本的比例没有关系。因此 ROC 的值与实际的正负样本比例无关,ROC 既可以用于均衡问题,也可以用于非均衡问题。而 AUC 的几何意义为 ROC 曲线下的面积,当然也和实际的正负样

本比例无关。这也是不均衡样本通常用 AUC 评价分类器性能的一个原因。

ROC 图是以 FPR 作为横坐标，TPR 作为纵坐标，通过改变不同阈值，从而得到 ROC 曲线。在 KS(Kolmogorov-Smirnov)曲线中，则是以阈值作为横坐标，以 FPR 和 TPR 作为纵坐标，KS 曲线则为 TPR－FPR，KS 曲线的最大值通常为 KS 值。可以看出，当阈值减小时，TPR 和 FPR 会同时减小，当阈值增大时，TPR 和 FPR 会同时增大。而在实际工程中，研究者希望 TPR 更大一些，FPR 更小一些，即 TPR-FPR 越大越好，也即 KS 值越大越好。KS 值是在模型中用于区分预测正负样本分隔程度的评价指标，一般应用于金融风控领域。

当执行多分类任务时，每两个类别的组合都对应一个混淆矩阵，就会有许多混淆矩阵，或者有多个二分类混淆矩阵，即人们希望在 n 个二分类混淆矩阵上综合考察查准率和查全率。这个时候"宏 F_1"(macro－F_1)指标被人们提出，它是在各混淆矩阵上分别计算出查准率和查全率，记为$(P_1,R_1),(P_2,R_2),(P_3,R_3),\cdots,(P_n,R_n)$，再计算平均值得到的。同时还有相应的"宏查准率"(macro-P)和"宏查全率"(macro-R)，即

$$macro\text{-}P = \frac{1}{n}\sum_{i=1}^{n}P_i \tag{3-31}$$

$$macro\text{-}R = \frac{1}{n}\sum_{i=1}^{n}R_i \tag{3-32}$$

$$macro\text{-}F_1 = \frac{2\times macro\text{-}P \times macro\text{-}R}{macro\text{-}P + macro\text{-}R} \tag{3-33}$$

除了在各混淆矩阵上分别计算查准率和查全率再平均之外，还可以将各混淆矩阵的对应元素进行平均，得到 TP、FP、TN、FN 的平均值 $\overline{TP}$、$\overline{FP}$、$\overline{TN}$、$\overline{FN}$，基于这些值，计算出的查准率和查全率称为"微查准率"(micro-P)和"微查全率"(micro-R)，还有相应的"微 F_1"(micro-F_1)，即

$$micro\text{-}P = \frac{\overline{TP}}{\overline{TP}+\overline{FP}} \tag{3-34}$$

$$micro\text{-}R = \frac{\overline{TP}}{\overline{TP}+\overline{FN}} \tag{3-35}$$

$$micro\text{-}F_1 = \frac{2\times micro\text{-}P \times micro\text{-}R}{micro\text{-}P + micro\text{-}R} \tag{3-36}$$

3.5 本章小结

在本章中，笔者介绍了情感分析或者说机器学习的基础知识。其中包括对输入数据的预处理：分词和词干化。简单地说，分词是将文本进行单词或词组的分割，即对输入数据进行了结构化处理，以便构建特征。而词干化主要是对英文来讲的，因为英文单词有不同状态和转化形式，所以需要对不同状态的单词进行简化处理，以便减少词汇量，进而减少特征。本章简要介绍了分词和词干化处理的难点，也具体分析了实现它们的方法。例如，对于分词的方法，有基于词典匹配的分词方法、基于统计的分词方法和混合分词方法。词干化处理的

方法,则包括词干提取和词形还原。

　　根据模型输出的结果类型引出了分类与回归的概念,对它们两个的区别进行了详细的描述,这不仅是简单地为了区别分类与回归,而是希望读者在学习如何对分类与回归进行区分的同时能够对分类与回归的含义有更深层次的理解。本章还介绍了模型处理的内容,即数据集。给出了数据集的定义以及需要划分它为训练集、测试集和验证集的原因,同时也详细地介绍了划分方法,例如留出法、交叉验证法和自助法等,在不同情况下需要不同的划分方法。

　　最后对模型的性能度量(评价指标)进行了简要的介绍,模型可以划分为分类模型和回归模型,对于不同的模型有不同的评价指标。对于分类任务,评价指标有错误率、精度、查准率、查全率、真正率、真负率、平衡点、F_1 分数、F_β 分数、P-R 曲线、ROC 曲线、AUC、KS 曲线、宏查准率、宏查全率、宏 F_1、微查准率、微查全率、微 F_1 等;对于回归任务,评价指标有残差、MAE、MSE、RMSE、R^2、MAPE 等。对于任一性能度量,模型在其上有着比较好的表现,并不一定代表着这模型更好,通常需要人们根据实际情况确定需要关心的指标,再选择合适的性能度量对模型的"好坏"进行度量。

参 考 文 献

[1]　黄昌宁,高剑峰,李沐. 对自动分词的反思[C]//全国第七届计算语言学联合学术会议. 北京:清华大学出版社,2003:123 - 130.

[2]　梁南元. 书面汉语自动分词系统-CDWS[J]. 中文信息学报,1987,(2):44 - 52.

[3]　周志华. 机器学习[M]. 北京:清华大学出版社,2016.

[4]　EFRON B,TIBSHIRANI R J. An introduction to the bootstrap[M]. Boca Raton:CRC Press,1994.

第4章 单模态情感分析

本章将详细地阐述单模态情感分析的相关内容,这里的单模态主要指文本模态和图像/视觉模态。文本情感分析起源于20世纪90年代国外研究者对文本中隐喻、叙述、观点及实据的解释性工作[1-3]。研究者真正认识到情感分析及意见挖掘引发的研究问题和机遇开始于2001年Das和Chen对市场趋势分析的工作[4]。之后的几年里,随着互联网的发展、机器学习在自然语言处理领域的流行、大规模数据集的出现及人工智能的浪潮,国内外研究者们对情感分析爆发出极大的热情,极大地促进了文本情感分析技术的发展。

相比于文本情感,图像情感涉及更深奥的抽象性和主观性,这是因为图像处理领域长久地存在着一个著名的难题——"语义鸿沟",即机器获取的低级视觉特征与人类对图像理解的不一致性,导致低层特征与高层语义之间存在很大的距离。这些因素导致图像情感分析起步较晚,技术发展成熟度也无法与文本情感分析相提并论,目前仍旧是一个极具挑战性的任务。以往关于图像内容分析的研究主要集中在理解图像的认知层面,即描述事实内容,如目标检测和识别,然而随着社交媒体如Flickr和Facebook的流行,用户对数字摄影技术的使用量加剧,越来越多的图片在网络中广泛传播。这些图片如同文本一般携带着作者的情感信息,使得从图片中发掘大众观点、喜好、情感成为另外一种渠道。用户对图像情感表达的要求越来越高,在最高语义层次(即情感层面)对图像内容的分析就显得越来越迫切,图像情感分析也吸引越来越多研究者的目光。因此最近几年研究者在图像情感分析方面也进行了深入的研究。

在本章,首先对文本情感分析进行介绍,包括文本情感分析的问题、描述和研究方法,文本情感分析的相关文献和数据集以及其存在的挑战与困难。在对图像情感分析进行介绍时,按照大致相同的思路进行介绍。

4.1 文本情感分析

情感计算[5]通过赋予计算机识别、理解、表达和适应人的情感的能力,来建立和谐的人机关系,使计算机具有更高、更全面的智能。文本情感分析又称倾向性分析、意见抽取、意见挖掘、情感挖掘和主观分析[6-9],是情感计算领域的核心问题之一,它是指通过对带有情感色彩的主观性文本进行分析、处理、归纳和推理,进而找出文本中蕴含的情感信息或主观的意见评述[10]。文本情感分析在舆情分析、决策帮助、用户画像和推荐系统中有很大的研究意义。随着互联网上带有强烈主观情感的文本和评论文章呈爆炸性增长,仅靠人工去甄别越来越困难,而文本情感分析技术可以让计算机帮助用户快速处理和分析这些蕴含情感的文本信息,因此近年来该技术逐步成为国际、国内学术界关注的热点,成为情感计算研究中的热门研究课题[11]。

4.1.1　问题描述与定义

随着互联网与社交媒体的迅速发展,网民越来越愿意在社交网络上表达自己的情感和看法,而不是被动地浏览和接受信息。微博、微信、知乎等社交媒体上充斥着人们对产品、人物、事件等的各种评价和看法,而电商平台的商品评论信息也为消费者选购商品提供了借鉴。这些实时的公众舆论信息呈现爆炸式增长,推动计算科学向数据密集型科学转变,基于海量数据的相关性可以获得更多的新知识与新发现。而这些海量的文本信息多蕴含着网民的各种情感和态度,这些情感很有可能对后续的关联用户产生一定的引导和影响。例如,购物网站上的商品评论会影响其他消费者的决策。分析和整理各大公共平台上带有情感和态度的言论,可能发现其中有大量有用的信息、商业价值和社会价值。例如,分析消费者的反馈信息,企业可以掌握自己的优劣势,从而优化战略决策;整理分析微博上针对某一舆情的言论,政府可以以其为依据颁布相关政策。因此对这些带有情感色彩的文本进行情感分析成为研究人员研究的重点,而仅仅通过人工的方法整理和分析这些海量的文本是不可能的。研究者把目光放在了计算机上,希望通过利用计算机来帮助人们自动化地获取和分析信息,因此情感分析技术应运而生。

文本情感分析包括情感基本单元抽取、情感分类、情感摘要和检索等任务。情感基本单元抽取或情感信息抽取是较底层的任务,它的目标是抽取文本中有价值的情感信息,找出文本中有倾向性单元的要素[12]。情感基本单元抽取主要包括评论实体抽取、评论方面或属性抽取、观点情感词抽取及情感倾向判定、观点持有者抽取和观点时间抽取等,即之前说的观点的五部分:(e,a,s,h,t)。情感分类是对情感文本所体现出的主观看法进行类别判定[13]。情感类别或者情感极性分为 3 类,即正面(Positive)、负面(Negative)和中性(Neutral)。正面类别指文本表现了支持的、喜欢的、赞扬的情感和态度,负面类别指文本表现出反对的、厌恶的、消极的态度和立场,中性类别指的是文本没有偏向的态度和立场。自动情感摘要是指对互联网上海量的评论文本进行自动的分析和处理,将有用的信息准确快速地反映给用户[14]。情感检索技术[15]是指从海量文本信息中查询文本所蕴含的观点,并根据主题相关度和观点倾向性对结果进行排序。

文本情感分析过程包括原始数据的获取、数据预处理、特征提取、使用训练好的分类器进行分类、输出分类类别,具体分析过程如图 4.1 所示[16]。其中研究者通常使用爬虫来获取微博语料、产品评论等原始数据;数据预处理是指为去除噪声而进行的数据清洗,包括去除停用词、去除标点符号、拼写校正、稀缺词和常见词去除、分词和词干化处理等;特征提取即进行词汇数量、字符数量、平均词汇长度、特殊字符数量、数字数量、停用词数量等的统计与计算,常用的方法有词袋模型和词频计数模型;通过在数据集上训练好的模型对一个新的文本进行分类,然后输出文本的情感分类,而这些类别通常是由研究者预先设定好的。

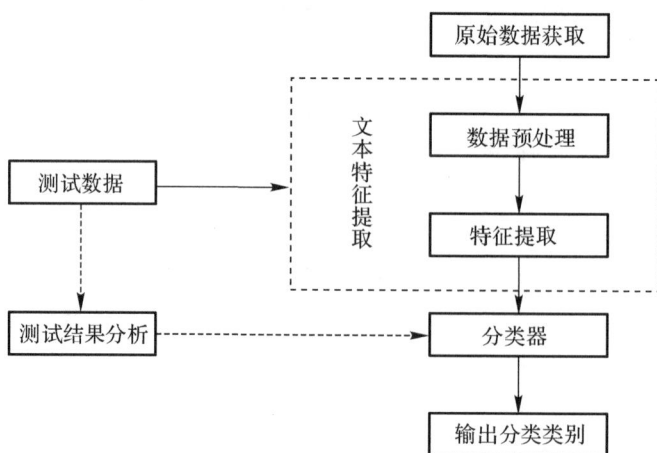

图 4.1　文本情感分析过程

综上可以知道文本情感分析的目的是通过对主观性文本进行分析,从而建立完善的情感识别模型,使计算机能够识别、处理和模仿人类的情感。但是文本情感分析不仅仅涉及计算机技术,还涉及人工智能、认知科学、机器学习、信息检索、语言学及数据挖掘等多个学科,而且还在不断扩大,它是一个复杂的交叉学科领域问题。但是众多学者敢于尝试,不懈努力,在这一领域取得了许多有意义的成就。

4.1.2　相关文献与数据集

经过近二十年的发展,文本情感分析领域不仅涌现出大量的研究成果,而且它的技术方法已经较为成熟。文本情感分析方法主要可以分为 3 类,即基于情感词典和规则的方法、基于机器学习的方法和基于深度学习的方法。文本情感分析的方法模型如表 4.1 所示。

表 4.1　文本情感分析的方法模型

方法	中文文献	英文文献
基于情感词典和规则的方法	依存句法分析、领域情感词典、语义相似度、本体、语义规则等	关联规则、语义相似度、情感词典等
基于机器学习的方法	条件随机场、支持向量机、随机森林、最大熵、隐含狄利克雷分布(LDA)主题模型、朴素贝叶斯、K 均值聚类算法(K-Means)、继承学习、协同过滤等	逻辑回归、LDA 主题模型、支持向量机、最大熵、集成学习、朴素贝叶斯、遗传算法、决策树、随机森林等
基于深度学习的方法	卷积神经网络、长短期记忆网络、双向长短期记忆网络、递归神经网络、注意力机制、循环神经网络、生成对抗网络等	卷积神经网络、长短期记忆网络、双向长短期记忆网络、注意力机制、循环神经网络等

4.1.2.1　基于情感词典和规则的文本情感分析方法

1. 情感词典的构建

基于情感词典的方法主要依赖于情感词典的构建,即利用情感词典获取文档中情感词的情感值,再通过加权计算确定文档的整体情感倾向[17-18]。这种方法比较依赖于情感词典和人工构建的情感规则,往往会考验情感词典的质量、领域适用性以及研究者的专业程度。这种方法的优点是一般不需要存储大型的语料库或设计复杂的训练学习算法。情感词典是情感分析系统的基础知识库,是数字、文本与符号的集合[19]。它最早可以追溯到 1998 年,Whissell 要求 148 名受试者用 5 个附加单词来描述报纸、数学、电视、生物学、物理学和技术等术语,然后与情感词典中广泛使用的情感词进行匹配[20]。在之后的几十年中,众多学者在研究中不断地对情感词典进行拓展完善,Whissell 对原先构建的情感词典进行了修订,提高了词典对自然语言的适用性[21]。英文情感词典发展较早,也相对比较成熟,常用的有 General Inquirer、SentiWordNet、Opinion Lexicon 和 MPQA 等,中文情感词典应用比较广泛的有知网词典、HowNet、台湾大学的情感词典和大连理工大学的中文情感词汇本体库等。关于这些常用的情感词典的具体信息详见本书 8.1 节。

除了以上应用比较广泛的词典外,研究者们也进行了一些新的情感词典的构建。赵妍妍等人认为情感词典覆盖率较低,因此爬取了 12 月的微博数据,在将近 1.46 亿条微博的基础上筛选出褒义微博数据和贬义微博数据,构建了褒义词和贬义词分别有 50 000 个,共 10 万词语级别的情感词典[22]。王志涛等人也利用微博数据(40 万条)构建新词词典,并且添加表情符号作为附加信息提供辅助帮助,对已有的情感资源进行拓展并对不同语言层次定义不同的规则[23]。Rao 等人使用了 3 种删减策略和一种基于主题建模的方法来构建词语级情感词典和话题级词典,其中每一个主题都与社会情感相关[24]。Cai 等人构建基于特定域的情感词典来解决情感词多义问题[25]。Khoo 搭建了一个新的通用情感词典(WKWS-CI),与其他 5 个主流情感词典进行详细的比较,并使用亚马逊产品评论数据集和新闻标题数据集评估该词典在文档级和语句级的情感分类的有效性[26]。李永帅等人充分考虑了语义特征、相对位置、中心度特征和情感特征,通过长短期记忆网络(Long Short-Term Memory,LSTM)算法训练分类器,构建了动态情感词典[27]。Ahmed 等人先从句子上下文中学习情感聚类,提出将手动与自动相结合的弱监督神经网络模型,提高了情感极性判别的有效性,并实现了多语言词典的构建[28]。栗雨晴等人考虑到目前文本情感分析工作多针对单一语种的状况,提出了一种双语的情感词典[29]。除了构建中英文词典,也有研究者开始构建其他语言的词典。例如,Trinh 等人构建出越南语情感词典,该词典包含 4 个子词典:名词、动词、形容词和副词词典,根据英语的情感分析方法鉴别越南 Facebook 评论的情感倾向[30]。Ihnaini 等人构建一个庞大的阿拉伯语情感词典和一个基于词典的情感分析工具[31]。Machado 介绍了一个葡萄牙语上下文敏感情感词典,通过应用于基于特征的情感分析子任务评价它的鲁棒性[32],此外,还有西班牙语的情感词典[33]、俚语词汇的情感词典[34]等。

2. 基于情感词典进行情感分析

情感词典构造好后,学者开始基于情感词典进行情感分析的研究。Hatzivassiloglou 等人[35],Wiebe 等人[36],Liu 等人[37-38]和 Turney[39]均是早期具有代表性的研究者。Hatzivassiloglou 等人提出一个四步监督学习方法用于检测形容词的语义倾向性。Wiebe 等人利用词汇分布相似性聚类单词方法的结果，通过少量手工注释去鉴别主观性线索，然后添加形容词的词汇语义特征，特别是极性和渐变性，进一步细化这些线索特征，完成标注单词主观性的任务。Hu 和 Liu 希望利用词性标记（Part-of-Speech Tagging）[40]、WordNet 同义词表[41]提取和标记在线评论中每个形容词的情感倾向性（积极或消极），通过比较积极或消极形容词的数量，最终确定该评论的情感倾向。Turney 等人引用 PMI－IR 算法和互信息计算形容词的语义倾向性，统计每个文档中的平均极性，用于分类评论，最终获得不错的实验效果。北京大学计算语言学研究所王治敏等人[42]基于《人民日报》标注语料库的文本实例进行统计归纳，总结出每个词语的情感极性，将情感属性纳入到《现代汉语语法信息词典》的词语属性描述体系内。北京师范大学许小颖等人[43]基于现代汉语词库中形容词库和动词词库的标注，分别对形容词与动词词库的基于主观感受与表现强度的情感极性进行归纳与分类。复旦大学朱嫣岚[44]基于 HowNet 提出了两种词汇语义倾向性计算的方法（分别是基于语义相似度的方法和基于语义相关场的方法），并在实验中获得了 80% 的准确率。受他们工作的启发，早期涌现出许多利用形容词和副词的情感极性来检测文本情感倾向的工作，丰富了该领域[45-46]。Taboada 等人通过单词和短语来识别文本的语义倾向，将 SO－CAL（一种语义倾向计数器）用于文本极性分类，但是没有考虑到句法结构和文本的上下文依存关系[47]。董丽丽等人考虑到上下文的相关性开始分析词语的依存关系，通过抽取实体及其属性构建领域本体，将领域本体与 SBV（Subject-Verb）算法相结合得到句子的情感倾向[48]。

最近几年，研究者们开始尝试将情感词典应用于分类在线社交媒体文档，并取得了不错的效果。其中，Musto 等人认为 Twitter 文档的情感极性可以由它所包含微短语的情感极性的总和得到，因此使用一个情感词典来分类推文情感极性[49]。Moreno-Ortiz 等人使用一个基于情感词典的工具，即 Sentitext 判断西班牙 Twitter 文档的情感信息[50]。Cui 等人基于传播（propagation）算法和新浪微博情感词典，自动地评出中文微博的情感分值[51]。Paltoglou 等人利用否定词、情感增强减弱、大写字母、情感极性等多种语言学预测函数对微博进行情感分类，也取得了不错的成果[52]。南京邮电大学 Song 等人提出了一种基于台湾大学情感词典的更新算法，针对豆瓣网上的评论，通过更新相关字词的情感极性，从而获得更高的情感识别准确率[53]。Saif 等人根据词的共现特征提出一个单词语义情感表示模型 SentiCircle，旨在捕捉单词的上下文语义信息，非常适用于实体级情感分析和文档级情感分析两种任务[54]。Asghar 等人提出一种基于规则的增强词典情感分析方案，即利用在线论坛提供的大量用户评论，通过分析单词的语义方向，识别表情符号、修饰符和特定单词在公众对产品的反馈中表达的情感[55]。周杰比较了基于情感词典的方法和基于机器学习的方法，针对两者的不足提出了新的基于情感词典和句型分类的中文情感分析方法，并利用拉普拉斯平滑的情感倾向点互信息（Semantic Orientation Pointwise Mutual Information，SO-PMI）算法对微博情感词典进行扩展，深入分析不同句型对句子情感倾向的影响[56]。

近些年来，基于情感词典的方法发展相对缓慢，它的分类性能一般不如基于机器学习和基于深度学习的方法。由于依赖于情感词典，该方法主要应用于文本情感分析，难以适用于其他模态的情感分析。但是，基于情感词典的方法也有许多无法比拟的优点，譬如不需要建立庞大的语料库，经济成本低，在不同领域均有较高的可行性等。

4.1.2.2　基于机器学习的文本情感分析方法

机器学习是指从有限的观测数据中学习(或"猜测")出具有一般性的规律,并利用这些规律对未知数据进行预测的方法[57]。而基于机器学习的文本情感分析则是通过大量有情感标签或没有情感标签的数据训练一个情感分类器,对其他新数据进行情感分析、输出对应结果。常用的浅层机器学习(即只关注如何学习一个预测模型,数据特征主要靠人工经验或特征转换的方法来抽取,不涉及特征学习的这类机器学习)分类算法有最大熵(Maximum Entropy Model,ME)、朴素贝叶斯(Naïve Bayes,NB)和支持向量机(Suppert Vector Machine,SVM)等。Pang Bo 团队于 2002 年首次采用这三个机器学习算法,结合一元语言模型(unigram)、二元语言模型(bigram)和三元语言模型(trigram)判断电影评论的情感极性,实验结果的准确性达到了 82.9%[58]。Chaovalit 和 Zhou 用词性标记器提取短语并表示文档,最后采用机器学习算法分类文档[59]。自此之后,应用机器(统计)学习解决情感分析任务的思想迅速传播,成为情感分析领域的另外一个主流,展现出百家争鸣、百花齐放的局面。

1. 有监督的机器学习方法

Boiy 等人结合词袋模型与一元语言模型监督性地确定语句的情感极性[60]。Tripathy 等人延续了这种做法,采用朴素贝叶斯、最大熵、随机梯度下降和支持向量机等 4 种不同的机器学习算法,结合一元语言模型、二元语言模型和三元语言模型判断互联网电影资料库(IMDB)电影评论的情感[61]。Sivakumar 和 Reddy 计算语句与特征词之间的语义相关性后,根据计算结果标记每个语句,最后采用 k 均值聚类和朴素贝叶斯分类算法进行情感分析[62]。杨爽等人提出了一种基于 SVM 的多级情感分类研究,通过在情感、词性、语义等特征上实现情感的五级分类,获得的分类的准确率高达 82.4%,F 值为 82.10%[63]。Li 等人提出一种基于多标签最大熵(MME)模型用于短文本情感分类,实验表明该方法在相关数据集(微博、推特、BBC 论坛博客等评论)上的准确率可达 86.06%[64]。Wawre 等人对比分析了 SVM 和 NB 两种机器学习方法,得出了结论,对于大规模的训练数据集,朴素贝叶斯方法一般比其他方法的分类准确率更高[65]。Thelwall 从性别偏见角度出发,调查机器学习方法是否会产生性别偏见,即是否对男性或女性消费者的观点分类准确率有所差别,通过采用支持向量机和十折交叉验证方式,首次证明了机器学习对女性撰写的评论的分析准确性高于对男性撰写的评论的分析准确性[66]。

但是有研究指出,NB 和 SVM 单独使用时分别会面临独立条件假设和核函数选择方面的问题。Sharma 等人通过 Boosting 技术整合"弱"支持向量机分类器,利用 Boosting 的分类性能,同时使用 SVM 作为基础分类器,研究结果表明,集成分类器在准确率上明显优于单独的 SVM 分类器[67]。Manek 等人从特征工程角度思考,提出了一种基于基尼系数的特征选择方法,先用其提取高效的特征,再输入支持向量机中对电影评论展开情感分类[68]。唐晓波等人提出了一种基于旋进原则和 AdaBoost 集成技术的回归 SVM 情感分类模型,实现了文本情感强度阈值的可视化[69]。除了 ME、NB、SVM 这三种常用的机器学习方法,其他机器学习的方法也有着不错的表现。条件随机场常用于特征提取,刘丽等人将条件随机场与依存句法规则等融合,进行特征与情感词的提取,前者根据复杂句式规则实现粗粒度分析计算整体情感倾向[70],后者基于情感词二分网使用 MHITS(Mutual Information-based

Hyperlink Induced Topic Search)算法对特征词和情感词的权值进行计算排序[71]。Xue 等用机器学习的方法 LDA 来实现对 2020 年 3 月 1 日—4 月 21 日期间与 COVID－19 相关的 2 200 万条 Twitter 信息中的突出的主题及其情感的识别[72]。彭敏等人利用 LDA 主题模型分析商品潜在属性并计算用户对商品属性的情感倾向和用户相似度，在协同过滤算法的基础上构建推荐模型提高推荐精确度[73]。Huq 等人将 K 最近邻（K-Nearest Neighbor，KNN）与 SVM 用于识别 Twitter 文本的情感极性，在 KNN 中根据测量得到的文本欧几里得距离对文本进行分类，在 SVM 中用主成分分析法分类情感标签，由于实验维度少，SVM 的超平面难以确定，因此此对正负情绪进行分类时 KNN 算法的分类效果比 SVM 更好[74]。

2. 无监督和半监督的机器学习方法

前面的这些都是有监督的机器学习方法，即所有的样本数据都是带有情感标签的。随之发展的情感分析方法还有无监督的机器学习方法和半监督的机器学习方法。在无监督的机器学习方法中，样本数据都是没有情感标签的，它是通过样本间的相似性对这些数据进行分类。而在半监督的机器学习方法中，只有少量的样本数据是带有情感标签的，需要利用少量的已有标记的样本和大量的未标记的样本进行情感分析。随着研究人员的深入研究，无监督的机器学习方法渐渐被抛弃，他们将目光聚焦在半监督的机器学习方法上面。例如，Liu 等人采用有监督和半监督机器学习方法实现了对微博用户的立场检测（即判断用户对于给定目标是赞成还是反对态度），通过与 NB、SVM 和随机森林等不同的分类器进行实验对比，该方法取得了显著的效果[75]。Jiang 等人提出了一种基于表情符号的情绪空间模型（Emotion Space Model，ESM）的半监督情感分类方法，这种方法利用表情符号从未标记的数据中构建词向量，相比于一般基线方法效果较好[76]。Yu 等人为了解决推文中主客观内容不平衡的问题提出一种基于半监督机器学习方法用于推文情感分类，实验结果表明该方法的召回率约为 60%[77]。

与情感词典的方法相比，机器学习的方法更简单，而且有更高的分类准确度。但是机器学习对数据样本的依赖程度特别高，它需要大规模高质量的数据样本，这意味着需要耗费大量的人力来进行人工标记和数据样本处理，而且人为主观的数据标记结果也会影响最终结果。在大数据时代，这些任务完成的效率和质量往往达不到人们的要求。

4.1.2.3 基于深度学习的文本情感分析方法

深度学习是机器学习的一个分支，它与传统机器学习的不同在于会从数据中自动学习到有效的特征表示。深度学习的发展，带动了人工智能新一代的热潮，深度学习在图像识别、自然语言处理、语音信号处理领域发挥着不可替代的作用。由于深度学习具有强大的性能优势，所以越来越多的研究者投身其中，并取得了丰硕的研究成果。基于深度学习的文本情感分析方法可以细分为单一神经网络的情感分析方法、融合（混合）神经网络的情感分析方法、引入注意力机制的情感分析方法和使用预训练模型的情感分析方法。

1. 单一的神经网络的文本情感分析方法

Kim 首次将卷积神经网络（CNN）应用于语句分类任务中。尽管该神经网络只包含一个卷积层，且基本没有调参，但它仍然在电影评论、消费者评论等数据集上取得了相当不错的成绩，证明了深度卷积网络强大的学习能力[78]。此后，Santos 和 Gatti 提出了一个包含两个卷积层的深度卷积神经网络去发掘短文本的情感极性,称为 CharSCNN[79]。不同于标准卷积神经网络,CharSCNN 联合词嵌入、字符向量和语句向量作为输入。为解决传统 CNN 方法中忽略文本潜在主题的问题,Zhou 等人提出一种基于 CNN 的多样化限制玻尔兹曼机(RBM)方法来对文本中句子的顺序潜在主题建模,来达到情感分类的效果[80]。长短期记忆网络(LSTM)是一种特殊类型的递归神经网络(RNN),在处理长序列数据和学习长期依赖性方面效果不错。为了加快模型的训练速度,减少计算量和计算时间,Gopalakrishnan 等人提出了 6 种不同参数的精简 LSTM 模型来实现对美国共和党辩论推特数据集上的情感分析,通过实验证明不同参数设置和模型层数设置均会对实验结果产生影响[81]。Jelodar 等人通过使用 LSTM 方法对 2019 新型冠状病毒感染(COVID－19)的评论进行情感分类,研究结果对 COVID－19 的相关问题的指导和决策有一定的影响[82]。

2. 融合(混合)神经网络的文本情感分析方法

由于这些方法各有优劣,所以许多研究者考虑将这些方法进行混合。充分考虑到循环神经网络和卷积结构的优点后,Madasu 等人提出了一种顺序卷积注意递归网络(SCARN),通过与传统的 CNN 和 LSTM 方法相比较,说明 SCARN 具有更好的性能[83]。Heikal 等人使用最佳的 CNN 模型和双向 LSTM 模型定义了一个集成模型,最终分类准确率从之前最优模型的 58.5% 提升至 65.05%[84]。罗帆等人联合循环神经网络和卷积神经网络,提出一种多层网络模型 H-RNN-CNN,该模型使用两层的 RNN 对文本建模,并将其引入句子层,实现了对长文本的情感分类[85]。杜永萍等人提出一种基于 CNN-LSTM 神经网络的情感分类方法,对含有隐含语义的短文本评论中的情感倾向性识别取得了不错的效果[86]。韩建胜等人提出了一种基于双向时间卷积网络(Bi-TCN)的情感分析模型。该模型使用单向多层空洞因果卷积结构分别对文本前向和后向进行特征提取,将两个方向的序列特征融合后进行情感分类,实验证明,与单向时间卷积网络情感分析模型相比,双向时间卷积网络模型在 4 个中文情感分析数据集上的准确率分别提高了 2.5%、0.25%、2.33% 和 2.5%[87]。

3. 引入注意力机制的文本情感分析方法

随着图像处理领域注意力机制(Attention)的兴起,陆续有学者将它引入自然语言处理领域。例如,Su 等人将表情符号与注意力机制融入卷积神经网络中,提高了中文微博情感分析的准确率[88]。Shin 等人将情感词典向量和注意力机制融入卷积神经网络中,分别对词嵌入和词典向量执行卷积与池化操作,串接两种输出特征[89]。Pergola 等人提出了一种基于话题依赖的注意模型,该方法通过使用注意力机制来实现对单词和句子的局部主题嵌入,进行情绪分类和主题提取任务,取得了不错的效果[90]。Wei 等人提出了一种基于多极性正交注意的 Bi-LSTM 模型用于隐式情感分析,与传统的单一注意力机制模型相比,该方法可以有效识别词语和情感倾向之间的差异,并在实验中得到了验证[91]。冯兴杰等人将 CNN 与注意力机制相结合,CNN 考虑了不同的 N-gram 信息,注意力机制则考虑了文本句子与结果的相关性,该方法在酒店评论语料上取得了很好的结果[92]。

4. 使用预训练模型的文本情感分析方法

这种方法是指对已经用数据集训练好的模型(称为预训练模型)进行微调。最近几年应用广泛的预训练模型有 BERT、ALBERT、ELMO、XL-NET。Araci 等人提出了一种基于 BERT 的 FinBERT 语言模型来处理金融领域的任务,通过对 BERT 模型的微调,分类的准确率提高了 15%[93]。Lan 等人提出了 ALBERT 模型，该模型的优势在于缩小了整体的参数量，加快了训练速度，增加了模型效果[94]。曾诚等人提出了一种结合预训练模型 AL-BERT_CRNN 的方法用于视频网站的弹幕文本情感分析，在 3 个手工爬取的视频网站（哔哩哔哩、爱奇艺、腾讯视频）的数据集上的情感分类的准确度分别达到 94.3%、93.5%、94.8%，均优于传统方法[95]。Peters 等人提出了一个新方法 ELMo，它使用一个双向的 LSTM 语言模型，由一个前向和一个后向 LSTM 模型构成，目标函数就是取这两个方向语言模型的最大似然值，和传统词向量方法相比，这种方法的优势在于每一个词只对应一个词向量[96]。Xu 等人通过结合通用语言模型（ELMo 和 BERT）和特定领域的语言理解，提出 DomBERT 模型用于域内语料库和相关域语料库中的学习，在基于方面的情感分析任务上的实验证实了该方法的有效性及其广阔的应用前景[97]。

与基于机器学习和情感词典的方法相比，深度学习能够主动学习文本特征，具有更好的表达能力和模型泛化能力，但是基于深度学习的方法需要大量的数据来支撑，因此它并不适合小型数据集。而且一般神经网络的深度和复杂度比较高，因此基于深度学习的方法算法训练时间花费较长。

在文本情感分析的研究过程中，出现了许多经典文本数据集（或称语料库），如表 4.2 所示，笔者整理了其中的一部分，对数据集进行了简要的介绍，并提供了下载地址。

表 4.2　经典文本数据集

数据集名称	数据集介绍	下载地址
MPQA 多视角问答数据集	对 535 篇来源广泛的新闻在语句级及低层次人工标注了观点和其他属性（例如信仰、情绪、情感、揣测等）	http://www.cs.pitt.edu/mpqa/databaserelease/
SST 数据集	对电影评论的单个句子的文本分类任务（其中 SST-2 是二分类，9 613 条样本；SST-5 是五分类，11 855 条样本，SST-5 的情感极性区得更细致）	https://nlp.stanford.edu/sentiment/index.html
IMDB 影评数据集	包含 50 000 个对电影评论的样本值，该数据集分为正负两个极性	http//www.cs.cornell.edu/people/pabo/movie-review-data/
Amazon 数据集	来自亚马逊购物网站的商品评论，有两个版本：二分类（3 600 000 条训练样本和 400 000 条测试数据）和五分类（3 000 000 条训练样本和 650 000 条测试样本）	http://www.cs.cornell.edu/people/pabo/movie-review-data/
Sentiment140 数据集	包含 160 万不同产品或品牌的推文，数据集标签划分为 0（消极）和 4（积极）	http//help.sentiment140.com/site—functionality
CoLA 数据集	纽约大学发布的有关语法的数据集，该任务主要是对一个给定句子，判定其是否语法正确	https://nyu-mll.github.io/CoLA/

续表

数据集名称	数据集介绍	下载地址
Twitter Airline Sentiment 数据集	包含美国各大航空公司 14 640 条推文,分为正面、负面和中性	https//www. kaggle. com/crowd-flower/twitter-airline sentiment
THUCNews 数据集	包含 74 万篇新闻文档(2.19 GB),根据新浪新闻 RSS 订阅频道 2005—2011 年间的历史数据筛选、过滤生成	http://thuctc. thunlp. org/
weibo_senti_100k	包含约 12 万条新浪微博,正负向各约 6 万条	https//github. com/SophonPlus/ChineseNlpCorpus/blob/master/datasets/simplifyweibo _ 4 _ moods/intro. ipynb
waimai_10k 数据集	包含某外卖平台正向 4 000 条评论和负向 8 000 条用户评价	https//github. com/SophonPlus/ChineseNlpCorpus/tree/master/datasets/waimai_10
酒店评论数据集	包含 10 000 条酒店评论,分为正面、负面和中性	http//www. datatang. com/data/11936
SMP2019 数据集	包含 12 664 条训练集和 4 391 条测试集,内容包括但不限于:春晚、雾霾、乐视、国考、旅游、端午节等	http://conference. cipsc. org. cn/smp2019/smp_ecisa_SMP. html
online_shopping _10_cats 数据集	10 个类别(书籍、平板、手机、水果、洗发水、热水器、蒙牛、衣服、计算机、酒店),共 6 万多条评论数据,正、负向评论各约 3 万条	https://link. zhihu. com/? target＝https%3A//github. com/SophonPlus/ChineseNlpCorpus/raw/master/datasets/online_shopping_10_cats/online_shopping_10_cats. zip
SE-ABSA15 数据集	包含笔记本、餐馆和酒店 3 类评论,含有方面标注	http://metashare. ilsp. gr:8080/

4.1.3　存在的困难与挑战

Poria 等人[98]的实验表明,在 3 种情感模态(文本、图像、音频)中,文本提供了最准确的情感线索,因此基于文本的情感分析非常重要,另外,文本是最容易获得的数据类型,更容易存储和分析它传达的丰富的情感信息。然而,虽然自动文本分析技术已经有 70 年的历史,但是情感分析的语言处理应用仍然有大量的困难与挑战,它们包括但不限于以下内容:

(1)数据噪声。文本数据一般来自社交媒体和互联网,而这些数据通常是非结构化的和有噪声的。例如，数据中可能含有网络流行语（"内卷"）、缩写的短语和单词（"YYDS"）、俚语（"哇塞"）、非正式的表达、程序片段、语法不通的文本等，这些在语料库中都可视为噪声。要想自动化的文本情感分析更加准确，这些问题需要得到重视和解决。

（2）单一领域单一语种问题。目前对情感分析的研究方法主要是基于网络社交媒体、外卖评论、新闻微博等单一领域，如何在个性化推荐中将多个领域内容结合，实现更高层次的情感分类进而开展个性推荐是一个重要的研究方向。对情感分析的研究语种来说，大多是基于中、英等单一语种，但是随着互联网应用场景的相互融合，对某实体的评价可能是多语种甚至是小语种，跨语种问题是未来值得探索的工作方向。

（3）句法结构复杂。彻底地理解文本的结构，判断句子的情感极性在情感分析中至关重要。可是一般句法结构复杂，有时候一句话里对不同的方面会表达不同的情感，有的时候还会出现一些翻转，例如"Many people don't think it is clever, kid and brave"，这句话包含了3个具有正极性的单词（clever、kid、brave），但是因为有（do not）这个词来翻转，所以这句话整体的情绪实际上是消极的。在这种情况下，基于词典的情感分析方法就出现了问题。

（4）网络用语、歇后语、成语、讽刺、反语和隐喻等问题。随着各类社交媒体的迅速发展，网络新词层出不穷，而已有的情感词汇的含义也在不断地发生变化，在不同的语境下还可能产生完全不同的极性。情感分析系统如何正确地理解网络新词、歇后语、成语等的含义和极性是一项非常具有挑战性的任务。而讽刺、反语和隐喻等也是文本理解中具有挑战的问题。尤其是讽刺，它可以翻转一个明显积极的句子的极性，这对于情感极性的检测产生了干扰。而理解事件的客观极性（通常是消极的）和作者的讽刺特征（通常是积极的）之间的矛盾是非常困难的，可见讽刺检测非常具有挑战性。

（5）含蓄情感的识别和隐式情感词词典的构建。显式情感表达是指直接用有明显情感极性的情感词来表达观点，比如"good"和"terrible"。对文本情感分析的研究也多采用含有明显情感词的数据集，故情感分析系统判别这种情感词的情感极性是比较容易的。但是，人们在大多数情况下是含蓄地表达自己的情感的，比如"我新买的电脑死机了好几次"，虽然陈述的是一个事实，而且没有情感词标记，但是这句话仍然表达了消极的情感极性，因为它传达了不好的事实。含蓄隐晦的情感的识别是情感分析领域最困难的问题之一，构建隐式情感词词典是解决这类问题的一种方法。

（6）缺乏细粒度的研究和统一的标准。目前的文本情感分类普遍分为积极的、中立的和消极的，但是对于情感强度的划分、中文标点符号对情感表达的影响、不同语境下的情感分析问题等细粒度的研究还是寥寥无几。此外，学术界内对于情感基本类型的划分也存在不同的意见，缺乏统一的标准和原则。要想使文本情感分析得到更加准确的结果，这些问题是必须要解决的。

（7）观点里的多主题问题。在1.2.3节中的方面级情感分析中就论证过，一个观点里可能会涉及多个实体以及实体的不同属性（方面），例如，"虽然这家餐馆服务态度不好，但是它家的菜很好吃"。就涉及餐馆的服务态度和食物两个不同的方面。此外，一个观点里可能有对比，会出现其他产品，也有可能会突然改变话题，讨论其他事情，等等。例如"这家餐馆没有西大街9号那家的餐馆好"。如何准确地识别这些方面及其相关的情绪（以及从大量观点中聚合这些情绪）是一个非常有挑战性的任务。

(8)维度的问题。大多数现有的文本分类系统,使用的是词袋和 N-gram 方法,即使用 N-gram 或单词的词频作为特征,这些方法在文本分类中虽然很有效,但它们生成的特征向量往往是稀疏和高维的,若对大规模这样的特征向量进行处理,则会花费过多的时间,即使在正则化的情况下也会导致过拟合[98]。

(9)多模态情感分析的问题。随着互联网和社会的发展,多元化、全媒体的信息表述方式将越来越普遍,使得多模态情感分析问题成为研究热点,将多模态中情感信息进行提取和融合是目前的主要研究方向,但当多模态的情感表达不一致时,如何分配各个模态信息的权重,是否考虑外部语义信息等也是需要研究者考虑的问题。

4.2 图像/视觉情感分析

由于文本情感分析中存在着难以解决的挑战和困难,而心理学研究证明视觉内容可以激发起人类的情感(例如,图片[99-101]),再加上人们在社交媒体上也经常通过图片和视频发表情感和分享经验,所以计算机领域的科学家们开始深入研究图像/视觉情感分析。与主要研究人类在视觉刺激下生理和心理活动变化的心理学不同,情感计算的大部分工作是试图正确分析这些特定的图像中含有的情感信息。也就是说,图像情感分析研究的目的就是基于图像及视频对人心理和情感的影响,以适当的模型描述和表达图像及视频所携带的情感、情绪信息[102]。随着摄像机和带有摄像功能的移动终端的普及,大量的图片和视频如潮水一样涌向网络,而视觉情感分析技术可以实现对海量图像和视频的情感分类,这极大地提高了图像和视频的检索精确度。随着研究人员的深入研究,图像情感分析的重要性日益彰显。

4.2.1 问题描述、与文本情感分析的不同

自媒体时代,人人都有一部带有摄像功能的手机,在社交平台上也渐渐使用图片和视频代替文字分享日常生活。网络的普及使得大量的图像源源不断地涌向社会化媒体,无论是个人日常照片还是卡通图片或表情包,这些图像与文本一样也包含着强烈的情感倾向,影响着其他浏览者。对庞大的图像库进行情感分析,和文本情感分析一样可以概括用户的兴趣、观点、体验等,进而可以为舆情分析、客户满意度评估、广告、媒体分析、推荐系统、特定图片视频检索等多个应用领域提供新的方法。正所谓,"百闻不如一见",以图像的形式"说话"可以更好地帮助人们了解事实。例如,对于某饭店的评价,单从文字上来描述菜品的美味我们可能并没有想去尝试的冲动,但是如果有菜品具体的照片或者别人品尝菜品的视频,人们看到菜品色味俱佳,就会下意识地认为这家饭店的菜品不错,想去尝试一下。

在情感分析方面,文本情感分析和文本词典的构建已经取得了比较大的进展。然而图像情感分析发展缓慢,这与任务本身的复杂性也有关系。图像情感分析是指通过计算机从图像中提取情感特征,使用机器学习和模式识别等方法对提取的情感特征进行分析,进而识别出图像中含有的情感信息。因此图像情感分析系统主要包括图像预处理、图像中情感特征提取/选择、模型设计等 3 部分。

（1）图像预处理。其指图像统一化处理，即把输入图像的尺寸调整到统一大小，把图像类型调整到同一类型，把颜色空间调整到同一空间，等等。通过对图像的预处理，计算机可以对已经统一的数据进行一致化的处理。虽然在图像情感分析中预处理过程不是一个专门的热点问题，但是预处理过程是一个不可或缺的步骤，对情感分析的结果有很大的影响。

（2）图像中情感特征的提取/选择。图像情感分析中最重要的组成部分就是情感特征提取，它直接决定图像情感分析的最终结果，并受制于特征的信息量和对于人们的可用性。情感特征提取即提取或者选择一些与情感紧密相关的特征，这些特征能够帮助区分含有与不含有情感的图像，也可以帮助区分图像中所含有的情感类别。根据所提特征的层次，图像情感分析的特征可以分为低级特征、中高级特征。根据所提特征的通用性，图像情感分析的特征可以分为通用特征和专用特征。

（3）模型设计。和文本情感分析一样，图像情感分析也需要设计合适的模型以提取的特征为输入，通过学习的方法获得正确的情感类别。一般而言，图像情感分析是个多分类的问题，可以直接采用多类分类器，也可以转换成多个二值分类。

与文本情感分析不同，图像情感分析的研究对象是图片和视频，不仅要研究图像里的对象和动作等语义内容，还要研究这些对象和动作所传达的情感或情感线索，甚至是整个场景所表达的情感。比如一幅图片整个是比较灰暗压抑的色调，这副图片有很大可能想表达的情感是比较消极的。从研究粒度上来看，文本情感分析可分为语句级、篇章级等，即一句话的情感类别也可能依赖于上下文的情感类别。图像没有上下文，但是却有不同的区域，具体研究图像的不同区域对图像情感分析也有着十分重要的影响。从研究难易程度来看，文字情感分析中经常带有比较明显的情感色彩词，这大大减弱了文本情感分析的难度。而图像情感分析往往比较困难，不仅是因为图像里经常包含很多元素，而且图像中的情感特征提取也比较困难。

图像情感分析中人脸表情识别这一领域其实比较成熟，毕竟图像情感识别的研究起源于人脸表情识别，心理学领域对于人脸表情的分类也比较细致清晰，因此有许多机构成功建立了表情识别的数据库。但是由于"语义鸿沟"和人类情感感知与评估的主观性等因素的存在，所以普遍图片和视频情感分析的研究进展缓慢。不仅如此，视觉情感分析不仅涉及计算机技术，还涉及艺术学、人工智能、图像处理、计算机视觉、心理学、认知科学等多个学科，使得它具有巨大的挑战性。但是经过相关研究者夜以继日的努力，这一领域也产生了许多意义非凡的研究成果。

4.2.2 相关文献与数据集

图像情感分析方法主要围绕着3种思路：基于低级特征的方法、基于中高级特征的方法以及基于深度学习的方法。基于低级特征和中高级特征的方法关注如何定义并抽取能够反映图像情感的基础特征，例如颜色明亮程度、边缘形状是否尖锐等，属于相对传统的方式。传统图像情感分析系统主要包含图像特征提取、情感空间建模和视觉特征与情感空间的映射3大部分[102]。

在图像特征提取中，根据所提取特征的通用性，图像情感分析的特征可以分为通用特征和专用特征。其中通用特征是指在计算机视觉里那些普遍适用的特征,设计这些特征的目的是为了其他视觉任务(比如物体检测),而不是为了情感识别。Yanulevskaya 使用的 Wiccest 特征和 Gabor 特征就是典型的通用特征[103]。专用特征就是为了完成情感分析任务而设计的特征,它们包括颜色、纹理、形状等低级特征。

与图像情感分析关联比较大的领域是美学分析[104-105]、兴趣性分析[107] 和情感分析[108-111],因此,大部分的研究都是基于低层次特征的。比如颜色特征,作为图像和视频的一种重要特征,色彩能够引发联想,触动情感,不同的色彩具备唤醒不同情绪、情感的能力,或者说色彩具有情感性[112]。Gong 等人的研究也表明颜色是影响人情感判断的一个重要因素[113]。可是,将低层次的颜色特征映射到情感是一项复杂的任务,必须要考虑有关颜色使用的理论、认知模型,并涉及文化和人类学背景[114-115]。研究者已经从心理学家[116]、艺术家[115]、色彩科学家[117] 和营销代理等角度对颜色和颜色组合对情感的影响进行了深入的研究。例如,Ou 等人对单色的色彩情感进行了分类,并开发出 4 种基于色彩科学的色彩情感模型[117]。Shin 和 Kim 通过研究色彩/色彩构成与人类影响之间的关系,使用构成场景的颜色构图来预测图像情感信息,并提出概率情感模型(PAM)来估计图像与某些情感相关的概率[118]。现有的研究中常用的颜色特征表达方法有颜色直方图、颜色矩、颜色集和颜色相关图等[119]。直方图用来显示不同的颜色在图像中占据的比例;颜色矩是另一种颜色特征,用矩来描述颜色分布,通常利用均值、方差和协方差这些低阶矩就可以对图像的颜色分布进行描述,与直方图相比,该方法的优点是避免了对提取特征的量化操作[119]。提取颜色集特征是将颜色空间从 RGB 色彩模式转化到 HSV 色彩模式,把图像自动分割为若干子区域,然后用颜色分量对子区域进行索引,从而可以使用二进制颜色索引表达图像,该方法简单、高效,适用于海量图像检索[120]。

除了颜色特征,图像中的纹理特征对图像的情感表达也很重要。它在设计学上称为肌理,指的是图像中在局部上不规则却在整体上有规则的特征。不同的表面纹理、组织构造通过视觉效果可以使人们产生不同的情感,也可以说,这些图像的纹理特征"赋予"了图像情感、情绪。在视觉上,纹理特征是指图像中的基本纹理及其排列组合方式,主要的描述方法有统计法、频谱法、结构化、模型法以及对这些方法的综合[121-122]。虽然纹理特征对人的情感、情绪的影响不像色彩那样直观和强烈,但是其作用也不容忽视[119]。研究者也开始重视基于纹理特征对图像情感分析的研究。Tamura 等人首先将纹理特征应用于情感分析[123],此后,许多研究人员在此基础上进行了一系列的研究。Machajdik 等人依据心理学和艺术理论去提取特定的具有情感表达的艺术品领域的图像低级特征,从而将 Tamura 纹理特征和基于小波变换的纹理特征成功运用到了图像情感分析中[124];Ruiz-del-Solar 等人基于人类感知来定性地描述纹理,并提取了 12 个最经常被使用且与 Tamura 纹理特征密切相关的形容词,通过训练神经网络建立了纹理和这些描述形容词之间的关联。此外,Lin 等人在提取纹理特征的基础上,使用词组短语对纹理特征进行了简单的语义描述[126]。Machajdik 等人提出采用量化值表达纹理图像对某种纹理属性的归属度,用数学的方法研究图像纹理中的空间依赖关系,并建议从底层纹理特征估计纹理归属度,包括灰度共生矩阵[124]、Gabor 小波统计量和局部二值模式(Local Binary Patterns,LBP)等方法[127]。灰度共生矩阵可以反映出纹理与灰度空间的内在联系,适合有微小纹理变化的特征提取;Gabor 小波统计量以多信道滤波的多信道能量和方差等信息为纹理特征，计算相对复杂；LBP 算法具有灰度不变性和旋转不变性，可以描述表征纹理的局部空间模式和对比度两个互补特征，特征分类能力较强，并且计算方便快捷[128]。

在图像的形状特征方面，Colombo 等人在对 Hough 变换的基础上，绘制出直方图来描述线条斜率分布，结合直线斜率与情感互相映射的理论，融合其他特征进行图像情感语义辨别[129]。Iqbal 等人提取摄影图像中的形状结构特征并组成特征向量，在训练后将含有人造建筑物的图像与自然风景图像进行区分[130]。此外，在图像的色素特征、亮度特征、饱和度特征、内容特征和构图特征等方面，相关研究者也进行了深入的探索。Rodgers 等人的研究证明了体育内容可以带给人们幸福感（胜利）或失落感（失败），影视内容可以带给人们悲伤感（悲剧/犯罪）或喜悦感（爱情片）[131]。Colombo 等人将图像分割成均匀区域，根据颜色、色调、饱和度位置和大小等特征，利用每个区域和其他区域的对比捕捉情感的差异，将艺术类图片映射到 4 种不同情感中，实现艺术图片情感分类[132]。Datta 等人根据图片的相对色频、平均像素强度、平均像素饱和度和平均像素色调，并结合"三分法"经验法则，以及纹理、纵横比等相关元素，从图像中提取出 56 个视觉特征，并利用这些特征训练统计模型[133]。清华大学 Jia 等人系统性研究了图像的情感推断问题，提出一个半监督的框架将此问题形式化为因子图模型，用于自动理解梵·高在画作中表达的情感[134]。此外，他们的团队考察了社交关系（如交流互动）对图像情感的影响，联合建模目标图像和其他朋友添加的评论，扩展了隐含狄利克雷分布主题模型，完成了对图像情感的推断[135]。中国科学院自动化研究所李冰等人认为图像引起的情感不仅来自其全局形象，而且涉及局部区域之间的相互作用，他们提出了一种基于双层稀疏表示（BSR）的新型图像情感分类系统。BSR 模型包含两层结构：全局稀疏表示（GSR），用于定义测试图像和所有训练图像之间的全局相似性；局部稀疏表示（LSR），用于定义局部区域形象的相似性[136]。

基于低级特征的图像情感分析方法通常无法提炼图像的高层抽象语义，可解释性差，造成图像情感识别率不尽如人意。因此，基于低级特征构建中高级特征开始成为研究者们突破的方向。Liu 等人在低级特征提取的基础上，使用空间边缘分布和色彩叠加进行图像情感分类[137]。Yuan 等人从中级特征角度出发，在低级特征上训练分类器生成 102 个中级图像属性，完成情感的推断，并形式化发展出一套情感识别框架：Sentribute[138]。Borth 等人提出一种优于底级特征的中级视觉情感特征——形容词-名词对（Adjective Noun Pairs，ANP），搭建出一个包含超过 3 000 形容词-名词对（例如漂亮的花、好看的电影等）的视觉情感本体库（VSO），基于此，他们提出了一个新颖的语义检查器生成图像的中级表示，以弥补图像处理中的"语义鸿沟"[139]。基于 Borth 等人搭建的视觉情感本体库，厦门大学的曹冬林等人提出了一种视觉情感主题模型，能够在同一个微博主题中收集图像以增强视觉情感分析结果[140]。类似地，Wang 等人提出了学术界第一个无监督图像情感分析方法，同时捕捉图像和与之伴随的标题、评论等文本信息[141]。Solli 和 Lenz 使用每个兴趣点周围的情感直方图特征和情感包（Bag-of-emotion）特征来对图像进行分类[142]。章雷等人使用尺度不变特征变换（Scale-Invariant Feature Transform，SIFT），将图像转换为尺度空间，寻找局部极值点，确定关键点的方向并生成关键点的描述[143]。Li 等人则研究利用加速稳健特征（Speeded Up Robust Features，SURF）算法具有的图像特征提取的较好鲁棒性来替代

SIFT 算法[144]。Irie 等人提取了基于情感的音频-视觉词组包(Bag of Affective Audio-visual Words)的中层特征以及隐主题驱动模型来对视频进行分类[145]。而基于高级特征的图像情感分析主要针对人类的脸部特征,如在面部表情情感分析中将照明、姿势、面部尺寸和面部标准误差作为高级特征进行分析,并认为口腔的状态(张开嘴和各种情绪化的嘴型)也是作为判别面部情感的一个重要因素[146],同时也发掘包括人脸、皮肤在内的图像内容(Content)作为高级特征[147]。

情感空间建模即建立情感空间模型,图像中所包含的情感倾向是情感空间中的一点,早期的情感空间只有正面和负面,Siger 和 Ekamn 把情感分为高兴、惊讶、悲伤、恐惧、愤怒和厌恶 6 类[148-149],Luo 等人在此基础上提出了可以描述 6 种情感类型的低维度的情感空间模型 ESM(Emoticon Spance Model)[150]。Plutchik 等提出了狂喜、惊讶、警惕、接受、悲伤、恐惧、狂怒和憎恨等 8 种基本情感,并结合 3 种不同的情感强度生成了 24 种情感,该空间在哥伦比亚大学的研究中被采用[151]。目前使用最广泛的是 Mehrabian 等人提出的 PAD 情感空间模型。其中,P 代表愉悦度(Pleasure-displeasure),表示个体情感状态是正面还是负面;A 代表激活度(Arousal-nonarousal),表示个体的神经生理激活水平;D 代表优势度(Domiance-submissiveness),表示个体对他人以及其他情况的控制状态。可以通过这 3 个维度的具体值来表示具体的情感[152]。建立视觉特征与情感空间的映射是最后也是最关键的一步,这直接决定了图像情感识别的准确性,但由于底层特征与高层语义之间的映射是一种非线性关系,而且语义鸿沟问题也一直无法得到解决,所以很难建立对应规则。

对图像情感分析的传统研究中,无论是低级特征还是中级特征的提取过程都是通过人工设计的浅层学习获取的,无法很好地填补“语义鸿沟”。而深度学习利用深度复杂的网络结构,从训练数据中逐层学习并抽象出图像的结构性特征,能够提取更加接近图像高级语义的抽象语义,因此在图像情感分析上的表现远远超过传统方法,目前其占据了绝对的主导地位。受此鼓励,You 和 Luo 设计了一个卷积神经网络(CNN)去解决图像情感分析问题,通过在 Flickr 和 Twitter 数据集上的对比验证,战胜了基于低级特征和中级特征的情感分析方法,显示出深度学习的优越性并启发了未来图像情感分析模型[153]。在此之后,Xu 等人提出使用包含 5 个卷积层的深度卷积神经网络(DCNN)识别图像中的情感[154]。Chen 等人结合视觉情感本体库与深度卷积神经网络,发展出一套深度情感识别模型,称为 DeepSentiBank[155]。该网络主要包含八个权重层,即五个卷积层和三个全连接层。最后一个全连接层的输出被送入一个 2 089 维的 Softmax 分类器,产生 2 089 维的分类标签。这些方法都是利用卷积神经网络改善图像整体的表示。Sun 等人观察到全局图像与突出区域均携带了大量情感,认为鉴别局部区域情感、补充局部特征将有助于进一步提升 CNN 的性能[156]。随着注意力机制的流行,You 等人在卷积神经网络中引入注意力机制,提取出与情感相关的局部区域,分析图像局部区域与情感的对应关系[157]。为了解决“一图多情”的问题,Yang 等人借助标签分布学习和多任务卷积神经网络理论,利用两个弱形式的先验知识,表示标签之间的相似性,以产生每个类别的情感分布[158]。为了减小类内方差,华南理工大学 Wang 等人提出了一个深度耦合的形容词-名词神经网络,以端到端的方式学习图像的中级语义表示,分析图像的情感[159]。Lin 等人提出了双线性图像识别模型,该模型由两个卷积神经网络作为特征提取器,其输出做外积操作合并为图像表示向量。该模型以平移不变的方式对局部成对特征交互建模，对细粒度的图像情感分类特别有效[160]。Sun 等人采用卷积自动编码器提取微博的上下文信息（例如图文与伴随的评论）作为特征，同时定制出一个由多层受限玻尔兹曼机（RBM）堆叠而成的深度神经网络（DNN），用以初始化神经网络结构。其中，底层的受限玻尔兹曼机能够获取输入数据的概率分布，以学习样本的隐藏结构，而顶层的受限玻尔兹曼机用来实现中文微博的情感分类[161]。

近十几年来，迁移学习（Transfer Learning）吸引了众多研究者的目光。迁移学习反映到神经网络里，相当于让它有了语言，新一代的神经网络可以站在前一代网络的基础上更进一步，而不必重新训练。在图像情感分析领域，陆续出现了学者借助迁移学习的理念进行跨领域分类。例如，Ahmed 等人[162]探讨了视觉情感分析对智慧城市的潜在利益，在 ImageNet 数据集上预训练的深度卷积神经网络作为固定特征提取器，并借助迁移学习思想对网络参数进行微调、更新权重，以预测 Twitter 上用户的视觉情感。复旦大学 Xu 等人从辅助图文语料库得到先验知识，并首次通过转移深度特征编码，系统地研究了大规模视频情感识别[163]。Islam 和 Zhang[164]提出了一种新型视觉情感分析框架，使用迁移学习方法来预测情绪。他们从包含 22 层隐层的深度卷积神经网络中学习的超参数来初始化模型以防止过拟合，最后在 Twitter 图像数据集上开展大规模实验，证明了迁移学习的有效性。

随着对图像情感分析研究的深入，许多关于图像的经典的数据集应运而生，笔者整理了一些，如表 4.3 所示。

表 4.3　经典图像数据集

数据集名称	数据集介绍	下载地址
IAPS 数据集	IAPS 共收录了 956 张彩色照片，范围从日常物品和场景到极其罕见或令人兴奋的场景，是一个图片数据库	有相应的版权，需要发邮件才能得到下载的机会，发邮件的相关介绍和要求：https://csea.phhp.ufl.edu/Media.html#topmedia
GAPED 数据集	包括 730 张图片。包含的负面内容：蜘蛛、蛇及引发与违反道德和法律规范有关的情绪场景。正面图片主要是人类和动物宝宝以及自然风景，而中性图片主要描绘无生命的物体。	www.affective-sciences.org/researchmaterial
ArtPhoto 数据集	来自照片分享网站的艺术照片，包含了许多专业艺术家的照片。他们通过每个图像的所有者提供的标签获得基本事实	https://www.imageemotion.org/
FlickrLDL、TwitterLDL 数据集	用娱乐、愤怒、敬畏、满足、厌恶、兴奋、恐惧、悲伤等 8 种情绪标记 Flickr 数据集的一个子集，并将其命名为 Flickr LDL。从推特上下载了 3 万张照片，贴上同样的 8 个情感标签。在没有明显情绪的情况下，给一幅图像贴上中性标签	http://cv.nankai.edu.cn/projects/SentiLDL

续表

数据集名称	数据集介绍	下载地址
Emotion6 (EmotionROI) 数据集	Emotion6 中的图像标注了 VA 值对诱发情绪评分和 7 种标签（Ekman 的 6 种基本情绪和 neutral），每种类别 330 张图片。EmotionROI 在其基础上添加了情感诱发区域 ESM 标注	http://chenlab. ece. cornell. edu/downloads. html
LIRIS-ACCEDE (Audio-visual) 数据集	是一个带注释的知识共享情感数据库，由从 160 部基于知识共享许可共享的电影中提取的 9 800 个视频片段组成	http://liris-accede. ec-lyon. fr/
MMI(visual) 数据集	包括从正面和侧面视图捕获的图像和视频：61 个表现不同基本情绪的成年人和 25 个对情绪视频做出反应的成年人的数据	https://mmifacedb. eu/accounts/register/
DEAP 数据集	除包含 32 名参与者的面部视频外，还有外围和中枢神经系统的生理信号。面部视频只从 22 名参与者那里录制。脑电图信号记录从 32 个活跃电极	http://www. eecs. qmul. ac. uk/mmv/datasets/deap/down-load. html
EMDB 数据集	①52 个电影片段的预选择和编辑；②113 名样本参与者对这些电影片段的评价；③32 名志愿者的心理生理评估［皮肤电导水平（SCL）和心率（HR）］。选择不同类别的电影，从情感空间的不同象限引出情感状态	request at EMDB@ psi. umin-ho. pt
MAHNOB-HCI 数据集	一个记录情感刺激反应的多模式数据库，旨在进行情感识别和内隐标记研究。多模式设置安排同步记录面部视频、音频信号、眼睛凝视数据和周围/中枢神经系统生理信号	https://mahnob-db. eu/hci-tagging/

4.2.3 存在的困难与挑战

图像比文字更加直观、有冲击力，包含的情感倾向也更容易影响到其他人。但是要实现快速准确的自动图像情感分析：比实现自动文本情感分析的难度要大，图像情感分析的困难与挑战包括但不限于以下内容

(1)语义鸿沟问题。目前的图像情感识别方法主要是基于学习的方法，可见学习时使用的特征决定了最终的结果。而目前大部分研究使用的特征都是基于艺术元素的低级视觉特征，这导致底层视觉特征与高级情感语义之间的语义鸿沟问题变得更加明显。毕竟图像的情感语义是通过人的感知获得的，忽略视觉和心理学效应，单纯地通过统计的方法获取情感

语义显然是不合适的[165]。因此如何合理构建底层视觉特征和高级语义之间的联系是图像情感分析领域需要解决的一大问题。

(2)主观性问题。人类的情感具有宽泛的主观性,可见感觉同一事物包含的情感倾向是不同的。而且,由于地理或文化的差异,人们判别一些图像的情感类别的差异可能会很大甚至相反。例如,印度人看到一幅有一些蜡烛的照片,可能会给这幅图片分类为"积极的",因为他们国家有一个"排灯节"的节日,会点燃蜡烛庆祝。但是西方国家的人可能会认为这张图片是"消极的",因为他们国家大多时候点燃蜡烛是在纪念哀悼的场合。因此用人们从图像中感受到的情感去标记图像的情感类别是非常主观的,这也是所有情感分析领域的共同难题。而且同一个人在不同时刻判断同一图像包含的情感倾向也有可能是不同的,即情感评价也是因时而异的。

(3)高层语义和情感理解的相互制约问题。人们对某个具体图像所包含的情感倾向的判断,是在许多因素共同作用下的。因此基于语义的图像情感分析需要有更加可行的真实性,可是图像语义分析领域的研究也没有找到完美的解决方案,这导致将图像语义应用到图像情感识别中并不能达到人们想要的结果。要想图像情感分析任务得到更好的解决,需要图像语义分析技术先达到一定的水平。

(4)研究对象的广泛性。图像和视频的内容包罗万象,可能是风景画、艺术画、人脸、场景、影视片段、拍摄花絮、行为动作、小视频等,这涉及计算机视觉领域的方方面面,不像人脸识别和手写识别等其他计算机视觉问题中的研究对象那么具体。它们的类别也是五花八门,人们对它们的情感类别的判断自然也不一致,这些都增加了图像情感分析任务的复杂性。

(5)学习策略问题。不像语音情感分析有与语音表达机制相关的混合高斯模型和人工神经网络等有效技术的支撑,图像情感分析领域没有理想的学习策略,这导致图像情感分析远没有语音情感分析发展迅速。寻找图像情感分析适合的学习策略或者分类方法还需要计算机科学、机器学习、心理学和脑科学等领域的进步和发展。

(6)视频情感分析的复杂性。目前图像情感分析任务的研究对象大多是静止的图片,研究对象是视频的没有图片的多,原因是视频情感分析的难度比图片情感分析的难度大,具体表现在视频情感还涉及时间维度的信息,如动作中包含的情感信息。虽然视频情感分析与图片情感分析息息相关,但是视频情感分析的运算量远远超过静止的图片情感分析,这样模型的训练可能会受到显卡等硬件的制约。

(7)交叉学科问题。图像情感分析问题是一个多学科交叉的任务,往往涉及脑科学、心理学、机器学习、艺术学等学科。在使用计算机进行情感计算的工作中可以引入交叉学科的丰硕研究成果,从而实现对视觉情感分析的发展、推进和完善。艺术家在艺术创作的过程中,不仅要考虑使用什么艺术元素,还要研究一些艺术原理,例如,如何将一些艺术元素组织排列以产生特定的语义和情感。将艺术原理作为情感特征可能是图像情感分析的另一条思路。

(8)一致性问题。如何从图像中提取情感类别其实是一个有争议的问题,即图像的情感类别是图像引发人们产生的情感反应还是图像中人物含有的情感类别。举例来讲,若是人们看到一幅图像时产生了一种惊讶的情感,人们可以将其标记为"惊讶";若是图像里面的主体/对象是惊讶的表情,人们是否也要将其标记为"惊讶"? 目前,绝大多数的情感识别工作对情感的处理都是基于期望情感的,即图像拍摄者或电影制作者创作作品时希望读者产生怎么样的情感,或者基于大众化的情感,即大多数人均会产生的类同式情感[166-167]。但是,也有以图像中主体的情感为整个图像的情感类别的研究。这些不一致的图像标记会使图像情感分析的研究更加困难。

4.3　本 章 小 结

在本章中,笔者对单模态情感分析进行了简要的介绍,包括文本情感分析和图像情感分析。在 4.1.1 节和 4.2.1 节中,读者可以知道各种各样的文本和图像充斥着人们的生活,对文本和图像进行情感分析是非常有价值的。从文本中提取观点持有者的情感倾向、意见看法的流程包括文本原始数据的获取、数据预处理、特征提取、使用训练好的分类器进行分类和输出分类类别。而一个完整的图像情感分析系统包括图像预处理、图像中情感特征提取/选择、模型设计等 3 部分。

在 4.1.2 节和 4.2.2 节中,笔者以文本和图像情感分析的研究方法为脉络来叙述与文本和图像情感分析相关的文献。文本情感分析的研究方法包括基于词典和规则的方法、基于机器学习和基于深度学习的方法。图像情感分析的研究方法包括基于低级特征的方法、基于中高级特征的方法以及基于深度学习的方法。笔者通过大篇幅地介绍文本和图像情感分析相关的文献,不仅仅是要介绍各个方法的原理、使用频繁度、优劣,更是要介绍整个文本和图像情感分析的发展过程、情感计算方法发展的历史脉络。此外,每一部分都提供了经典数据集的简要介绍和下载地址,在实验需要时,读者可以通过本章提供的下载地址下载符合自己需要的数据集。

在 4.1.3 节和 4.2.3 节中,笔者介绍了文本和图像情感分析领域中的困难和挑战。在文本情感分析中,有数据噪声,单一领域单一语种问题,句法结构复杂,网络用语、歇后语、成语、讽刺、反语和隐喻等问题,含蓄情感的识别和隐式情感词词典的构建问题,缺乏细粒度的研究和统一的标准问题,观点里的多主题问题,维度问题,多模态情感分析问题;等等。在图像情感分析中,有语义鸿沟问题,主观性问题,高层语义和情感理解的相互制约问题,研究对象的广泛性,学习策略问题,视频情感分析的复杂性,交叉学科问题,一致性问题;等等。这些问题的存在,一方面抑制了多模态情感分析的研究,因为单模态情感分析并没有得到一个完美的解决算法,将单模态放在一起研究会导致运算量加大,这会导致研究的困难程度更大;另一方面也促进了多模态情感分析的研究,因为整合文本、图像与语音等多种资源,可以对情感进行更全面、更准确的理解,同时可以启发心理学、哲学及语言学等其他学科,这在一定程度上克服了单模态情感分析问题中的困难和挑战。

参 考 文 献

[1] HEARST M A. Direction-based text interpretation as an information access refinement[J]. Text based intelligent systems: current research and practice in information extraction and retrieval, 1992: 257 – 274.

[2] HUETTNER A, SUBASIC P. Fuzzy typing for document management[J]. ACL 2000 Companion Volume: Tutorial Abstracts and Demonstration Notes, 2000: 26 – 27.

[3] SACK W. On the computation of point of view[C]//Proceedings of the AAAI Conference. Seattle: AAAI Press, 1994: 1488.

[4] DAS S, CHEN M. Yahoo! for Amazon: Extracting market sentiment from stock message boards[C]//Proceedings of the Asia Pacific Finance Association Annual Conference (APFA). Sydney: Asia Pacific Finance Association, 2001: 43.

[5] PICARD R W. Affective computing[M]. Cambridge: MIT Press, 2000.

[6] PANG B, LEE L. Opinion mining and sentiment analysis[J]. Foundations and Trends in Information Retrieval, 2008, 2(1 – 2): 1 – 135.

[7] LIU B. Sentiment analysis and opinion mining[J]. Synthesis Lectures on Human Language Technologies, 2012, 5(1): 1 – 167.

[8] CALVO R A, D'MELLO S. Affect detection: An interdisciplinary review of models, methods, and their applications[J]. IEEE Transactions on Affective Computing, 2010, 1(1): 18 – 37.

[9] FELDMAN R. Techniques and applications for sentiment analysis[J]. Communications of the ACM, 2013, 56(4): 82 – 89.

[10] MOHAMMAD S M. Sentiment analysis: detecting valence, emotions, and other affectual states from text[M]. Cambridge: Woodhead Publishing, 2016.

[11] RAVI K, RAVI V. A survey on opinion mining and sentiment analysis: tasks, approaches and applications[J]. Knowledge-Based Systems, 2015, 89: 14 – 46.

[12] 黄萱菁，张奇，吴苑斌. 文本情感倾向分析[J]. 中文信息学报，2011, 25(6): 118 – 127.

[13] 李寿山. 情感文本分类方法研究[D]. 北京：中国科学院研究生院，2008.

[14] BEINEKE P, HASTIE T, MANNING C, et al. Exploring sentiment summarization[C]//Proceedings of the AAAI Spring Symposium on Exploring Attitude and Affect in Text: Theories and Applications. Palo Alto: The AAAI Press, 2004: 39.

[15] ORIMAYE S O, ALHASHMI S M, SIEW E G. Can predicate-argument struc-

tures be used for contextual opinion retrieval from blogs? [J]. World Wide Web, 2013, 16(5): 763 - 791.

[16] 王婷, 杨文忠. 文本情感分析方法研究综述[J]. 计算机工程与应用, 2021, 57(12): 11 - 24.

[17] CHEN L C, LEE C M, CHEN M Y. Exploration of social media for sentiment analysis using deep learning[J]. Soft Computing, 2020, 24(11): 8187 - 8197.

[18] PAN D H, YUAN J L, LI L, et al. Deep neural network-based classification model for sentiment analysis[C]//Proceedings of the 6th International Conference on Behavioral, Economic and Socio-Cultural Computing. New York: IEEE, 2019.

[19] JOSHI A, BHATTACHARYYA P, AHIRE S. Sentiment resources: lexicons and datasets[A]//Cambria E, Das D, Bandyopadhyay S, et al. A Practical Guide to Sentiment Analysis [M]. Cham: Springer International Publishing, 2017: 85 - 106.

[20] WHISSELL C. Objective analysis of text: II. Using an emotional compass to describe the emotional tone of situation comedies[J]. Psychological Reports, 1998, 82(2): 643 - 646.

[21] WHISSELL C. Using the revised dictionary of affect in language to quantify the emotional undertones of samples of natural language[J]. Psychological Reports, 2009, 105(2): 509 - 521.

[22] 赵妍妍, 秦兵, 石秋慧, 等. 大规模情感词典的构建及其在情感分类中的应用[J]. 中文信息学报, 2017, 31(2): 187 - 193.

[23] 王志涛, 于志文, 郭斌, 等. 基于词典和规则集的中文微博情感分析[J]. 计算机工程与应用, 2015(8): 218 - 225.

[24] RAO Y, LEI J, LIU W, et al. Building emotional dictionary for sentiment analysis of online news[J]. World Wide Web, 2014, 17(4): 723 - 742.

[25] CAI Y, YANG K, HUANG D, et al. A hybrid model for opinion mining based on domain sentiment dictionary[J]. International Journal of Machine Learning and Cybernetics, 2019, 10: 2131 - 2142.

[26] KHOO C S, JOHNKHAN S B. Lexicon-based sentiment analysis: comparative evaluation of six sentiment lexicons [J]. Journal of Information Science, 2017: 0165551517703514.

[27] 李永帅, 王黎明, 柴玉梅, 等. 基于双向 LSTM 的动态情感词典构建方法研究[J]. 小型微型计算机系统, 2019, 40(3): 503 - 509.

[28] AHMED M, CHEN Q, LI Z H. Constructing domain-dependent sentiment dictionary for sentiment analysis[J]. Neural Computing and Applications, 2020, 32 (18): 14719 - 14732.

[29] 栗雨晴，礼欣，韩煦，等. 基于双语词典的微博德类情感分析方法[J]. 电子学报，2016，44(9)：2068-2073.

[30] TRINH S，NGUYEN L，VO M，et al. Lexicon-based sentiment analysis of Facebook comments in Vietnamese language[J]. Recent Developments in Intelligent Information and Database Systems. Cham：Springer，2016：263-276.

[31] IHNAINI B，MAHMUDDIN M. Lexicon-based sentiment analysis of arabic tweets：a survey[J]. Journal of Engineering and Applied Sciences，2018，13(17)：7313-7322.

[32] MACHADO M T，PARDO T A，RUIZ E E S. Creating a portuguese context-sensitive lexicon for sentiment analysis[C]//Proceedings of the International Conference on Computational Processing of the Portuguese Language. Canela：Springer，2018：335-344.

[33] BERMUDEZ-GONZALEZ D，MIRANDA-JIMÉNEZ S，GARCÍA-MORENO R U，et al. Generating a Spanish affective dictionary with supervised learning techniques[R/OL]. Research-publishing. net，2016. http：//dx. doi. org/10. 14705/rpnet. 2016. tislid2014. 445.

[34] WU L，MORSTATTER F，LIU H. SlangSD：building and using a sentiment dictionary of slang words for short-text sentiment classification[J]. Language Resources & Evaluation，2016(6)：1-14.

[35] HATZIVASSILOGLOU V，MCKEOWN K R. Predicting the semantic orientation of adjectives[C]//Proceedings of the 35th Annual Meeting of the Association for Computational Linguistics and Eighth Conference of the European Chapter of the Association for Computational Linguistics. Madrid：Association for Computational Linguistics，1997：174-181.

[36] WIEBE J，WILSON T，BRUCE R，et al. Learning subjective language[J]. Computational Linguistics，2004，30(3)：277-308.

[37] HU M，LIU B. Mining and summarizing customer reviews[C]//Proceedings of the Tenth ACM SIGKDD International Conference on Knowledge Discovery and Data Mining. Seattle：ACM，2004：168-177.

[38] LIU B. Sentiment analysis：mining opinions，sentiments，and emotions[M]. Cambridge：Cambridge University Press，2015.

[39] TURNEY P D. Thumbs up or thumbs down?：semantic orientation applied to unsupervised classification of reviews[C]//Proceedings of the 40th Annual Meeting on Association for Computational Linguistics. Philadelphia：Association for Computational Linguistics，2002：417-424.

[40] BRANTS T. TnT：a statistical part-of-speech tagger[C]//Proceedings of the Sixth

Conference on Applied Natural Language Processing. Seattle：Association for Computational Linguistics，2000：224 - 231.

[41] MILLER G A, BECKWITH R, FELLBAUM C, et al. Introduction to WordNet: an on-line lexical database[J]. International Journal of Lexicography, 1990，3(4)：235 - 244.

[42] 王治敏，朱学锋，俞士汶. 基于现代汉语语法信息词典的词语情感评价研究[J]. 中文计算语言学期刊，2005，10(4)：581 - 591.

[43] 许小颖，陶建华. 汉语情感系统中情感划分的研究[C]//第一届中国情感计算及智能交互学术会议论文集. 北京，中国：清华大学出版社，2003：199 - 205.

[44] 朱嫣岚，闵锦，周雅倩. 基于 HowNet 的词汇语义倾向计算[J]. 中文信息学报，2006，20(1)：16 - 22.

[45] VOLL K, TABOADA M. Not all words are created equal：extracting semantic orientation as a function of adjective relevance[C]//Proceedings of the Australasian Joint Conference on Artificial Intelligence. Gold Coast：Springer，2007：337 - 346.

[46] 徐琳宏，林鸿飞. 基于语义特征和本体的语篇情感计算[J]. 计算机研究与发展，2007(z2)：356 - 360.

[47] TABOADA M, BROOKE J, TOFILOSKI M, et al. Lexicon-Based Methods for Sentiment Analysis[J]. Computational Linguistics，2011，37(2)：267 - 307.

[48] 董丽丽，赵繁荣，张翔. 基于领域本体、情感词典的商品评论倾向性分析[J]. 计算机应用与软件，2014，31(12)：104 - 108.

[49] MUSTO C, SEMERARO G, POLIGNANO M. A comparison of lexicon-based approaches for sentiment analysis of microblog posts[J]. Information Filtering and Retrieval，2014，59：123 - 130.

[50] MORENO-ORTIZ A, HERNANDEZ C P. Lexicon-based sentiment analysis of twitter messages in Spanish[J]. Procesamiento del Lenguaje Natural，2013(50)：93 - 100.

[51] CUI A, ZHANG H, LIU Y, et al. Lexicon-based sentiment analysis on topical Chinese microblog messages[M]//Semantic Web and Web Science. Berlin：Springer，2013：333 - 344.

[51] PALTOGLOU G, THELWALL M. Twitter, myspace, digg：unsupervised sentiment analysis in social media[J]. ACM Transactions on Intelligent Systems & Technology，2012，3(4)：1 - 19.

[53] SONG Y, GU K, LI H, et al. A lexical updating algorithm for sentiment analysis on Chinese movie reviews[C]//Proceedings of the Fifth International Conference on Advanced Cloud and Big Data (CBD). Shanghai：IEEE，2017：188 - 193.

[54] SAIF H, HE Y, FERNANDEZ M, et al. Contextual semantics for sentiment anal-

ysis of Twitter[J]. Information Processing & Management, 2016, 52(1): 5 - 19.

[55] ASGHAR M Z, KHAN A, AHMAD S, et al. Lexicon-enhanced sentiment analy-sis framework using rule-based classification scheme[J]. PLoS One, 2017, 12(2): e0171649.

[56] 周杰. 基于情感词典与句型分类的中文微博情感分析研究[D]. 银川：宁夏大学. 2017.

[57] 邱锡鹏. 神经网络与深度学习[J]. 中文信息学报，2020(7)：1.

[58] PANG B, LEE L, VAITHYANATHAN S. Thumbs up?: sentiment classification using machine learning techniques[C]//Proceedings of the ACL-02 Conference on Empirical Methods in Natural Language Processing, Volume 10. Philadelphia: As-sociation for Computational Linguistics, 2002: 79 - 86.

[59] CHAOVALIT P, ZHOU L. Movie review mining: a comparison between super-vised and unsupervised classification approaches[C]//Proceedings of the 38th An-nual Hawaii International Conference on System Sciences (HICSS-05). Big Island, HI, USA: IEEE, 2005: 112c.

[60] BOIY E, HENS P, DESCHACHT K, et al. Automatic sentiment analysis in on-line text[C]//Proceedings of ELPUB. Vienna: ELPUB, 2007: 349 - 360.

[61] TRIPATHY A, AGRAWAL A, RATH S K. Classification of sentiment reviews using n-gram machine learning approach[J]. Expert Systems with Applications, 2016, 57: 117 - 126.

[62] SIVAKUMAR M, REDDY U S. Aspect based sentiment analysis of students opin-ion using machine learning techniques[C]//Proceedings of the International Confer-ence on Inventive Computing and Informatics (ICICI). Coimbatore: IEEE, 2017: 726 - 731.

[63] 杨爽，陈芬. 基于SVM多特征融合的微博情感多级分类研究[J]. 数据分析与知识发现，2017，1(2)：73 - 79.

[64] LI J, RAO Y, JIN F, et al. Multi-label maximum entropy model for social emotion classification over short text[J]. Neurocomputing, 2016, 210: 247 - 256.

[65] WAWRE S V, DESHMUKH S N. Sentiment classification using machine learning techniques[J]. International Journal of Science and Research, 2016, 5 (4): 819 - 821.

[66] THELWALL M. Gender bias in machine learning for sentiment analysis[J]. On-line Information Review, 2018, 42(3): 343 - 354.

[67] SHARMA A, DEY S. A boosted SVM-based ensemble classifier for sentiment a-nalysis of online reviews[J]. ACM SIGAPP Applied Computing Review, 2013, 13 (4): 43 - 52.

[68] MANEK A S, SHENOY P D, MOHAN M C, et al. Aspect term extraction for sentiment analysis in large movie reviews using gini index feature selection method and SVM classifier[J]. World Wide Web, 2017, 20(2): 135 - 154.

[69] TANG X B, YAN C X. A sentimental classification model based on SPIPR principle and support vector machine[J]. Information Studies: Theory & Application, 2013, 36(1): 98 - 103.

[70] 刘丽, 岳亚伟. 面向高校学生微博的跨粒度情感分析[J]. 计算机应用研究, 2019, 36(6): 1618 - 1622.

[71] 唐莉, 刘臣. 基于 CRF 和 HITS 算法的特征情感对提取[J]. 计算机技术与发展, 2019, 29(7): 71 - 75.

[72] XUE J, CHEN J, HU R, et al. Twitter discussions and concerns about COVID-19 pandemic: Twitter data analysis using a machine learning approach[J]. arXiv: 2005. 12830, 2020: 1 - 10.

[73] 彭敏, 席俊杰, 代心媛, 等. 基于情感分析和 LDA 主题模型的协同过滤推荐算法 [J]. 中文信息学报, 2017, 31(2): 194 - 203.

[74] HUQ M R, ALI A, RAHMAN A. Sentiment analysis on Twitter data using KNN and SVM[J]. International Journal of Advanced Computer Science and Applications, 2017, 8(6): 19 - 25.

[75] LIU L, FENG S, WANG D, et al. An empirical study on Chinese microblog stance detection using supervised and semi-supervised machine learning methods [M]//Natural language understanding and intelligent applications. Cham: Springer International Publishing, 2016.

[76] JIANG F, LIU Y, LUAN H, et al. Microblog sentiment analysis with emoticon space model[C]//Proceedings of the Chinese National Conference on Social Media Processing. Wuhan, China: Chinese Information Processing Society of China, 2014: 234 - 241.

[77] YU Z, WONG R K, CHI C H, et al. A semi-supervised learning approach for microblog sentiment classification[C]//Proceedings of the 2015 IEEE International Conference on Smart City/SocialCom/SustainCom (SmartCity). Chengdu: IEEE, 2015: 234 - 241.

[78] KIM Y. Convolutional neural networks for sentence classification[J]. arXiv preprint arXiv:1408. 5882, 2014: 1 - 10.

[79] DOS SANTOS C, GATTI M. Deep convolutional neural networks for sentiment analysis of short texts[C]//Proceedings of COLING 2014, the 25th International Conference on Computational Linguistics: Technical Papers. Dublin: Association for Computational Linguistics, 2014: 69 - 78.

[80] ZHOU Y，XU R，GUI L. A sequence-level latent topic modeling method for sentiment analysis via CNN-based diversified restricted Boltzmann machine[C]//Proceedings of the 2016 International Conference on Machine Learning and Cybernetics (ICMLC). Jeju：IEEE，2016：123 - 130.

[81] GOPALAKRISHNAN K，SALEM F M. Sentiment analysis using simplified long short-term memory recurrent neural networks[J]. arXiv：2005. 03993，2020：1 - 10.

[82] JELODAR H，WANG Y，ORJI R，et al. Deep sentiment classification and topic discovery on novel coronavirus or COVID-19 online discussions：NLP using LSTM recurrent neural network approach[J]. IEEE Journal of Biomedical and Health Informatics，2020，24(10)：2733 - 2742.

[83] MADASU A，RAO V A. Sequential learning of convolutional features for effective text classification[J]. arXiv：1909.00080，2019：1 - 12.

[84] HEIKAL M，TORKI M，EL-MAKKY N. Sentiment analysis of Arabic tweets using deep learning[C]//Proceedings of the 4th Annual International Conference on Arabic Computational Linguistics. Cairo：ACM，2018：114 - 122.

[85] 罗帆，王厚峰. 结合 RNN 和 CNN 层次化网络的中文文本情感分类[J]. 北京大学学报(自然科学版)，2018，54(3)：459 - 465.

[86] 杜永萍，赵晓铮，裴兵兵. 基于 CNN-LSTM 模型的短文本情感分类[J]. 北京工业大学学报，2019(7)：662 - 670.

[87] 韩建胜，陈杰，陈鹏，等. 基于双向时间深度卷积网络的中文文本情感分类[J]. 计算机应用与软件，2019，36(12)：225 - 231.

[88] SU Y J，CHEN C H，CHEN T Y，et al. Chinese microblog sentiment analysis by adding emoticons to attention-based CNN[J]. International Journal of Design，Analysis & Tools for Integrated Circuits & Systems，2018，7(1)：114 - 122.

[89] SHIN B，LEE T，CHOI J D. Lexicon integrated CNN models with attention for sentiment analysis[J]. arXiv preprint arXiv：1610.06272，2016：1 - 10.

[90] PERGOLA G，GUI L，HE Y. TDAM：a topic-dependent attention model for sentiment analysis[J]. Information Processing & Management，2019，56(6)：2345 - 2356.

[91] WEI J Y，LIAO J，YANG Z F，et al. BiLSTM with multi-polarity orthogonal attention for implicit sentiment analysis[J]. Neurocomputing，2020，383：123 - 134.

[92] 冯兴杰，张志伟，史金钏. 基于卷积神经网络和注意力模型的文本情感分析[J]. 计算机应用研究，2018，35(5)：1434 - 1436.

[93] ARACI D. FinBERT：financial sentiment analysis with pre-trained language models[J]. arXiv：1908.10063，2019：1 - 10.

[94]　LAN Z, CHEN M, GOODMAN S, et al. ALBERT: a lite BERT for self-super-vised learning of language representations[J]. arXiv:1909.11942, 2019: 1 - 10.

[95]　曾诚, 温超东, 孙瑜敏, 等. 基于 ALBERT-CRNN 的弹幕文本情感分析[J/OL]. 郑州大学学报 (理学版), [2021 - 04 - 06]. https://doi.org/10.13705/j.issn.1671 - 6841.2020359.

[96]　PETERS M, NEUMANN M, IYYER M, et al. Deep contextualized word repre-sentations[C]//Proceedings of the 2018 Conference of the North American Chapter of the Association for Computational Linguistics: Human Language Technologies. New Orleans : Association for Computational Linguistics, 2018: 2227 - 2237.

[97]　XU H, LIU B, SHU L, et al. DomBERT: domain-oriented language model for as-pect-based sentiment analysis[C]//Findings of the Association for Computational Linguistics. Online: Association for Computational Linguistics, 2020: 123 - 134.

[98]　PORIA S, HUSSAIN A, CAMBRIA E. Multimodal sentiment analysis[M]. Cham: Springer International Publishing, 2018.

[99]　LANG P J. A bio-informational theory of emotional imagery[J]. Psychophysiolo-gy, 1979, 16(6): 495 - 512.

[100]　LANG P J, BRADLEY M M, CUTHBERT B N. Emotion, motivation, and anx-iety: Brain mechanisms and psychophysiology[J]. Biological Psychiatry, 1998, 44 (12): 1248 - 1263.

[101]　JOSHI D, DATTA R, FEDOROVSKAYA E, et al. Aesthetics and emotions in images[J]. Signal Processing Magazine, IEEE, 2011, 28(5): 94 - 115.

[102]　王伟凝, 余英林. 图像的情感语义研究进展[J]. 电路与系统学报, 2004, 8(5): 101 - 109.

[103]　YANULEVSKAYA V, VAN GEMERT J, ROTH K, et al. Emotional valence categorization using holistic image features[C]//Proceedings of IEEE Internation-al Conference on Image Processing. San Diego: IEEE, 2008: 101 - 104.

[104]　DATTA R, JOSHI D, LI J, et al. Studying aesthetics in photographic images u-sing a computational approach[C]//Proceedings of the European Conference on Computer Vision (ECCV). Graz: Springer, 2006: 288 - 297.

[105]　JOSHI D, DATTA R, FEDOROVSKAYA E, et al. Aesthetics and emotions in images[J]. Signal Processing Magazine, 2011, 28(5): 94 - 115.

[106]　MARCHESOTTI L, PERRONNIN F, LARLUS D, et al. Assessing the aesthet-ic quality of photographs using generic image descriptors[C]//Proceedings of the International Conference on Computer Vision (ICCV). Barcelona: IEEE, 2011: 1784 - 1791.

[107]　ISOLA P, XIAO J, TORRALBA A, et al. What makes an image memorable?

[C]//Proceedings of the IEEE Conference on Computer Vision and Pattern Recognition (CVPR). Colorado Springs：IEEE，2011：145 - 152.

[108]　JIA J，WU S，WANG X，et al. Can we understand van Gogh's mood?：Learning to infer affects from images in social networks[C]//Proceedings of ACM Multimedia Conference (ACM MM). Nara：ACM，2012：1037 - 1040.

[109]　MACHAJDIK J，HANBURY A. Affective image classification using features inspired by psychology and art theory[C]//Proceedings of ACM Multimedia Conference (ACM MM). Firenze：ACM，2010：83 - 92.

[110]　YANULEVSKAYA V. In the eye of the beholder：Employing statistical analysis and eye tracking for analyzing abstract paintings[C]//Proceedings of ACM Multimedia Conference (ACM MM). Nara：ACM，2012：1041 - 1044.

[111]　YANULEVSKAYA V. Emotional valence categorization using holistic image features[C]//Proceedings of the IEEE International Conference on Image Processing (ICIP). San Diego：IEEE，2008：2345 - 2348.

[112]　古大诒，傅师申，杨仁鸣. 色彩与图形视觉原理[M]. 北京：科学出版社，2000.

[113]　GONG R，WANG Q，HAI Y，et al. Investigation on factors to influence color emotion and color preference responses[J]. Optik-International Journal for Light and Electron Optics，2017，136：71 - 78.

[114]　COLOMBO C，DEL BIMBO A，PALA P. Semantics in visual information retrieval[J]. Multimedia，IEEE，1999，6(3)：38 - 53.

[115]　ITTEN J. The art of color：the subjective experience and objective rationale of color[M]. New York：John Wiley，1973.

[116]　VALDEZ P，MEHRABIAN A. Effects of color on emotions[J]. Journal of Experimental Psychology：General，1994，123(4)：394 - 409.

[117]　OU L C，LUO M R，WOODCOCK A，et al. A study of colour emotion and colour preference：Part I：Colour emotions for single colours[J]. Color Research and Application，2004，29(3)：232 - 240.

[118]　SHIN Y，KIM E Y. Affective prediction in photographic images using probabilistic affective model[C]//Proceedings of the ACM International Conference on Image and Video Retrieval. Xi'an：ACM，2010：390 - 397.

[119]　陈俊杰，李海芳，相洁，等. 图像情感语义分析技术[M]. 北京：电子工业出版社，2011.

[120]　HSU W，KENNEDY L，HUANG C W，et al. News video story segmentation using fusion of multi-level multi-modal features in TRECVID 2003[C]//Proceedings of the 2004 IEEE International Conference on Acoustics，Speech，and Signal Processing. Montreal：IEEE，2004，3：645 - 648.

[121] ROHRDANTZ C, HAO M C, DAYAL U, et al. Feature-based visual sentiment analysis of text document streams[J]. ACM Transactions on Intelligent Systems and Technology (TIST), 2012, 3(2): 1 – 25.

[122] 章毓晋. 基于内容的视觉信息检索[M]. 北京：科学出版社，2003.

[123] TAMURA H, MORI S, YAMAWAKI T. Textural features corresponding to visual perception[J]. IEEE Transactions on Systems, Man, and Cybernetics, 1978, 8(6): 460 – 473.

[124] MACHAJDIK J, HANBURY A. Affective image classification using features inspired by psychology and art theory[C]//Proceedings of the 18th ACM International Conference on Multimedia. Firenze: ACM, 2010: 83 – 92.

[125] RUIZ-DEL-SOLAR J, JOCHMANN M. On determining human description of textures[C]//Proceedings of the Scandinavian Conference on Image Analysis. Halmstad: Springer, 2001: 288 – 294.

[126] LIN H C, CHIU C Y, YANG S N. Texture analysis and description in linguistic terms[C]//Proceedings of ACCV2002, The 5th Asian Conference on Computer Vision. Melbourne: Springer, 2002: 23 – 25.

[127] MATTHEWS T, NIXON M S, NIRANJAN M. Enriching texture analysis with semantic data[C]//Proceedings of the IEEE Conference on Computer Vision and Pattern Recognition. Portland: IEEE, 2013: 1248 – 1255.

[128] 李祖贺，樊养余. 基于视觉的情感分析研究综述[J]. 计算机应用研究，2015，32 (12): 3521 – 3526.

[129] COLOMBO C, DEL BIMBO A, PALA P. Semantics in visual information retrieval[J]. IEEE Multimedia, 1999, 6(3): 38 – 53.

[130] IQBAL Q, AGGARWAL J K. Retrieval by classification of images containing large manmade objects using perceptual grouping[J]. Pattern Recognition, 2002, 35(7): 1463 – 1479.

[131] RODGERS S, KENIX L J, THORSON E. Stereotypical portrayals of emotionality in news photos[J]. Mass Communication & Society, 2007, 10(1): 119 – 138.

[132] COLOMBO C, DEL BIMBO A, PALA P. Semantics in visual information retrieval[J]. IEEE Multimedia, 1999, 6(3): 38 – 53.

[133] DATTA R, JOSHI D, LI J, et al. Studying aesthetics in photographic images using a computational approach[C]//Proceedings of the European Conference on Computer Vision. Berlin: Springer, Heidelberg, 2006: 288 – 301.

[134] JIA J, WU S, WANG X, et al. Can we understand Van Gogh's mood?: learning to infer affects from images in social networks[C]//Proceedings of the 20th ACM International Conference on Multimedia. Nara: ACM, 2012: 857 – 860.

[135] YANG Y, JIA J, ZHANG S, et al. How do your friends on social media disclose your emotions[C]//Proceedings of AAAI. Québec City：AAAI Press，2014：1－7.

[136] LI B, FENG S, XIONG W, et al. Scaring or pleasing：exploit emotional impact of an image[C]//Proceedings of the 20th ACM International Conference on Multimedia. Nara：ACM，2012：1365－1366.

[137] LIU N, DELLANDREA E, TELLEZ B, et al. Associating textual features with visual ones to improve affective image classification[C]//Proceedings of the International Conference on Affective Computing and Intelligent Interaction. Berlin：Springer，2011：195－204.

[138] YUAN J, MCDONOUGH S, YOU Q, et al. Sentribute：image sentiment analysis from a mid-level perspective[C]//Proceedings of the Second International Workshop on Issues of Sentiment Discovery and Opinion Mining. Atlanta：ACM，2013：10.

[139] BORTH D, JI R, CHEN T, et al. Large-scale visual sentiment ontology and detectors using adjective noun pairs[C]//Proceedings of the 21st ACM International Conference on Multimedia. Barcelona：ACM，2013：223－232.

[140] CAO D L, JI R, LIN D, et al. Visual sentiment topic model-based microblog image sentiment analysis[J]. Multimedia Tools and Applications，2016，75(15)：8955－8968.

[141] WANG Y, WANG S, TANG J, et al. Unsupervised sentiment analysis for social media images[C]//Proceedings of IJCAI. Buenos Aires：IJCAI，2015：2378－2379.

[142] SOLLI M, LENZ R. Color-based bags-of-emotions[C]//Proceedings of the International Conference on Computer Analysis of Images and Patterns. Münster：Springer，2009：573－580.

[143] 章雷，王国明. 基于 SIFT 算法改进的图像匹配算法[J]. 电脑知识与技术：学术版，2019(1)：185－187.

[144] LI X, AOUF N. SIFT and SURF feature analysis in visible and infrared imaging for UAVs[C]//Proceedings of the 2012 IEEE 11th International Conference on Cybernetic Intelligent Systems (CIS). Dublin：IEEE，2012：46－51.

[145] IRIE G, SATOU T, KOJIMA A, et al. Affective audio-visual words and latent topic driving model for realizing movie affective scene classification[J]. IEEE Transactions on Multimedia，2010，12(6)：523－535.

[146] ZHANG L, TJONDRONEGORO D, CHANDRAN V, et al. Towards robust automatic affective classification of images using facial expressions for practical ap-

plications[J]. Multimedia Tools and Applications, 2016, 75(8): 4669 - 4695.

[147]　MACHAJDIK J, HANBURY A. Affective image classification using features inspired by psychology and art theory[C]//Proceedings of ACM International Conference on Multimedia. Firenze: ACM, 2010: 83 - 92.

[148]　SIGER L P. Unmasking the face: a guide to recognizing emotions from facial clues[J]. American Annals of the Deaf, 1979, 124(3):344 - 345.

[149]　EKMAN P. An argument for basic emotions[J]. Cognition & Emotion, 1992, 6 (3 - 4): 169 - 200.

[150]　LUO B, ZENG J, DUAN J. Emotion space model for classifying opinions in stock message board[J]. Expert Systems with Applications, 2016, 44: 138 - 146.

[151]　PLUTCHIK R. Emotions: A general psychoevolutionary theory[J]. Approaches to Emotion, 1984: 197 - 219.

[152]　MEHRABIAN A. Pleasure-arousal-dominance: a general framework for describing and measuring individual differences in temperament[J]. Current Psychology, 1996, 14(4): 261 - 292.

[153]　YOU Q, LUO J, JIN H, et al. Robust image sentiment analysis using progressively trained and domain transferred deep networks[C]//Proceedings of AAAI. Austin: AI Access Foundation, 2015: 381 - 388.

[154]　XU C, CETINTAS S, LEE K C, et al. Visual sentiment prediction with deep convolutional neural networks[J]. arXiv preprint arXiv:1411.5731, 2014: 1 - 9.

[155]　CHEN T, BORTH D, DARRELL T, et al. Deepsentibank: visual sentiment concept classification with deep convolutional neural networks[J]. arXiv preprint arXiv:1410.8586, 2014: 1 - 9.

[156]　SUN M, YANG J, WANG K, et al. Discovering affective regions in deep convolutional neural networks for visual sentiment prediction[C]//Proceedings of the 2016 IEEE International Conference on Multimedia and Expo (ICME). Seattle: IEEE, 2016: 1 - 6.

[157]　YOU Q, JIN H, LUO J. Visual sentiment analysis by attending on local image regions[C]//Proceedings of AAAI. San Francisco: AAAI Press, 2017: 231 - 237.

[158]　YANG J, SHE D, SUN M. Joint image emotion classification and distribution learning via deep convolutional neural network[C]//Proceedings of the International Joint Conference on Artificial Intelligence. Melbourne: IJCAI, 2017: 2345 - 2351.

[159]　WANG J, FU J, XU Y, et al. Beyond object recognition: visual sentiment analysis with deep coupled adjective and noun neural networks[C]//Proceedings of IJ-

CAI. New York：IJCAI, 2016：3484 - 3490.

[160] LIN T Y, ROYCHOWDHURY A, MAJI S. Bilinear CNN models for fine-grained visual recognition[C]//Proceedings of the IEEE International Conference on Computer Vision. Santiago：IEEE, 2015：1449 - 1457.

[161] SUN X, LI C, REN F. Sentiment analysis for chinese microblog based on deep neural networks with convolutional extension features[J]. Neurocomputing, 2016, 210：227 - 236.

[162] AHMED K B, BOUHORMA M, AHMED M B, et al. Visual sentiment prediction with transfer learning and big data analytics for smart cities[C]//Proceedings of the 4th IEEE International Colloquium on Information Science and Technology (CiSt). Tetouan：IEEE, 2016：800 - 805.

[163] XU B, FU Y, JIANG Y G, et al. Video emotion recognition with transferred deep feature encodings[C]//Proceedings of the 2016 ACM on International Conference on Multimedia Retrieval. New York：ACM, 2016：15 - 22.

[164] ISLAM J, ZHANG Y. Visual sentiment analysis for social images using transfer learning approach[C]//Proceedings of the IEEE International Conferences on Big Data and Cloud Computing (BDCloud), Social Computing and Networking (SocialCom), Sustainable Computing and Communications (SustainCom). Atlanta：IEEE, 2016：124 - 130.

[165] BORTH D, JI R, CHEN T, et al. Large-scale visual sentiment ontology and detectors using adjective noun pairs[C]//Proceedings of the 21st ACM International Conference on Multimedia. Barcelona：ACM, 2013：223 - 232.

[166] HANJALIC A. Extracting moods from pictures and sounds：towards truly personalized TV[J]. IEEE Signal Processing Magazine, 2006, 23(2)：90 - 100.

[167] HANJALIC A, XU L Q. Affective video content representation and modeling[J]. IEEE Transactions on Multimedia, 2005, 7(1)：143 - 154.

第5章　多模态情感分析

本章主要介绍多模态情感分析。多模态情感分析虽然起步较晚,但与单模态情感分析相比,它能够得到更加准确、更加具体的情感分析,因此有更广阔的应用空间。多模态情感分析的目的是处理音频、视觉和文本等多模态输入,以提取情感知识[1]。随着研究的深入,研究者将多模态情感分析分为叙述式多模态情感分析和交互式多模态情感分析(即多模态会话情感分析),其中叙述式多模态情感分析指的是研究多模态交叉输入的情感知识,而交互式多模态情感分析则旨在挖掘聊天会话中每位谈话者的情感状态,研究它们的情感演化趋势。本章5.2节从叙述式多模态情感分析和交互式多模态情感分析两个方面来介绍研究者对它们的研究成果和相关知识。

本章5.1节介绍多模态情感分析的问题描述、定义和发展的脉络历史,强调了多模情感分析和单模态情感分析的差别在于信息融合,多模态交互或多模态融合是指将来自不同模态的数据整合到一起进行分析的过程。在众多学者的研究过程中,出现了许多经典的数据集,对此笔者同样从叙述式多模态情感分析和交互式多模态情感分析两个方面对多模态数据集进行详细的介绍,并在最后阐述了多模态情感分析中存在的困难与挑战。

5.1　研究内容概述

人类的世界包含着多种模态,看到物体(视觉)、闻到气味(味觉)、说出话语(文字)、听见声音(语音)、摸到质感(触觉)等,这些模态也被称为信息的来源域。简单来讲,一个模态是指某个实体、事情经历、发生或被感知到的方式。在情感分析领域,研究者主要关注的3种模态有既可说也可写的自然语言(文字)、通过图片和视频表示的视觉信号(视觉)、编码声音和诸如韵律、音质等副语言信息的声音信号(语音)。

划分出不同的模态的原因在于,首先是人在不同场景下接触到的信息是不一致的,其次是不同的模态提供的信息不同,对不同模态的信息采用的处理和建模方式也是不同的。单模态情感分析是指只利用文本、图像和语音中的一种模态进行情感分析,多模态情感分析则是利用其中的两种及两种以上的单模态进行情感分析。因为更多的信息来源可以帮助人们做出更优的决策,所以人们在日常生活中也更依赖于多模态信息,而不是单模态信息,例如,当一位说话者说话时,若人们能够看到他/她的面部表情时,则可以更好地理解说话者的意图,因为听觉和视觉模态加在一起比单独模态提供的信息更多,即人们可以通过语调和面部表情一起判别说话者的态度[2]。

近年来,随着互联网和社交媒体的发展,网络上充斥着大量人们表达自己的情感、观点和看法的图片、视频等不同种类的信息数据。在大数据时代,数据就意味着价值,通过对网络平台上的数据信息进行情感分析,可以挖掘出其隐藏的价值并加以利用,这在许多领域都具有重要的意义[3]。传统的单模态情感分析往往无法鉴别复杂的情感信息,尤其是当讽刺、反语和隐喻出现的时候,而多模态情感分析的能力则是明显优于单模态情感分析的[4],其一是图像信息和音频信息比文本更能直观立体地展现情感倾向,其二是多模态信息之间可以相互补充,进而帮助机器更好地理解情感,故研究人员对多模态情感分析重视了起来。

相比于单模态情感分析,多模态情感分析的基本任务之一同样是情感分类,即将主观性态度分为积极(Positive)、消极(Negative)和中性(Neutral)等类别。但是,与单模态情感分析不同的是,多模态情感分析除了需要进行特征学习外,还要经历信息融合过程,即将来自不同模态(如文本、音频或图像等)的数据整合到一起分析,这一过程称为多模态交互或多模态融合。图 5.1 所示为多模态情感分析框架。

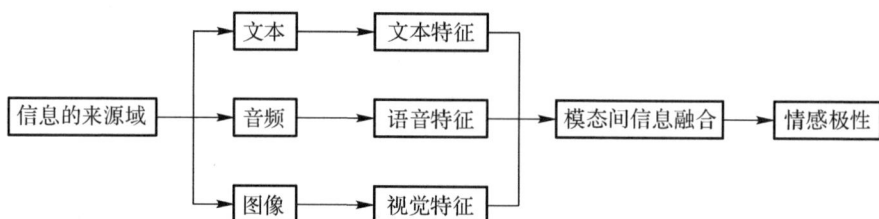

图 5.1　多模态情感分析框架

如图 5.1 所示,该框架包含了两个重要的基本步骤:对单模态信息的特征提取和多模态数据之间的融合。在特征提取阶段,多模态情感分析与单模态情感分析的方法相同。在多模态融合方面,目前的融合方法主要分为 3 种,即特征融合、决策融合以及包含两者的混合融合[5]。多模态融合的主要目标是缩小模态间的异质性差异,同时保持各模态特定语义的完整性,并在深度学习模型中取得最优的性能。这两个步骤都很重要,如果单一模态的数据处理不好,会间接影响多模态情感分析的结果,而融合方式选得不好则会影响整个多模态系统的稳定。三种多模态融合方法如图 5.2 所示[6-7]。

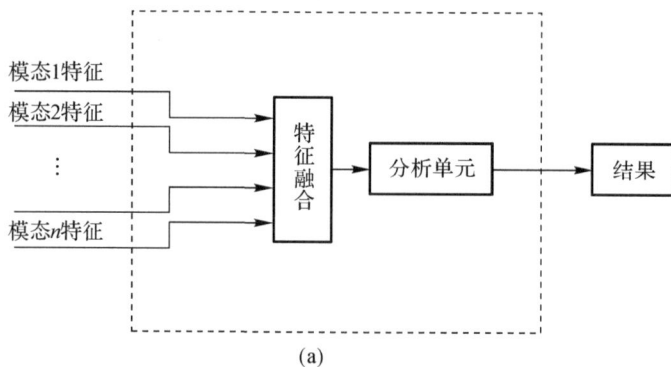

(a)

图 5.2　三种多模态融合方法

(a) 特征融合；

(b)

(c)

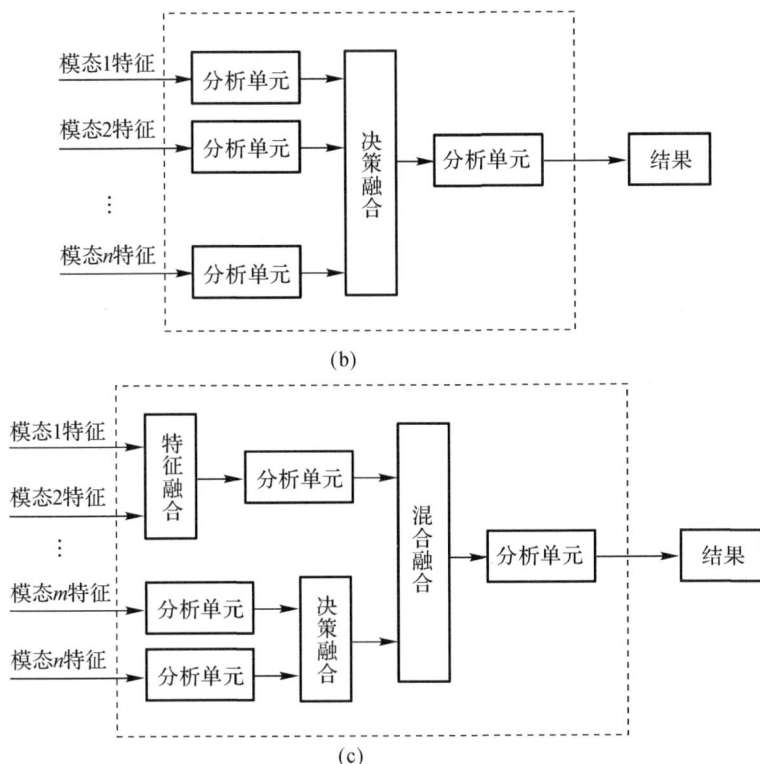

续图 5.2　三种多模态融合方法

(b) 决策融合；(c) 混合融合

其中,图 5.2(a)所示为特征融合,主要是每种模态的特征向量,例如文本特征向量、图像特征向量等通过特征融合单元融合为一个多模态特征向量,然后对组合特征进行决策分析。特征融合的优点是可以抓取多模态特征间的相关性,帮助更好地完成情感分析。由于各模态特征在早期完成融合,所以后期只需学习一个分类器即可。但是这种方法的缺点是各模态特征来自不同的语义空间,在时间、语义维度上存在较大差异,不能直接合并,而是需要将各模态特征映像进共享空间。图 5.2(b)所示为决策融合,在决策融合过程中,每种模态的特征都是独立地被抽取和分类,得到局部决策结果之后,将各个结果融合为决策向量以获得最终决策。与特征融合相比,决策融合更加简单自由,因为每种模态的决策结果通常是具有相同意义的数据。此外,每种模态可以自由选择最合适的特征提取器和分类器,产生更优的局部决策结果。但是,由于要学习所有模态的分类器,整个多模态分析过程的时间成本迅速提升[8]。图 5.2(c)所示为混合融合,它是特征融合和决策融合方法的结合,旨在利用特征融合和决策融合的优点,同时克服两种方法的缺点。

除了多模态融合技术外,多模态情感分析领域还涉及多模态表征学习、多模态对齐技术等。刚开始的多模态情感分析研究主要致力于分析用户在社交平台(如微博、YouTube、Flickr、Getty Images、MOSI 等)上发布的多模态博文[9-10]。这些主观性博文通常是以个人叙述的方式传达其作者的情感态度,博文内容相对独立,并不涉及多个作者/谈话者之间的交互,作者/谈话者自身情感一致且稳定。研究者称之为叙述式多模态情感分析或多模态叙述情感分析，并在本书交替使用这两种术语。

叙述式多模态情感分析一直受到国内外研究者的关注与重视，是自然语言处理领域的核心研究课题之一，相关研究工作一直受到国际顶级会议（如 ACL、EMNLP、COLING、SI-GIR、NAACL）以及国内主流会议［如自然语言处理及中文计算会议（NLPCC）、中国计算语言学大会（CCL）］的认可，涌现出来许多优秀的学术成果，呈现出蓬勃发展的良好局势。

最近几年，即时通信（如微信、QQ、WhatsApp 等）已经成为用户日常交流的主要方式之一，互联网每天都会记录海量的聊天会话，这些会话通常携带着大量谈话者不断演化的态度与情感。在互动交流过程中，每位谈话者都会与其他谈话者频繁地交互，谈话者的思维逻辑经常产生跳跃，前后话语内容可能并不连贯，从而导致他们的情感状态不会从一而终，而是产生不确定性变化。判别并预测谈话者在互动过程中的情感演化趋势开始吸引学术界的目光，催生出多模态情感分析领域的一个崭新子课题——交互式多模态情感分析，亦称多模态会话情感分析。多模态会话情感分析旨在挖掘聊天会话中每位谈话者的情感状态，研究他们的情感演化趋势。它既继承自传统的多模态情感分析，也与之有所区别。与传统的多模态情感分析相比，多模态会话情感分析涉及更加复杂的交互动力学，不仅包含了词项、数据之间交互与多模态交互，更加考虑到谈话者话语之间的交互影响。由于交互式多模态情感分析课题的崭新性以及该课题中交互问题的复杂性，所以产出的研究成果虽然凤毛麟角，但是它们大部分发表于各大顶级期刊会议，展现出光明锦绣的前景。

5.2 相关性文献

本节主要介绍在多模态情感分析研究的过程中，众多学者的努力、想法和丰硕的成果。多模态情感分析主要致力于联合文本、图像、音频与视频文档的主观倾向判别。相比于静态的文本与图像，音频与视频往往涉及不同时间帧的语音或图片运动变化信息，展露出动态性。根据模态数据的结构特性，笔者将文本和图片划分为静态文档，将音频和视频划分为动态文档，围绕不同技术流派，通过对图文驱动的静态多模态情感分析和视频驱动的动态多模态情感分析的发展现状的阐述，进而展开对叙述式多模态情感分析的介绍；随后再进行多模态情感分析领域比较新颖的子课题——交互式多模态情感分析的介绍。众多成果中基于图文的静态多模态情感分析研究最多，而将听觉和视觉线索结合起来进行情感检测的研究比较少，将文本、图像、音频 3 种模态数据一起进行多模态情感分析的研究更少。这也体现了多模态情感分析中模态数据融合的重要性和复杂性，但是经过计算机情感分析领域研究者的不懈努力，各个模态交叉的研究和多模态间的融合也取得了不错的成果。

5.2.1 叙述式多模态情感分析

5.2.1.1 静态多模态情感分析

随着社交媒体的流行，用户对数字摄影技术的使用量激增，越来越多的图片在网络中广泛传播。这些图片伴随着文本共同表达作者的情感信息，使得联合图片与文本去发掘大众观点、喜好、情感成为一种新渠道。鉴于用户对情感表达的要求越来越高,在最高语义层次(即情感层面)对图文多模态内容的分析就显得越来越迫切,图文(即静态)情感分析也吸引越来越多研究者的目光。目前,图文情感分析领域已经涌现出大量的研究成果,其涉及的技术方法主要可以分为两类,即基于机器学习的方法和基于深度学习的方法。

1.基于机器学习的方法

受益于近些年机器学习的蓬勃发展,基于机器学习的多模态情感分析方法利用统计学知识和机器学习算法,例如支持向量机(SVM)、随机森林(RF)及朴素贝叶斯(NB)等,基于已标注的情感标签与有效的图像、文本特征去训练收敛的学习模型,从而完成多模态文档的分类。这种方法将图文情感分析视作一个监督性的分类任务,通常涉及大规模标注数据集和训练分类模型。

Pang Bo 团队于 2002 年首次采用朴素贝叶斯、最大熵以及支持向量机 3 个机器学习算法,结合统计语言模型判断电影评论的情感极性,开启了情感分析的另外一扇大门[11]。随着机器学习的火苗蔓延到多模态情感分析,Schmidt 与 Stock 从机器学习的角度调查了文本情感与图像情感之间的紧密联系[12]。自此之后,应用机器学习解决图文情感分析任务的思想也迅速传播,成为图文情感分析领域的新主流,该领域呈现出百家争鸣、百花齐放的繁荣局面。其中代表性的研究成果如下:Yuan 等人在低级特征上训练支持向量机生成 102 个中级图像属性完成情感的推断[13]。Borth 等人提出一种中级视觉交互特征,形容词-名词对(Adjective Noun Pairs,ANP),以填补图像处理中的底层特征与高级语义间的"语义鸿沟"[14]。不再满足于图像本身,Cao 等人结合文本标题提出了视觉情感主题模型用于多模态情感分析。为了进一步利用文本特征,他们使用文本特征与图像特征分别训练支持向量机,得到局部分类结果后,在决策融合以上结果,完成模态间的决策交互[15-16]。类似地,Li 等人借助文本情感分值计算图像的情感分值,然后将图像分值作为特征输入逻辑斯蒂回归中获得情感结果[17]。Wang 等人联合语言模型与视觉特征去完成多模态情感分析[18]。Wagner 等人开发出一种基于集合的多模态情绪识别系统,应对丢失数据的挑战[19]。Glodek 等人研究了卡尔曼滤波器作为串行化分类器决策的组合器。卡尔曼滤波器是基于马尔可夫模型的线性动态系统,在图文情感分析任务中,它能够有序地将单模态和多模态决策组合在一起,不仅可以得到一致连续的决策结果,而且成果获得显著改进[20]。基于机器学习的方法通常离不开多模态特征的表征与融合以及分类算法的应用[21]。

鉴于样本数据的大规模与统计学的数学基础,基于机器学习的方法可以在样本中学到统计规律,经常获得较高的识别率。但是,这种方法将特征提取与决策判断过程分开独立,必须仔细选择最佳特征以传递给机器学习算法,导致最终的性能依赖于前期特征工程,而优良的特征工程非常繁琐,耗费大量人力与时间。

2.基于深度学习的方法

这两年,深度学习可谓如日中天,带动着人工智能新一代的热潮,在图像识别、自然语言处理、语音信号处理领域发挥着不可替代的作用。基于深度学习的图文情感分析以强大的性能优势吸引着越来越多的研究者投身其中。深度学习已成为研究者们解决问题、建立模型的首选技术,其锋芒完全掩盖了机器学习。深度学习如此流行的原因有以下几点:①卓越的性能表现。在图像处理、自然语言处理、语音识别、游戏等诸多领域,深度学习取得了远远超越机器学习的性能,特别是体现在有海量数据支撑的信息任务中。②摆脱了繁琐的"特征工程"。深度学习只需要将数据输入到网络中,训练与优化参数,就可以输出优良的结果。这种端到端式的解决方案使得研究者突破了"特征工程"的束缚。③领域适应性强。2019年,谷歌发布的自然语言预训练模型 BERT 可以无需训练直接应用,并在诸多文本处理任务中获得最佳性能[22],这表明了深度学习技术可以更容易地适应不同的领域和应用。

但是深度学习也有显著的缺点,例如:需要海量数据的支撑,在小数据集上经常过拟合;由于缺乏理论基础,所以如何调参也是许多研究者颇为头疼的问题;此外,训练时间漫长,计算昂贵等也是限制其应用的重要原因。尽管如此,基于深度学习的多模态情感分析仍旧成为目前最流行的研究方向,其丰硕的研究成果挂满各大顶级期刊与会议。其中,比较优秀的是美国罗彻斯特大学 Quanzeng You 团队以及新加坡国立大学的 Soujanya Poria 团队。You 等人提出一个卷积神经网络的跨模态一致性回归模型,分别训练和提取图像和文本特征,并将其应用于 Twitter 和 Getty Images 图像与文本情感分析任务,最终获得了 86% 的分类准确率[10]。在此基础上,他们首先利用卷积神经网络提取文本与图像特征,通过基于注意力机制的长短期记忆网络学习文本与图像之间的映射机制,输入 Softmax 层完成情感分类,最终获得了 3% 的性能提升[23]。Poria 等人认为在多模态情感分析中,每个模态的重要性并不平等,为了衡量特征融合过程中各模态的重要性,提出一个基于注意力的融合机制,即输入各模态的特征,输出每个模态对应的注意力分数[24]。他们团队的 Zadeh 还运用三阶笛卡儿积定义一个张量融合网络,建模图像与文本模态间的特征交互[8]。此外,Cai 等人采用两个独立的卷积神经网络去分别提取推文中图片与文本的特征,然后将其输入第三个卷积神经网络中学习模态间的情感联系[25]。类似该研究思路,Yu 等人同样设计卷积神经网络去融合图片与文本特征,达到中文微博情感识别的目的[26]。Chen 等人提出一个门控多模态嵌入长短期记忆网络(GME-LSTM)通过在每个时间戳引入控制门机制能够在单词层就完成多模态融合[27]。北京航空航天大学的张小明团队提出一个多模态注意力融合模型,旨在搭建视觉与语义的内在关联,在多模态情感识别任务中获得不错的结果[28]。

基于深度学习的图文多模态情感分析方法发展十分迅速。该方法获得的分类效果往往比基于机器学习的情感分析的方法高。然而基于深度学习的情感分析方法也有自己的缺点,它严重依赖于标签数据集,同时带来很高的计算复杂性与庞大的计算量,计算代价较高。

5.2.1.2 动态多模态情感分析

社交视频平台(如 YouTube、抖音等)的流行导致每天互联网上产生海量的视频。因此,越来越多的研究者不满足于仅仅利用图像与文本的信息,而是开始关注与其相关的其他媒体资源,如伴随的语音、音频等,致力于整合多种媒体信息,对视频情感进行更全面、更准确的理解,同时启发了心理学、哲学及语言学等其他学科,丰富了研究领域[29]。相比于图文情感分析,视频情感分析往往涉及不同时间帧的图片运动变化信息,展露出动态性。因此,动态情感分析成为静态情感分析发展的必然趋势,其涉及的技术方法主要也是基于机器学习和基于深度学习的方法。

1.基于机器学习的方法

早期,深度学习技术尚未引起研究者的注意,基于机器学习的方法仍旧占据着主流,研究者更习惯借助机器学习算法解决视频情感问题[30]。相比于图文情感分析,研究者考虑了音频、音律等特征用以提升情感分析的性能。

国内方面,陶建华与谭铁牛在第一届中国情感计算及智能交互学术会议上提出对语音和人脸表情同步的多模态情感表达研究[31]。国外方面,Sebe 等人描述了视觉与音频双模态情感分析问题,提出使用概率图模型,如贝叶斯网络以概率的方式去融合面部表情特征与言语特征[32]。受此思想启发,Morency 团队采用隐马尔可夫模型(Hidden Markov Model,HMM)融合文本特征、视觉特征和音频特征从而首次处理三模态情感分析任务,并建立一个 YouTube 视频情感数据集支持他们的实验评价[33]。紧接着,该团队将这种思路应用于西班牙视频分析任务,采用特征串接的方式将文本特征、音频特征与视觉特征拼接成一个多模态特征向量,输入到支持向量机(SVM)中获得相应的情感标签,与最新的方法相比,实验结果提升了 10.5%[34]。

在音频情感分析领域,Wu 和 Liang 提出一种基于音律信息和语义标签多分类器的语音情感识别方法。音律情感识别是从语音中情感突出的片段中抽取出频谱、共振等相关特征,输入支持向量机和多层感知机(Multi-Layer Perception,MLP)得到局部识别结果。语义标签情感识别是利用 HowNet 中文知识库和最大熵(MaxEnt)模型获得局部结果。最终,他们采用线性加权的方式组合局部识别结果。实验证明,多分类器组合的性能优于每个独立的分类器[35]。作为第一个研究广播语音情感分析的团队,Ellis 等人利用 SVM 分别对文本、视频和音频特征分类,并在决策层融合得到最终结果,证明多模态信息的重要性[36]。

为了研究人格特征,Sarkar 等人自由选择合并声音、视觉、文本、人口和情绪等特征,用于识别多模态人格特性,即外向性、随和性和责任心等。实验证明,对于外向型人格识别,音频和视觉特征的效果最为显著;对于随和性人格识别,情绪特征与文本特征贡献最大;对于责任心人格识别,文本、音频与视频特征贡献显著等[37]。Alam 和 Riccardi 分别使用视听特征、词法特征、心理语言学特征和情感特征各自训练支持向量机模型,针对不同特征选择最合适的核函数,例如,训练词法特征选用线性核函数等,得到局部分类结果后,采取最大投票机制融合以上结果,获得最终预测类别[38]。

在其他领域,Hussain 和 Monkaresi 调查了如何线性组合分类器及如何选取基本分类器后,利用面部视频特征和多通道生理特征进行情感检测,实验结果表明在学习面部视频特征时,决策树分类器的表现优于支持向量机[39]。除此之外,同样涌现出许多类似采用机器学习算法完成多模态特征融合的视频情感分析工作[40-41]。

依赖于机器学习算法的判别能力,基于机器学习的视频情感分析方法在早期取得了不错的结果。但是该方法尚未摆脱"特征工程"的束缚,受限于多模态文档表征的效率问题。在学术界,基于机器学习的方法经常被视作基线模型(Baseline)参与模型比较。在工业界,该方法因其良好的识别性能、较短的学习时间以及相对较少的数据量等优点被广泛应用。

2.基于深度学习的方法

为了避免这种昂贵的"特征工程",基于深度学习的方法(例如卷积神经网络、长短期记忆网络及生成对抗网络等)以端到端的学习方式以及强大的性能优势吸引着越来越多的研究者投身其中,产生出一系列丰硕的研究成果[42-43]。其中具有代表性的研究方法包括:Weninger 等人自动分析在线视频里电影评论的情绪,除了文本信息之外,还考虑到声音与视频。为了对来自连续音频和视频的上下文信息进行情感分析，他们将两者特征拼接到一起，作为双向长短期记忆网络（Bi‐LSTM）的输入，获得对应的情感分数；对于文本情感分析，他们将文本特征输入到支持向量机得到分类分数。最后在决策融合两种分数，获得最终的决策[44]。Poria 等人利用深度卷积神经网络作为文本、视频与音频的特征提取器后：①对3 种特征拼接并训练一个多核学习分类器获得多模态情感分数；②对每个特征单独训练分类器后，采用最大投票机制决策融合得到最终的情感类别[45]。考虑到信号中信息流与它们的尺度之间自然不同步的情况，Mansoorizadeh 和 Charkari 提出了一种基于深度神经网络的多模态情感分析方法，并将此方法用于识别面部表情和语音韵律的情绪[46]。Hussain 等人提出一个基于多通道生理信号的情感识别框架，主要思想是利用深度学习技术融合多个通道的生理特征，并提出了一种基于加权多数投票技术的混合融合方法，整合各通道的决策和特征级融合。与单通道和特征融合相比，决策融合可以实现更高的情感检测分类精度[47]。针对在线视频的情感分析，Poria 等人首先采用一种基于高斯核的特征融合方法整合文本、视觉和语音的特征，以极限学习机（ELM）作为分类器，设计出一种基于加权规则的决策融合方法获得最终的标签[48]。他们团队还采用决策层和特征层等多模态融合方法，应用于 YouTube 多模态情感分析任务，分类准确率达到 80%[49]。根据多模态的发展现状，他们介绍了几种具有代表性的基于深度学习的多模态情感分析框架，并且在不同的数据集上执行评价测试，旨在为视频情感分析提供基线模型[30]。

时至今日，基于深度学习的视频情感分析领域已经发展出各式各样的多模态情感识别模型。这些模型因学科视角和切入点不同，其对情感交互的属性与特征理解各异。这些模型都有其基本假设，这些基本假设在具体化某些问题的同时，也限制了其在其他关键性问题的建模能力，例如用户情感状态的动态演化、互动者之间的交互影响等，这引出多模态情感分析领域另外一个子课题——交互式多模态情感分析。

5.2.2　交互式多模态情感分析

交互式多模态情感分析（即多模态会话情感分析）旨在挖掘聊天会话中每位谈话者的情感状态，研究他们的情感演化趋势。它既继承自叙述式多模态情感分析，也与之有所区别。交互式多模态情感分析是一个更具挑战性的任务，原因在于：①在聊天活动中，每位谈话者都会受到其他谈话者的影响（反映到文档上，即是上下文交互），使得他/她的情感状态可能不会保持一致，而是出现前后变化；②谈话者之间的交互隐藏了许多信息，譬如他们的文化背景、职业环境与社会关系等；③在聊天活动中，谈话者的思维逻辑会产生跳跃，前后话语内容可能并不连贯。因此，交互式多模态情感分析问题比传统的多模态情感分析更加复杂，但是研究人员经过不懈努力，该领域也出现了丰硕的相关研究成果。

在早期的会话情感分析研究中，研究者仍然是独立地对待每一条话语，选择性忽视话语之间的影响，这并不严格隶属于交互式情感分析研究。例如 Ojamaa 等人采用一种基于词典的方法去判断会话文本的情感极性，但他们仍旧只是孤立地计算每句话语的情感，并没有考虑会话中话语的交互作用[50]。Elise 等人同样构建情感规则去计算语音转录文本对话的情感[51]。Maghilnan 等人仅仅采用机器学习算法去分类文本对话中每句话语的情感极性[52]。Bhaskar 等人结合音频与文本特征去提升音频对话情感分析的准确率,他们尚未考虑对话交互[53]。进一步地,Huijzer 等人开始注意到话语交互对邮件情感分析性能的影响,但是他们并未建立起交互式情感分析模型[54]。Marhefka 在此基础上,针对不同类型的社交对话,简单定义出几种交互系数,相比于统计语言模型,其获得了更优的结果[55],表明了交互在会话情感分析中的重要性。

直到最近几年深度学习技术兴起后,国内外研究者才开始有意识地重视话语之间的交互与影响。例如,新加坡国立大学的 Hazarika 团队[56]提出一个面向会话情感识别的深度会话记忆网络,通过注意力机制从历史会话记录中捕捉上下文依赖,该工作被北美自然语言处理顶级会议(NAACL)接收。为了减少对大规模对话数据的依赖,他们尝试利用迁移学习的思想,首先训练一个神经对话生成模型,然后将参数迁移到情感分类模型上[57]。他们团队的 Poria 等人[58]基于长短期记忆网络(LSTM)分别设计了一个上下文式双向 LSTM以及层次式双向 LSTM 模型,首先从每条话语的周围话语(语境)中提取该话语的上下文特征,然后通过两种 LSTM 模型识别该话语的情感,该工作发表于自然语言处理顶级会议(ACL)上。他们团队的 Majumder 等人[59]描述了一个 DialogueRNN,该网络能够追溯聊天中每位谈话者的情感状态,并将该状态信息记录保存后,作为历史信息用于识别后面话语的情感,该工作已经被 2019 年人工智能顶级会议(AAAI)接收。新加坡南洋理工大学 Zhong等人[60]同样采用了图注意力网络学习上下文交互。

国内苏州大学张栋等人[61]首次将图卷积神经网络应用于多模态会话情感分析,用于建模谈话者话语上下文之间的依赖。张亚洲等人和意大利帕多瓦大学合作[62]在 2019 年国际人工智能顶级会议(IJCAI)上借助深度学习与量子理论的数学框架,提出了一个面向文本会话情感分析的类量子交互网络模型,取得了目前为止最优的研究结果。受国内外研究成果的激励,Rebiai 等人首次在 SemEval－2019 中引入文本会话情感分析任务,用以支持交互式情感分析的发展[63]。

总之,交互式多模态情感分析领域吸引着越来越多的研究者投身其中,产生出一系列前沿成果。这些都不断推进着交互式多模态情感分析领域发展,人们期待众多研究者齐心协力,建立起比较完善的交互式情感分析模型,帮助计算机更深层次地理解人类的情感,进而应用到日常生活中,给人们带来便捷。

5.3　数　据　集

这些年,学术界与工业界纷纷建立起各种类型的多模态情感数据集,为多模态情感分析模型提供实验数据床。笔者对这些数据集进行详细的介绍并通过表格的方式进行总结和对比。

5.3.1　多模态情感数据集

国内方面的数据集,相对知名的有上海交通大学的情感脑电数据集(SEED)[64],该数据集包含人类观看电影剪辑时的脑电信号。研究人员从材料库(6 部电影)中选择了 15 个持续时间约为 4 min 的中国电影剪辑(正面、中性和负面情绪)作为实验中使用的刺激,然后让 15 名中国受试者(男性 7 名,女性 8 名,平均年龄为 23.27 岁,标准差为 2.37)参加实验,记录产生积极(Positive)、消极(Negative)和中性(Neutral)3 种情感。此外,还有中国科学院自动化所搭建的 CHEAVD2.0 数据集[65],它是中国科学院自动化所在 2017 年为多模态情感识别竞赛时提供的音视频情感数据集。该数据集包含 8 种情感类型:生气(Anger)、厌恶(Disgust)、害怕(Fear)、高兴(Joy)、悲伤(Sadness)、惊奇(Surprise)、担心(Worry)和焦虑(Anxiety)。该数据集共有 7 030 个样本,分为 3 部分:训练集(4 917 个样本)、验证集(707 个样本)和测试集(1 406 个样本)。而 Multi - ZOL 多模态实体情感数据集[66] 则是收集整理了 IT 信息和商业门户网站 http://ZOL.com 上的关于手机的评论。原始数据有 12 647 条评论(7 359 条单模态评论,5 288 条多模态评论),覆盖 114 个品牌和 1 318 种手机。其中的 5 288 条多模态评论,构成了 Multi-ZOL 数据集,在这个数据集中,每条多模态数据包含一个文本内容、一个图像集,以及至少 1 个但不超过 6 个评价方面。这 6 个方面分别是性价比、性能配置、电池寿命、外观与感觉、拍摄效果、屏幕,总共得到 28 469 个方面。对于每个方面,都有一个从 1~10 的情感得分。CH-SIMS 是一个中文数据集[67],该数据集包含了从不同的电影、电视连续剧和综艺节目中收集的 2 281 个带有多模态标注和独立单模态标注的野外视频片段。它允许研究者研究模态之间的交互作用,或使用独立的单模态注释进行单模态情感分析。而对每一段语音、视频和文本都叫 5 个人去打标签,每个人打的标签只有 3 种,1(Positive)、0(Neutral)、−1(Negative),然后对这 5 人的标签成绩进行平均,最后将数据分为 5 类:积极{0.8,1.0}、弱积极{0.2,0.4,0.6}、中性{0.0}、弱消极{−0.6,−0.4,−0.2}、消极{−1.0,−0.8}。而生物实验数据回归建模系统数据集(MSED)则是通过文本−图像对进行欲望的研究,9 190 个文本-图像对都被打上了 6 种欲望(Vengeance,Curiosity,Social-contact,Family,Tranquility,Romance,None)、3 种情感(Positive,Neutral,Negative)和 6 种情绪(Happiness,Sad,Neutral,Disgust,Anger,Fear)标签。

在国外,也有许多比较出名的多模态情感数据集。例如 Yelp[68],它来自 Yelp.com 评论网站,收集的是芝加哥、纽约、旧金山、洛杉矶、波士顿 5 个城市关于餐厅和食品的 Yelp 上的评论,共包含 44 305 条评论,244 569 张图片,平均每条评论有 13 个句子,230 个单词,其中每条评论的图片有多张。数据集的情感标注是对每条评论的情感倾向打 1、2、3、4、5 五个分值。Douglas-Cowie 等人创建的 HUMAINE 数据集[69] 旨在向研究社区提供情感计算相关的数据示例,以及解决数据的标签方案的种类。它本身采集自 ANVIL 平台上具有标记的数据,包含 50 个自然和诱导的视频片段,每个视频都伴随着结构化的情感标签描述,描述了不同性别和文化背景下用户的姿势、脸部与语言等线索。Belfast 数据集[70] 同样是由 Douglas-Cowie 等人建立,旨在支持对情绪表达的研究。该数据集有两个来源,分别是电视访谈节目和宗教节目。每个数据都是一个 10~60 s 的视频片段,格式是.MPEG。它包含了 100 位发言者,每个发言者至少有两个(一个中性,另一个表现出不同类型的明显情绪)的视频片段。YouTube 数据集[71] 是由 Poria 等人从著名社交媒体网站 YouTube 收集的 47 个视频组成。该数据集中的视频涉及不同的主题(例如政治、电子产品评论等)。它从 20 名女性和 27 名男性发言人中随机选择,他们的年龄为 14~60 岁。虽然他们属于不同的种族背景(如高加索人、非裔美国人、西班牙裔、亚洲人等),但所有发言者都用英语表达。视频的长度范围从 2 到 5 分钟不等,每个视频都被细分几个部分,每个部分都对应情感标签。T4SA 数据集[72]包含 1 179 957 条推文,1 473 394 张图像。根据 LSTM - SVM 结构预测文本的情感极性(negative=0,neutral=1,positive=2),进而对每条推文(文本和相关图片)进行标注,从而得到了一组分为 3 类的推文和图片。CMU - MOSI 数据集[73]由 Zadeh 等人建立,目的是研究来自 YouTube 等在线共享网站的意见视频中的情感与主观性。它包含了 3 702 个视频片段,其中 2 199 个为主观性视频,1 503 个是客观视频,每个主观性视频又被标注为积极情感或消极情感。

5.3.2　交互式情感数据集

随着交互式情感分析的迅速发展,目前学术界与工业界相对缺乏高质量且开源的会话情感数据集,成为未来交互式多模态情感分析模型发展前进的瓶颈之一。为了解决该问题,国内外的研究者们开始着手建立起交互式情感数据集。

国内方面,西安交通大学的田锋团队[74]从校内的学生聊天论坛收集数据,建立了一个中文的交互式情感数据集,并在此基础上提出一系列情感分类模型,但是该数据集并未开源公布。香港理工大学与中科院合作手动标注了一个多轮对话数据集 DailyDialog[75],用于促进对话系统的发展。该数据集包含 13 118 个对话,每句话语用 4 种对话类型予以标注。美国卡耐基梅隆大学在网上开源出一个会话情感数据集 EmotionLines[76]。该数据集采集自美国情景喜剧老友记的剧本台词,每一条话语由 5 个标注者完成情感与情绪的标注。为了展示真实生活场景中的交互,笔者和北京理工大学、天津大学合作建立一个高质量的、规模庞大且开源的英文会话情感数据集,命名为 ScenarioSA[77]。该数据集包含 2 214 个多轮聊天会话,总共超过两万条话语。与 EmotionLines 数据集不同,本数据集除会标注每条话语的情感极性外,也同样标注聊天结束后每位谈话者的最终情感状态。

国外也同样建立起 SEMAINE[78]、IEMOCAP[79]、MELD[80]、MUStARD[81] 和 Emo-Context[82]等视听会话情感数据集。本节简单介绍它们的特点:

(1)SEMAINE 数据集是由 Mckeown 等人建立,旨在为人类交互相关的各种情感问题提供资源。它包含了 150 个参与者的 959 段聊天对话,最年轻的参与者 22 岁,最老的参与者 60 岁,平均年龄为 32.8 岁。每段对话由 3~8 个评估者标注为 7 个标签,即恐惧、愤怒、快乐、悲伤、厌恶、蔑视和娱乐。

(2)IEMOCAP 数据集是由 Busso 等人建立,旨在识别人类交互过程中语音和手势等展示的情绪。它是由 10 名演员在双人对话中录制的大约 12 h 的视听数据。10 名演员被要求执行 3 个具有清晰情感内容的选定剧本。除了剧本之外,还要求受试者在假设情景中即兴创作对话,旨在引发特定情绪(快乐、愤怒、悲伤、沮丧和中性状态)。

(3)MELD 数据集是由 Poria 等人于 2018 年末建立的多人聊天对话数据集,用以支持对多模态会话情感分析领域的研究。该数据集采集自美国经典情景喜剧《老友记》的视频,共包含 1 433 个聊天对话片段,超过 13 700 条话语。每条话语分别根据其情感(积极、消极与中性)与情绪(愤怒、厌恶、恐惧、欢乐、中性、悲伤与惊讶)完成标注。

(4)MUStARD 数据集则主要判断情感会话中的讽刺属性,由带有讽刺标签的视听话语组成。每个话语都伴随着对话中历史话语的语境,这为话语发生的场景提供了额外的信息。该数据集主要对 3 个电视节目里获得会话视频 6 421 个,再加上 MELD 中 400 个的非讽刺视频进行标注,最终获得包含 345 个标签为讽刺的视频和 6 020 个标签为非讽刺的视频,总共有 6 365 个视频。

(5)EmoContext 数据集是由 Chatterjee 等人于 2019 年建立的多人对话情感数据集,用以支持交互式文本对话情感分析。该数据集随机采样于两百万个多人对话,预处理后共包含 30 160 个聊天对话,每句话语标注为高兴、悲伤、愤怒与其他,最终展示了多个对比模型的性能。以上数据集的简要对比与介绍如表 5.3 所示。

表 5.3　多模态情感分析数据集

任务	数据集名称	模态	情绪	资源
叙述式多模态情感数据集	SEED	脑电	三类	http://bcmi.sjtu.edu.cn/~seed/
	CHEAVD2.0	视频、音频	八类	http://www.chineseldc.org/emotion.html
	Multi-ZOL	图像、文本	十类	https://github.com/xunan0812/MIMN
	CH-SIMS	文本、图像、音频	五类	https://github.com/thuiar/MMSA.
	MSED	文本、图像	三类	https://github.com/MSEDdataset/MSED.git
	T4SA	图像、文本	三类	http://www.t4sa.it/
	Yelp	图像、文本	五类	https://www.yelp.com/dataset/challenge
	HUMAINE	视频、音频	四类	http://emotion-research.net/download/pilot-db
	Belfast	视频、音频	四类	http://belfast-naturalistic-db.sspnet.eu
	YouTube	文本、视频、音频	三类	通过邮件索取:stratou@ict.usc.edu
	CMU-MOSI	图像、文本	六类	https://www.amir-zadeh.com/datasets
交互式多模态情感数据集	EmotionLines	文本	八类	https://academiasinicanlplab.github.io/#download
	DailyDialog	文本	七类	http://yanran.li/dailydialog
	ScenarioSA	文本	三类	https://github.com/anonymityanonymity/ScenarioSA

续表

任务	数据集名称	模态	情绪	资源
交互式多模态情感数据集	SEMAINE	视频、音频	八类	http://semaine-db.eu
	IEMOCAP	文本、视频、音频	九类	http://sail.usc.edu/iemocap/
	MELD	文本、视频、音频	七类	https://affective-meld.github.io/
	MUStARD	文本、语音、图像	两类	https://github.com/soujanyaporia/MUStARD
	EmoContext	文本	四类	humanizing-ai.com/emocontext.html

5.4　存在的困难与挑战

文本数据阐述了说话人的主题思想,音频数据表达了说话人的语气语调,视觉数据传达了说话人的面部表情和动作,多模态的结合比单一模态更有利于使计算机了解人类的情感。但是,由于多模态情感分析涉及多个模态的研究分析,尤其在音频和视频数据的提取分析方面,往往存在着更多困难和挑战。

(1)高维特征空间问题。由于多模态情感分析涉及两种及两种以上的模态,而这些模态的特征向量组成的特征空间往往很大,这严重阻碍了设计实时执行的多模态情感分析框架。虽然研究者为了解决这一问题,提出了后期融合和决策融合等技术,但是这些技术还不够成熟,还不能完美地解决这个问题。

(2)噪声干扰问题。当一个多模态情感分析框架里有来自一个或多个模态的噪声或错误数据时,它的性能会大大降低。因此如何准确识别和丢弃那些噪声数据是单模态和多模态情感分析里都有的问题。Poria 等人[1]提出多模态情感分析里可以通过直接丢弃某个模态的数据进行数据去噪,例如:当视频质量差而导致人脸模糊时,可以优先考虑音频和文本模态来做决定,反之亦然。

(3)融合方法的创新。目前提出的 3 种多模态特征融合方法无法有效地挖掘不同模态之间的相关性,也没有办法确定哪种模态在融合中的贡献最大,并且研究者对它们的研究好像已经遇到了瓶颈,人们期待研究者能够提出更好的融合方法,能够在完美融合多个模态特征向量的基础上,还能解决模态之间的关联性,过滤有噪声的模态,处理高纬度空间等问题。

(4)主观性问题。多模态情感分析不仅仅是一个分类任务,同样是一个复杂且主观的认知决策过程。在判别情感过程中,对不同模态的阅读顺序不同,可能产生不同的判别结果,促使用户自身的认知状态产生干涉现象。如何建模并形式化该问题,发展出一套新型的多模态决策交互模型值得进一步探索。

(5)其他模态的探索。目前多模态的研究者主要采用文本、图像、视频与音频形式去完成多模态情感分析任务。然而，如何去挖掘整合其他模式内容，譬如触感反馈、生理信号等，值得研究者进一步的研究。

(6)数据集问题。叙述式多模态情感分析领域已经创建了许多高质量数据集供研究者自由使用。但是，交互式多模态情感分析领域仍然比较缺乏被广泛认可的基准情感数据集。部分研究者选择了 MELD 与 IEMOCAP 数据集去测试他们的模型，但是由于这两个数据集均收集自刻意演绎的情景剧，所以无法体现真实生活场景中的交互。

(7)多模态干扰问题。在进行多模态情感分析时，有的时候并不是模态越多越好，模态过多还会导致人力、精力的浪费，模型速度变慢，甚至对整个情感分析过程有干扰。如何搭配出最佳的模态内容以便更好地完成词项交互与多模态交互仍然是被忽视的问题。绝大多数现有模型都是将所有模态信息全部融入框架内，忽视了在特定任务中模态之间可能出现的信息冲突现象。例如，对于多模态会话情感分析，如何在模态集合{文本、图像、视频、音频}中挑选出最佳的子集值得研究者们进一步思考。

(8)交互的复杂性问题。作为一种不可见的信息交换与反馈方式，话语流交互的本质比较复杂，通常涉及多个谈话者，在不同的谈话环境下呈现出不同的特征，难以用具体的理论给予准确的定义。因此，提出一个更加一般性的交互理论体系与形式化建模思路，使其能够应对不同的交互类型，是所有研究者的主要方向。

5.5　本章小结

本章对多模态情感分析问题的定义和发展进行了详细的介绍，读者可以了解到多模态情感分析指的是利用文本、音频、视觉（包括图片和视频）中的两种及两种以上的模态进行情感分析，目的是处理多模态的输入，进行情感知识的提取。多模态情感分析可细分为叙述式多模态情感分析和交互式多模态情感分析，叙述式多模态情感分析即研究多模态输入的情感类别，而交互式情感分析不仅仅分析聊天会话的情感类别，还挖掘会话中每位谈话者的情感状态和情感演化趋势。

本章给出了多模态情感分析的任务框架，可以看出对单模态数据的特征提取和多模态数据之间的融合是多模态情感分析中的两大基本步骤，其中多模态数据之间的融合是最重要的一步，它包括特征融合、决策融合和两者的混合融合。本章介绍了 3 种融合方法的定义和过程，并对比分析了各个融合方法的优劣，给出了它们的结构图，希望读者能对这 3 种融合方法有更加深刻的理解，这也是多模态情感分析任务的基础。随后本章从叙述式多模态情感分析和交互式多模态情感分析两个方面介绍了相关性文献和多模态情感分析数据集；在介绍相关性文献时，又将叙述式情感分析细分为图文驱动的静态多模态情感分析和视频驱动的动态多模态情感分析进行介绍，研究它的方法既有基于机器学习的方法，也有基于深度学习的方法。而交互式多模态情感分析的研究都是基于深度学习方法的，这与交互问题的复杂性有一定的关联。最后本章对多模态情感分析现有工作的不足进行了总结，探讨了多模态情感分析未来的发展方向。

参 考 文 献

[1]　PORIA S, HUSSAIN A, CAMBRIA E. Multimodal sentiment analysis[M]. Cham: Springer International Publishing, 2018.

[2]　SHIMOJO S, SHAMS L. Sensory modalities are not separate modalities: plasticity and interactions[J]. Current Opinion in Neurobiology, 2001, 11(4): 505 – 509.

[3]　PENG L, CUI G, ZHUANG M, et al. What do seller manipulations of online product reviews mean to consumers? [J]. Journal of Electronic Commerce Research, Association for the Advancement of Computing in Education (AACE), 15(3), 2014: 187 – 200.

[4]　D'MELLO S K, KORY J. A review and meta-analysis of multimodal affect detection systems[J]. ACM Computing Surveys (CSUR), 2015, 47(3): 1 – 36.

[5]　ATREY P K, HOSSAIN M A, EL SADDIK A, et al. Multimodal fusion for multimedia analysis: a survey[J]. Multimedia Systems, 2010, 16(6): 345 – 379.

[6]　VERMA S, WANG C, ZHU L, et al. DeepCU: Integrating both common and unique latent information for multimodal sentiment analysis[C]//Proceedings of the 28th International Joint Conference on Artificial Intelligence. Freiburg: IJCAI, 2019: 3627 – 3634.

[7]　ATREY P K, HOSSAIN M A, EL SADDIK A, et al. Multimodal fusion for multimedia analysis: a survey[J]. Multimedia Systems, 2010, 16(6): 345 – 379.

[8]　ZADEH A, CHEN M, PORIA S, et al. Tensor fusion network for multimodal sentiment analysis[C]//Proceedings of the 2017 Conference on Empirical Methods in Natural Language Processing. New York: ACL, 2017: 1103 – 1114.

[9]　PORIA S, MAJUMDER N, HAZARIKA D, et al. Multimodal sentiment analysis: Addressing key issues and setting up the baselines[J]. IEEE Intelligent Systems, 2018, 33(6): 17 – 25.

[10]　YOU Q, LUO J, JIN H, et al. Cross-modality consistent regression for joint visual-textual sentiment analysis of social multimedia[C]//Proceedings of the Ninth ACM International Conference on Web Search and Data Mining. New York: ACM, 2016: 13 – 22.

[11]　PANG B, LEE L, VAITHYANATHAN S. Thumbs up?: sentiment classification using machine learning techniques[C]//Proceedings of the ACL Conference on Empirical Methods in Natural Language Processing. New York: ACL, 2002: 79 – 86.

[12]　SCHMIDT S, STOCK W G. Collective indexing of emotions in images: a study in emotional information retrieval[J]. Journal of the American Society for Information Science and Technology, 2009, 60(5): 863 – 876.

[13] YUAN J, MCDONOUGH S, YOU Q, et al. Sentribute：image sentiment analysis from a mid-level perspective[C]//Proceedings of the Second International Workshop on Issues of Sentiment Discovery and Opinion Mining. New York：SIGKDD, 2013：10 – 12.

[14] BORTH D, JI R, CHEN T, et al. Large-scale visual sentiment ontology and detectors using adjective noun pairs[C]//Proceedings of the 21st ACM International Conference on Multimedia. New York：ACM, 2013：223 – 232.

[15] CAO D, JI R, LIN D, et al. Visual sentiment topic model based microblog image sentiment analysis[J]. Multimedia Tools and Applications, 2016, 75(15)：8955 – 8968.

[16] CAO D, JI R, LIN D, et al. A cross-media public sentiment analysis system for microblog[J]. Multimedia Tools and Applications, 2016, 22(4)：479 – 486.

[17] LI Z, FAN Y, LIU W, et al. Image sentiment prediction based on textual descriptions with adjective noun pairs[J]. Multimedia Tools and Applications, 2018, 77 (1)：1115 – 1132.

[18] WANG M, CAO D, LI X, et al. Microblog sentiment analysis based on cross-media bag-of-words model[C]//Proceedings of International Conference on Internet Multimedia Computing and Service. New York：ACM, 2014：76 – 80.

[19] WAGNER J, ANDRE E, LINGENFELSER F, et al. Exploring fusion methods for multimodal emotion recognition with missing data[J]. IEEE Transactions on Affective Computing, 2011, 2(4)：206 – 218.

[20] GLODEK M, REUTER S, SCHELS M, et al. Kalman filter based classifier fusion for affective state recognition[C]//Proceedings of International Workshop on Multiple Classifier Systems. New York：Springer, 2013：85 – 94.

[21] LI Z, FAN Y, JIANG B, et al. A survey on sentiment analysis and opinion mining for social multimedia[J]. Multimedia Tools and Applications, 2019, 78(6)：6939 – 6967.

[22] DEVLIN J, CHANG M, LEE K, et al. BERT：Pre-training of deep bidirectional transformers for language understanding[C]//Proceedings of Annual Conference of the North American Chapter of the Association for Computational Linguistics. New York：ACL, 2019：4171 – 4186.

[23] YOU Q, CAO L, JIN H, et al. Robust visual-textual sentiment analysis：when attention meets tree-structured recursive neural networks[C]//Proceedings of the 24th ACM International Conference on Multimedia. New York：ACM, 2016：1008 – 1017.

[24] PORIA S, CAMBRIA E, HAZARIKA D, et al. Multi-Level multiple attentions for contextual multimodal sentiment analysis[C]//Proceedings of 2017 IEEE International Conference on Data Mining. Washington：IEEE, 2017：1033 – 1038.

[25] CAI G, XIA B. Convolutional neural networks for multimedia sentiment analysis [C]//Proceedings of Natural Language Processing and Chinese Computing. New

York：Springer，2015：159 - 167.

[26]　YU Y，LIN H，MENG J，et al. Visual and textual sentiment analysis of a microblog using deep convolutional neural networks[J]. Algorithms，2016，9(2)：41 - 46.

[27]　CHEN M，WANG S，LIANG P P，et al. Multimodal sentiment analysis with word-level fusion and reinforcement learning[C]//Proceedings of the 19th ACM International Conference on Multimodal Interaction. New York：ACM，2017：163 - 171.

[28]　HUANG F，ZHANG X，ZHAO Z，et al. Image-text sentiment analysis via deep multimodal attentive fusion[J]. Knowledge-Based Systems，2019(167)：26 - 37.

[29]　PORIA S，CAMBRIA E，BAJPAI R，et al. A review of affective computing：from unimodal analysis to multimodal fusion[J]. Information Fusion，2017(37)：98 - 125.

[30]　PORIA S，MAJUMDER N，HAZARIKA D，et al. Multimodal sentiment analysis：addressing key issues and setting up the baselines[J]. IEEE Intelligent Systems，2018，33(6)：17 - 25.

[31]　陶建华，谭铁牛. 语音和人脸表情同步的双模态情感表达研究[C]//第一届中国情感计算及智能交互学术会议. 北京：中文信息学会，2003：248 - 253.

[32]　SEBE N，COHEN I，GEVERS T，et al. Emotion recognition based on joint visual and audio cues[C]//Proceedings of the 18th International Conference on Pattern Recognition. Washington：IEEE，2006：1136 - 1139.

[33]　MORENCY L P，MIHALCEA R，DOSHI P. Towards multimodal sentiment analysis：Harvesting opinions from the web[C]//Proceedings of the 13th International Conference on Multimodal Interfaces. New York：ACM，2011：169 - 176.

[34]　PEREZ-ROSAS V，MIHALCEA R，MORENCY L P. Utterance-level multimodal sentiment analysis[C]//Proceedings of the 51st Annual Meeting of the Association for Computational Linguistics. New York：ACM，2013：973 - 982.

[35]　WU C，LIANG W. Emotion recognition of affective speech based on multiple classifiers using acoustic-prosodic information and semantic labels[J]. IEEE Transactions on Affective Computing，2011，2(1)：10 - 21.

[36]　ELLIS J G，JOU B，CHANG S. Why we watch the news：a dataset for exploring sentiment in broadcast video news[C]//Proceedings of the 16th International Conference on Multimodal Interaction. New York：ACM，2014：104 - 111.

[37]　SARKAR C，BHATIA S，AGARWAL A，et al. Feature analysis for computational personality recognition using YouTube personality data set[C]//Proceedings of the 2014 ACM Multi Media Workshop on Computational Personality Recognition. New York：ACM，2014：11 - 14.

[38]　ALAM F，RICCARDI G. Predicting personality traits using multimodal information[C]//Proceedings of the 2014 ACM Multi Media Workshop on Computational

Personality Recognition. New York: ACM, 2014: 15 - 18.

[39] MONKARESI H, HUSSAIN M S, CALVO R A. Classification of affects using head movement, skin color features and physiological signals[C]//Proceedings of the 2012 IEEE International Conference on Systems, Man, and Cybernetics. Washington: IEEE, 2012: 2664 - 2669.

[40] WANG S, ZHU Y, WU G, et al. Hybrid video emotional tagging using users' EEG and video content[J]. Multimedia Tools and Applications, 2014, 72(2): 1257 - 1283.

[41] PORIA S, CAMBRIA E, HUSSAIN A, et al. Towards an intelligent framework for multimodal affective data analysis[J]. Neural Networks, 2015, 63: 104 - 116.

[42] ZHANG X, XU C, CHENG J, et al. Effective annotation and search for video blogs with integration of context and content analysis[J]. IEEE Transactions on Multimedia, 2009, 11(2): 272 - 285.

[43] LI H, XU H. Video-based sentiment analysis with hvnLBP-TOP feature and bi-LSTM[C]//Proceedings of the AAAI Conference on Artificial Intelligence. New York: AAAI, 2019: 9963 - 9964.

[44] WOLLMER M, WENINGER F, KNAUP T, et al. YouTube movie reviews: sentiment analysis in an audio-visual context[J]. IEEE Intelligent Systems, 2013, 28 (3): 46 - 53.

[45] PORIA S, CAMBRIA E, GELBUKH A. Deep convolutional neural network textual features and multiple kernel learning for utterance-level multimodal sentiment analysis[C]//Proceedings of the 2015 Conference on Empirical Methods in Natural Language Processing. New York: ACL, 2015: 2539 - 2544.

[46] MANSOORIZADEH M, CHARKARI N M. Multimodal information fusion application to human emotion recognition from face and speech[J]. Multimedia Tools and Applications, 2010, 49(2): 277 - 297.

[47] HUSSAIN M S, CALVO R A, POUR P A. Hybrid fusion approach for detecting affects from multichannel physiology[C]//Proceedings of International Conference on Affective Computing and Intelligent Interaction. Washington: IEEE, 2011: 568 - 577.

[48] PORIA S, HUSSAIN A, CAMBRIA E. Beyond text-based sentiment analysis: Towards multi-modal systems[J]. Cognitive Computation, 2013, 3(1): 11 - 14.

[49] PORIA S, CAMBRIA E, HOWARD N, et al. Fusing audio, visual and textual clues for sentiment analysis from multimodal content[J]. Neurocomputing, 2016, 174: 50 - 59.

[50] OJAMAA B, JOKINEN P, MUISCHENK K. Sentiment analysis on conversational texts[C]//Proceedings of the 20th Nordic Conference of Computational Linguistics. New York: ACL, 2015: 233 - 237.

[51] RUSSELL E. Real-time topic and sentiment analysis in human-robot conversation [J]. Electrical and Computer Engineering, 2015, 1: 1 – 20.

[51] MAGHILNAN S, KUMAR M. Sentiment analysis on speaker specific speech data [C]//Proceedings of the 2017 International Conference on Intelligent Computing and Control Systems. Washington, USA: IEEE, 2017: 223 – 227.

[53] BHASKAR J, SRUTHI K, NEDUNGADI P. Hybrid approach for emotion classification of audio conversation based on text and speech mining[C]//Proceedings of the International Conference on Information and Communication Technology. Washington: IEEE, 2015: 635 – 643.

[54] HUIJZER E. Identifying effective affective email responses[J]. Business Analytics, 2017, 1: 15 – 40.

[55] MACHOVÁ K, MARHEFKA L. Opinion mining in conversational content within web discussions and commentaries[C]//Proceedings of the 1st Cross-Domain Conference and Workshop on Availability, Reliability, and Security in Information Systems. Washington: IEEE, 2013: 149 – 161.

[56] HAZARIKA D, PORIA S, ZADEH A, et al. Conversational memory network for emotion recognition in dyadic dialogue videos[C]//Proceedings of the 2018 Conference of the North American Chapter of the Association for Computational Linguistics. New York: ACL, 2018: 2122 – 2132.

[57] HAZARIKA D, PORIA S, ZIMMERMANN R, et al. Emotion recognition in conversations with transfer learning from generative conversation modeling[J/OL]. [2019 – 12 – 07]. https://arxiv.org/pdf/1910.04980.pdf.

[58] PORIA S, CAMBRIA E, HAZARIKA D, et al. Context-dependent sentiment analysis in user-generated videos[C]//Proceedings of the 55th Annual Meeting of the Association for Computational Linguistics. New York: ACL, 2017: 873 – 883.

[59] MAJUMDER N, PORIA S, HAZARIKA D, et al. DialogueRNN: an attentive RNN for emotion detection in conversations[C]//Proceedings of the AAAI Conference on Artificial Intelligence. New York: AAAI, 2019: 6818 – 6825.

[60] ZHONG P, WANG D, MIAO C. Knowledge-enriched transformer for emotion detection in textual conversations[C]//Proceedings of the 2019 Conference on Empirical Methods in Natural Language Processing. New York: ACL, 2019: 165 – 177.

[61] ZHANG D, WU L, SUN C, et al. Modeling both context- and speaker-sensitive dependence for emotion detection in multi-speaker conversations[C]//Proceedings of the 28th International Joint Conference on Artificial Intelligence. Freiburg: IJCAI, 2019: 5415 – 5421.

[62] ZHANG Y, LI Q, SONG D, et al. Quantum-inspired interactive networks for conversational sentiment analysis[C]//Proceedings of the 28th International Joint Conference on Artificial Intelligence. Freiburg: IJCAI, 2019: 5436 – 5442.

[63] CHATTERJEE A, NARAHARI K N, et al. Agrawal P. SemEval-2019 task 3: EmoContext contextual emotion detection in text[C]//Proceedings of the 13th International Workshop on Semantic Evaluation. New York: ACL, 2019: 39 – 48.

[64] ZHENG W, LU B. Investigating critical frequency bands and channels for EEG-based emotion recognition with deep neural networks[J]. IEEE Transactions on Autonomous Mental Development, 2015, 7(3): 162 – 175.

[65] LI Y, TAO J, CHAO L, et al. CHEAVD: A Chinese natural emotional audio-visual database[J]. Journal of Ambient Intelligence and Humanized Computing, 2016, 8(6): 913 – 924.

[66] XU N, MAO W, CHEN G. Multi-interactive memory network for aspect-based multimodal sentiment analysis[C]//Proceedings of the 33rd AAAI Conference on Artificial Intelligence. New York: AAAI, 2019: 371 – 378.

[67] YU W, XU H, MENG F, et al. Ch-SIMS: A Chinese multimodal sentiment analysis dataset with fine-grained annotation of modality[C]//Proceedings of the 58th Annual Meeting of the Association for Computational Linguistics. Seattle, Washington: Association for Computational Linguistics, 2020: 3718 – 3727.

[68] ZHANG Y, LAI G, ZHANG M, et al. Explicit factor models for explainable recommendation based on phrase-level sentiment analysis[C]//Proceedings of the 37th International ACM SIGIR Conference on Research & Development in Information Retrieval. New York: ACM, 2014: 83 – 92.

[69] DOUGLAS-COWIE E, COWIE R, SNEDDON I, et al. The HUMAINE database: Addressing the collection and annotation of naturalistic and induced emotional data[C]//Proceedings of International Conference on Affective Computing and Intelligent Interaction. Washington: IEEE, 2007: 488 – 500.

[70] DOUGLAS-COWIE E, COWIE R, SCHRODER M. A new emotion database: Considerations, sources and scope[C]//Proceedings of ISCA Tutorial and Research Workshop on Speech and Emotion. New York: ACM, 2000: 20 – 24.

[71] PORIA S, CAMBRIA E, HOWARD N, et al. Fusing audio, visual and textual clues for sentiment analysis from multimodal content[J]. Neurocomputing, 2016, 174: 50 – 59.

[72] NIU T, ZHU S, PANG L, et al. Sentiment analysis on multi-view social data[C]//Proceedings of International Conference on Multimedia Modeling. New York: Springer, 2016: 15 – 27.

[73] ZADEH A, ZELLERS R, PINCUS E, et al. MOSI: Multimodal corpus of sentiment intensity and subjectivity analysis in online opinion videos[J]. IEEE Intelligent Systems, 2016, 31(6): 82 – 88.

[74] TIAN F, LIANG H, LI L, et al. Sentiment classification in turn-level interactive Chinese texts of e-learning applications[C]//Proceedings of the 12th International

Conference on Advanced Learning Technologies. Washington: IEEE, 2012: 480 - 484.

[75]　LI Y, SU H, SHEN X, et al. DailyDialog: A manually labelled multi-turn dialogue dataset[C]//Proceedings of the Eighth International Joint Conference on Natural Language Processing. New York: ACM, 2017: 986 - 995.

[76]　CHEN S, HSU C, KUO C, et al. Emotionlines: An emotion corpus of multi-party conversations[C]//Proceedings of the Eleventh International Conference on Language Resources and Evaluation. New York: ACL, 2018: 1252 - 1256.

[77]　ZHANG Y, SONG L, SONG D, et al. ScenarioSA: A large-scale conversational database for interactive sentiment analysis[J/OL]. [2019 - 07 - 12]. https://arxiv.org/pdf/1907.05562.pdf.

[78]　MCKEOWN G, VALSTAR M, COWIE R, et al. The SEMAINE database: Annotated multimodal records of emotionally colored conversations between a person and a limited agent[J]. IEEE Transactions on Affective Computing, 2012, 3(1): 5 - 17.

[79]　BUSSO C, BULUT M, LEE C, et al. IEMOCAP: Interactive emotional dyadic motion capture database[J]. Language Resources and Evaluation, 2008, 42(4): 335 - 340.

[80]　PORIA S, HAZARIKA D, MAJUMDER N, et al. MELD: A multimodal multi-party dataset for emotion recognition in conversations[C]//Proceedings of the 57th Annual Meeting of the Association for Computational Linguistics. New York: ACL, 2019: 527 - 536.

[81]　CASTRO S, HAZARIKA D, PEREZ-ROSAS V, et al. Towards multimodal sarcasm detection (an obviously perfect paper)[J]. arXiv preprint arXiv:1906.01815, 2019: 1 - 10.

[82]　CHATTERJEE A, GUPTA U, CHINNAKOTLA M, et al. Understanding emotions in text using deep learning and big data[J]. Computers in Human Behavior, 2019, 93: 309 - 317

第6章　多模态表征

一般来说,机器学习模型的优劣和数据特征的选择有很大关系,传统的机器学习中的工作大部分都与特征的挖掘、特征的选择和特征的提取相关,这些工作虽然可以大力支持机器学习数据特征,但是非常耗费人力、物力,并且一些基于手工特征的方法根本没有能力从原始数据中提取有用的信息。因此出现了特征工程,它会把人的先验知识转化为可以被机器学习识别的特征,从而弥补自身的缺点。一般来说,它的一些特征是在对原始数据进行一些分析后,在一些经验的基础上结合一些数学分析得到的。表征学习是特征工程的一种延伸,它是指将被研究对象(结构化数据、文本、图像、音频、视频)中所包含的语义信息抽象实值向量,根据已有的数据学习得到有用的表征从而减少整个机器学习过程中对特征工程的依赖。一个好的表征要尽可能地包含更多数据的本质信息。相比单个模态,多模态的表征学习面临更多的挑战,例如模态之间的融合方式、不同模态处理的差异化、噪声处理、丢失的模态信息处理、实时性和效率等[1]。Bengio 指出,好的表征主要有以下几个特点,即数据平滑、时空相关、数据稀疏和自然聚类等[2]。

当多个模态共存时,人们需要同时从多个异质信息源中提取被研究对象的特征,这时需要考虑不同模态信息之间的具有高度的一致性和互补性。多模态表征学习的主要目的是挖掘出不同模态之间的共性和特性,产生可以表示多模态信息的隐含向量。而对于多模态表征空间,它们中相似的数据在实际意义或者实体概念上需要存在相似性,这样在单一模态信息丢失的情况下,可以通过另外一种模态的信息进行补充[1],即在多模态表征学习中,要学会利用模态之间的互补性和冗余性,学会挖掘并利用模态之间的信息,从而消除数据的异构问题带来的挑战。

Bengio 指出了表征学习的两条主线:概率图模型和神经网络模型。它们之间的根本区别是对每一层表述为概率图还是计算图,或者隐层的节点是潜在的随机变量还是计算节点[2]。从概率图的角度来看,表征学习的问题可以解释为试图恢复一组描述观测数据分布的潜在随机变量。而基于神经网络的自动编码器的表征学习方法不像基于概率图的表征学习模型,它是由显式概率函数定义,然后通过训练最大化数据可能性,通过编码器和解码器进行参数化,并允许编码器和解码器中使用不同的矩阵。

Baltrušaitis 等人根据输出的表征是否在一个统一的表征空间内,将多模态表征分为统一表征和协同表征,统一表征融合多个单模态信号,最后将它们映射到一个统一表征空间内;而协同表征分别处理每一个模态的信息,并且在不同模态之间增加相似性的约束[3]。统一表征和协同表征的基本结构如图 6.1 所示。

如图 6.1 所示,统一表征将多个单模态信息融合后映射到一个统一的表征空间,这适用于在做最终推断时所有的模态都需要存在的情况,因此它广泛应用于情感识别、多模态姿态估计、语音识别辅助和视觉语言匹配任务等领域。而协同表征则将每个模态信息映射到单独的空间,每个模态是相互独立的,但模态间存在关联关系,即协同表征可以将其中一个模态单独拿来用,这使得它适用于跨模态检索等领域[1]。

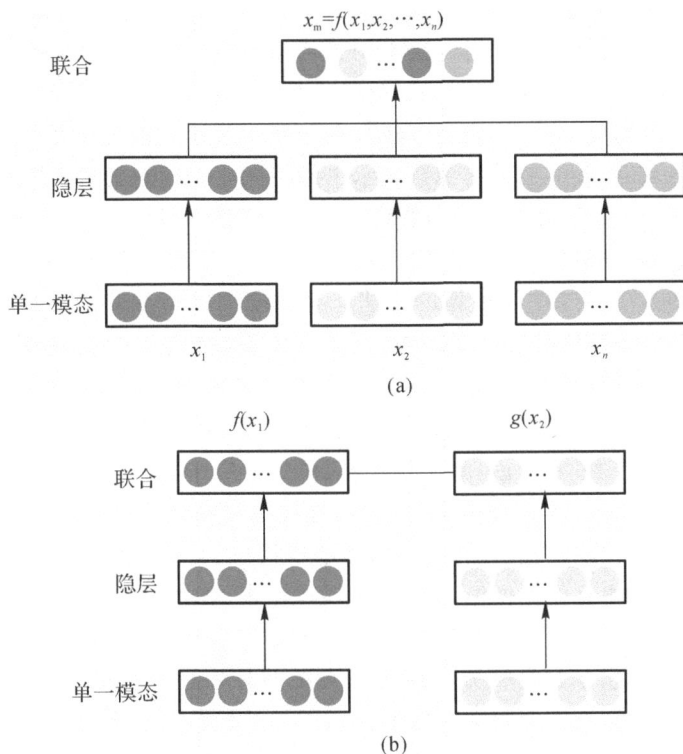

$$x_m = f(x_1, x_2, \cdots, x_n)$$

联合

隐层

单一模态

x_1　　x_2　　x_n

(a)

$f(x_1)$　　　$g(x_2)$

联合

隐层

单一模态

(b)

图 6.1　统一表征和协同表征的基本结构

(a)统一表征;(b)协同表征

通过概率图模型和神经网络模型对表征学习的深入研究,多模态表征学习从刚开始的对单模态表征进行简单连接的方式,到后来专门的多模态表征模型、融合模型的提出层出不穷。这些研究涉及图像加文本[4-8]、视频加文本[9-11]、图像加音频[12-14]、音频加视频[15-16]等。本章的重点是单独介绍自然语言处理的核心步骤:文本表征和图像表征,最后介绍多模态对齐的相关知识。由于一些表征模型都是基于机器学习和深度学习构建的,所以没有机器学习和深度学习基础的读者可以结合第 8 章进行阅读。

6.1　静　态　表　征

静态表征即通过一些规则和算法来对数据(本书中只介绍文本和图像这两种模态的数据)的特征进行提取和描述。对于文本静态表征,笔者主要介绍独热(One-hot)规则和改进方法、Glove 模型，并在 NNLM 的基础上对 CBOW 和 Skip-gram 模型进行介绍。对于图像静态表征，本小节主要介绍了 SIFT、SURF 和 LBP 算法。

6.1.1　文本静态表征

文本静态表征是指对文本(主要是组成文本的单词)的语义信息抽象实值向量，它的发展大致可以分为两个阶段：第一个阶段是采用稀疏和高维的向量来表示单词，也称局部表示(Local Representation)，最经典的就是独热(One-hot)表示；第二个阶段是利用大量的文本数据训练稠密的低维向量，这一阶段的方法都在分布式表示的基础上提出的。分布式表示(Distributed Representation)是针对独热表示中的特征稀疏和语义鸿沟问题提出的，它的思想来源于 Harris 在 1954 年提出的分布假说：上下文相似的词，其语义也相似，因此利用上下文来描述语义的方法都可以被统称为分布式表示[17]。分布式表示一般有两种方法：基于统计矩阵的方法和基于神经网络模型的方法。早期的词向量获取主要是通过统计学的方法，如构建共现矩阵、奇异值分解(SVD)等，比较有代表性的是 Glove 模型[18]；后来 Hinton 在 1986 年提出了基于神经网络的方法来获得词向量，其原理是通过模型对上下文关系进行学习然后自动抽取特征。其中比较有代表的是 Bengio 提出的神经网络语言模型(NNLM)[19]、CBOW[20] 和 Skip-gram[21] 等模型。

One-hot 编码又称一位有效编码，它的表示方式非常直观，即利用高维的词向量来表示词汇表中的所有词，维度即词汇表的大小，除当前单词(或者是词语，以下的也是同样)对应的维度值为 1 外，其他所有的维度值都为 0，是局部性表示(Local Representation)。假如有词库 a,b,c,d,…,z 这 26 个字母，当使用 One-hot 编码表示时，它的维度就是 26 个，One-hot 编码实例如图 6.2 所示。这种方法使得所有的向量都是相互正交的，因此无法体现词与词之间的远近亲疏；而且还会有维度灾难、编码稀疏问题，会导致计算代价增大。为了解决语义距离无法识别的问题，研究人员对单词之间的句法和语义相似性进行了建模，利用了诸如词法(前缀、后缀)、词典特征(WordNet 词义、Brown 词聚类[22] 等)、词性标签等[23]。

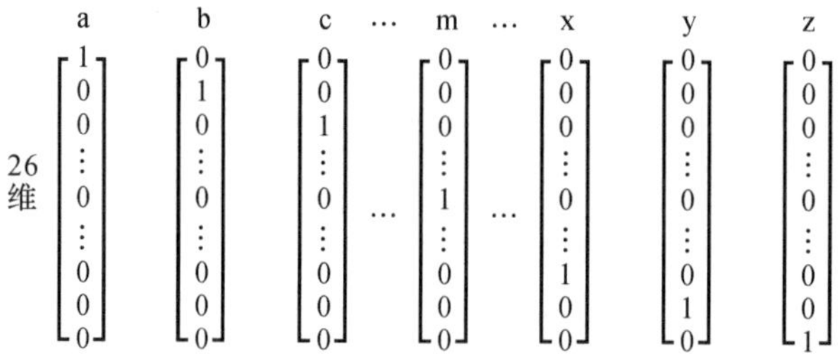

$$
\underset{26\atop\text{维}}{}
\begin{array}{cccccccc}
a & b & c & \cdots\ m\ \cdots & x & y & z \\
\begin{bmatrix}1\\0\\0\\0\\\vdots\\0\\\vdots\\0\\0\\0\end{bmatrix} &
\begin{bmatrix}0\\1\\0\\0\\\vdots\\0\\\vdots\\0\\0\\0\end{bmatrix} &
\begin{bmatrix}0\\0\\1\\0\\\vdots\\0\\\vdots\\0\\0\\0\end{bmatrix} &
\begin{bmatrix}0\\0\\0\\0\\\vdots\\1\\\vdots\\0\\0\\0\end{bmatrix} &
\begin{bmatrix}0\\0\\0\\0\\\vdots\\0\\\vdots\\1\\0\\0\end{bmatrix} &
\begin{bmatrix}0\\0\\0\\0\\\vdots\\0\\\vdots\\0\\1\\0\end{bmatrix} &
\begin{bmatrix}0\\0\\0\\0\\\vdots\\0\\\vdots\\0\\0\\1\end{bmatrix}
\end{array}
$$

图 6.2　One-hot 编码实例

分布式表示则是在独热表示的基础上提出的，它将原本的 One-hot 编码得到的高维词向量映射到一个较低维度的连续向量中，每个单词或词组被映射为嵌入空间的一个点，反映到文本上，是将每一个词映射成一个固定长度的短向量，所有训练得到的单词向量都在同一个空间内，通过判断距离衡量单词的相似度。这种方法又被理解为词嵌入(Word Embedding)[20],词嵌入空间映射示意图如图 6.3 所示。

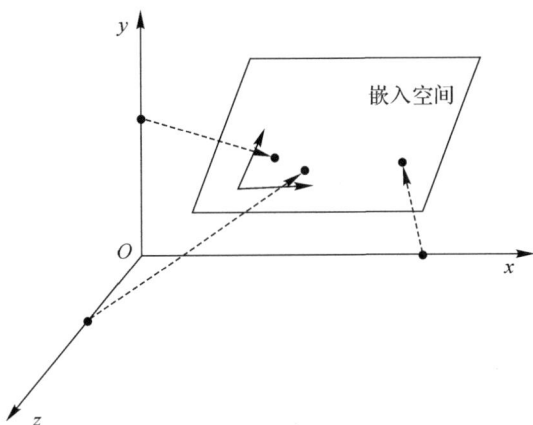

图 6.3 词嵌入空间映射示意图

随着分布式表示的发展,研究者使用目标单词的上下文的单词计数这个向量来表示目标单词,这样就可以根据两个单词的上下文的相似性来判断目标单词之间的相似性,即使用基于统计矩阵的方法来表示词向量。假设 V_w 表示词库(文档库)($|V_w|$ 表词库数量的大小),V_c 表示预定义的上下文的词汇($|V_c|$ 表示上下文词汇量的大小),它们都被索引后,用 w_i 来表示词库中的第 i 个单词,用 c_j 表示上下文词汇中的第 j 个单词,则矩阵 $W \in R^{|V_w| \times |V_c|}$ 可以用来量化单词与它们上下文之间的关系,其中 $W_{i,j} = n(w_i, c_j)$ 表示单词 w_i 和上下文 c_j 之间的相关性,$n(w_i, c_j)$ 表示在语料库 D 中,c_j 在 w_i 的上下文中出现的次数。语料库 D 的大小为 $|D| = \sum_{w \in V_w, c \in V_c} n(w, c)$,有了这种分布表示,通过余弦相似性和欧式定理等方法就可以量化单词之间的语义相似度[23]。但是仅通过单词的共现来衡量词的相关性不是很合适的,因为包含共同上下文的词可能会有过高的权重,虽然它包含的信息可能较少。例如"the dog"和"a dog"肯定比"black and white dog"和"long-haired dog"出现的次数多。解决这个问题的一个直观的方法是利用权重因子 TF-IDF(Term Frequency-Inverse Document Frequency),还有一种应用比较频繁的办法——点互信息(PMI)。

TF-IDF 的思想是按语料库中单词上下文词对出现的频率成比例地减少权重,使包含信息多的词对获得较高的权重[24],即认为一个词的重要性与它在词库中出现的次数成正比,与它在语料库中出现的次数成反比。用 TF 表示某词在词库(文档)中出现的次数(词频),IDF 表示逆文本频率指数,即包含某的词库越少,IDF 就越大,即

$$TF = \frac{N_{w_i}}{|V_w|} \tag{6-1}$$

$$IDF = \log\left(\frac{|D_v|}{|V_{w_i}| + 1}\right) \tag{6-2}$$

式中:N_{w_i} 为单词 w_i 在词库中出现的次数;$|V_w|$ 为词库数量的大小;$|D_v|$ 为语料库中的词库总数;$|V_{w_i}|$ 为包含单词 w_i 的词库总数。

IDF 中的分母加 1 是为了防止分母为 0(单词没有出现在任意的词库中)的情况。TF-

IDF＝TF・IDF，也可以用它过滤掉常见的词语，保留重要的词语。

点互信息（PMI）可以量化两个离散变量 x 与 y 的相关性，它的定义为

$$\mathrm{PMI}(x,y)=\log\left(\frac{P(x,y)}{P(x)P(y)}\right)=\log\left(\frac{P(x|y)}{P(y)}\right)=\log\left(\frac{P(y|x)}{P(x)}\right) \tag{6-3}$$

在概率论中，如果 x 与 y 两个变量无关，那么 $P(x,y)=P(x)P(y)$，得 PMI 为 0。当 x 与 y 的相关性越大，则 $P(x,y)$ 与 $P(x)P(y)$ 的比值就越大。当使用 PMI[25-26] 来度量在单词-上下文矩阵 $\boldsymbol{W}$ 中单词 $\boldsymbol{w}_i$ 与上下文 c_j 之间的相关性时，令

$$W_{i,j}=\mathrm{PMI}(\boldsymbol{w}_i,c_j)=\log\left[\frac{n(\boldsymbol{w}_i,c_j)\,|D|}{n(\boldsymbol{w}_i)n(c_j)}\right] \tag{6-4}$$

式中：$n(\boldsymbol{w}_i)=\sum_{c\in V_c}n(\boldsymbol{w}_i,c)$，为 $\boldsymbol{w}_i$ 在语料库 D 中的概率；$n(c_j)=\sum_{w\in V_w}n(w,c_j)$，为 c_j 在语料库 D 中的概率。

为了解决数据稀疏性和向量高纬度问题，研究人员提出了奇异值分解（SVD）[27]和潜在 Dirichlet（LDA）[28]等降维机制，目的在于将高维稀疏向量压缩为低维稠密向量。以 SVD 为例，将矩阵 $\boldsymbol{W}$ 进行奇异值分解：$\boldsymbol{W}=\boldsymbol{U}\boldsymbol{\Sigma}\boldsymbol{V}^{\mathrm{T}}$，其中 $\boldsymbol{U}\in R^{\,|V_w|\times|V_w|}$ 和 $\boldsymbol{V}\in R^{\,|V_c|\times|V_c|}$ 是酉矩阵，$\boldsymbol{\Sigma}\in R^{\,|V_w|\times|V_c|}$ 是奇异值的对角矩阵。其中 $\boldsymbol{W}$ 与 $\boldsymbol{U}$ 的秩 r 相同，选择前 $k(k<r)$ 个奇异值形成一个对角矩阵 $\boldsymbol{\Sigma}_k$，而 $\boldsymbol{U}_k$ 和 $\boldsymbol{V}_k$ 分别是原来矩阵选择前 k 列生成的矩阵，形成的 $\boldsymbol{W}_k=\boldsymbol{U}_k\boldsymbol{\Sigma}_k\boldsymbol{V}_k^{\mathrm{T}}$ 则可以看作原始矩阵 W 的低秩近似。根据 Eckart-Young 的理论[29]，$\boldsymbol{W}_k$ 是 $\boldsymbol{W}$ 在 L_2 损失下的最佳 k 秩近似。这个时候原始的稀疏高维的矩阵 $\boldsymbol{W}$ 就转变为了低维稠密的矩阵 $\boldsymbol{W}_k$。

此外，基于矩阵的 Glove 模型也非常有代表性，Glove 模型（Global Vectors for Word Representataion）的方法是一个基于全局词频统计的词表征工具，它通过构造词的共现矩阵来捕捉全局信息，并基于共现矩阵来构建词向量。在该方法中，有一个单词共现矩阵 $\boldsymbol{X}$，矩阵中元素 X_{ij} 表示目标单词 w_i 和上下文单词 w_j 共同出现的次数。则词向量与共现矩阵的近似关系表达式为

$$C(\boldsymbol{w}_i^{\mathrm{T}})C(\boldsymbol{w}_j)+b_i+b_j=\log X_{ij} \tag{6-5}$$

式中：$C(\boldsymbol{w}_i^{\mathrm{T}})$ 和 $C(\boldsymbol{w}_j)$ 分别表示单词 w_i^{T} 和 w_j 的分布式嵌入；b_i 和 b_j 为偏置项。

但是这种模式会平等地权衡所有的共现，包括哪些很少或从未发生的共现。所有研究人员在后续的研究中，在此基础上利用加权最小二乘法回归模型得到的损失函数 L 的表达式为

$$L=\sum_{i,j=1}^{|V|}g(X_{ij})\left[C(\boldsymbol{w}_i^{\mathrm{T}})C(\boldsymbol{w}_j)+b_i+b_j-\log X_{ij}\right]^2 \tag{6-6}$$

式中：$[C(\boldsymbol{w}_i^{\mathrm{T}})C(\boldsymbol{w}_j)+b_i+b_j-\log X_{ij}]^2$ 其实就是一个均方误差函数；$g(X_{ij})$ 为加权函数，它的目标是减轻生僻字和常用词的不平嫩，减少低频噪声和高频噪声带来的误差，权重函数 $g(X_{ij})$ 的表达如下所示：

$$g(x)=\begin{cases}\left(\dfrac{x}{x_{\max}}\right)^a, & x<x_{\max}\\[2mm]1, & \text{其他}\end{cases} \tag{6-7}$$

将单词的分布式表示应用于自然语言处理可以追溯到 1991 年 Mikkulainen 和 Dyer 等

人的工作[30]，即他们尝试用 PDP(Parallel Distributed Processing)[31]网络及分布式表达来学习句子中单词的作用。但是当 Bengio 等人的神经网络语言模型(NNLM)提出后才真正使单词分布式表示获得广泛学者的关注。虽然 Xu 和 Rudnicky[32]在 Bengio 之前就使用神经网络学习语言模型，但是他们的神经网络的输入只有一个单词，故只建模了二元语言模型，而且他们的网络还没有隐层。而 Bengio 等人提出了一个通用的框架学习单词的分布式表达以及任意的 N 元语言模型。N - gram 也是一种常用的文本静态表征方法，具体内容可以参考 3.2 节。NNLM 将深度学习的思想引入到语言建模中，有效地解决了维度灾难问题，并且在建模的同时得到了词向量。它和 N-gram 一样也是对 n 元语言模型建模，根据前面已经给定的单词来预测下一个单词，即估算 $P(w_t|w_{t-n+1},\cdots,w_{t-2},w_{t-1})$ 的值，但是 NNLM 不通过计数的方法对 n 元条件概率进行估计，而是通过神经网络结构对其进行建模求解。神经网络语言模型结构如图 6.4 所示。

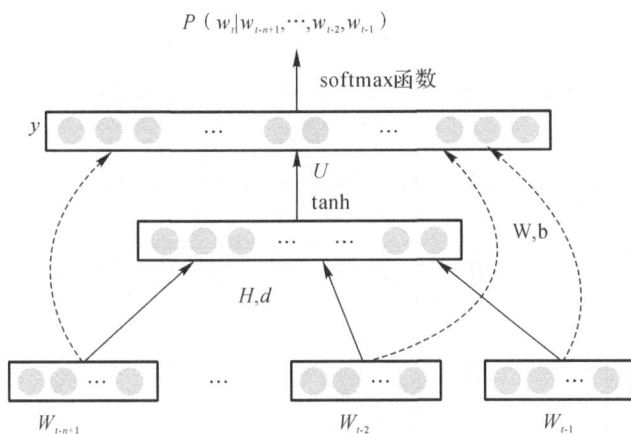

图 6.4　神经网络语言模型结构

如图 6.4 所示，将前 $n-1$ 个单词的分布式向量串联后投入到前馈神经网络中，在这里计算输出单词的非归一化对数概率($y \in R^{|V|}$)：

$$y = b + Wx + U\tanh(d + Hx)$$
$$x = (C(w_{t-1}), C(w_{t-2}), \cdots C(w_{t-n+1})) \tag{6-8}$$

式中：W、U、H 为神经网络中边权重；b 和 d 为偏差，然后使用 softmax 函数计算每个输出单词 w_t 的概率：

$$P(w_t|w_{t-n+1},\cdots,w_{t-2},w_{t-1}) = \frac{\exp(y_t)}{\sum_i \exp(y_i)} \tag{6-9}$$

通过最大化以下的惩罚目标函数来训练模型

$$L = \frac{1}{T}\sum_t \log P(w_t|w_{t-n+1},\cdots,w_{t-2},w_{t-1};\theta) + \lambda \cdot R(\theta) \tag{6-10}$$

式中：T 为训练样本的数量；θ 为总体参数，包括神经网络中的参数和嵌入矩阵 C 的参数；$R(\theta)$ 为带权重 λ 的正则化项。

NNLM 通过分布式表达来表示词，有效避免了维度灾难问题，而且它对词与词之间的联系也进行了编码，因此自带平滑效果，这样 NNLM 就不用像传统的 n 元语言模型那样使用一些复杂的平滑算法，如 Modified Kneser-Ney[33]。但是 NNLM 的前馈神经网络只能观察到固定长度的上下文，这使得它无法对更长的上下文进行研究。而且在 Bengio 等人的工作中只考虑了对语言模型的建模，词向量只是其副产品，因为它们并没有指出哪一套词向量的效果更好，但是该模型为著名的 Word2Vec 的产生提供了坚实的算法理论基础。

Word2Vec 是 Google 的一款开源词向量工具包，它是根据连续词袋模型（Continuous Bag of Words，CBOW）与跳字模型（Skip-gram）两个模型建立的，这两个模型是 Mikolov 等人[20-21]简化以往的 NNLM，即去除了 NNLM 中间的非线性隐藏层提出的学习单词分布式表示的模型。它们的区别是：CBOW 模型利用单词 w_t 的上下文单词（将上下文的表述求和或平均后）来预测 w_t 出现的概率；而 Skip-gram 模型则是通过目标单词 w_t 来预测其上下文的单词，它们的基本结构如图 6.5 和图 6.6 所示。

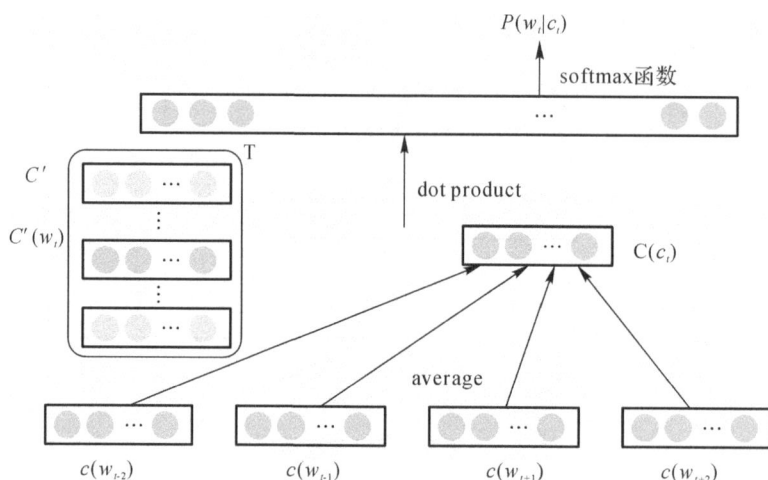

图 6.5　CBOW 模型结构

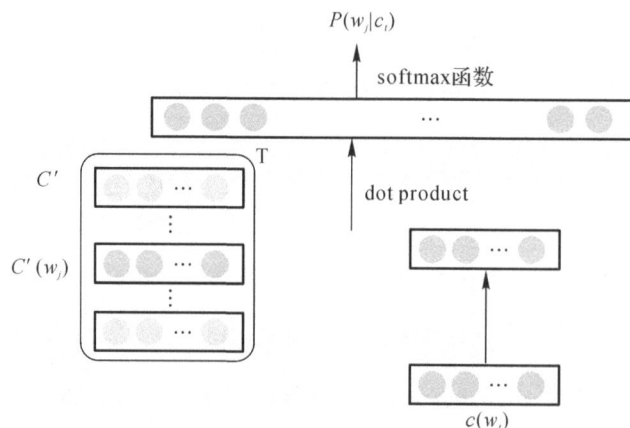

图 6.6　Skip-gram 模型结构

CBOW 将输入词的平均分布式嵌入作为上下文表示,若设 $c_t=(w_{t-d},\cdots,w_{t-1},w_{t+1},\cdots,w_{t+d})$ 是单词 w_t 的上下文,$\boldsymbol{C}$ 和 $\boldsymbol{C}'$ 分别是输入表示矩阵和输出表示矩阵,其中 $\boldsymbol{C}$ 为待学习的嵌入矩阵。$\boldsymbol{C}(c_t)$ 为 c_t 中单词嵌入的平均向量,可视为上下文表示,则给定上下文 c_t 的单词 w_t 的概率为

$$P(w_t\mid c_t)=\frac{\exp[\boldsymbol{C}'(w_t)^{\mathrm{T}}\boldsymbol{C}(c_t)]}{\sum_{i=1}^{|V|}\exp[\boldsymbol{C}'(w_i)^{\mathrm{T}}\boldsymbol{C}(c_t)]} \tag{6-11}$$

其中 $|\boldsymbol{V}|$ 为词汇量大小,CBOW 的优化目标为最大化:

$$\frac{1}{T}\sum_{t=1}^{T}\log P(w_t\mid c_t) \tag{6-12}$$

Skip-gram 模型则是给定中心单词 w_t 来预测上下文单词 w_j,它的概率为

$$P(w_j\mid w_t)=\frac{\exp[C'(w_j)^{\mathrm{T}}C(w_t)]}{\sum_{i=1}^{|V|}\exp[C'(w_i)^{\mathrm{T}}C(w_t)]} \tag{6-13}$$

它的优化目标为最大化以下平均对数概率:

$$\frac{1}{T}\sum_{t=1}^{T}\sum_{j\in c_t}\log P(w_j\mid w_t) \tag{6-14}$$

由于 CBOW 和 Skip-gram 两个模型都去除了神经网络语言模型的非线性隐藏层,这样大大减少了参数的数量,所以在训练的时候,只需要更新 $\boldsymbol{C}$ 和 $\boldsymbol{C}'$ 这两个矩阵,这有效地降低了计算复杂度。但是在训练时,要遍历整个词汇表,计算量巨大,为了进一步降低它们的计算成本,Mikolov 等人又提出了两种方法:层次 Softmax(Hierarchical Softmax)和负采样(Negative Sampling)[34]。接下来将对它们进行逐一介绍。

首先是采用层次 Softmax 来优化传统的 Softmax 函数,它的思想是用一颗 Huffman 树来代替 Softmax 层,根据类标签的频数构造 Huffman 树后,它的叶子结点分别对应词库中的每一个单词,根节点到每个单词 w 间都存在着一条适当的路径,利用 Huffman 二叉树的性质,可以在树的分支点解决一个二分类问题,若将 Huffman 树视为一个多分类器,那么把某一条路径上的所有二分类连乘,便能得到该路径的某个叶子结点作为目标单词出现的概率。按此思路,设 $n(w,k)$ 是根节点到叶子结点 w 路径上的第 k 个结点,$L(w)$ 是这条路径的长度,当 $n(w,k+1)$ 是 $n(w,k)$ 的右子结点时使 $f(n(w,k))$ 为 1,否则为 -1,则若以 Skip-gram 模型为例,$P(w_j\mid w_t)$ 的定义为

$$P(w_j\mid w_t)=\prod_{k=1}^{L(w_j)-1}\gamma[f(n(w_j,k)]\cdot\boldsymbol{C}'[n(w_j,k)]^{\mathrm{T}}C(w_t) \tag{6-15}$$

式中:$\gamma(x)=\dfrac{1}{1+\exp(-x)}$;$\boldsymbol{C}'(n)$ 为内部结点 n 的表示向量。

通过采用层次 Softmax,在 Softmax 层只用计算 $\log_2(|V|)$ 个结点,这减少了计算量,而且 Huffman 树会将短码分配给使用频繁的单词,这更加快了训练的速度。使用负采样技术降低负面样本的数量来加速模型。使用 Huffman 数构建了分层的 Softmax 结构确实提高了效率,但是如果训练样本中的中心词是一个生僻词汇,那么就需要沿着 Huffman 数往下走很多层。负采样就是为每一个训练实例都提供负例,这样在训练时只用更新小部分模型的权重,从而降低计算量。在现实中,只使用 k 个随机选取的负样本,而不是所有的负样本。因此若以 Skip-gram 模型为例,$P(w_j\mid w_t)$ 的定义为

$$P(w_j \mid w_t) = \frac{\exp\left[\boldsymbol{C}'(w_j)^{\mathrm{T}}\boldsymbol{C}(w_t)\right]}{\sum_{i=1}^{k+1}\exp\left[\boldsymbol{C}'(w_i)^{\mathrm{T}}\boldsymbol{C}(w_t)\right]} \tag{6-16}$$

式中：$w_1 = w_j$ 为正样本；$w_2, w_3, \cdots, w_{k+1}$ 为随机采样的 k 个负样本。

此外，还可以利用子采样（Subsampling）技术，通过丢弃根据词频计算出的概率的词来消除罕见词和频繁词之间的不平衡。

6.1.2　图像静态表征

现实生活中存在着各种各样可被人们所接受并能感知的信号，而人类所获取的信息大概有 80% 来源于视觉系统[35]。随着人工智能的发展，人们渐渐希望计算机也能够像人类一样感知周围世界，因此研究人员开始尝试利用计算机来模拟人类的视觉系统以获取外界视觉信息并加以处理，这样就产生了一门新兴的学科——计算机视觉[36-38]。它是指通过计算机来实现人类的视觉功能，目标是实现对三维场景的感知、识别和理解[39]。但是即使是一个非常简单的物体，要使机器或计算机智能地识别它都是件十分不容易的事情。其中，物体的表征或描述是最关键的，即通过使用怎样的方式去描述物体使得计算机能够简易的区分一个物体与另外一个物体。研究人员发现，图像特征可以用来区分图像，它是人们对图像视觉感受的量化描述，而且从各个方面描述了图像的内在语义，因此可以作为图像的内在表示。图像特征可以按照不同的标准进行分类：①根据范围空间，图像特征可以分为点特征，局部特征和全局特征；②根据存在的形式，图像特征可以分为视觉特征（纹理、结构等）和文本特征（注解、关键词等）；③根据获得的方式，图像特征可以分为自然特征和人工特征，自然特征即像位置、形状、大小、颜色、方向等能够直接观测到的特征，人工特征即像直方图、频谱图、纹理、边缘、矩等人为了更好的分析处理图像而定义创造的特征；④根据特征的属性，图像特征可以分为低级特征和高级特征，低级特征即像方向、纹理、大小、颜色等简单直观的特征，高级特征则是例如知识语义、外部信息源语言等描述图像本身与环境之间关系的特征。

在这些特征中，首先最重要且使用最频繁的特征即为点特征，它包括角点、物体边缘点、线重复点等。目前如 SIFT[40]、SURF[41-42]、Harris[43]、SUSAN[44] 等主流的局部特征算法都是基于点特征的基础上提出的。其次就是纹理特征，纹理是由于物体表面的物理属性（比如粗糙性）而造成的，不同的物理表面会产生不同的纹理图像，而且容易被人们所感知，且在不同尺度和不同分辨率下都能被感知[45]。虽然无法定义纹理[46-47]，但是从纹理上也可以获得丰富的视觉场景信息，通过纹理分析可以完成计算机视觉和图像理解研究领域的一些研究任务。在纹理特征提取方面应用最广泛的算法是 LBP 算法[48-50]。除此之外，还有颜色特征、线特征、面特征等都比较重要。颜色有较好的稳定性，对物体大小、物体方向不太敏感，具有色彩不变性等特点，广泛应用到图像检索和目标检测中[51]。对颜色特征的表示方法有颜色直方图、颜色相关图、颜色矩等。线特征即图像中的直线段特征，它经常出现在图像中有意义的变化处，是图像匹配中一项重要的特征，在灰度图像中它被定义为图像的轮廓或边界线。面特征指的是含有图像中显著区域块的信息的特征，它具有高对比的闭合区域的图像信息，显著区域块特征是普遍存在的，比如树林、建筑物群、江河、城市、阴影块等都是闭合显著区域块特征[52]。对这些特征的表示和提取在图像分析中是不可或缺的步骤，对 SIFT、

SURF 和 LBP 算法进行详细的介绍,希望通过对这些算法的介绍使读者可以了解到图像特征提取的详细过程。

6.1.2.1　SIFI 算法

尺度不变特征变换(Scale Invariant Feature Transform,SIFT)算法是由 Lowe 等人在对之前基于不变量技术的特征检测方法总结的基础上提出的,并在之后对其进行了完善。即使目标图像有尺度缩放、立体角度变换、光照强度变换和噪声干扰等情况,SIFT 算法仍然有着很好的稳定性从而成为了一种经典的图像匹配算法。SIFT 算法的实质可以归为在不同尺度空间上查找特征点(关键点)的问题,它包含特征点的提取、特征点描述、特征点匹配与误特征点的消除等 4 个核心步骤。接下来介绍 SIFT 算法具体的实现过程。

1.彩色图像向灰度图像的转化

SIFT 算法只处理灰度图像,当目标图像是彩色图像时,算法会利用以下公式将彩色图像从 RGB 空间映射到灰度空间:

$$H = 0.299 \times R + 0.587 \times G + 0.114B$$

式中:R、G、B 分别代表目标彩色图像的彩色像素点的 R、G、B 通道值。

2.尺度空间的生成

尺度空间理论的思想是通过对原始图像进行尺度变换,获得多尺度的图像序列,然后在这些序列中提取具有代表性的特征,如边缘、角点等。尺度空间中各尺度图像的模糊程度随着尺度变大而逐渐变大,可以模拟人由近到远的观察事物的过程(近大远小);近处可以清楚看到事物的细节信息,远处可以掌握全局信息。将二维数字图像的尺度空间表示成一个函数 $L(x,y,\sigma)$,它由一个变尺度的高斯函数 $G(x,y,\sigma)$ 与二维数字图像 $I(x,y)$ 卷积产生的[53-54],公式为

$$L(x,y,\sigma) = G(x,y,\sigma) * I(x,y)$$

式中:(x,y) 表示空间坐标;$*$ 表示卷积计算,这里表示在 x 和 y 两个方向上进行卷积计算。

变换尺度的高斯函数 $G(x,y,\sigma)$ 表达式为

$$G(x,y,\sigma) = \frac{1}{2\pi\sigma^2} e^{-\frac{(x-\frac{m}{2})^2 + (y-\frac{n}{2})^2}{2\sigma^2}} \tag{6-17}$$

式中:$(\frac{m}{2},\frac{n}{2})$ 表示离散高斯模板的中心坐标,一般 $m=6\sigma$,$n=6\sigma$;σ 为尺度因子,其大小决定图像的平滑程度,大尺度对应图像的概貌特征,小尺度对应图像的细节特征。

尺度空间也被称为图像高斯金字塔,如图 6.7 所示,它是对原图像多次进行降阶采样后产生的尺度大小不同的图像组排序,原始图像在最下面,按照图像尺寸大小进行降序排序就形成了图 6.7 所示的金字塔模型。降采样即上面的一组为下面一组图像的 1/4(长宽分别减半),这是因为在实现过程中是间隔取点的。降采样后使用不同尺度 σ 的高斯盒进行卷积得到 n 组图像。其中,组数 $n = [\log_2(\min(M,N))] - t$,$M \times N$ 表示原图像的大小,$M' \times N'$ 表示降采样后最小图像的大小,t 一般取值为 0 到 $\log_2(\min(M',N'))$ 范围内的某一整数,一般取 3。

3.图像高斯差分金字塔的构造

为了得到稳定的特征点,Lowe 教授指出要构造高斯差分金字塔,它是由两个相邻高斯

金字塔的图像相减得到的（见图 6.8），因此也被称为高斯差分尺度空间（Difference of Gaussian,DoG），表示为

$$D(x,y,\sigma)=[G(x,y,k\sigma)-G(x,y,\sigma)]*I(x,y)=L(x,y,k\sigma)-L(x,y,\sigma)$$

$$(6-18)$$

式中：k 为相邻的图像之间的尺度比例因子。

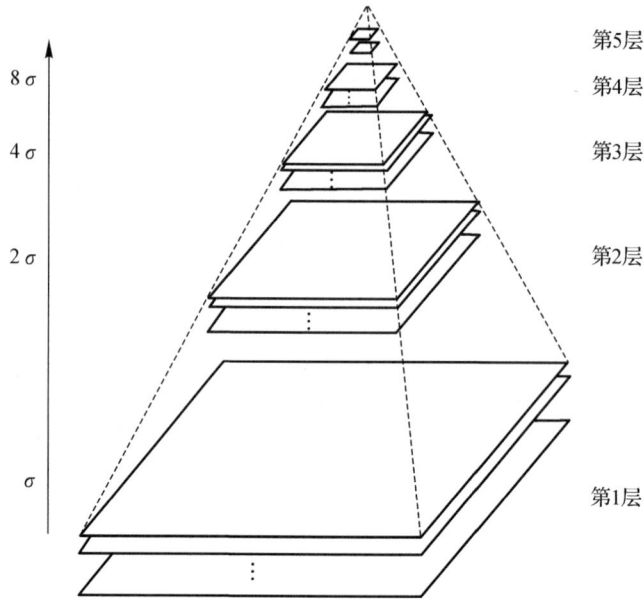

图 6.7　图像高斯金字塔

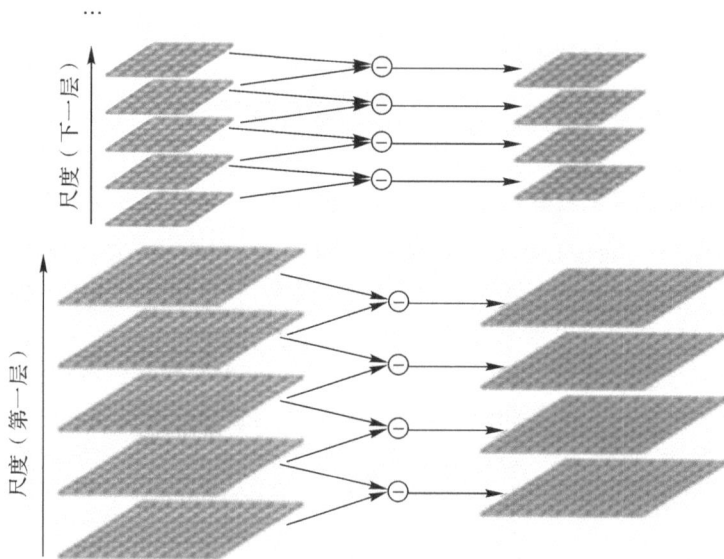

图 6.8　图像高斯差分金字塔

　　一组有 S 层图像,且 $S=n+3$,这里的 n 是指人们能够提取 n 张图像的特征。因为在高斯差分金字塔构造过程中,S 张图像相邻相减得到了 $S-1$ 张图像,而在找特征点的过程中,无法在每组的最顶层和最底层两张图像上求极值,即无法得到高斯差分金字塔每组上下两张图像的特征点,所以 $n=S-3$。而每次卷积时高斯盒中 σ 的定义如图 6.9 所示,初始的 σ_0 定义为

$$\sigma_0=\sqrt{1.6^2-0.5^2}=1.52$$

这里 σ_0 的定义是 Lowe 教授提出的,他将原始图像的模糊尺度因子定为 0.5(经验值),希望第一次高斯盒卷积后尺度因子可以达到 1.6,通过以上计算得到了 1.52 的尺度因子,研究者认为,在原始图像上使用 1.52 尺度因子的高斯盒卷积后可以使尺度因子达到 1.6。第一组的第一层的 σ 使用 σ_0,第一组的第二层的 σ 使用 $k\sigma_0$,如图 6.9 所示,依次类推。其中 $k=2^{\frac{1}{n}}$,n 即能够提取 n 张图像的特征。在第二组的第一层时,研究者使用第一组的倒数第三层的 σ,即 $k^n\sigma$,也就是 $2\sigma_0$,这符合降采样的过程。

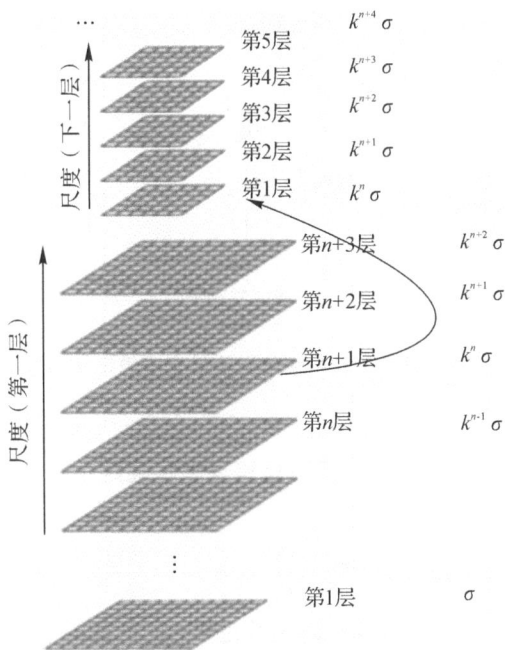

图 6.9　σ 的定义

4. 关键点位置确定

　　研究者认为关键点指稳定的点、不会变化很多的点、包含很多信息的点,也就是极值点。为了寻找尺度空间的极值点,在 DoG 同一组内,除最顶层和最底层的检测点外,每一个检测点都要与同层的 8 个相邻点以及上下两层的 9×2 个点共 26 个点进行比较,以确保在尺度空间和二维图像位置空间都能检测到极值点。一个点如果在 DoG 尺度空间本层以及上下两层的 26 个领域中是最大或最小值时,就认为该点是图像在该尺度下的一个特征点,如图 6.10 所示。

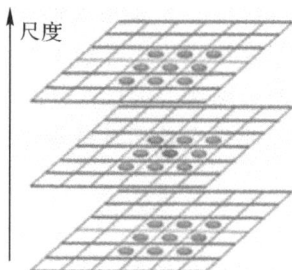

图 6.10 DoG 极值点的检测

5.调整极值点位置

上述的极值点是在离散空间搜索的，因此取到的极值点并不是真正意义上的极值点。连续空间检测到的极值点与二维函数离散空间检测到的极值点可能是不相同的，图 6.11 所示为离散空间极值点和连续空间极值点的关系。

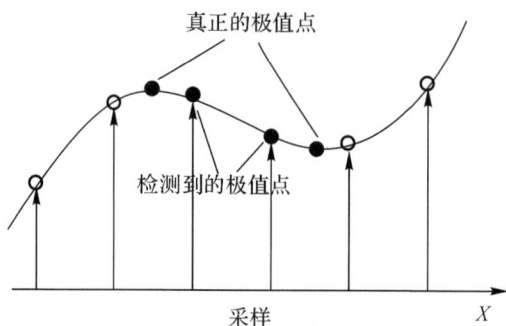

图 6.11 离散空间极值点和连续空间极值点的关系

这时需要使用子像元插值(利用已知的离散空间点插值得到连续空间极值点的方法叫做子像元插值)的方式在尺度空间上进行函数拟合来精确定位极值点。对 DoG 函数进行泰勒展开：

$$D(x)=D+\frac{\partial D^{\mathrm{T}}}{\partial x}x+\frac{1}{2}x^{\mathrm{T}}\frac{\partial^2 D}{\partial x^2}x \tag{6-19}$$

对式(6-19)求导，并令其为 0，得到精确的位置，即

$$\hat{x}=-\frac{\partial^2 D^{-1}}{\partial x^2}\frac{\partial D}{\partial x} \tag{6-20}$$

将式(6-20)代入 DoG 函数的泰勒展开式中，即求得在 DoG 中的极值点处 $D(x)$ 取值，只取前两项得：

$$D(\hat{x})=D+\frac{1}{2}\frac{\partial D^{\mathrm{T}}}{\partial x}\hat{x} \tag{6-21}$$

式中：$\hat{x}=(x,y,\sigma)$ 代表相对插值中心的偏差，当该值小于 0.03 时，即 $|D(\hat{x})|<0.03$，说明此极值点响应较低，抗噪性能比较弱，应该去除；当该值大于预设值时，则说明偏差较大，需要不断迭代到小于预设值为止。

除了 DoG 中响应值小的点，图像边缘中的点也是不稳定的，一方面难以定位图像边缘

上的点,另一方面边缘上的点容易受到噪声的干扰而变得不稳定。为了去掉这些边缘上的点,可以使用 Hessian 矩阵:

$$\boldsymbol{H}(x,y)=\begin{bmatrix} D_{xx}(x,y) & D_{xy}(x,y) \\ D_{xy}(x,y) & D_{yy}(x,y) \end{bmatrix} \tag{6-22}$$

主曲率即通过上述 2×2 的 Hessian 矩阵 $\boldsymbol{H}$ 求出。其中 D_{xx}、D_{xy}、D_{yy} 是候选特征点领域对应位置上的像素差分,$\boldsymbol{H}$ 的特征值与 D 的主曲率成正比,不直接求取具体的特征值,而是求取特征值的比例。令 α 和 β 分别为最大的特征值和最小的特征值,则有

$$\mathrm{Tr}(\boldsymbol{H})=D_{xx}+D_{yy}=\alpha+\beta \tag{6-23}$$

$$\mathrm{Det}(\boldsymbol{H})=D_{xx}D_{yy}-(D_{xy})^2=\alpha\cdot\beta \tag{6-24}$$

式中:$\mathrm{Tr}(\boldsymbol{H})$ 为矩阵 $\boldsymbol{H}$ 的迹;$\mathrm{Det}(\boldsymbol{H})$ 为矩阵 $\boldsymbol{H}$ 的行列式。令 $\alpha=r\beta$,则

$$\frac{\mathrm{Tr}(\boldsymbol{H})^2}{\mathrm{Det}(\boldsymbol{H})}=\frac{(\alpha+\beta)^2}{\alpha\beta}=\frac{(r+1)^2}{r} \tag{6-25}$$

当两个特征值相等时,$\frac{(r+1)^2}{r}$ 值最小,随着 r 的增加,$\frac{(r+1)^2}{r}$ 的值也增加,因此为了检测是否在某域值 r 下,只需检测:

$$\frac{\mathrm{Tr}(\boldsymbol{H})^2}{\mathrm{Det}(\boldsymbol{H})}<\frac{(r+1)^2}{r} \tag{6-26}$$

在 Lowe 教授的论文中,r 取的是 10,即对主曲率的比值大于 10 的特征点进行删除,满足以上条件的特征点被认为是一个稳定的特征点。

6.特征点方向分配

为了保证图像旋转不变性,需要给每一个特征点赋予一个主方向。求取每个特征点的局部图像区域的稳定方向采用图像梯度的方法得到。具体来说是通过计算以特征点为中心,以 $3\times1.5\sigma$ 为半径的区域内图像梯度幅值 $m(x,y)$ 和幅角 $\theta(x,y)$,并使用梯度方向直方图做统计,如图 6.12(b)所示。幅值、幅角的计算公式为

$$\left.\begin{aligned} m(x,y)&=\sqrt{[L(x+1,y)-L(x-1,y)]^2+[L(x,y+1)-L(x,y-1)]^2} \\ \theta(x,y)&=\arctan\left[\frac{L(x,y+1)-L(x,y-1)}{[L(x+1,y)-L(x-1,y)]^2}\right] \end{aligned}\right\} \tag{6-27}$$

式中:$L(x,y)$ 为特征点所在的尺度空间值。

梯度方向直方图的横坐标代表梯度方向角,纵坐标代表梯度方向角在其对应区间内所有像素点梯度幅值累加值。梯度幅角的取值范围为 $0°\sim360°$,将此范围平均分为 36 个区间,则梯度方向直方图有 36 个对应的柱面,每一柱为 $10°$。把该梯度方向直方图的峰值代表的方向确定为该特征点的主方向。此时,每个特征点都具有了位置、尺度和方向 3 个方面的重要信息,由此确定了一个 SIFT 特征区域。图 6.12(a)中,中心小圆点表示当前特征点的位置,每个小格为特征点领域所处尺度空间的一个像素,小箭头长度为梯度幅值,方向为像素的梯度方向。

7.构建关键点描述符

使用一个向量来描述每个特征点的位置、尺度和方向信息,该向量被称为特征描述向量。为了获得该向量,首先将坐标轴旋转至与特征点主方向一致的方向上以保证特征描述

向量具有较好的旋转不变性，然后再以特征点为中心选取 16×16 的窗口均匀划分为 16 个一样大的种子点区域，然后在每个种子点区域内统计 8 个方向的梯度累加值绘制领域梯度方向图，如图 6.13 所示。经过上述过程得到了 $4 \times 4 \times 8 = 128$ 维的向量，然后对它进行统一化处理，处理后称为特征描述向量。

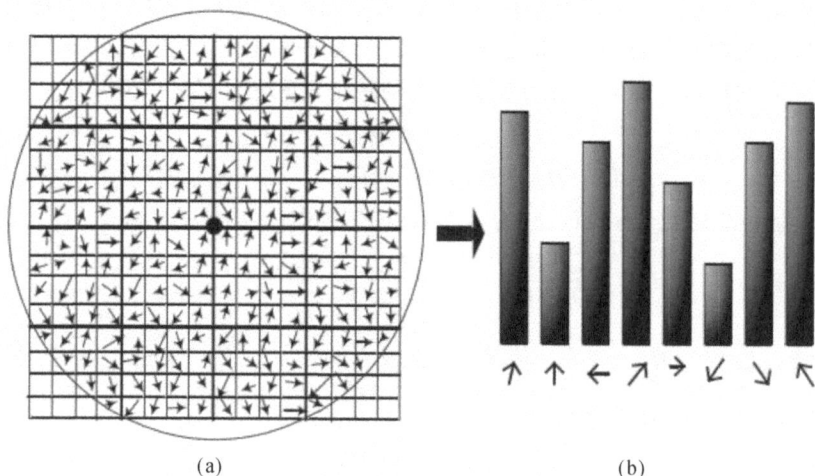

(a) (b)

图 6.12 从由图像梯度得到梯度方向直方图

（a）领域图像梯度；（b）图像梯度直方图

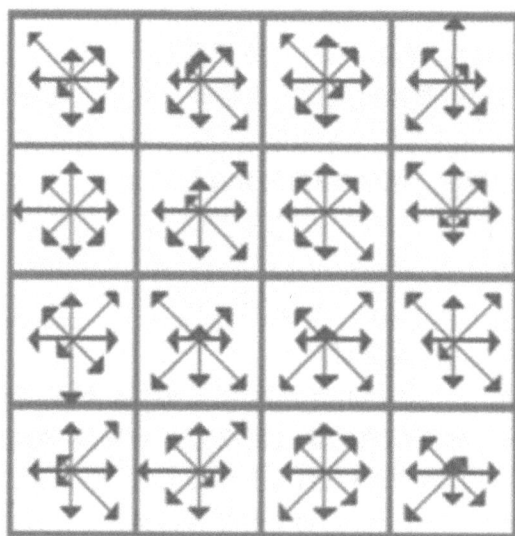

图 6.13 领域梯度方向图

到此步为止已经得到了特征描述向量来对图像进行特征表示，但是特征描述向量主要用于两幅图像之间的互相匹配，当得到两幅图像的特征描述向量后，会采用特征点的特征描述向量之间的欧氏距离作为两幅图像特征点的相似度判定度量。具体来讲，是选取参考图像中的一个特征点，计算它与待匹配图像中所有特征点的距离，选出其中最小的距离和次最小的距离来计算两者的比值,然后再与提前设定的阈值进行比较,若比值小于阈值,则说明有着最小距离的两个点匹配成功,否则不成功。特征点的匹配即对参考图像中所有的特征点都进行以上的计算。最后对于误匹配点的删除,最常使用的是 RANSAC 算法[55],这里不再详细介绍。

6.1.2.2　SURF 算法

加速稳健特征(Speeded Up Robust Features,SURF)算法是 Bay 等人在 2006 年的欧洲计算机视觉国际会议(ECCV)上提出的另一种经典的局部特征匹配算法。SURF 算法在保持 SIFT 算法优良性能特点的基础上,同时解决了 SIFT 算法的计算复杂度高、耗时长的缺点,对特征点提取及其特征向量描述方面进行了改进,且计算速度比 SIFT 算法快 3 倍以上,这主要是因为 SURF 算法运用了积分图的概念以及在不影响正确性的基础上做了适当合理的简化。接下来介绍 SURF 算法的具体实现步骤。

1. 积分图像的获取

图像是由一系列的离散像素点组成,可见图像的积分其实就是所有的像素点求和,即图像积分图中每个点的值是原图像中该点左上角的所有像素灰度值之和,它的公式为

$$I'(x,y) = \sum_{i=0}^{i \leqslant x} \sum_{j=0}^{j \leqslant y} I(x,y) \qquad (6-28)$$

式中:$I(x,y)$ 为原图像 (x,y) 处像素点的灰度值;$I'(x,y)$ 为积分图像 (x,y) 处像素点的灰度值,积分图像的作用是可以实现快速盒式卷积滤波。

2. Hessian 矩阵的计算

Hessian 矩阵就是一个多元函数的二阶偏导构成的方阵,它描述了函数的局部曲率,在 SIFT 算法和 SURF 算法中,Hessian 描述的是一个特征点周围像素梯度大小的变化率,其极值就是生成图像稳定的边缘点(突变点)。与 SIFT 算法使用的 DoG 图像不同,SURF 算法用的是 Hessian 矩阵行列式近似值图像。一幅图像 $I(x,y)$ 在尺度 σ 的某一点 (x,y) 处的 Hessian 矩阵为

$$\boldsymbol{H}(x,y,\sigma) = \begin{bmatrix} L_{xx}(x,y,\sigma) & L_{xy}(x,y,\sigma) \\ L_{xy}(x,y,\sigma) & L_{yy}(x,y,\sigma) \end{bmatrix} \qquad (6-29)$$

式中:

$$L_{xx}(x,y,\sigma) = \frac{\partial^2 G(x,y,\sigma)}{\partial x^2} * I(x,y) \qquad (6-30)$$

$$L_{xy}(x,y,\sigma) = \frac{\partial^2 G(x,y,\sigma)}{\partial x \partial y} * I(x,y) \qquad (6-31)$$

$$L_{yy}(x,y,\sigma) = \frac{\partial^2 G(x,y,\sigma)}{\partial y^2} * I(x,y) \qquad (6-32)$$

式中:$G(x,y,\sigma) = \frac{1}{2\pi\sigma^2} e^{-\frac{x^2+y^2}{2\sigma^2}}$ 表示二维高斯核函数;* 表示卷积运算。

为了简化计算,图 6.14 所示为高斯滤波简化模板示意图,使用盒式滤波器 Boxfilter 模板代替高斯模板卷积得到 Hessian 矩阵。图 6.14 中第一行从左至右分别是计算 $L_{xx}(x,y,\sigma)$、$L_{xy}(x,y,\sigma)$、$L_{yy}(x,y,\sigma)$ 的高斯模板,第二行则是使用盒式滤波模板代替高

斯模板。假设盒式滤波模板与图像卷积分别为 $D_{xx}(x,y,\sigma)$、$D_{xy}(x,y,\sigma)$、$D_{yy}(x,y,\sigma)$，在卷积时可以通过查找积分图像中的元素来加快运算，每个像素的矩阵 $\boldsymbol{H}(x,y,\sigma)$ 行列式的近似值为

$$\text{Det}(\boldsymbol{H})=D_{xx}D_{yy}-(\omega D_{xy})^2 \tag{6-33}$$

式中:ω 表示误差补偿系数，目的是为了平衡因使用盒式滤波器近似所带来的误差，一般取 0.9。

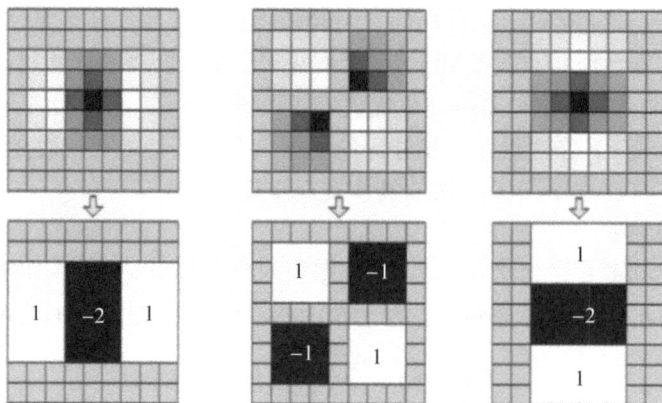

图 6.14　高斯滤波简化模板示意图

3.尺度空间的构造

与 SIFT 算法的高斯金字塔构造不同,SURF 算法使用不同尺寸大小的盒式滤波模板对原图像进行卷积从而得到不同尺度的图像,因过程中使用了积分图像,这使得计算量没有随着盒式滤波模板尺寸的变化而增加。具体来讲,在 SIFT 算法中,每一组(Octave)的图像大小是不一样的,下一组是上一组图像的降采样(1/4 大小);在每一组里面的几幅图像中,它们的尺寸是一样的,但是所使用的高斯模糊系数逐渐增大。而对于 SURF 算法,不同组间图像的尺寸都是一致的,但不同组间使用的盒式滤波器的模板尺寸逐渐增大,同一组间不同层间使用相同尺寸的滤波器,但是滤波器的模糊系数逐渐增大。上述两种算法构成尺度空间的对比图如图 6.15 所示。

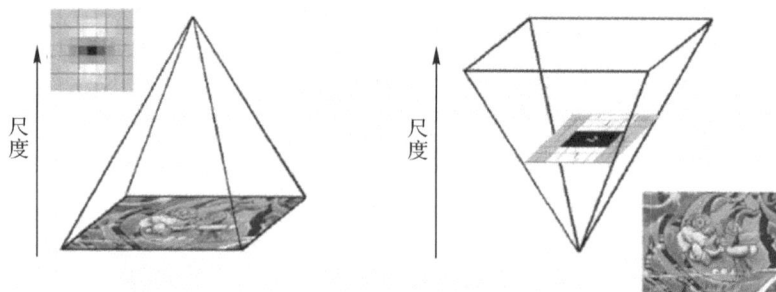

图 6.15　SIFT 算法和 SURF 算法构成尺度空间的对比图

4. 特征点定位

特征点的寻找和精确定位过程 SURF 算法和 SIFT 算法保持一致，将经过 Hessian 矩阵处理的每个像素点的灰度值与二维图像空间和尺度空间邻域内的 26 个点的灰度值进行比较，初步定位出关键点，然后再采用插值法对其进行精确定位，经过滤除能量比较弱的关键点以及错误定位的关键点后筛选出最终的稳定的特征点。

5. 特征点方向分配

与 SIFT 算法一样，SURF 算法也要给特征点指定主方向以使它也具有旋转不变性。但是在 SURF 算法中，不统计其梯度直方图，而是统计特征点领域内的 Harr 小波特征。它以特征点为圆心，计算半径为 $6s$（s 是特征点所在的尺度值）的领域内，统计 60° 扇形内所有点在 x（水平）和 y（垂直）方向的 Haar 小波响应总和（Haar 小波边长取 $4s$，则 Haar 小波模板尺寸大小是 $4s\times 4s$），并给这些响应值赋高斯权重系数（$\sigma=2s$），使得靠近特征点的响应贡献大，而远离特征点的响应贡献小，然后 60° 范围内的响应相加以形成新的矢量，遍历整个圆形区域，对 6 个 60° 的扇形区域进行比较，把其中 Harr 小波响应的总和最大的那个扇形区域的方向作为该特征点的主方向，SURF 特征点主方向的确定示意图如图 6.16 所示。

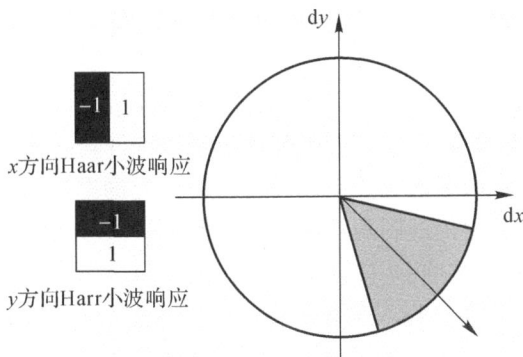

图 6.16 SURF 特征点主方向的确定示意图

6. 特征描述向量的生成

与 SIFT 算法一样，先将坐标轴旋转使其与特征点的主方向一致，然后特征点周围取一个 4×4 的矩形区域块，但是所取的矩阵区域方向是沿着特征点的主方向的。然后对每个子区域用尺寸是 $5s\times 5s$（s 是特征点所在的尺度值）的 Haar 小波模板算出其水平、垂直方向响应值之和（同样进行高斯加权处理），分别记为 $\sum d_x$、$\sum d_y$，再分别计算其水平、垂直方向响应值绝对值之和分别为 $\sum |d_x|$、$\sum |d_y|$，这样就形成了一个思维向量 $v=(\sum d_x, \sum d_y, \sum |d_x|, \sum |d_y|)$，这样对每一个特征点来说，会生成一个 $4\times$

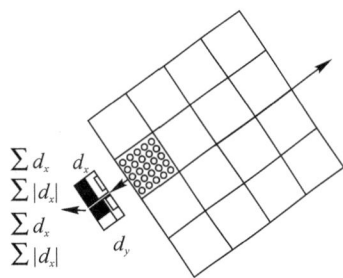

图 6.17 SURF 特征描述向量的生成示意图

$(4\times 4)=64$ 维的向量，然后进行归一化处理得到特征描述向量。由于每个特征点是 64 维的向量，相比 SIFT 算法而言少了一半，这在特征匹配过程中会大大加快匹配速度。SURF 特征描述向量的生成示意图如图 6.17 所示。

SURF 算法中的特征点的匹配和误匹配点的删除都可以采用 SIFT 算法相同的处理方法。

6.1.2.3 LBP 算法

局部二值模式（Local Binary Patterns，LBP）算法是 Ojala 等人在 1996 年提出的，用于描述图像纹理特征。LBP 算法的核心思想是对图像局部区域进行灰度值的逐点计算，并分别统计不同 LBP 值出现的次数，以此来描述该区域内图像的纹理特征。该算法具有思想简单易理解、对不同光照强度不敏感、计算量小等优点。研究者对该算法进行了深入的研究并提出了例如 CBP[56]、LTP[57]、CLBP[58]、LBPV[59]、FLBP[60]、TPLBP[61]、MS－LBP[62]、FPLBP[61] 等 LBP 的改进算法，将它们广泛用于人脸识别、图像分割、图像检索等领域[63-66]，取得了不错的效果。接下来简单介绍 LBP 算法以及简单改进的圆形局部二值模式和旋转不变局部二值模式算法。

1. 彩色图像向灰度图像的转化

与 SIFT 算法类似，利用以下公式将彩色图像从 RGB 空间映射到灰度空间：

$$H = 0.299 \times R + 0.587 \times G + 0.114B \tag{6-34}$$

式中：R、G、B 分别代表目标彩色图像的彩色像素点的 R、G、B 通道值。

2. 局部区域的选取和 LBP 的计算

对图像中的所有像素点，以该点为中心，取 3×3 的邻域窗口，并获取这 9 个位置的像素值。然后以中心像素值为阈值，分别与 8 个邻域像素值进行灰度比较，如果邻域值比阈值大记为 1，反之记为 0，然后将周围的 8 个 0～1 序列，以一定的顺序排列成一个 8 位无符号的二进制数，这个二进制数字的十进制表示就是中心像素的 LBP 值。它的值共有 2^8 种可能，即共有 256 种可能。中心像素的 LBP 值反映了该像素周围区域的纹理信息。LBP 计算过程如图 6.18 所示。LBP 的计算公式如下：

$$LBP(x_a, y_b) = \sum_{P=0}^{P-1} 2^P f(i_p - i_b) \tag{6-35}$$

$$f(x) = \begin{cases} 1, & x \geqslant 0 \\ 0, & \text{其他} \end{cases} \tag{6-36}$$

式中：(x_a, y_b) 为中心像素点的坐标；P 为邻域的第 P 个像素点；i_p、i_b 分别表示邻域像素的灰度值和中心像素的灰度值。

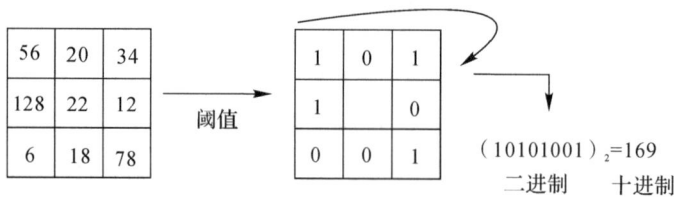

图 6.18　LBP 计算过程

3. 求取整个图像的纹理特征

整张图像的纹理特征是每个局部区域 LBP 算法特征值的总和，具体来说，是统计所有不同的 LBP 值出现的次数，然后对其进行数据处理和分析，从而得到整张图像的纹理特征。

基本的 LBP 算法的最大缺陷在于它只覆盖了一个固定半径范围内的小区域,这显然不能满足不同尺寸和频率纹理的需要。为了适应不同尺度的纹理特征,并达到旋转不变性的要求,Ojala 等人对 LBP 算法进行了改进,将 3×3 邻域扩展到任意邻域,并用圆形邻域代替了正方形邻域,改进后的 LBP 算法允许在半径为 R 的圆形邻域内有任意多个像素点。核心思想没有变化,首先是进行邻域点与圆心像素点进行逐点比较,其次统计各自出现的次数,最后得到一个整体图像的纹理描述。具体的计算方法如下:

$$\text{LBP}_{P,R} = \sum_{i=0}^{P-1} s(g_i - g_c)\, 2^i \qquad (6-37)$$

$$s(x) = \begin{cases} 1, & x \geqslant 0 \\ 0, & \text{其他} \end{cases} \qquad (6-38)$$

式中:P 表示在圆形内核中可采样的领域点个数;R 表示以圆心像素点与采样点之间的固定距离,即半径,它的变化表征纹理信息提取的不同尺度。

图 6.19 所示为多尺度下的圆形 LBP 通过 P 和 R 的不同取值展示多尺度下的圆形局部二值模式 LBP_P^R。

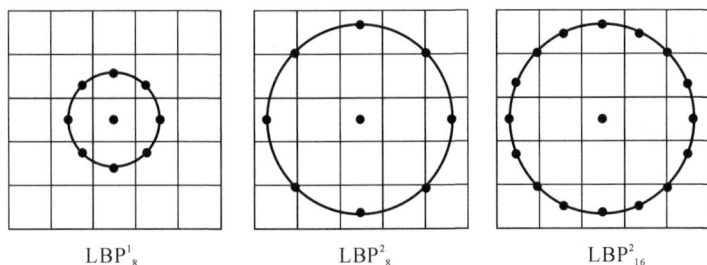

LBP$_8^1$ LBP$_8^2$ LBP$_{16}^2$

图 6.19 多尺度下的圆形 LBP

虽然圆形 LBP 算法改进了多尺度的问题,但是带来了另一个问题:采样的领域点可能会落到区域内或区域外,正好不在边缘范围。为了解决这一问题,需要利用双线性插值计算法来确定该点的位置信息,核心思想是在两个方向上分别进行一次线性插值。

圆形 LBP 模式里半径和领域点个数是可以变化的,使得参与计算的数据更加广泛、多样,使得最终提取到的特征更加全面、丰富。但是随着图像空间位置的移动,领域采样点与中心阈值的灰度值对应关系会发生变化,其产生的二进制会发生错乱导致最后 LBP 值是错误的。为了解决这一问题,Maenpaa 等人提出了具有旋转不变性的 LBP 算法,它通过不断旋转圆形邻域采样点,每旋转一个位置就计算一组采样点的 LBP 的值,直到整个圆形邻域旋转完。对所有的 LBP 值进行比较,选取其中最小值作为该组像素点对应的 LBP 特征值,表示局部区域的纹理特征,计算方法为

$$\text{LBP}_{P,R}^{ri} = \min\{ROR(\text{LBP}_{P,R}, i) \mid i = 0, 1, \cdots, P-1\} \qquad (6-39)$$

式中:$ROR(\text{LBP}_{P,R}, i)$ 表示将所有邻域点依次移动 i 个位置,循环遍历所有像素点位置共能获得 P 种编码情况,然后再从中挑选出最小值作为该局部区域的一个纹理特征。这样每一个位置的编码信息都在计算个范围内,即最终的 LBP 值包括所有可能出现的情况,这使得算法具有了旋转不变性。

6.2 动态表征

静态表征在得到文字或者图像的表征之后就不会再改变,但是在日常生活中,人们使用的文字和图像往往有着其他的含义,比如一词多义、反讽等情况。若在这些情况下还仅仅使用单一的原始向量来表示数据是无法符合日常生活条件的,研究者需要的是能够随着上下文语境而自动改变的特征描述向量,这促使了动态表征的出现。随着深度学习的迅速发展,基于深度学习的动态表征模型层出不穷。在本书中,关于文本动态表征,这里主要介绍CoVe、ELMo、GPT 和 BERT 等模型。关于图像动态表征,本节简要介绍 Vision Transformer(ViT)模型和 Image GPT 模型。

6.2.1 文本动态表征

在得到直接按照规则或者由海量无标记文本数据训练出的低维单词表征向量后,它们就不会随着新的上下文而发生变化了,这是因为它们是文本静态表征,不能根据语境来判断数据的异同。虽然静态表征的效率很高,但是它静态的本质让它没有办法解决一词多义等问题,因为这个时候数据的含义与其上下文有很大的关联。为了解决这种问题,研究者提出了根据上下文动态地解释数据的含义。例如语句"I go to China to buy china",动态表征(嵌入)会根据语境对"china"有不同表示,而静态嵌入则无法区分两个"china"的语义差异。本小节简要介绍 CoVe[67]、ELMo[68]、GPT[69] 和 BERT[70] 等几个文本动态表征模型。

1. CoVe 模型

CoVe(Context Vector)是 McCann 等人在 2017 年发表的一篇论文中提出的第一个上下文模型,具体来讲,他们在序列到序列的机器翻译(MT)任务上训练了一个深度长短期记忆(LSTM)编码器,然后用它生成根据上下文变化的词嵌入,并在下游任务中应用这些词嵌入。CoVe 的模型结构图如图 6.20 所示。

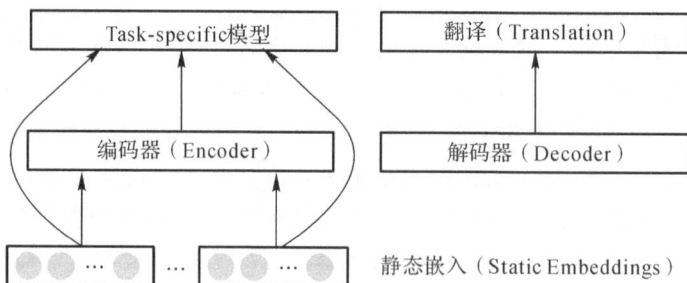

图 6.20 CoVe 的模型结构图

从图 6.20 中可以看出,CoVe 模型首先采用了一个两层单项的 LSTM 编码器(Encoder-Decoder)在机器翻译的训练语料库(静态 GloVe 嵌入)上进行预训练,然后在训练好的模型中,只取其中的嵌入(Embedding)层和编码器(Encoder)层,同时在新的任务上设计一个 Task-specific 模型,再将之前 Encoder 的输出和预训练好的 Embedding 层连接后作为输入,提供给下游的 NLP 任务。CoVe 更侧重于如何将现有数据上预训练得到的表征迁移到新任务场景中,这个预训练得到的 Encoder 的信息其实就是一种语境化或者上下文相关的信息。它揭示了词汇的动态表征,在情感分析、问题分类、问答系统等多个 NLP 任务中都取得了不错的结果。

2.ELMo 模型

CoVe 模型是通过有监督的数据进行预训练的,能否撤去对监督数据的依赖,直接在无标记的数据上进行预训练呢? ELMo(Embeddings from Language Models)模型就是在海量未标记的数据上进行预训练的一个语言模型,并且取得了令人惊叹的结果。ELMo 使用的是一个深度双向语言模型(biLM),由一个向前语言模型和一个向后语言模型构成。这里的模型目标是预测对应位置的下一个单词,若假设 $(w_1,w_2,\cdots,w_n)$ 表示的是由 N 个单词组成的序列,向前语言模型是在给定先验单词 $(w_1,w_2,\cdots,w_{t-1})$ 的基础上,预测单词 w_t 的概率,向后语言模型是在给定未来上下文 $(w_{t+1},w_{t+2},\cdots,w_n)$ 的基础上,预测单词 w_t 的概率。ELMo 的训练目标函数就是取这两个方向语言模型的最大似然:

$$L = \sum_{t=1}^{N} \left[\log P(w_t \mid w_1,w_2,\cdots,w_{t-1}) + \log P(w_t \mid w_{t+1},w_{t+2},\cdots,w_n) \right] \quad (6-40)$$

ELMo 的模型结构图如图 6.21 所示,可以看到,ELMo 模型利用了一个字符卷积神经网络(Character CNN)基于字符嵌入构建单词表示,这不仅成功缓解了词汇量不足(OOV)的问题,而且有效减少了参数的数量。然后再利用一个两层的双向 LSTM 来获得上下文的单词表示,最后再用一个 Softmax 层计算概率。而 ELMo 表征是从这个 biLM 内部层中提取的,其实就是把这个双向语言模型的每一个中间层求和,每一个单词都能得到对于的 3 个词嵌入:最底层是单词的字符嵌入;往上走是第一层双向 LSTM 中对应单词位置的嵌入,这层注重编码单词的句法信息;再往上走是第二层 LSTM 对应单词位置的嵌入,这层注重编码单词的语义信息。不同层的表示不一样作用也不一样,如在双向 LSTM 神经网络中,词性标注在较低层编码好,而词义消歧义用上层编码更好,有时也可以用最高层的表示作为简单的 ELMo 表征。

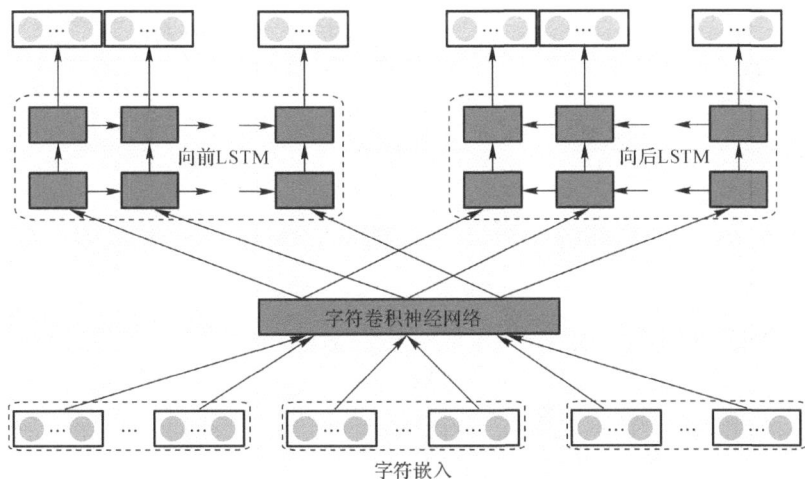

图 6.21　ELMo 的模型结构图

ELMo 模型表征并不是 biLM 内在层简单的相加求和,而是它们的加权组合。根据上文提到的每一个单词都能得到对应的 3 个词嵌入,又因为 LSTM 是双向的,假设 LSTM 的层数为 L 层的话,则对某个单词 w_t 共可以获得的表征向量个数为 $2L+1$,表示为

$$R_t = \{x_t, \overrightarrow{h_{t,j}}; \overleftarrow{h_{t,j}} | j=1,\cdots,L\} = \{h_{t,j} | j=1,\cdots,L\} \qquad (6-41)$$

式中:$h_{t,0} = x_t$ 表示字符卷积神经网络的输出;$h_{t,j} = \overrightarrow{h_{t,j}}; \overleftarrow{h_{t,j}}$ 是第 j 层向前 LSTM 和向后 LSTM 内在表征的拼接。

在此基础上加入权重:

$$\text{ELMo}_t = \lambda \sum_{j=0}^{L} s_j h_{t,j} \qquad (6-42)$$

式中:s 为 Softmax 函数归一化权重;λ 为一个 scale 因子,加入这个因子主要目的是将 ELMo 的向量与具体任务的向量分布拉平到同一个分布水平,这时候便需要这么一个缩放因子了。

ELMo 模型在问答系统、情感分析、语义角色标注、命名实体识别、文本蕴含和指代消齐等 6 个 NLP 问题中取得了最先进的进展,它有效利用了大量未标注文本数据来学习动态表示,与强大的静态单词表征模型(如 GloVe)相比,ELMo 模型在基于上下文来消除歧义词中显示出了巨大的优势[23]。它的成功激发了大量关于单词上下文表示的研究,这些研究大多集中于将从未标记文本中获取的语言信息转移到下游任务中。研究者们会预先训练语言模型,然后在每一个特定任务上对其微调,因此大多数工作中产生的上下文动态表征被视为副产品。

3. GPT 模型

GPT(Genera-tive Pre-Training)模型是由 Radford 等人提出的,他们利用了深度自注意网络(Transformer)代替了 LSTM 作为语言模型来更好地捕获长距离语言结构。因为 LSTM 作为一个序列模型很难捕捉长距离依赖的关系,如果句子很长的话,句子后半段的处理将会丢失掉主语的信息,所以会出现一些错误的判断和语义理解等问题。然后他们在进行具体任务有监督微调时使用了语言模型作为附属任务训练目标。GPT 的模型结构图如图 6.22 所示。

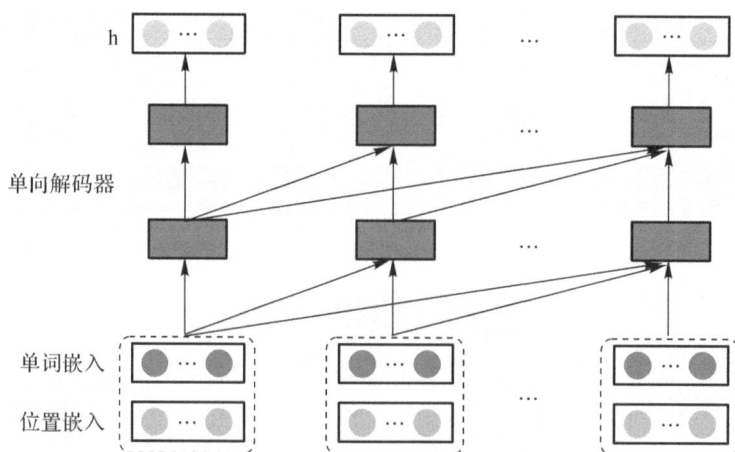

图 6.22　GPT 的模型结构图

从图 6.22 中可以直观地看到,GPT 模型使用了一个从左到右的多层 Transformer[71] (或被称为 Transformer 解码器)来代替 LSTM,但是与 LSTM 相比,它没有对位置信息建模,为了解决这个问题,他们将已经学习到的位置信息嵌入和单词嵌入结合起来作为 Transformer 的输入[这里是第一次多头自注意力(Self-attention)操作],然后使用前馈层来预测下一个单词的概率分布。GPT 预训练的阶段中有两个细节:①与 ELMo 使用上下文对单词进行预测不同,GPT 则只采用"Context-before"这个单词的上文来进行预测,而抛开了下文;②GPT 使用 Transformer 的解码器结构,并对 Transformer 解码器进行了一些改动,原本的解码器包含了两个多头注意力(Multi-Head Attention)结构,GPT 只保留了 Mask Multi-Head Attention,如图 6.23 所示。

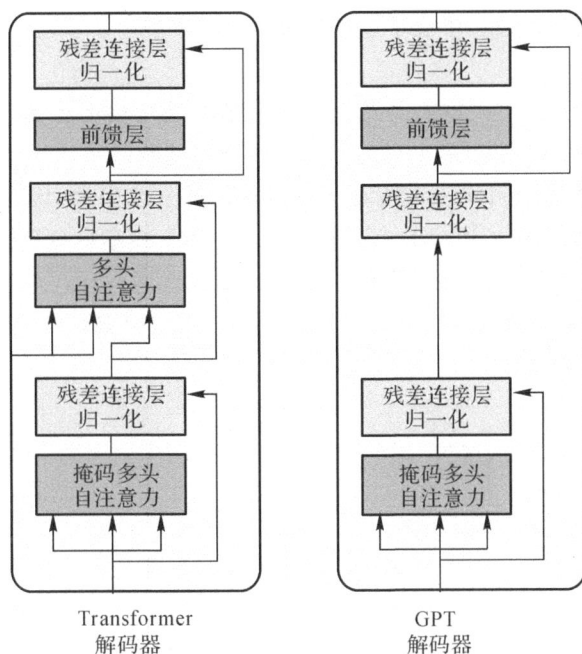

图 6.23　GPT Decoder 结构

假设 D 是带标签的训练样本集,每个实例由一个单词序列 $x=\{w_1,w_2,\cdots,w_n\}$ 和一个 y,那么数据集 D 的语言建模目标是最大化下面的似然函数:

$$L_1(D)=\sum_x\sum_i\log P(w_i\mid w_{i-k},\cdots,w_{i-1}) \tag{6-43}$$

式中:k 是上下文(只有上文)的窗口大小。

经过预训练后,GPT 模型会针对具体的下游任务对模型进行微调,微调的过程采用的是有监督学习。对于目标任务,将单词序列 x 输入到预训练模型中得到激活函数 h_l^n,然后将激活函数传入到额外的前馈层和一个 softmax 层来预测 y:

$$P(y|w_1,w_2,\cdots,w_n)=\sigma(h_l^n W_y) \tag{6-44}$$

式中:σ 表示 softmax 函数;W_y 表示预测输出时的参数。

微调的时候需要最大化以下函数:

$$L_2(D) = \sum_{(x,y)} \log P(y \mid w_1, w_2, \cdots, w_n) \tag{6-45}$$

然后 GPT 模型在微调的时候也考虑预训练的损失函数，所以最终需要优化的函数为

$$L_3(D) = L_2(D) + \lambda L_1(D) \tag{6-46}$$

式中：λ 为权重。

GPT 模型的效果是非常令人惊叹的，在 12 个 NLP 任务里有 9 个达到了最先进的水平，有些任务性能提升得非常明显。而且它基于预训练的语言模型构建了一个通用的框架，有利于解决许多问题。此外，由于 GPT 预训练时只利用了上文信息，而 ELMo 模型和 BERT 模型（接下来将介绍）则是根据上下文预测单词，因此在很多 NLP 任务上，GPT 模型的效果比 BERT 模型要差。但是 GPT 模型更加适合用于文本生成的任务，因为文本生成通常都是基于当前已有的信息，生成下一个单词。

4. BERT 模型

BERT 模型与 GPT 模型一样也是首先用语言模型进行预训练然后通过下游微调的方式处理 NLP 任务，和 GPT 模型最主要的不同点在预训练阶段采用了类似 ELMo 模型的双向语言模型，即双向的 Transformer（或称为 Transformer 编码器，因为解码器是不能获得预测信息的），以预训练出更加适合的上下文表示。BERT 模型的创新点都在预训练的方法上，即运用了掩码语言模型（Masked Language Model，MLM）和下一句预测（Next Sentence Prediction，NSP）模型分别捕捉词语和句子级别的表征。BERT 的模型结构图如图 6.24 所示。

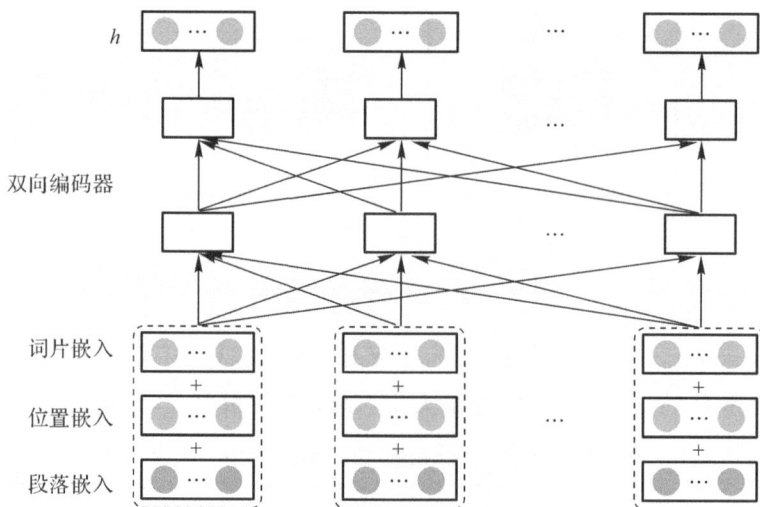

图 6.24　BERT 的模型结构图

虽然 BERT 模型和 ELMo 模型采用的都是双向的语言模型，都是目标函数是不同的，ELMo 模型是 $P(w_t \mid w_1, w_2, \cdots, w_{t-1})$ 和 $P(w_t \mid w_{t+1}, w_{t+2}, \cdots, w_n)$，即独立训练两个表征然后拼接；而 BERT 模型则是直接以 $P(w_t \mid w_1, \cdots, w_{t-1}, w_{t+1}, \cdots, w_n)$ 作为目标函数训练语言模型。BERT 预训练模型分为以下 3 个步骤，即 Embedding、MLM 和 NSP。

这里的 Embedding 由 3 种 Embedding 求和而成：①词片嵌入（Word Piece Embedding)[72]层是要将各个词转换成固定维度的向量,在 BERT 中,每个词会被转换成 768 维的向量表示。第一个单词是[CLS]标志,可以用于之后的分类任务。②位置嵌入(Position Embedding)即词的位置信息,这和解码器(Transformer)的 Position Embedding 不一样,在 Transformer 中使用的是公式法,在 BERT 中是通过训练得到的。加入 Position Embedding 会让 BERT 理解"I think, therefore I am"中的第一个"I"和第二个"I"应该有着不同的向量表示。③段落嵌入(Segment Embedding)用来区别两种句子,预训练不仅要做语言模型,还需要做判断两个句子先后顺序的分类任务。

编码器中用了自注意力机制,而这个机制会将每一个词在整个输入序列中进行加权求和得到新的表征,简单来说,就是每一个词在经过自注意力后,其新的表征将会是整个输入序列中所有词(当然也包括它本身)的加权求和,每一个词都达到了"我中有你,你中有我"的境界。如果经过更多的 Transformer 的基本单元(block),意味着经过更多自注意力,那么互相交融的程度将会更高,类似于 BERT 模型这样深的结构(Base 模型是 12 层,Large 模型是 24 层),经过所有 block 后,单词与单词之间可能就"不分你我"了。可见双层 Transformer 的问题出现了:即便是 Base 版的 BERT 模型,都要经过 12 个 block,每个 block 内部都有 12 个多头注意力机制,到最后一层的输出,序列中每一个位置上对应词向量的信息,早已融合了输入序列中所有单词的信息。而普通语言模型是通过某个单词的上下文来预测这个词出现的概率。如果直接把这个套用到 Transformer 的 Encoder 中,那么会发现待预测的输出和序列输入已经糅合在一起了,即 Encoder 的输入已经包含了正确的监督信息了,相当于给模型泄题了,如此说来普通语言模型的目标函数无法直接套用。

为了解决信息泄露问题,BERT 模型的作者想到如果把原来要预测整个句子的输出,改为只预测这个句子中的某个词,并且把输入中这个词所在位置挖空,挖掉的词用"[MASK]"替换就可以解决了。由此出现了 MLM,这个时候输入序列依然和普通 Transformer 保持一致,只不过会选取语料库中所有词的 15% 进行随机掩膜(mask),Transformer 的 Encoder 部分正常进行,输出层在被挖掉的词位置,接一个分类层做词典大小上的分类问题,得到被 mask 掉的词概率大小。而且还规定选中的词在 80% 的概率下被真正地替换成"MASK";在 10% 的概率下不做 mask,而被随机替换成其他一个词;剩下的 10% 的概率下即使被选中不做 mask,仍然保留原来真实的词。10% 的概率是替换成其他词:因为模型不知道哪些词是被 mask 的,哪些是被替换成其他词的,这会迫使模型在每一个单词上都尽量学习到一个全局语境下的表征,模型更多地依赖于上下文信息去预测词汇,这样就赋予了模型一定的纠错能力。10% 的概率不做替换,也就是真的有 10% 的情况下是泄密的(占所有词的比例为 15%×10%=1.5%),作者说这样能够给模型一定的偏差(bias),相当于是额外的奖励,将模型对词的表征能拉向词的真实表征。

语言模型缺少句子之前的关系,为了预训练句子关系模型(NSP),BERT 模型将其建模成了的二分类任务:将两个句子 A 和 B 链接起来,预测原始文本中句子 B 是否排在句子 A 之后。训练数据的生成方式是从平行语料中随机抽取的连续两句话,其中 50% 保留抽取的两句话,它们符合 IsNext 关系,另外 50% 的第二句话是随机从预料中提取的,它们的关系是 NotNext 的。句子级别的预测思路源自 Word2Vec 中的 Skip-gram 模型,但是 Word2Vec 是引入了一个负采样任务来学习词向量,而 BERT 则是使用句子级负采样任务学到句子表示。

因为 BERT 模型预训练阶段有 MLM 和 NSP 两个任务需要训练，使用 BERT 模型的损失函数也是由两个部分组成的，第一部分来自 MLM 的单词级别分类任务，另有一部分是句子级别的分类任务：

$$L(\theta,\theta_1,\theta_2)=L_1(\theta,\theta_1)+L_2(\theta,\theta_2) \tag{6-47}$$

式中：θ 为 Encoder 部分的参数；θ_1 为 MLM 任务中 Encoder 上所接的输出层中的参数；θ_2 为句子预测任务中 Encoder 接上的分类器参数；L_1 和 L_2 分别为

$$L_1(\theta,\theta_1)=-\sum_{i=1}^{M}\log P(m=m_i\mid\theta,\theta_1) \tag{6-48}$$

$$L_2(\theta,\theta_2)=-\sum_{i=1}^{N}\log P(n=n_i\mid\theta,\theta_2) \tag{6-49}$$

式中：M 为被 mask 的词的集合，它是一个词典大小为 $|V|$ 上的多分类问题；$m_i\in\{1,2,\cdots,|V|\}$；N 为句子的集合，$n_i\in\{\text{IsNext},\text{NotNext}\}$。

因此，两个任务联合学习的损失函数为

$$L(\theta,\theta_1,\theta_2)=-\sum_{i=1}^{M}\log P(m=m_i\mid\theta,\theta_1)-\sum_{i=1}^{N}\log P(n=n_i\mid\theta,\theta_2) \tag{6-50}$$

在海量语料库上预训练完 BERT 模型后，就可以对它进行微调应用到下游任务中了，具体微调方式和 GPT 模型一样，对于句子关系分类任务，就类似于 GPT 模型加上起始和终结符号，句子之间加个分隔符即可。对于情感分析等单句分类任务，可以直接输入单个句子（不需要[SEP]分隔双句），将[CLS]的输出直接输入分类器进行分类即可。

BERT 模型提出了单词掩膜和下句预测这两种新的无监督预训练模型，这大大提升了获取语句信息的能力，使得它在 11 个 NLP 任务中都取得了最先进的进展，也为后来的研究者们带来了很多启发。基于 BERT 模型的改进模型也有一大批，BERT-wwm[73] 和 ERNIE (Baidu)[74] 通过预测被掩膜的整个单词/实体而不是单词片段来加强泛化；SpanBert[75] 通过掩膜连续多个单词作为一个范围并预测范围内的全部内容来改进范围预测结果；Albert[76] 使用了一种新句子顺序预测任务进行下一个句子的预测；MASS[77] 通过从句子片段重建句子在生成任务方面取得了显著的改进。另一条研究路线是通过结合 BERT 模型和知识图谱来提高 BERT 模型性能；ERNIE (THU)[78] 和 KnowBERT[79] 将 BERT 模型与实体表示结合起来进行研究。由于 BERT 模型具有比较大的模型规模和计算成本，相关研究者尝试减小 BERT 模型的规模，DistillBERT 模型利用知识蒸馏来训练一个较小但是比较有效的 BERT 模型；Albert 通过跨层共享参数来降低 BERT 模型参数；等等。

6.2.2　图像动态表征

随着深度学习的发展，对图像特征的表达也不仅仅依靠基于点特征、颜色特征、线特征、面特征和纹理特征等的算法了，尤其是 Vision Transformer[80] 和 Image GPT[81] 两大模型的出现，极大促进了计算机视觉（CV）领域的发展。

1. Vision Transformer 模型

自深度学习兴起以来，卷积神经网络一直是 CV 领域的主流模型，而且取得了很好的效果,相比之下,基于 Self-attention 结构的 Transformer(参见 8.3.3 节)在 NLP 领域大放异彩。虽然 Transformer 结构已经成为 NLP 领域的标准,但在计算机视觉领域的应用还非常有限,谷歌在 2020 年提出的 Vision Transformer(ViT)模型直接将 Transformer 应用在图像分类中,发现它可以很好地取代卷积操作,在不依赖卷积的情况下,依然可以在图像分类任务上达到很好的效果。卷积操作只能考虑到局部的特征信息,而 Transformer 中的注意力机制可以综合考量全局的特征信息,并且 Vision Transformer 尽力做到在不改变 Transformer 中编码器(Encoder)架构的前提下,直接将其 NLP 领域迁移到计算机视觉领域中,实现了将原始 Transformer 模型开箱即用。Vision Transformer 模型结构图如图 6.25 所示。

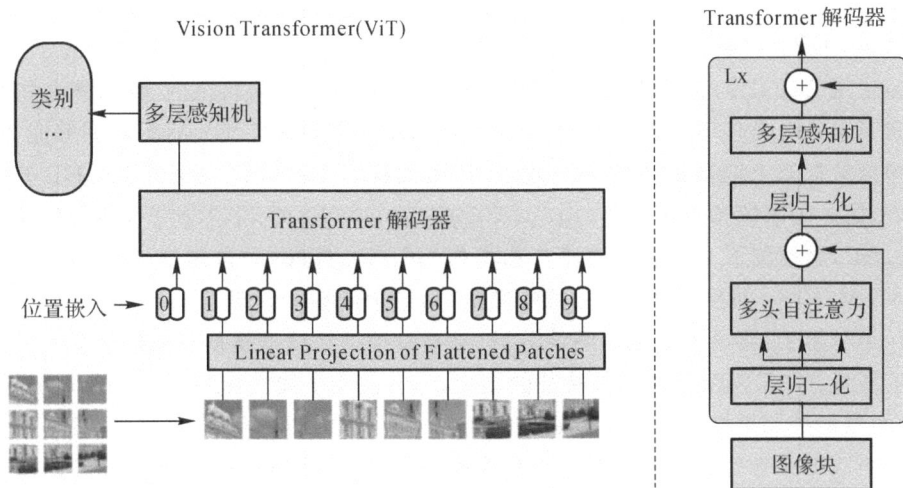

图 6.25　Vision Transformer 模型结构图

标准的 Transformer 模型接收一个一维词嵌入序列作为输入,当应用于计算机视觉中的图像分类任务时,Transformer 模型的输入数据以二维图像的形式提供,为了以类似于输入在 NLP 领域中的结构方式(在具有单个单词序列的意义上)来构造输入图像数据,输入图像($H \times W \times C$)被分割为一个个图片块。假设图块的大小为 $P \times P$,则最终的图片块数量 $N = HW/P^2$,这也作为变压器的有效输入序列长度,需要注意的是 H 和 W 必须是能够被 P 整除的。在图 6.25 正中间的最下面,可以看到图片块被拉成一个线性排列的序列,也就是"一维"的存在(以此来模拟 Transformer 中输入的词序列,即可以把一个图片块看做一个词),将切分好的图片块进行一个展平操作,每个图片块就变成了一个向量,$x_p^n(n=1,2,\cdots,N)$,它的长度为 Patch_dim:$P \times P \times C$。则最后的输入序列为 Patch_dim$\times N$。

原始的 Transformer 模型在所有层中使用的是一个恒定的隐藏向量大小 D,因此需要训练一个线性投影 E 将展平的图片块映射到 D 维:

$$z_0 = [x_{class}; x_p^1 E; x_p^2 E; \cdots; x_p^N E] + E_{pos}, E \in \mathbf{R}^{(P^2 \cdot C) \times D}, E_{pos} \in \mathbf{R}^{(N+1) \times D} \quad (6-51)$$

并将这个投影的输出称为 Patch Embedding,其中 x_{class} 是一个可学习的类嵌入,传统的 Transformer 采用 Seq2Seq 的形式,但 Vision Transformer 只模拟编码部分,缺少解码部分,这就带来了一个不可避免的问题:采取谁作为最终分类头的输入?因此作者使用 x_{class}

作为最终分类头的向量，通过拼接的方式添加到一维图片块序列中，它的值表示的是分类的输出 y。E_{pos} 即位置编码信息（Positional Encoding），添加在 Patch Embedding 中，在输入中引入位置信息，这也是在训练中学习到的。

经过处理的 z_0 被输入到了 Transformer Encoder 层，而该层的具体结构正如图 6.25 右侧所示，z_0 首先经过 Layer Norm 处理，在进入 Multi-Head Attention 层前通过变换生成了 Q、K、V 三个向量，剩下的操作与 Transformer 一致，具体过程参见 8.3.3 节。经过 Transformer Encoder，就会进入最终的分类处理部分。在进入 Transformer Encoder 时通过拼接的方式多加了一个用于分类的可学习向量，这时把这个向量取出来输入到 MLP Head 中，即依次经过 Layer Normal、全连接层、激活函数（GELU）、全连接层，最终得到最后的输出。

2. Image GPT 模型

Image GPT（iGPT）是使用 GPT - 2[82] 的网络结构进行图像特征的建模，然后将特征直接应用到下游的分类任务中，相关实验结果表明 iGPT 模型拥有强大的图像理解能力，不仅在许多图像数据集上取得惊艳的分类效果，在图像补全上的表现也很好。iGPT 模型包括两个阶段：第一个阶段预训练阶段（Pre-training），在该阶段 iGPT 对比了自回归（Auto Regressive，AR）的预测下一个像素的任务和类似 BERT 的掩码语言模型（Masked Language Model，MLM）任务，即预测被 Mask 掉的像素；第二个阶段为微调（Fine-tune），通过在模型上添加一个分类头，将模型运用于图像分类，来衡量预训练模型提取特征的质量。

为了衡量 iGPT 模型提取图像特征的能力，作者使用了线性探测（Linear Probe）进行验证，基于的原理是如果模型能够比较好地提取特征，那么在这个特征上直接进行分类，分类任务应该会取得非常好的效果。因为在线性探测中，下一个阶段的分类任务只知道上一个阶段模型产生的特征，而上一个阶段的模型结果对它来说是一个黑盒子，所以它能不受模型架构的影响而更精确地衡量特征的质量。和线性探测不同的是，Fine-tuning 是使用带标签的数据对包含分类层和特征提取部分的整个网络在无监督训练的基础上进行参数值的微调。iGPT 模型结构图如图 6.26 所示，下面将对其进行详细介绍。

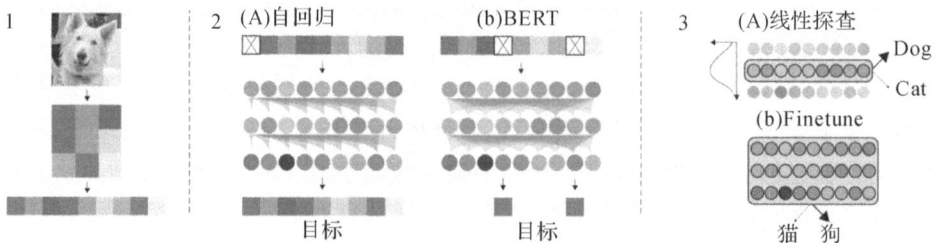

图 6.26 iGPT 模型结构图

首先是图像的预处理阶段，主要是图像的缩减和展开，为了将 Transformer 应用到图像中，首先将二维的图像转为一维的特征向量。但是一般分类图像的输入很大，而注意力机制（Attention）中涉及大量的矩阵运算，随着序列长度的增加，计算量的增加是呈指数倍增长的，为了使 Attention 能够处理输入展开后的序列长度，作者对图像进行了降采样，论文中叫做输入分辨率（Input Resolution，IR）。即使如此，计算量仍然很大，但如果继续降采样，图片将失真严重。为了进一步缓解计算压力,通过使用 $k=512$ 的 k-means 对(R,G,B)像素值进行聚类来创建 9 位调色板(9-bit color palette),将输入减少到 $1/3$,而几乎没有颜色损失。在得到 Transformer 能够处理的分辨率缩小之后的图像之后,下一步便是将图像展开成一维结构,iGPT 采用的是光栅顺序,或者叫做划窗顺序,如图 6.26 中的左边部分所示。

在预训练阶段,给定一个未标记图像组成的数据集 $X,X=(x_1,x_2,\cdots,x_n)$,可以选择集合 $(1,n)$ 的一个排列顺序 π,对密度 $p(x)$ 进行自回归建模:

$$p(x)=\prod_{i=1}^{n} p(x_{\pi_i}\mid x_{\pi_1},\cdots,x_{\pi_{i-1}},\theta) \tag{6-52}$$

其中图像像素的顺序 π 是单位排列,也就是上面说的光栅顺序。参数 θ 的优化是通过最小化数据的负 log 似然训练的:

$$L_{AR}=E_{x\sim X}[-\log p(x)] \tag{6-53}$$

除了自回归模型,另外一个预训练任务是和 BERT 模型相同的目标,即掩码语言模型。它对子序列 $M\subset[1,n]$ 进行采样,使得每个像素独立地在 M 中出现的概率为 0.15,M 即 BERT 掩码,通过未掩码的像素 $x_{[1,n]\setminus M}$ 预测被掩码掉的像素 x_M:

$$L_{BERT}=E_{x\sim X}\mathbb{E}_M \sum_{i\in M}[-\log p(x_i\mid x_{[1,n]\setminus M})] \tag{6-54}$$

在预训练中,作者从 L_{AR} 和 L_{BERT} 中选择一个,并将预训练数据集的损失最小化。该部分对应图 6.26 中的中间部分。

Transformer 解码器接收一个输入序列 $(x_1,x_2,\cdots,x_n)$,为每个位置生成 d 维嵌入向量。解码器是由 L 个块(block)组成,对于第 $L+1$ 个块,它的输入是 n 个 d 维的嵌入向量 $h_1^l,h_2^l,\cdots,h_n^l$,输出是 n 个 d 维的嵌入向量 $h_1^{l+1},h_2^{l+1},\cdots,h_n^{l+1}$。iGPT 模型的解码器使用的是 GPT-2 的网络结构:

$$n^l=\text{layer\_norm}(h^l) \tag{6-55}$$

$$a^l=h^l+\text{multihead\_attention}(n^l) \tag{6-56}$$

$$h^{l+1}=a^l+mlp(\text{layer\_norm}(a^l)) \tag{6-57}$$

在进行 Transformer 的 Self-Attention 的计算时,作者在原生的 Self-Attention 基础上加入了上三角的 mask 掩码,原始的 Self-Attention 计算公式为

$$\text{Self-Attention}(\boldsymbol{Q},\boldsymbol{K},\boldsymbol{V})=\text{Softmax}\left(\frac{\boldsymbol{Q}\boldsymbol{K}^{\mathrm{T}}}{\sqrt{d_k}}\right)\boldsymbol{V} \tag{6-58}$$

加上上三角掩码后的计算公式为

$$\text{Self-Attention}_{iGPT}(\boldsymbol{Q},\boldsymbol{K},\boldsymbol{V})=\text{Softmax}\left(\text{mask\_attention}\left(\frac{\boldsymbol{Q}\boldsymbol{K}^{\mathrm{T}}}{\sqrt{d_k}}\right)\right)\boldsymbol{V} \tag{6-59}$$

假设上三角矩阵为 $\boldsymbol{b}$,$\omega=\boldsymbol{Q}\boldsymbol{K}^{\mathrm{T}}$,mask_attention 的计算方式为

$$\text{mask}_{\text{attention}\langle\omega,b\rangle}=\omega\boldsymbol{b}-\varepsilon(1-b) \tag{6-60}$$

式中:ε 是一个非常小的浮点数。

可以发现,在 iGPT 模型中,并没有加入位置编码,而是希望模型能够自行学到这种空间位置关系。但是在自回归的模型中,这种空间位置关系则并不是全部需要由模型学习,因

为它的光栅输入的顺序在一定程度对输入数据的顺序进行了建模。对比传统的 CNN 方法，iGPT 模型的一个特殊点是它具有排列不变性，而 CNN 的预测位置的值更容易受到其临近位置的影响。

在微调阶段，首先通过在序列维度上的平均池化将每个样本的特征 n^L 变成 d 维的特征向量：

$$\boldsymbol{f}^L = \langle n_i^L \rangle_i \tag{6-61}$$

然后在 $\boldsymbol{f}^L$ 之上会再添加一层全连接得到分类的 logits（logits 是深度学习中表示模型最后一层的数据，也就是原始数据（raw data），之后可以接 softmax 或者 sigmod 进行缩放），而微调的目标则是最小化交叉熵损失函数 L_{CLF}。当同时优化生成损失 L_{CLF} 和分类损失时，即优化目标为：$L_{loss} = L_{GEN} + L_{CLF}$，$L_{GEN} \in \{L_{AR}, L_{BERT}\}$ 可以得到更好的结果。

提取线性探测的固定特征过程类似于微调，除了平均池化并不总是在最后一层：

$$\boldsymbol{f}^l = \langle n_i^l \rangle_i, 0 \leqslant l \leqslant L \tag{6-62}$$

一般线性探测会提取最后一层的特征，但是 iGPT 模型通过实验发现，经语言模型训练的模型中最后一层并不是线性探测效果最好的一层，效果最好的反而是中间几层。可能是在卷积网络中，浅层的信息更侧重于提取图像的表层信息，如颜色纹理等。而深层的信息更侧重于提取目标值的信息，在 iGPT 模型中也就是预测的像素点的可能值，因此不管深层或者浅层都不太适用于分类，而中间的层反而会有更多的图像的信息，因此得到的线性探测的准确率更高。

尽管该研究表明 iGPT 模型能够学习强大的图像特征，但是该方法仍存在很大的局限性，主要是由于该研究采用的是 GPT-2 的通用序列迁移器架构，所以需要大规模的计算资源。此外，这种基于 Transformer 模型的输入分辨率较低，而其他自监督方法可以利用卷积编码器轻松地处理高维度输入。也许在未来需要构建多尺度 Transformer 的新架构来处理输入维度受限的问题。最后，生成模型会受到训练序列中偏见的影响，有的对于构建上下文关系十分有利，但有的却会造成不好的结果。

6.3　多模态对齐

多模态对齐是多模态融合关键技术之一，是指从两个或多个模态中查找实例子组件之间相关或对应关系，从而促使学习到的多模态表示更加精确，并且也为多媒体检索提供更细致的检索线索。这种对应关系可以是时间维度，也可以是空间维度。例如，给定一个图像和一个标题，希望找到图像区域与标题单词或短语的对应关系[83]。多模态对齐方法分为显式对齐和隐式对齐两种类型。显式对齐关注模态之间子组件的对齐问题，而隐式对齐则是在深度学习模型训练期间对数据进行潜在的对齐。本节对显式对齐方法和隐式对齐方法进行简要介绍。

6.3.1　显示对齐方法

显示对齐方法可以分为两类：①无监督方法（Unsupervised）。该方法在不同模态的实例之间没有用于直接对齐的监督标签。例如,动态时间扭曲(Dynamic Time Warping,DTW)[84]是一种动态规划的无监督学习对齐方法,已被广泛用于对齐多视图时间序列。文献[85]是根据相同物体的外貌特征来定义视觉场景和句子之间的相似性,从而对齐电视节目和情节概要。上述两个研究成果都在没有监督信息的前提下,通过度量两个序列之间的相似性,在找到它们之间的最佳匹配之后按时间对齐(或插入帧),从而实现字符标识和关键字与情节提要和字幕之间的对齐。也有类似 DTW 的方法用于文本、语音和视频的多模态对齐任务,例如文献[86]使用动态贝叶斯网络将扬声器输出语音与视频进行对齐。②(弱)监督方法[(Weakly) Supervised]。有监督对齐技术是从无监督的序列对齐技术中得到启发,并通过增强模型的监督信息来获得更好的性能,通常可以将上述无监督方法进行适当优化后直接用于模态对齐。该方法希望在不降低性能的前提下,尽量减少监督信息,即弱监督对齐。例如,文献[87]提出了一种类似于规范时间扭曲的方法,主要是利用现有(弱)监督对齐数据完成模型训练,从而提升深度学习模型性能。文献[88]利用少量监督信息在图像区域和短语之间寻找协调空间进行对齐。文献[89]训练了一个高斯混合模型,并与一个无监督的潜变量图形模型一起进行弱监督聚类学习,使音频信道中的语音与视频中的位置及时对齐。因此,监督方法的对齐性能总体上优于无监督方法,但需要以带标注数据为基础,而较准确地把握监督信息参与程度是一个极具挑战的工作。

6.3.2　隐式对齐方法

隐式对齐方法也可以分为两类:①图模型方法(Graphical Models)。该方法最早用于对齐多种语言之间的语言机器翻译,以及语音音素的转录[90],即将音素映射到声学特征生成语音模型,并在模型训练期间对语音和音素数据进行潜在的对齐。构建图像模型需要大量训练数据或人类专业知识来手动参与,因此随着深度学习研究的进展及训练数据的有限,该方法已经用得不多。②神经网络方法(Neural Networks)。如今神经网络是解决机器翻译问题的主流方法,无论是使用编解码器模型还是通过跨模态检索都表现出较好的性能。利用神经网络模型进行模态隐式对齐,主要是在模型训练期间引入对齐机制,通常会考虑注意力机制。例如,图像自动标注应用中,在生成每个连续单词时[91],注意力机制将允许解码器(通常是 RNN)集中在图像的特定部分,该注意力模块通常是一个浅层神经网络,它与目标任务一起完成端到端的训练。该方法具备较好的潜力,目前已被广泛应用于语音数据标注、视频文本对齐和视频转录等多个领域[92]。但由于深度神经网络的复杂性,所以设计注意力模块具有一定的难度。

早期的多模态对齐主要依靠基于概率图模型、动态规划等无监督学习方法进行不同模态间的元素匹配。近年来,虽然已陆续有学者进行有监督的对齐方法研究,但对齐方法仍然存在以下几个有待进一步研究的主要问题:①有限时对齐信息的数据很少,十分不利于进行实验分析;②对于不同模态的相似度度量指标建模困难,费时费力;③不同模态间元素的对齐过程往往存在一对多的关系,甚至还可能存在无法匹配的情况;④受噪声影响大,尤其是当元素的匹配错位时模型性能下降严重。

6.4　本　章　小　结

本章介绍了静态表征、动态表征和多模态对齐 3 部分内容。在静态表征方面,本章对文本的静态表征方法:独热(One-hot)编码和分布式表示(Distributed Representation)进行了详细的阐述。其中分布式表示包含基于统计矩阵的方法和基于神经网络模型的方法:基于统计矩阵的方法中介绍了构建共现矩阵、奇异值分解(SVD)、Glove 模型;基于神经网络模型的方法中介绍了神经网络语言模型(NNLM)、CBOW 模型和 Skip-gram 模型。对于图像的动态表征方法,本章则介绍了尺度不变特征变换(SIFT)、加速稳健特征(SURF)和局部二值模式(LBP)算法。

动态表征方面,本章分别介绍了文本动态表征的方法和图像动态表征的方法。其中文本动态表征的方法有 CoVe、ELMo、GPT 和 BERT 模型,图像动态表征的方法有 Vision Transformer 模型和 Image GPT 模型。多模态对齐有显式对齐和隐式对齐,其中显式对齐的方法有无监督方法(Unsupervised)和(弱)监督方法((Weakly) Supervised);隐式对齐的方法有图模型方法(Graphical Models)和神经网络方法(Neural Networks)。

参　考　文　献

[1] 杜鹏飞,李小勇,高雅丽. 多模态视觉语言表征学习研究综述[J]. 软件学报,2021,32(2):361-380.

[2] BENGIO Y, COURVILLE A, VINCENT P. Representation learning: a review and new perspectives[J]. IEEE Transactions on Pattern Analysis and Machine Intelligence, 2013, 35(8): 1798-1828.

[3] BALTRUŠAITIS T, AHUJA C, MORENCY L P. Multimodal machine learning: A survey and taxonomy[J]. IEEE Transactions on Pattern Analysis and Machine Intelligence, 2018, 41(2): 423-443.

[4] VASWANI A, SHAZEER N, PARMAR N, et al. Attention is all you need[C]// Proceedings of the Advances in Neural Information Processing Systems. Long Beach: Neural Information Processing Systems Foundation, 2017: 5998-6008.

[5] YOU Q, ZHANG Z, LUO J. End-to-end convolutional semantic embeddings[C]// Proceedings of the IEEE Conference on Computer Vision and Pattern Recognition. Salt Lake City: IEEE Computer Society, 2018: 5735-5744.

[6] ALBERTI C, LING J, COLLINS M, et al. Fusion of detected objects in text for visual question answering[J/OL]. arXiv preprint arXiv:1908.05054, 2019.

[7] LI G, DUAN N, FANG Y, et al. Unicoder-VL: a universal encoder for vision and language by cross-modal pre-training [J/OL]. arXiv preprint arXiv: 1908.

05054，2019.

[8] QI D, SU L, SONG J, et al. Imagebert: cross-modal pre-training with large-scale weak-supervised image-text data[J/OL]. arXiv preprint arXiv:2001.07966，2020.

[9] PAN Y, MEI T, YAO T, et al. Jointly modeling embedding and translation to bridge video and language[C]//Proceedings of the Computer Vision and Pattern Recognition. Las Vegas: IEEE Computer Society, 2016: 4594 – 4602.

[10] XU R, XIONG C, CHEN W, et al. Jointly modeling deep video and compositional text to bridge vision and language in a unified framework[C]//Proceedings of the National Conference on Artificial Intelligence. Austin: AAAI Press, 2015: 2346 – 2352.

[11] LUO H, JI L, SHI B, et al. Univilm: a unified video and language pre-training model for multimodal understanding and generation[J/OL]. arXiv preprint arXiv: 2002.06353，2020.

[12] MROUEH Y, MARCHERET E, GOEL V, et al. Deep multimodal learning for audio-visual speech recognition[C]//Proceedings of the International Conference on Acoustics, Speech, and Signal Processing. Brisbane: IEEE, 2015: 2130 – 2134.

[13] NGIAM J, KHOSLA A, KIM M, et al. Multimodal deep learning[C]//Proceedings of the International Conference on Machine Learning. Bellevue: Omnipress, 2011: 689 – 696.

[14] KIM Y, LEE H, PROVOST E M, et al. Deep learning for robust feature generation in audiovisual emotion recognition[C]//Proceedings of the International Conference on Acoustics, Speech, and Signal Processing. Vancouver: IEEE, 2013: 3687 – 3691.

[15] KAHOU S E, BOUTHILLIER X, LAMBLIN P, et al. Emonets: multimodal deep learning approaches for emotion recognition in video[J]. Journal on Multimodal User Interfaces, 2016, 10(2): 99 – 111.

[16] NICOLAOU M A, GUNES H, PANTIC M. Continuous prediction of spontaneous affect from multiple cues and modalities in valence-arousal space[J]. IEEE Transactions on Affective Computing, 2011, 2(2): 92 – 105.

[17] RUMELHART D E, HINTON G E, WILLIAMS R J. Learning representations by back-propagating errors[J]. Nature, 1986, 323(6088): 533 – 536.

[18] PENNINGTON J, SOCHER R, MANNING C D. GloVe: global vectors for word representation[C]//Proceedings of the 2014 Conference on Empirical Methods in Natural Language Processing (EMNLP). Doha: Association for Computational Linguistic, 2014: 1532 – 1543.

[19] BENGIO Y, DUCHARME R, VINCENT P. A neural probabilistic language model[J]. Advances in Neural Information Processing Systems, 2000, 13: 932 – 938.

[20] MIKOLOV T, SUTSKEVER I, CHEN K, et al. Distributed representations of words and phrases and their compositionality[J]. Advances in Neural Information

Processing Systems，2013，26：3111 - 3119.

[21] MIKOLOV T，CHEN K，CORRADO G，et al. Efficient estimation of word representations in vector space[J/OL]. arXiv preprint arXiv:1301.3781，2013.

[22] BROWN P F，DESOUZA P V，MERCER R L，et al. Class-based n-gram models of natural language[J]. Computational Linguistics，1992，18(4)：467 - 479.

[23] WANG Y，HOU Y，CHE W，et al. From static to dynamic word representations：A survey[J]. International Journal of Machine Learning and Cybernetics，2020，11 (7)：1611 - 1630.

[24] HUANG F，YATES A. Distributional representations for handling sparsity in supervised sequence-labeling[C]//Proceedings of ACL and IJCNLP. Suntec：Association for Computational Linguistics，2009：495 - 503.

[25] DAGAN I，PEREIRA F，LEE L. Similarity-based estimation of word cooccurrence probabilities[C]//Proceedings of the 32nd Annual Meeting on Association for Computational Linguistics. Las Cruces：Association for Computational Linguistics，1994：272 - 278.

[26] TURNEY P D. Mining the web for synonyms：PMI-IR versus LSA on TOEFL [C]//Proceedings of Machine Learning：ECML 2001. Berlin：Springer，2001：491 - 502.

[27] DEERWESTER S，DUMAIS S T，FURNAS G W，et al. Indexing by latent semantic analysis[J]. Journal of the American Society for Information Science，1990，41(6)：391 - 407.

[28] BLEI D M，NG A Y，JORDAN M I，et al. Latent Dirichlet allocation[J]. Journal of Machine Learning Research，2003，3：2003.

[29] ECKART C，YOUNG G. The approximation of one matrix by another of lower rank[J]. Psychometrika，1936，1(3)：211 - 218.

[30] MIIKKULAINEN R，DYER M G. Natural language processing with modular PDP networks and distributed lexicon[J]. Cognitive Science，1991，15(3)：343 - 399.

[31] RUMELHART D E，MCCLELLAND J L. Parallel distributed processing：explorations in the microstructure of cognition (vols. I and II)[M]. Cambridge：MIT Press，1986.

[32] XU W，RUDNICKY A. Can artificial neural networks learn language models? [J]. Proceedings of the International Joint Conference on Neural Networks，2000：1903 - 1908.

[33] KNESER R，NEY H. Improved backing-off for m-gram language modeling[C]// Proceedings of the 1995 International Conference on Acoustics，Speech，and Signal Processing. Washington：IEEE，1995：181 - 184.

[34] MIKOLOV T，SUTSKEVER I，CHEN K，et al. Distributed representations of words and phrases and their compositionality[C]//Advances in Neural Information Processing Systems. Lake Tahoe：Neural Information Processing Systems Founda-

tion，2013：3111 - 3119.

[35] 姚敏. 数字图像处理[M]. 2 版. 北京：机械工业出版社，2012.

[36] 向程谕，王冬丽，李建勋，等. 基于改进 SIFT 特征的深度图像匹配[J]. 计算机应用，2016，36(A02)：4.

[37] 朱奇光，张朋珍，李昊立，等. 基于全局和局部特征融合的图像匹配算法研究[J]. 仪器仪表学报，2016，37(1)：7.

[38] BROWN L G. A survey of image registration techniques[J]. ACM Computing Surveys，1992，24(4)：325 - 376.

[39] 郭健. 基于局部特征的图像匹配算法研究[D]. 南京：南京邮电大学，2018.

[40] LOWE D G. Object recognition from local scale-invariant features[C]//Proceedings of the Seventh IEEE International Conference on Computer Vision. Washington：IEEE，1999，2：1150 - 1157.

[41] BAY H，TUYTELAARS T，GOOL L V. SURF：Speeded up robust features [C]//Proceedings of the European Conference on Computer Vision. Berlin：Springer，2006：404 - 417.

[42] MIKOLAJCZYK K，SCHMID C. A performance evaluation of local descriptors [J]. IEEE Transactions on Pattern Analysis and Machine Intelligence，2005，27 (10)：1615 - 1630.

[43] HARRIS C G，STEPHENS M J. A combined corner and edge detector[C]//Proceedings of the Alvey Vision Conference. Manchester：University of Manchester，1988：147 - 151.

[44] SMITH S M，BRADY J M. SUSAN：a new approach to low level image processing [J]. International Journal of Computer Vision，1997，23(1)：45 - 78.

[45] BOVIK A C，CLARK M，GEISLER W S. Multichannel texture analysis using localized spatial filters[J]. IEEE Transactions on Pattern Analysis and Machine Intelligence，1990，12(1)：55 - 73.

[46] MUERLE J L. Some thoughts on texture discrimination by computer[J]. Picture Processing and Psychopictorics，1970：371 - 379.

[47] HAWKINS J K. Textural properties for pattern recognition[J]. Picture Processing and Psychopictorics，1970：347 - 370.

[48] OJALA T，PIETIKÄINEN M，HARWOOD D. A comparative study of texture measures with classification based on feature distributions[J]. Pattern Recognition，1996，29(1)：51 - 59.

[49] OJALA T，PIETIKÄINEN M，MÄENPÄÄ T. Gray scale and rotation invariant texture classification with local binary patterns[C]//Proceedings of the European Conference on Computer Vision. Berlin：Springer，2000：404 - 420.

[50] MÄENPÄÄ T，PIETIKÄINEN M. Multi-scale binary patterns for texture analysis [C]//Proceedings of the Scandinavian Conference on Image Analysis. Berlin：

Springer，2003：885 - 892.

[51] WANDELL B A. The synthesis and analysis of color images[J]. IEEE Transactions on Pattern Analysis and Machine Intelligence，1987(1)：2 - 13.

[52] 肖健. SIFT 特征匹配算法研究与改进[D]. 重庆：重庆大学，2012.

[53] LINDEBERG T. Detecting salient blob-like image structures and their scales with a scale-space primal sketch：A method for focus-of-attention[J]. International Journal of Computer Vision，1993，11(3)：283 - 318.

[54] LINDEBERG T. Feature detection with automatic scale selection[J]. International Journal of Computer Vision，1998，30(2)：79 - 116.

[55] FISCHLER M A，BOLLES R C. Random sample consensus：a paradigm for model fitting with applications to image analysis and automated cartography[J]. Communications of the ACM，1981，24(6)：381 - 395.

[56] FU X，WEI W. Centralized binary patterns embedded with image euclidean distance for facial expression recognition[C]//Proceedings of the Fourth International Conference on Natural Computation. Shanghai：IEEE，2008，10(4)：115 - 119.

[57] NANNI L，BRAHNAM S，LUMINI A. A study for selecting the best performing rotation invariant patterns in local binary/ternary patterns[C]//Proceedings of the Image Processing，Computer Vision & Pattern Recognition Conference. Las Vegas：IEEE，2010：12 - 15.

[58] GUO Z，ZHANG L，ZHANG D. A completed modeling of local binary pattern operator for texture classification[J]. IEEE Transactions on Image Processing，2010，19(6)：1657 - 1663.

[59] GUO Z H，ZHANG L，ZHANG D. Rotation invariant texture classification using LBP variance (LBPV) with global matching[J]. Pattern Recognition，2010，43(3)：706 - 719.

[60] IAKOVIDIS D K，KERAMIDAS E，MAROULIS D. Fuzzy local binary patterns for ultrasound texture characterization[C]//Lecture Notes in Computer Science：Image Analysis and Recognition. Berlin：Springer，2008，5112：750 - 759.

[61] WOLF L，HASSNER T，TAIGMAN Y. Descriptor based methods in the wild [C]//Proceedings of the Faces in Real Life Images Workshop in ECCV. Marseille：Springer，2008.

[62] XU JINGSONG，WU QIANG. Fast and accurate human detection using a cascade of boosted MS-LBP features [J]. IEEE Signal Processing Letters，2012，10：676 - 679.

[63] 付蓉，石美红，陈惠娟. 自适应局部二值模式算法及其在织物疵点检测中的应用 [J]. 纺织高校基础科学学报，2010，23(1)：99 - 104.

[64] 练秋生，刘春亮. 基于 Gabor 滤波器和 LBP 的分级掌纹识别[J]. 计算机工程与应用，2007，43(6)：212 - 215.

[65]　王玮，黄非非，李见为. 使用多尺度 LBP 特征描述与识别人脸[J]. 光学精密工程，2008，16(4)：696 - 705.

[66]　梁鹏，何俊诗，黎绍发，等. 基于多尺度 LBP 金字塔特征的分类算法[J]. 计算机工程，2011，37(8)：166 - 168.

[67]　MCCANN B, BRADBURY J, XIONG C, et al. Learned in translation：contextualized word vectors[C]//Proceedings of the Advances in Neural Information Processing Systems 30. Long Beach：Curran Associates, Inc. , 2017：6294 - 6305.

[68]　PETERS M, NEUMANN M, IYYER M, et al. Deep contextualized word representations[C]//Proceedings of the 2018 Conference of the North American Chapter of the Association for Computational Linguistics：Human Language Technologies. New Orleans：Association for Computational Linguistics，2018，vol 1 (Long Papers)：2227 - 2237.

[69]　RADFORD A, NARASIMHAN K, SALIMANS T, et al. Improving language understanding by generative pre-training[J/OL]. [2018 - 09 - 10]. https：//openai. com/research/language.

[70]　DEVLIN J, CHANG M W, LEE K, et al. BERT：pre-training of deep bidirectional transformers for language understanding [J/OL]. arXiv preprint arXiv：1810. 04805，2018.

[71]　VASWANI A, SHAZEER N, PARMAR N, et al. Attention is all you need[C]// Proceedings of the Advances in Neural Information Processing Systems. Curran Associates, Inc. , 2017：5998 - 6008.

[72]　WU Y, SCHUSTER M, CHEN Z, et al. Google's neural machine translation system：bridging the gap between human and machine translation[J/OL]. arXiv preprint arXiv：1609. 08144，2016.

[73]　CUI Y, CHE W, LIU T, et al. Pre-training with whole word masking for Chinese BERT[J/OL]. arXiv preprint arXiv：1906. 08101，2019.

[74]　SUN Y, WANG S, LI Y, et al. ERNIE：Enhanced representation through knowledge integration[J/OL]. arXiv preprint arXiv：1904. 09223，2019.

[75]　JOSHI M, CHEN D, LIU Y, et al. SpanBERT：Improving pre-training by representing and predicting spans[J/OL]. arXiv preprint arXiv：1907. 10529，2019.

[76]　LAN Z, CHEN M, GOODMAN S, et al. ALBERT：a Lite BERT for self-supervised learning of language representations [J/OL]. arXiv preprint arXiv：1909. 11942，2019.

[77]　SONG K, TAN X, QIN T, et al. MASS：masked sequence to sequence pre-training for language generation[C]//Proceedings of the International Conference on Machine Learning. Long Beach,：PMLR，2019：5926 - 5936.

[78]　ZHANG Z, HAN X, LIU Z, et al. ERNIE：enhanced language representation with informative entities[C]//Proceedings of the 57th Annual Meeting of the Asso-

ciation for Computational Linguistics. Florence：Association for Computational Linguistics，2019：1441 – 1451.

[79] PETERS M E, NEUMANN M, LOGAN R, et al. Knowledge enhanced contextual word representations[C]//Proceedings of the 2019 Conference on Empirical Methods in Natural Language Processing and the 9th International Joint Conference on Natural Language Processing (EMNLP-IJCNLP). Hong Kong：Association for Computational Linguistics，2019：43 – 54.

[80] DOSOVITSKIY A, BEYER L, KOLESNIKOV A, et al. An image is worth 16x16 words：Transformers for image recognition at scale[J/OL]. arXiv preprint arXiv：2010.11929，2020.

[81] CHEN M, RADFORD A, CHILD R, et al. Generative pretraining from pixels [C]//Proceedings of the International Conference on Machine Learning. Vienna：PMLR，2020：1691 – 1703.

[82] RADFORD A, WU J, CHILD R, et al. Language models are unsupervised multi-task learners[J]. OpenAI Blog，2019，1(8)：9.

[83] KARPATHY A, FEI-FEI L. Deep visual-semantic alignments for generating image descriptions[C]//Proceedings of the IEEE Conference on Computer Vision and Pattern Recognition. Boston：IEEE，2015：3128 – 3137.

[84] TAPASWI M, BÄUML M, STIEFELHAGEN R. Aligning plot synopses to videos for story-based retrieval[J]. International Journal of Multimedia Information Retrieval，2015，4：3 – 16.

[85] TAPASWI M, BÄUML M, STIEFELHAGEN R. Book2Movie：Aligning video scenes with book chapters[C]//Proceedings of the IEEE Conference on Computer Vision and Pattern Recognition. Boston：IEEE，2015：1827 – 1835.

[86] TRIGEORGIS G, NICOLAOU M A, ZAFEIRIOU S, et al. Deep canonical time warping[C]//Proceedings of the IEEE Conference on Computer Vision and Pattern Recognition. Washington：IEEE，2016：5110 – 5118.

[87] BOJANOWSKI P, LAJUGIE R, GRAVE E, et al. Weakly-supervised alignment of video with text[C]//Proceedings of the IEEE International Conference on Computer Vision. Washington：IEEE，2015：4462 – 4470.

[88] ZHU Y, KIROS R, ZEMEL R, et al. Aligning books and movies：towards story-like visual explanations by watching movies and reading books[C]//Proceedings of the IEEE International Conference on Computer Vision. Washington：IEEE，2015：19 – 27.

[89] MAO J, HUANG J, TOSHEV A, et al. Generation and comprehension of unambiguous object descriptions[C]//Proceedings of the IEEE Conference on Computer Vision and Pattern Recognition. Washington：IEEE，2016：11 – 20.

[90] DENG Y, BYRNE W. HMM word and phrase alignment for statistical machine

translation[J]. IEEE Transactions on Audio，Speech，and Language Processing，2008，16(3)：494－507.

[91]　XU K，BA J，KIROS R，et al. Show，attend and tell：neural image caption generation with visual attention[C]//Proceedings of the International Conference on Machine Learning. Lille：PMLR，2015：2048－2057.

[92]　YU H，WANG J，HUANG Z，et al. Video paragraph captioning using hierarchical recurrent neural networks[C]//Proceedings of the IEEE Conference on Computer Vision and Pattern Recognition. Washington：IEEE，2016：4584－4593.

第7章 多模态交互

多模态情感分析领域固然已经取得十分亮眼的成绩,然而不难发现,学术界对交互(特别是话语间交互)的理解尚未深入与统一,不同研究者因学科视角和切入点不同,导致其对交互的属性与特征理解各异[1-3]。多模态情感分析任务中的复杂交互不仅体现出多模态信息之间的相互关联,还共同影响人们对多模态主观性文档的情感判断。鉴于交互具有隐蔽性、间接性与动态性等特性,如何准确且全面地建模多模态文档中的复杂交互仍然是困扰该领域的关键性难题[2-5]。

此外,研究者们建模交互的研究方法相对简单,以经典概率理论为基础的传统方法在交互建模方面还存在一些局限,其反映到多模态情感分析任务上,对应于不同层面,主要可以分为3种典型子问题,即模态内的词项交互、像素点交互问题、模态间的多模态交互/决策交互问题与模态外的话语交互/上下文交互问题[5-8]。多模态叙述情感分析与多模态会话情感分析均存在第一和第二个问题,只有多模态会话情感分析体现出第三个问题。多模态情感分析中的交互问题如图7.1所示。

在本章中,笔者对这3种交互问题的来源、定义以及解决方式逐一进行介绍。

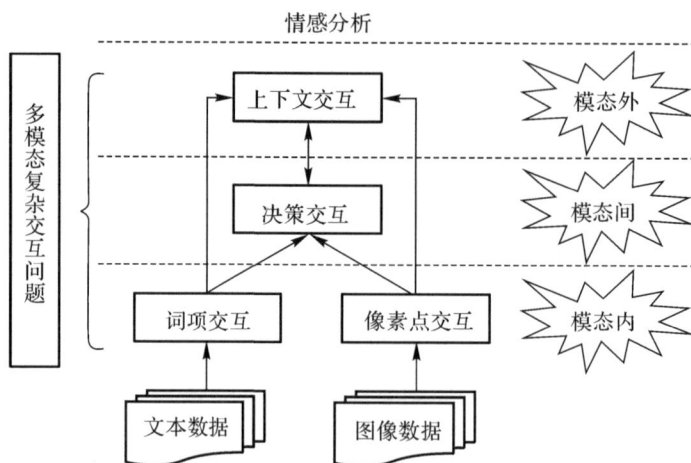

图 7.1 多模态情感分析中的交互问题

7.1　模态内交互

模态内交互具体分为对文本中的词项交互和对图像/视频的像素点交互。对于这两个交互,自然语言处理的相关研究者已经提出了一些解决方法,但是都无法使问题完美解决。

对于文本,单词之间并不是相互独立的,而是具有密切的关联,词与词相互依存,相互影响,共同表达完整的语义。例如,"十动然拒"中几个单词如果单独拆开,它们之间并无联系,然而组合在一起却能够表达"十分感动,然后拒绝了 Ta"的语义情感。为了解决该问题,自然语言处理领域的研究者已经提出了一系列静态单词表征方法,例如 One-hot 表示、词袋模型、统计语言模型 N-gram、神经语言模型 GloVe 等[9-10]。这些方法在早期取得了很大的成功,但是对于一词多义(单词的语义向量随上下文的变化而变化)却常常有心无力。而自然语言处理领域刚兴起动态单词表征方法,例如 ELMo 模型、BERT 模型,考虑到了左右两边的上下文信息,在许多自然语言处理任务中获得了惊人的效果[11-12]。然而它们主要抓取的是近距离的上下文信息,如何建模词项间的远距离上下文关联可能是下一步发展的方向。

对于图像/视频,抽离并分析独立的像素点毫无意义,但是不同像素点组合在一起,形成的区域却能够传达出比较抽象和主观的语义情感。同时,图像情感相比于文本情感涉及更深奥的抽象性和主观性。因此,如何理解像素点之间的交互也是一个值得探索的课题。早期图像处理领域提出一系列基于像素点的特征表示方法,例如 SIFT[13]、LBP[14] 等,搭配机器学习算法获得了不错的效果。为了进一步学习像素点的交互,卷积神经网络(CNN,参见本书 8.3.1 节)成为现在研究者的首选技术。然而,像素点之间的情感关联仍旧缺乏完美的解决方案。

随着研究者对量子理论的深入研究,尤其是经典量子语言模型在信息检索领域取得了巨大的成功后,更多的研究者将目光转向了使用量子理论来建模多模态交互问题。笔者也提出一种多模态类量子语义表示模型与一种类量子情感表示模型。对于文本,将每个单词视作量子概率空间中的基本事件,表示为投影算符(projector)。而组合词或情感短语被视作量子事件的叠加态,形式化为投影算符的交互组合。通过这种方式,文档形式化为投影算符的序列,运用最大似然估计方法训练出密度矩阵,最终表示该文档。类似地,对于图像,根据像素点提取尺度不变特征变换(SIFT),构建视觉单词词典,将每个视觉单词视作量子基本事件,表示为投影算符,统一封装到图像对应的密度矩阵。相比于向量表示,密度矩阵能够编码(视觉)单词的概率分布,计算(视觉)单词的二阶相关性,捕捉词项间的交互。具体的建模过程详见本书 9.5.1 节。

7.2　模态间交互

多模态情感分析除了涉及模态内的词项交互外,另外一个核心子问题是多模态交互。多模态交互旨在将多个模态的信息整合,建立模态间的关联与交互,从而获得更加丰富与准确的多模态输出,提高多模态模型有效性与鲁棒性,保证其能够在不同状况下正常工作。多模态交互包含多种媒体数据间的交互、特征间的交互以及决策间的交互[4-15]。

对于数据级交互，由于不同模态数据的格式、含义、空间维度不同，所以如何通过多模态数据间的联系来学习它们的潜在共享信息是目前的主要问题。对于特征级交互，由于不同模态的特征提取自不同的语义空间以及提取的时间点不同，所以导致多模态对齐成为需要解决的问题。进一步地，如何学习一个共享空间以至于能够将不同模态的特征分别映射到该空间内完成融合也是研究者们需要考虑的问题。为了解决该问题，多模态情感分析的研究者已经进行了大量的尝试，例如特征串接[16-17]、利用深度网络学习共享隐层[18]、张量融合[19]、基于注意力机制特征融合等[20]。其中基于注意力机制特征融合就是将注意力机制应用到融合操作中，注意力机制方面的内容详见本书8.3.3节。

特征串接的方式简单直接，其中拼接操作（Concatenation）可以将低层的输入特征或者高层的特征（通过预训练模型提取出来的特征）之间相互结合起来。权重为标量的加权求和方法（Weighted sum）要求预训练模型产生的向量要有确定的维度，并且要按一定顺序排列并适合 element-wise 加法[21]。为了满足这种要求，可以使用全连接层来控制维度和对每一维度进行重新排序。但是上述方法并未抓住模态间深层次的关联，直接拼接甚至有时候会去除时间的依赖，因此对模态内部的交互被潜在地抑制，模态内部的上下文信息、时间依赖就会损失。因此，研究者们另辟蹊径，开始监督性地学习模态特征之间的关联，学习共享特征，张量融合技术应运而生。

多模态张量融合网络（Multimodal Tensor Fusion Network，TFN）由 Zadeh 等人提出，用于情感分类的任务，如图 7.2 所示，考虑一个情感分类的问题，对于特征提取获得的 3 个特征向量（视觉、声音、语言），求得它们的张量外积。值得注意的是，在计算外积的时候对每个模态用 1 进行了维度扩充，目的是让融合的特征块（Feature Volume）中也具有单一模态的特征信息。以两个模态为例，对 z_v、z_l 用 1 先扩充一维，得到的特征再进行外积/向量积操作，如图 7.3 所示，可以看到用 1 扩充后，既计算了两个模态间的特征相关性，又保留了特定模态的信息。

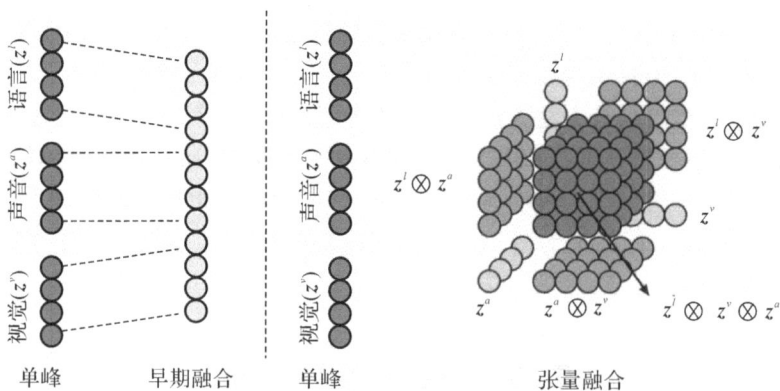

图 7.2 早期融合和张量融合

在张量的外积计算完成之后，需要将其通过一个线性层变成所需要的维度的向量，表达式为

$$h = f(z; W, b) = W \cdot z + b \tag{7-1}$$

式中:W 是权重参数;b 是偏置量。

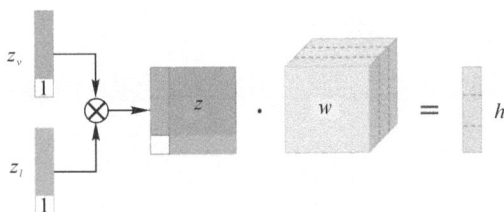

图 7.3　两模态的张量外积计算实例

张量融合在数学上是由外部乘积形成的,因此它没有可学习的参数,且从经验上观察到,尽管输出张量是高维的,但过拟合的机会很小,但是很快作者推翻了这一结论。

低秩多模态融合(Low-rank Multimodal Fusion,LMF)[22] 是对 TFN 方法的改进。TFN 计算了两/三模态间的相关性,也保留了单模态的相关性,但同时也增加了特征维度,那么最后权重张量 W 中要学习的参数数量也将成倍增加,从而会影响计算效率以及增加内存消耗,并且 TFN 所增加的时间/空间复杂度都与输入模态数呈指数增加。参数量一多,就容易增加过拟合的风险。

总体思想就是对权重矩阵 W 进行分解,从而避免了的张量的外积,而是对每个特征向量进行独立的处理之后再进行点乘,低秩多模态融合结构框架图如图 7.4 所示。具体思想为:把 W 看作是d_h 个 M 阶张量,每个 M 阶张量可以表示为$\bar{W}_k \in \mathbf{R}^{d_h \times \cdots \times d_M}, k = 1, \cdots, d_h$,存在一个精确分解成向量的模式:

$$\bar{W}_k = \sum_{i=1}^{R} \otimes_{m=1}^{M} w_{m,k}^{(i)}, w_{m,k}^{(i)} \in \mathbf{R}_m^d \tag{7-2}$$

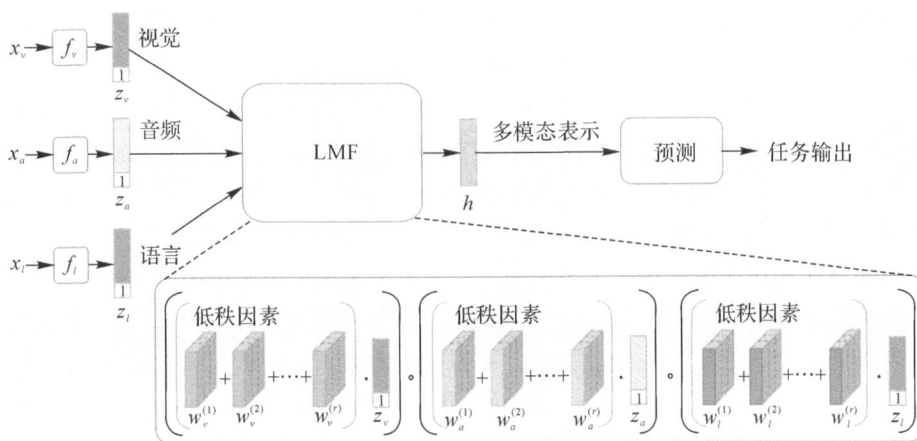

图 7.4　低秩多模态融合结构框架图

最小的使得分解有效的 R 称为张量的秩。向量的集合$\{\{w_{m,k}^{(i)}\}_{m=1}^{M}\}_{i=1}^{R}$ 称为原始张量的秩 R 分解因子。固定 R 为r,然后用 r 个分解因子$\{\{w_{m,k}^{(i)}\}_{m=1}^{M}\}_{i=1}^{r}$ 来重建低秩版本的

$\overline{W}_k$。这些向量可以重新组合为 M 个模态特定的低秩因子。令 $w_m^{(i)} = [w_{m,1}^{(i)}, w_{m,2}^{(i)}, \cdots, w_{m,d_h}^{(i)}]$，则模态 m 对应的低秩因子为 $\{w_m^{(i)}\}_{i=1}^r$，低秩的权重张量可以用下式重建得到：

$$W = \sum_{i=1}^r \otimes_{m=1}^M w_m^{(i)} \qquad (7-3)$$

基于 W 的分解，再根据 $Z = \otimes_{m=1}^M z_m$，可以把原来计算 h 的公式进行以下的推导：

$$h = \Big(\sum_{i=1}^r \otimes_{m=1}^M w_m^{(i)}\Big) \cdot Z = \sum_{i=1}^r (\otimes_{m=1}^M w_m^{(i)} \cdot Z)$$

$$= \sum_{i=1}^r (\otimes_{m=1}^M w_m^{(i)} \cdot \otimes_{m=1}^M z_m)$$

$$= \overset{M}{\underset{m=1}{\wedge}} \Big[\sum_{i=1}^r (w_m^{(i)} \cdot z_m) \Big] \qquad (7-4)$$

式中：$\overset{M}{\underset{m=1}{\wedge}}$ 为一系列张量的元素积，例如 $\overset{3}{\underset{t=1}{\wedge}} x_t = x_1 \cdot x_2 \cdot x_3$。

对于决策级交互，多模态情感分析不仅仅是一个分类任务，同样是一个复杂且主观的认知决策过程。不同的模态纠缠在一起共同表达作者的情感，它们之间并非独立，而是相互关联、共同影响用户的判断决策。多模态情感分析也已经提出了许多决策融合方法，例如最大投票法[23]、线性加权[24]、证据融合理论[25]等。

最大投票融合模型（Majority Voting Fusion Model，MVF）是投票融合模型中的一种。投票（Voting）是模型融合策略中最简单的一种方法，其融合过程不需要建立新的模型，只需要在单一模型的输出结果上完成融合。投票可分为硬投票（Hard Voting）和软投票（Soft Voting）。硬投票的预测结果是所有模型预测结果中出现次数最多的类别，而软投票先计算每个类别在所有模型中的平均概率，然后选择概率最高的类别作为最终预测结果。软投票对各类预测结果的概率进行求和，最终选取概率之和最大的类标签。软投法考虑到了预测概率这一额外的信息，因此可以得出比硬投票法更加准确的预测结果。投票法在回归模型与分类模型上均可使用：回归投票法的预测结果是所有模型预测结果的平均值，而分类投票法的预测结果是所有模型中出现最多的预测结果。投票法的局限性在于，它对所有模型的处理是一样的，这意味着所有模型对预测的贡献是一样的。如果一些模型在某些情况下很好，而在其他情况下很差，这是使用投票法时需要考虑的一个问题。

线性加权融合（Linear Weighted Fusion）是最简单、应用最广泛的方法之一。在这种方法中，从不同模态获得的信息以线性方式组合。这些信息可以是低层次的特征（例如视频中的颜色和运动线索）[26]，也可以是语义层次的决策（即事件的发生）[27]。为了组合这些信息，可以为不同的模态分配标准化的权重。在以往的研究中，权重归一化的方法多种多样，如最大最小标准化（Min-max Normalization）、小数定标标准化（Decimal Scaling）、Z Score 标准化、（Tanh-estimators）和 Sigmoid 函数[28]。线性加权融合的一般方法可以描述如下：设 $z_i (1 \leqslant i \leqslant n)$ 是从第 i 个媒体源（如音频、视频等）或从分类器获得的决策中获得的特征向量。同样，设 $w_i (1 \leqslant i \leqslant n)$ 为赋给第 i 个媒体源或分类器的归一化权重。这些向量（假设它们具有相同的维度）通过使用和或乘积运算进行组合，并用分类器提供高级决策[23]，其公式为

$$Z = \sum_{i=1}^{n} w_i \times z_i = \prod_{i=1}^{n} z_i^{w_i} \qquad (7-5)$$

与其他方法相比,这种方法的计算成本更低。然而,融合系统需要确定并调整权重,使任务得以完成。

D-S 证据融合模型(Dempster-Shafer Evidence Fusion,DSEF)。D-S 证据理论[29]允许融合多个来源的证据去获得最终决策,能够考虑到每个证据的置信度。D-S 证据理论是对贝叶斯理论的一种扩展。在证据理论中,一个样本空间称为一个识别框架,用 $\Theta = \{H_1, H_2, \cdots, H_m\}$ 表示,它具有可穷性和可列性,并且其中的元素均为互斥事件,有以下定义。

定义 7.1　设 Θ 为识别框架,则函数 $m: 2^\Theta \to [0,1]$(2^Θ 为 Θ 的所有子集)在满足 $m(\varphi) = 0, \sum_{H \subset \Theta} m(H) = 1$ 时,称 $m(H)$ 为 H 的基本概率分配(Basic Probability Assignment,BPA)函数或 mass 函数。

定义 7.2　设 Θ 为识别框架,m 为 Θ 上的基本概率分配函数,定义函数 Bel: $2^\Theta \to [0,1]$ 为 Θ 上对应于 m 的信任度函数(Believe Function),它表示对命题 H 的总的信任程度。

$$\mathrm{Bel}(H) = \sum_{H \subset \Theta} m(B), \forall H \subset \Theta \qquad (7-6)$$

定义 3　设 Θ 为识别框架,m 为 Θ 上的基本概率分配函数,定义函数 Pl: $2^\Theta \to [0,1]$ 为 Θ 上对应于 m 的似真度函数(Plausibility Function),它表示对命题 H 不否定的信任程度。

$$\mathrm{Pl}(H) = \sum_{H \cap B \neq \varphi} m(B) \qquad (7-7)$$

定义 7.4　Dempster 组合规则中,设 $m_1, m_2, \cdots, m_n$ 为识别框架 Θ 上的 n 个不同的基本概率分配函数,则其正交和定义为

$$\left.\begin{array}{l} m(\varphi) = 0 \\ m(H) = k^{-1} \sum_{\cap H_j = H} \prod_{i=1}^{n} m_i(H_i), H \neq \varphi \end{array}\right\} \qquad (7-8)$$

式中:$k = \sum_{\cap H_j = \varphi} \prod_{i=1}^{n} m_i(H_i)$。

在 D-S 证据理论融合算法中:识别框架是整个判别的框架;基本概率分布(BPA)函数是融合的基础;Dempster 合成规则是融合的过程和方法;而信任度 Bel 函数和似真度 Pl 函数则用来表达融合结论对某个假设的支持力度区间的上下限[30-32]。设 m_1 和 m_2 分别是两信息源对应的基本概率赋值,焦元分别为 $A_1, A_2, \cdots, A_k$ 和 $B_1, B_2, \cdots, B_k$,又设

$$K_1 = \sum_{A_j \cap B_j \neq \varphi} m_1(A_i) m_2(B_j) < 1 \qquad (7-9)$$

则两信息源的组合为

$$m(C) = \begin{cases} \sum_{A_j \cap B_j = C} \dfrac{m_1(A_i) m_2(B_j)}{1 - K_1}, & \forall C \subset UC \neq \varphi \\ 0, & C = \varphi \end{cases} \qquad (7-10)$$

由于它满足人们对合成规则的几个基本期望特征,即聚焦性、交换性和结合性,所以是应用最广泛的证据合成规则。

虽然这些方法对决策级交互有一定作用,但是这些方法自然忽略了模态之间的相互干

涉，表现为对不同模态不同的阅读顺序，可能产生不同的判别结果，即事件发生的顺序影响事件的结果。现有的研究通常源自 Kolmogorov 概率论与经典理论。在经典概率中，事件对应于集合，即样本空间的一个子集。由于集合的无序性，集合内每个事件的地位相同，即事件的先后发生顺序不会对结果造成影响。量子理论中，每个事件对应于希尔伯特空间的一个子空间（例如直线、平面），由投影算符（Projector）表示。它允许存在不相容事件，也就是认为不相容事件之间的发生顺序会影响事件的结果，为这种科学问题提供了解决方案[33-34]。而决策融合过程中的交互干涉现象类似于量子力学中的量子干涉现象，传统的经典方法难以建模和解释该现象，但是通过量子理论可以对此现象建模。将多模态情感分析类比为量子双缝干涉过程，将用户的认知状态视作文本情感与图像情感的叠加态，采用波函数形式化描述，创建多模态情感分析范式，从而提出一个量子干涉启发的多模态决策融合方法，具体的建模过程详见本书 9.5.2 节。

7.3　模态外交互

交互式多模态情感分析中另一典型交互子问题是位于模态外层面的话语流交互。由于自然语言的复杂性与语言描述的外部世界的复杂性，同样一句话在不同对话环境下可以理解为不同的含义，传达不同的情感。对话上下文对话语的理解至关重要，能够对不同的话语起到约束和补充解释的作用。例如，"你开心就行"在"父母对你没有别的要求"对话上下文中传达的是积极的情绪，然而在"我懒得跟你争论"对话上下文中暗示消极的无奈。这使得分析话语间交互变得很重要，以便准确地理解在不同话语背景下它们的含义。特别是在会话聊天场景中，谈话者表达的语句里蕴含着强烈而重复的交互，甚至于在不同的聊天背景下，暗示着不同类型的交互。通常，每个谈话者的答语既充当对上一谈话者话语的响应，也演变为下一谈话者的上下文[35]。然而在传统的情感分析领域，对会话情感的研究局限于孤立地对待每条话语，对话语之间的交互影响缺乏系统性的研究。如何理解并建模话语间的交互成为本领域的核心难题之一。

同时，在多模态对话过程中，每位谈话者通过发送文字、表情或语音等表达自己的态度，这些态度通常是多种不同类型情感的混合体（如情感、情绪、讽刺、幽默等）。这些情感彼此缠结，互相作用，共同影响人类的情感。目前已有的多任务学习方法只是单纯地学习多任务的共享表示，缺乏对上下文交互的建模。此外，鉴于多模态的异质性与分布性，目前的研究方法尚未就多模态信息融合最佳方式达成一致，如何搭建多模态交互渠道仍旧是多模态语言分析领域恒久存在的著名难题。

鉴于会话中话语交互过程难以建模，早期的会话情感分析模型仍然是独立地对待每一条话语，选择性忽视了话语之间的影响，并不严格隶属于交互式情感分析模型。例如 Ojamaa 等人采用一种基于词典的方法去判断会话文本的情感极性，但他们仍旧只是孤立地计算每句话语的情感，并没有考虑会话中话语的交互作用[36]。Elise 等人同样构建情感规则去计算语音转录文本对话的情感[37]。Maghilnan 等人仅仅采用机器学习算法去分类文本对话中每句话语的情感极性[38]。Bhaskar 等人结合音频与文本特征去提升音频对话情感分析的准确率,他们尚未考虑对话交互[39]。进一步地,Huijzer 等人开始注意到话语交互对邮件情感分析性能的影响,但是他们并未建立起交互式情感分析模型[40]。Marhefka 在此基础上,针对不同类型的社交对话,简单定义出几种交互系数,相比于统计语言模型获得了更优的结果[41],表明了交互在会话情感分析中的重要性。

近两年,随着深度学习的兴起,国内外开始有意识地重视话语之间的交互与影响,发展出能够捕捉这种信息的多模态会话情感分析模型。因此,与叙述式多模态情感分析不同,交互式多模态情感分析模型都是在深度学习技术上发展而来的。此外,鉴于话语交互的复杂性与隐蔽性,目前该领域的研究成果相对很少。

笔者团队和意大利帕多瓦大学合作[35]在 2019 年国际人工智能顶级会议(IJCAI)上借助深度学习与量子理论的数学框架,提出了一个面向文本会话情感分析的类量子交互网络模型,取得了目前为止最优的研究结果。受国内外研究成果的激励,Rebiai 等人首次在 SemEval-2019 中引入文本会话情感分析任务,用以支持交互式情感分析的发展[42]。

这些模型因学科视角和切入点不同,导致其对上下文交互的属性与特征理解各异,并未形成统一、一般化的话语交互建模理论思路。同时,这些模型都有其基本假设,在具体化某些问题的同时,也限制了其在其他关键性问题的建模能力,例如用户情感状态的不确定性演化、模态间的相互干涉、多任务间的不兼容性等。

7.4　本章小结

本章对多模态交互(也称多模态融合)问题进行了详细的介绍。前面 5.1 节将模态融合分为 3 种,即特征融合、决策融合以及包含两者的混合融合。与之前不同,在本章中笔者以不同层面为分类依据,将其分为模态内的词项交互、像素点交互问题,模态间的多模态交互/决策交互问题与模态外的话语交互/上下文交互问题。

在模态内交互中,本章介绍了解决模态内的词项交互、图片上像素点交互问题的方法。由于本书其他章节有这些方法的相关介绍,所以本章并没有详细展开介绍。对于模态间交互,为了缓解各模态中原始数据间的不一致性问题,可以先从每种模态中分别提取特征的表示,然后在特征级别进行融合,即特征融合。当然,由于深度学习本质上会涉及从原始数据中学习特征的具体表示,这就导致了有时可能在没有抽取特征之前就需要进行融合,即数据融合。因此,特征层面和数据层面的融合都称为早期融合,而决策级交互则属于晚期融合。在本章中,笔者对特征级交互和决策级交互的技术方法和模型进行了对应的阐述:在特征级融合中,介绍了特征串接、张量融合网络等方法;在决策级交互中,详细介绍了最大投票法、线性加权、证据融合理论的内容。而多模态会话情感分析中则有模态外的话语交互/上下文交互问题,本章简要介绍了早期的会话情感分析模型和随着深度学习发展起来的重视话语之间的交互模型。同时,在多模态对话过程中,人们的态度往往带有多种不同类型情感的混合体(如情感、情绪、讽刺、幽默等),而目前已有的多任务学习方法只是单纯的学习多任务的共享表示,缺乏对上下文交互的建模。因此,多任务的上下文交互也是多模态情感分析领域的难题。此外,绝大多数现有模型都是将所有模态信息全部融入框架内,忽视了在特定任务中模态之间可能出现的信息冲突现象，因此，如何在模态集合｛文本、图像、视频、音频｝中挑选出最佳的子集也值得研究者们进一步思考。

参 考 文 献

[1] PORIA S, CAMBRIA E, BAJPAI R, et al. A review of affective computing：from unimodal analysis to multimodal fusion[J]. Information Fusion, 2017,37：98 – 125.

[2] LI Z, FAN Y, JIANG B, et al. A survey on sentiment analysis and opinion mining for social multimedia[J]. Multimedia Tools and Applications, 2019, 78(6)：6939 – 6967.

[3] YOU Q, CAO L, JIN H, et al. Robust visual-textual sentiment analysis：when attention meets tree-structured recursive neural networks[C]//Proceedings of the 24th ACM International Conference on Multimedia. New York：ACM, 2016：1008 – 1017.

[4] PORIA S, MAJUMDER N, HAZARIKA D, et al. Multimodal sentiment analysis：addressing key issues and setting up the baselines[J]. IEEE Intelligent Systems, 2018, 33(6)：17 – 25.

[5] PORIA S, MAJUMDER N, MIHALCEA R, et al. Emotion recognition in conversation：research challenges, datasets, and recent advances[J]. IEEE Access, 2019, 7：100943 – 100953.

[6] CAMBRIA E. Affective computing and sentiment analysis[J]. IEEE Intelligent Systems, 2016, 31(2)：102 – 107.

[7] ZHANG Y, SONG D, ZHANG P, et al. A quantum-inspired multimodal sentiment analysis framework[J]. Theoretical Computer Science, 2018, 752：21 – 40.

[8] ZHANG Y, LI Q, SONG D, et al. Quantum-inspired interactive networks for conversational sentiment analysis[C]//Proceedings of the 28th International Joint Conference on Artificial Intelligence. Freiburg：IJCAI, 2019：5436 – 5442.

[9] WANG Y, HOU Y, CHE W, et al. From static to dynamic word representations：a survey[J]. International Journal of Machine Learning and Cybernetics, 2020, 3：1 – 20.

[10] MIKOLOV T, YIH W, ZWEIG G. Linguistic regularities in continuous space word representations[C]//Proceedings of the 2013 Conference of The North American Chapter of The Association for Computational Linguistics. New York：ACL, 2013：746 – 751.

[11] DEVLIN J, CHANG M, LEE K, et al. BERT：pre-training of deep bidirectional transformers for language understanding[C]//Proceedings of the Annual Conference of the North American Chapter of the Association for Computational Linguistics. New York：ACL, 2019：4171 – 4186.

[12] PETERS M, NEUMANN M, IYYER M, et al. Deep contextualized word repre-

sentations[C]//Proceedings of the 2018 Conference of The North American Chapter of The Association for Computational Linguistics. New York: ACL, 2018: 2227 - 2237.

[13] RUBLEE E, RABAUD V, KONOLIGE G. ORB: an efficient alternative to SIFT or SURF[C]//Proceedings of the 2011 International Conference on Computer Vision. New York: ACM, 2011: 2564 - 2571.

[14] DALAL N, TRIGGS B. Histograms of oriented gradients for human detection [C]//Proceedings of the 2005 IEEE Computer Society Conference on Computer Vision and Pattern Recognition. Washington: IEEE, 2005: 886 - 893.

[15] ATREY P K, HOSSAIN M A, EL SADDIK A, et al. Multimodal fusion for multimedia analysis: a survey[J]. Multimedia Systems, 2010, 16(6): 345 - 379.

[16] PEREZ-ROSAS V, MIHALCEA R, MORENCY L-P. Utterance-level multimodal sentiment analysis[C]//Proceedings of the 51st Annual Meeting of the Association for Computational Linguistics. New York: ACM, 2013: 973 - 982.

[17] PORIA S, CAMBRIA E, GELBUKH A. Deep convolutional neural network textual features and multiple kernel learning for utterance-level multimodal sentiment analysis[C]//Proceedings of the 2015 Conference on Empirical Methods in Natural Language Processing. New York: ACL, 2015: 2539 - 2544.

[18] WAGNER J, ANDRE E, LINGENFELSER F, et al. Exploring fusion methods for multimodal emotion recognition with missing data[J]. IEEE Transactions on Affective Computing, 2011, 2(4): 206 - 218.

[19] ZADEH A, CHEN M, PORIA S, et al. Tensor fusion network for multimodal sentiment analysis[C]//Proceedings of the 2017 Conference on Empirical Methods in Natural Language Processing. New York: ACL, 2017: 1103 - 1114.

[20] HUANG F, ZHANG X, ZHAO Z, et al. Image-text sentiment analysis via deep multimodal attentive fusion[J]. Knowledge-Based Systems, 2019, 167: 26 - 37.

[21] PERZ-RUA J-M, VIELZEUF V, PATEUX S, et al. MFAS: multimodal fusion architecture search[C]//Proceedings of the 32nd IEEE Conference on Computer Vision and Pattern Recognition. Long Beach: IEEE Computer Society, 2019: 6959 - 6968.

[22] LIU Z, SHEN Y, LAKSHMINARASIMHAN V B, et al. Efficient low-rank multimodal fusion with modality-specific factors [J]. arXiv preprint arXiv: 1806. 00064, 2018.

[23] ATREY P K, HOSSAIN M A, EL SADDIK A, et al. Multimodal fusion for multimedia analysis: a survey[J]. Multimedia Systems, 2010, 16(6): 345 - 379.

[24] PORIA S, MAJUMDER N, HAZARIKA D, et al. Multimodal sentiment analysis: addressing key issues and setting up the baselines[J]. IEEE Intelligent Systems, 2018, 33(6): 17 - 25.

[25] AI L, WANG J, WANG X. Multi-features fusion diagnosis of tremor based on ar-

tificial neural network and d-s evidence theory[J]. Signal Processing，2008，88 (12)：2927 - 2935.

[26] WANG J，KANKANHALLI M S，YAN W Q，et al. Experiential sampling for video surveillance[C]//Proceedings of the ACM Workshop on Video Surveillance. Berkeley：ACM，2003；77 - 86.

[27] NOCK H J，IYENGAR G，NETI C. Assessing face and speech consistency for monologue detection in video[C]//Proceedings of the ACM International Conference on Multimedia. Riviera：ACM，2002；303 - 306.

[28] JAIN A，NANDAKUMAR K，ROSS A. Score normalization in multimodal biometric systems[J]. Pattern Recognition，2005，38(12)：2270 - 2285.

[29] BASIRI M E，NAGHSH-NILCHI A R，GHASEM-AGHAEE N. Sentiment prediction based on dempster-shafer theory of evidence[J]. Mathematical Problems in Engineering，2014，2014：1 - 8.

[30] 孙锐. 基于 D-S 证据理论的信息融合及在可靠性数据处理中的应用研究[D]. 成都：电子科技大学，2011.

[31] 龚本刚. 基于证据理论的不完全信息多属性决策方法研究[D]. 合肥：中国科学技术大学，2007.

[32] 江涛. 基于 D-S 证据理论的信息融合算法[J]. 计算机科学，2013，40(11A)；5.

[33] BRUZA P，WANG Z，BUSEMEYER J. Quantum cognition：a new theoretical approach to psychology[J]. Trends in Cognitive Sciences，2015，19(7)：383 - 393.

[34] BUSEMEYER J，BRUZA P. Quantum models of cognition and decision[M]. Cambridge，England：Cambridge University Press，2012.

[35] ZHANG Y，LI Q，SONG D，et al. Quantum-inspired interactive networks for conversational sentiment analysis[C]//Proceedings of the 28th International Joint Conference on Artificial Intelligence. Freiburg：IJCAI，2019：5436 - 5442.

[36] OJAMAA B，JOKINEN P，MUISCHENK K. Sentiment analysis on conversational texts[C]//Proceedings of the 20th Nordic Conference of Computational Linguistics. New York：ACL，2015：233 - 237.

[37] RUSSELL E. Real-time topic and sentiment analysis in human-robot conversation [J]. Electrical and Computer Engineering，2015，1：1 - 20.

[38] MAGHILNAN S，KUMAR M. Sentiment analysis on speaker specific speech data [C]//Proceedings of the 2017 International Conference on Intelligent Computing and Control Systems. Washington：IEEE，2017：223 - 227.

[39] BHASKAR J，SRUTHI K，NEDUNGADI P. Hybrid approach for emotion classification of audio conversation based on text and speech mining[C]//Proceedings of the International Conference on Information and Communication Technology. Washington：IEEE，2015：635 - 643.

[40] HUIJZER E. Identifying effective affective email responses[J]. Business Analyt-

ics，2017，1：15 – 40.

[41]　MACHOVÁ K，MARHEFKA L. Opinion mining in conversational content within web discussions and commentaries[C]//Proceedings of the 1st Cross-Domain Conference and Workshop on Availability，Reliability，and Security in Information Systems. Washington，USA：IEEE，2013：149 – 161.

[42]　CHATTERJEE A，NARAHARI KN，JOSHI M，et al. SemEval-2019 Task 3：emocontext contextual emotion detection in text[C]//Proceedings of the 13th International Workshop on Semantic Evaluation. New York：ACL，2019：39 – 48.

第8章 经典多模态情感分析方法

本章对经典的多模态情感分析方法进行介绍。早期的情感分析是基于情感词典来完成的,通过识别主观性文档中单词的情感信息来判断整个文档的情感极性。随着互联网的发展、机器学习在自然语言处理的流行以及人工智能的浪潮,国内外研究者们对情感、情绪、讽刺、幽默分析等产生了极大的热情,使其成为自然语言处理领域的一个热门研究方向。经过30年的发展历程,情感识别领域已经涌现出大量研究成果,其主要可以分为3类,即基于情感词典(知识驱动)的方法、基于机器学习的方法和基于深度学习(数据驱动)的方法。

8.1节主要介绍国内外使用较多的情感词典,简述它们的构成以及优缺点。8.2节介绍支持向量机(SVM)、朴素贝叶斯(NB)、随机森林(RF)、多层感知机(MLP)等使用比较多的模型和方法,这些模型和方法利用统计学知识与机器学习算法,基于已标注的情感标签与有效的特征去训练收敛的学习模型,从而完成主观性文档的分类。为了避免这种昂贵的"特征工程",基于深度学习的方法以端到端学习(End-to-End Learning),是指在学习过程中不进行分模块或分阶段训练,也不需要给出不同模块或者阶段的功能。它以直接优化任务的总体目标的方式以及强大的性能优势吸引着越来越多的研究者投身其中。8.3节主要介绍卷积神经网络(CNN)、循环神经网络(RNN)、长短期记忆网络(LSTM)、深度自注意网络(Transformer)等比较著名的模型和方法。

8.1 基于情感词典的方法

基于情感词典进行情感分析的方法通常通过识别主观性文档中单词的情感信息来判断整个文档的情感极性。这种方法比较依赖于情感词典和人工构建的情感规则,往往会考验情感词典的质量、领域适用性以及研究者的专业程度,其优点是一般不需要存储大型的语料库或设计复杂的训练学习算法。早期的国外研究者们通过计算文档中形容词或副词的语义倾向性去评判该文档的情感极性。从2003年开始,国内的北京大学、复旦大学、南京大学、中国科学院自动化研究所以及哈尔滨工业大学纷纷展开对中文情感识别的研究,包括总结中文词语的情感极性、形容词与动词情感极性归纳分类及语义相似度推断等[1-3]。在此基础上,早期涌现出许多利用形容词和副词的情感极性来检测文本情感倾向的工作。但是,这种方法并未考虑任何交互,识别率较低。此外,使用情感词典进行情感分析还有以下的挑战:①一个积极的或消极的情感词在不同的应用领域可能有相反的方向;②一个含有感情词的句子,可能不表达任何感情;③带有或不带有情感词汇的讽刺句都很难处理;④许多没有情感词汇的句子也可以暗示观点。接下来笔者主要介绍比较著名的国内外情感词典。

8.1.1　中文情感词典

1. 知网情感词典(HOWNET)

HOWNET 是一个以汉语和英语的词语所代表的的概念为描述对象,以揭示概念与概念之间以及概念所具有的属性之间的关系为基本内容的常识知识库。该词典主要分为中文和英文两部分,共包含如下数据:中文正面评价词语 3 730 个、中文负面评价词语 3 116 个、中文正面情感词语 836 个、中文负面情感词语 1 254 个,英文正面评价词语 3 594 个、英文正面评价词语 3 563 个、英文正面情感词语 769 个、英文负面情感词语 1 011 个。HOWNET 秉承还原论思想,认为词汇/词义可以用更小的语义单位来描述。这种语义单位被称为"义原"(Sememe),顾名思义就是原子语义,即最基本的、不宜再分割的最小语义单位。在不断标注的过程中,HOWNET 逐渐构建出了一套精细的义原体系(约 2 000 个义原)。HOWNET 基于该义原体系累计标注了数十万词汇/词义的语义信息。

HOWNET 的优点:在自然语言理解方面,它更贴近语言本质特点。自然语言中的词汇是典型的符号信息,这些符号背后蕴藏丰富的语义信息。可以说,词汇是最小的语言使用单位,却不是最小的语义单位。HOWNET 提出的义原标注体系,正是突破词汇屏障,深入了解词汇背后丰富语义信息的重要通道。HOWNET 的缺点:由于 HOWNET 采用了收费授权的政策,并且主要面向中文世界,所以近年来 HOWNET 知识库有些淡出人们的视野。

2. 台湾大学评价词词典

台湾大学整理编著的中文情感词典有两个版本,一个是简体中文版,另一个是繁体中文版。每个版本都包括了 2 812 个正面情感词汇和 8 276 个负面情感词汇。

台湾大学评价词词典的优点:该词典是抓取数据之后多次进行人工标注来构建的,根据情感表达将词语进行正负向和强弱程度区分。台湾大学评价词词典缺点:虽然人工构建词典在扩充词条信息和便利性方面有一定的优势,但是大大增加了人工开销,并且设计的范围有限,不适合跨领域研究。

3. 中文情感词汇本体库

中文情感词汇本体库是大连理工大学信息检索研究室在林鸿飞教授的指导下经过全体教研室成员的努力整理和标注的一个中文本体资源。该资源从不同角度描述一个中文词汇或短语,包括词语词性种类、情感类型、情感强度及极性等信息。中文情感词汇本体的情感分析体系是在国外比较有影响的 Ekman 的 6 大情感分类体系的基础上构建的。在 Ekman 的基础上,词汇本体加入情感类别"好",对褒义情感进行更细致的划分。最终词汇本体中的情感共分为 7 大类、21 小类。构造该资源的宗旨是在情感计算领域,为中文文本情感分析和倾向性分析提供一个便捷可靠的辅助手段。中文情感词汇本体库可以用于解决多类别情感分类的问题,同时也可以用于解决一般的倾向性分析的问题。

此外,中文情感词典还有中文对话情绪语料、中文褒贬义词词典、商品评论情感语料库等。中文对话情绪语料的 sentiment_XS_test.txt 包含 11 577 个手动标记的实例(文中提到的 XS_test),sentiment_XS_30k.txt 包含几乎 30k 个自动标记的实例(文中提到的 XS_

30k)，所有数据均来自人机对话日志，并由 Jieba 工具进行分词。商品评论情感语料库是一个中文情感分析语料库，包含酒店、服装、水果、平板、洗发水等 5 个领域的评价数据，每个领域各包含5 000 条正面和负面评价，数据抓取于携程网和京东。

8.1.2 英文情感词典

1. SentiWordNet

SentiWordNet 由 Esuli 等人[4]提供，以 WordNet 为基础发展出的情感词汇库。该词汇库会赋予 WordNet 中的每个词的同义词集 3 组分别代表正向、负向与中立的情感极性分数，评分的取值范围为 $[0, 1.0]$，某一同义词集的 3 类评分可能都不为 0，但是评分总和为 1，以此表示其在 3 种情感属性中的倾向。而情感分析的进行即可透过辨识该词汇库所赋予词汇的情感分数进而对电子文本进行分类。

SentiWordNet 的优点：SentiWordNet 和 WordNet 类似，它既是一个字典，又是一个辞典，它比单纯的辞典或词典都更加易于使用，因此更加支持自动的文本情感分析以及人工智能应用。SentiWordNet 的缺点：SentiWordNet 虽可帮助情感分析进行，但仍存在字义辨识的问题，由于词汇普遍存在一字多义的问题，所以在情感分析中如何挑选词汇正确的字义也将影响情感分析成效。

2. General Inquirer

该词典是 Stone 等人[5]收集了 1 915 个褒义词和 2 293 个贬义词，并按照极性、强度、词性等打上不同的标签。它对于词汇还列出不同的义项，可以区别不同义项和词性下的褒贬极性，也相当于对每个单词都构建了一组语义消歧规则。

3. MPQA Subjectivity Cues Lexicon

该词典由 Wilson 等人[6]提供，包括超过 8 000 项情感词和组合短语。具体来讲，该词典共涵盖 2 718 个褒义情感词、4 910 个贬义情感词和 570 个中性情感词。

4. LIWC

LIWC2007 词典包含 4 500 个单词和词干，每一个都被归档到一个或多个子字典中。通过 LIWC 编译一个文本，子词典代表 55 个单词类别之一。例如，"cried"这个词是 5 个词类别的一部分：sadness、negative emotion、overall affect、verb and past tense verb。因此，如果在目标文本中找到它，那么这 5 个子词典量表分数中的每一个都会增加[7]。之所以如此特别，是因为 Jamie Pennebaker 教授和开发人员非常努力地通过心理测量验证了这些子词典。这意味着 LIWC 类别的价值已被证明与五大人格特质相关。

5. Sentiment lexicon

该词典是由 Hu 等人[8]提供，现已包括 6 800 个情感词，特别需要指出的是，词典中的一些拼写错误的词汇是因为其出现频率高而存在的。

6. Emotion lexicon

该词典是由 Mohammad 等人[9]通过亚马逊的土耳其机器人（Mechanical Turk）低成本、中规模、高质量地标注词性、极性和属性构成的情感词典。

8.2　基于机器学习的方法

机器学习(Machine Learning，ML)是指让计算机从有限的观测数据中进行自动学习，得到某种知识(或一般性规律)，并利用这些规律对未知数据进行预测的方法[10]。传统的机器学习的重点在于学习最终的预测模型，在数据预处理后，需要将数据表示为特征向量，这个向量可以是离散的符号、连续的数值或其他形式。然后将这些特征输入预测模型，将输出预测结果与真实结果作对比，从而对预测模型进行微调得到最终的预测模型。这些特征主要靠人工经验或特征转换来抽取的机器学习方法被看作浅层学习，这与深度学习相对应。

假设训练集 D 是由 n 个样本组成，而且每个样本都是独立同分布的(Identically and Independently Distribution，IID)，即独立地从相同的数据分布中抽取，记为

$$D = \{(\boldsymbol{x}_1,y_1),(\boldsymbol{x}_2,y_2),\cdots,(\boldsymbol{x}_n,y_n)\} \tag{8-1}$$

这里的 $\boldsymbol{x}$ 是指每个数据所对应的某一特定维度的特征向量，每个样本的特征向量 $\boldsymbol{x}$ 和标签 y 一一对应。如何从一个函数集合 $F = \{f_1(\boldsymbol{x}),f_2(\boldsymbol{x}),\cdots\}$ 中自动找到一个"最优"的函数 $f^*(\boldsymbol{x})$ 来(训练出"最优"的预测模型)拟合它们之间的真实映射关系是机器学习的关键。可以通过这个最优的函数来预测某一个样本 $\boldsymbol{x}$ 的标签值：

$$y' = f^*(\boldsymbol{x}) \tag{8-2}$$

或者标签的条件概率：

$$p'(y|\boldsymbol{x}) = f_y^*(\boldsymbol{x}) \tag{8-3}$$

具体来讲，寻找这个"最优"的函数 $f^*(\boldsymbol{x})$ 的过程就是学习(Learning)或者训练(Training)的过程，而这个过程是通过学习器(Learner)或学习算法(Learning Algorithm)A 实现的。图 8.1 所示为机器学习的基本流程，即通过学习算法 A 和训练集合 $D = \{(\boldsymbol{x}_1,y_1),(\boldsymbol{x}_2,y_2),\cdots,(\boldsymbol{x}_n,y_n)\}$，从函数集合 F 中学习到"最优"函数 $f(x)$，对于任意输入 $\boldsymbol{x}$、标签 y_i 的数据，通过这个函数 $f(x)$ 得到的预测输出为 y' 或 $p'(y|\boldsymbol{x})$。

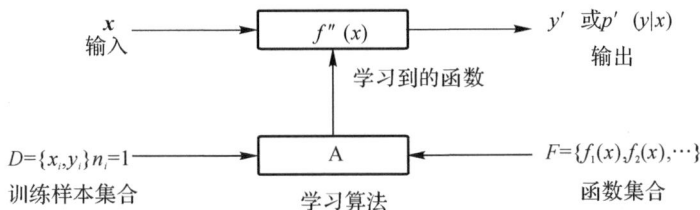

图 8.1　机器学习基本流程

一般地，输入数据即实体的主要特征，学习器的学习主要依赖于输入数据和数据自身的标签。找到这个"最优"的函数得到输出结果后，会把预测结果 $y'_{1:n}$ 与输入数据的标签 $y_{1:n}$ 进行比较并计算准确率、查全率等评价指标，具体的评价指标内容详见本书 3.4 节。根据实际情况确定合适的性能指标来对学习器进行评价并进行微调。这里量化模型预测和真实标签之间差异的是非负损失函数，假设数据样本与其标签之间的真实关系为 $y = g(\boldsymbol{x})$，找到

的"最佳"拟合函数关系为 $y' = f(\boldsymbol{x})$，常用的损失函数有 0 - 1 损失函数（0 - 1 Loss Function）、平方损失函数（Quadratic Loss Function）、Hinge 损失函数和交叉熵损失函数（Cross-Entropy Loss Function）。

（1）0 - 1 损失函数：

$$L(y, f(\boldsymbol{x})) = \begin{cases} 0, & y = f(\boldsymbol{x}) \\ 1, & y \neq f(\boldsymbol{x}) \end{cases} \tag{8-4}$$

（2）平方损失函数：

$$L(y, f(\boldsymbol{x})) = \frac{1}{2}(y - f(\boldsymbol{x}))^2 \tag{8-5}$$

（3）Hinge 损失函数：

$$L(y, f(\boldsymbol{x})) = \max(0, 1 - yf(\boldsymbol{x})) \tag{8-6}$$
$$\triangleq [1 - yf(\boldsymbol{x})]_+$$

式中：$[x]_+ = \max(0, x)$，$y \in \{-1, +1\}$，$f(x) \in \mathbf{R}$。

（4）交叉熵损失函数：

$$L(\boldsymbol{y}, f(\boldsymbol{x})) = -\boldsymbol{y}^{\mathrm{T}}\log f(\boldsymbol{x})$$
$$= -\sum_{c=1}^{C} y_c \log f(\boldsymbol{x}) \tag{8-7}$$

式中：向量 $\boldsymbol{y}$ 是使用 C 维的 One-hot 向量来表示样本标签。

假设样本的标签 $y \in \{1, 2, \cdots, C\}$ 为离散的 C 个类别，模型 $f(\boldsymbol{x}) \in [0,1]^C$ 的输出为类别标签的条件概率分布，即

$$p'(y = c \mid \boldsymbol{x}) = f_c(\boldsymbol{x})$$

并有
$$f_c(\boldsymbol{x}) \in [0, 1]$$
$$\sum_{c=1}^{C} f_c(\boldsymbol{x}) = 1$$

随着机器学习的兴起和人工智能的浪潮，研究者们将其应用到情感分析这一任务中取得了许多不凡的硕果，具体到这一领域，就相当于训练出"最优"的模型可以对输入的数据预测出情感、情绪、讽刺等类别。本章将介绍机器学习中应用比较广泛的几种算法，主要是 SVM、NB、RF 和 MLP。

相比于基于词典的方法，基于机器学习的方法通常获得更高的识别率。但是，这种方法将特征提取与决策判断过程分开独立，必须仔细选择最佳特征以传递给机器学习算法，导致最终的性能依赖于前期特征工程，而优良的特征工程非常烦琐，耗费大量人力与时间。而且，这种方法习惯性地忽略了谈话者之间、多任务之间的交互。

8.2.1 SVM

支持向量机（Support Vector Machine，SVM），又名支持向量网络，是一种二分类模型，它的基本模型是定义在特征空间上的间隔最大的线性分类器，SVM 的学习策略就是间隔最大化。下面将详细介绍 SVM 的原理。

图 8.2 所示为分类器导入图示,这里有一些属于两个类别的二维数据点和 3 条直线,如果这 3 条直线代表 3 个分类器,可以直观地看到 H_1 都没有将这两类数据分隔开来;而 H_2 虽然可以,但是它和最近的数据点只有很小的间隔,如果数据中有一些噪声的话可能就会被 H_2 错误分类;H_3 的分类效果更好,因为它处于两类数据点的"正中间",即和这两类数据之间有着最大间隔,这使得它对数据局部扰动的"容忍"性最好,泛化能力更强。

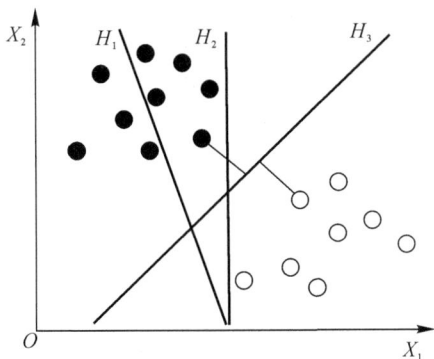

图 8.2　分类器导入图示

这类问题可以推广到高维空间中,若数据点是 p 维向量,可以使用 $p-1$ 维的超平面来分开这些点,但是实际上可能有很多超平面可以把这些数据分类。决策超平面的一个合理选择就是选择以最大间隔把两个类分开的超平面,而 SVM 可以帮研究者选择能使离超平面最近的数据点到超平面距离最大的超平面。

这里以二维空间的问题为例,假设有数据集 $D=\{(\boldsymbol{x}_1,y_1),(\boldsymbol{x}_2,y_2),\cdots,(\boldsymbol{x}_n,y_n)\}$ 其中 $y_i\in\{+1,-1\}$,如果两类样本是线性可分,即存在一个超平面将两类样本分开:

$$\boldsymbol{w}^{\mathrm{T}}\boldsymbol{x}+b=0 \tag{8-8}$$

式中:$\boldsymbol{w}=(w_1,w_2,\cdots,w_n)$ 为法向量,决定超平面的方向;b 为位移项,决定超平面与原点之间的距离。

故超平面由法向量和位移项一起决定,将其记为 $(\boldsymbol{w},b)$。假设该超平面能够将训练样本正确分类,即对于 $(\boldsymbol{x}_i,y_i)\in D$,若 $y_i=+1$,则有 $\boldsymbol{w}^{\mathrm{T}}\boldsymbol{x}_i+b>0$;若 $y_i=-1$,则有 $\boldsymbol{w}^{\mathrm{T}}\boldsymbol{x}_i+b<0$,故 $y_i(\boldsymbol{w}^{\mathrm{T}}\boldsymbol{x}_i+b)>0$,令

$$\left.\begin{array}{l}\boldsymbol{w}^{\mathrm{T}}\boldsymbol{x}_i+b\geqslant+1,y_i=+1\\\boldsymbol{w}^{\mathrm{T}}\boldsymbol{x}_i+b\leqslant-1,y_i=-1\end{array}\right\} \tag{8-9}$$

如图 8.3 所示,距离超平面最近的几个数据点使式(8-9)的等号成立,它们被称为"支持向量"(support vector),在决定决策超平面时只有支持向量起作用,而其他数据点并不起作用,这在后续的介绍中会进行解释。

数据集中任意数据样本 $\boldsymbol{x}_i$ 到超平面 $(\boldsymbol{w},b)$ 的距离为

$$\gamma_i=\frac{|\boldsymbol{w}^{\mathrm{T}}\boldsymbol{x}_i+b|}{\|\boldsymbol{w}\|}=\frac{y_i(\boldsymbol{w}^{\mathrm{T}}\boldsymbol{x}_i+b)}{\|\boldsymbol{w}\|} \tag{8-10}$$

定义间隔(margin)γ 为整个数据集 D 中所有样本到分割超平面的最短距离,即

$$\gamma=\min_i\gamma_i \tag{8-11}$$

它同时也是两个异类支持向量到超平面的距离之和，即

$$\gamma = \frac{2}{\|\boldsymbol{w}\|} \tag{8-12}$$

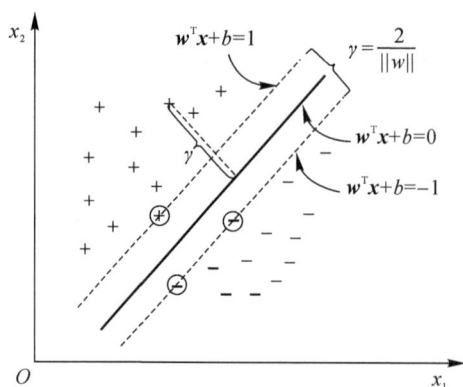

图 8.3　支持向量与间隔

支持向量机的目标就是寻找一个超平面使得 γ 最大，即

$$\left. \begin{array}{l} \max\limits_{w,b} \dfrac{2}{\|\boldsymbol{w}\|} \\ \text{s. t. } y_i(\boldsymbol{w}^{\mathrm{T}}\boldsymbol{x}_i + b) \geqslant 1, \quad i = 1,2,\cdots,n \end{array} \right\} \tag{8-13}$$

为了找到最大间隔，仅需最大化 $\|\boldsymbol{w}\|^{-1}$，这等价于最小化 $\|\boldsymbol{w}\|^2$（位移项 b 通过约束隐式地影响着 $\boldsymbol{w}$ 的取值）。故式(8-13)可以重写为（下式的 $1/2$ 是为了后续求导后刚好能消去，没有其他特殊意义）

$$\left. \begin{array}{l} \min\limits_{w,b} \dfrac{1}{2}\|\boldsymbol{w}\|^2 \\ \text{s. t. } y_i(\boldsymbol{w}^{\mathrm{T}}\boldsymbol{x}_i + b) \geqslant 1, \quad i = 1,2,\cdots,n \end{array} \right\} \tag{8-14}$$

式(8-14)就是支持向量机的基本型。很显然，该目标优化问题是在约束条件下的凸优化问题。

为了找到最大间隔超平面，假设它对应的模型为

$$f(\boldsymbol{x}) = \boldsymbol{w}^{\mathrm{T}}\boldsymbol{x} + b \tag{8-15}$$

式中：w 和 b 是模型参数。

使用拉格朗日乘数法对支持向量机的基本型进行运算可以得到该基本型的"对偶问题"(dual problem)。具体来讲，是对支持向量机的基本型中每条约束添加拉格朗日乘子 $\lambda_i \geqslant 0$，则该问题的拉格朗日函数可写为

$$L(\boldsymbol{w},b,\boldsymbol{\lambda}) = \frac{1}{2}\|\boldsymbol{w}\|^2 + \sum_{i=1}^{n}\lambda_i[1 - y_i(\boldsymbol{w}^{\mathrm{T}}\boldsymbol{x}_i + b)] \tag{8-16}$$

式中：$\boldsymbol{\lambda} = (\lambda_1, \lambda_2, \cdots, \lambda_n)$。

计算 $L(\boldsymbol{w},b,\boldsymbol{\lambda})$ 对 w 和 b 的偏导并令其等于零，可得

$$w = \sum_{i=1}^{n}\lambda_i y_i x_i \quad 0 = \sum_{i=1}^{n}\lambda_i y_i \tag{8-17}$$

将式(8-17)代入式(8-16)中(第一个公式消去 $L(w,b,\lambda)$ 中的 w 和 b,再考虑第二个公式的约束条件),得到拉格朗日函数的对偶函数(这里引入对偶函数的原因有:①对偶函数更容易求解;②可以更自然地引入核函数,进而能推广到非线性问题)如下:

$$
\left.
\begin{aligned}
&\Gamma(\boldsymbol{\lambda}) = \sum_{i=1}^{n} \lambda_i - \frac{1}{2} \sum_{i=1}^{n} \sum_{j=1}^{n} \lambda_i \lambda_j y_i y_j \boldsymbol{x}_i^{\mathrm{T}} \boldsymbol{x}_j \\
&\text{s. t. } \sum_{i=1}^{n} \lambda_i y_i = 0 \\
&\lambda_i \geqslant 0, \quad i = 1,2,\cdots,n
\end{aligned}
\right\}
\tag{8-18}
$$

支持向量机的目标优化问题为凸优化问题,满足强对偶性,即主优化问题可以通过最大化对偶函数 $\max_{\boldsymbol{\lambda} \geqslant 0} \Gamma(\boldsymbol{\lambda})$ 来求解(因为强对偶的存在,可以通过求得目标函数对偶函数的极大值来求得该函数极小值,即其对偶函数相当于该函数的下界函数)。在解出 $\boldsymbol{\lambda}$ 后,再进一步求出 w 和 b,即可得到模型函数为

$$
f(\boldsymbol{x}) = w^{\mathrm{T}} \boldsymbol{x} + b = \sum_{i=1}^{n} \lambda_i y_i \boldsymbol{x}_i^{\mathrm{T}} \boldsymbol{x} + b
\tag{8-19}
$$

这里解出的 λ_i 是支持向量机的基本型拉格朗日函数的拉格朗日乘子,它恰好对应着训练样本 $(\boldsymbol{x}_i, y_i)$。并注意到支持向量机的基本型中有不等式约束条件,因此上述过程需满足 KKT(Karush-Kuhn-Tucker)条件,即

$$
\left.
\begin{aligned}
&\lambda_i \geqslant 0 \\
&y_i f(x_i) - 1 \geqslant 0 \\
&\lambda_i (y_i f(x_i) - 1) = 0
\end{aligned}
\right\}
\tag{8-20}
$$

故对于任一训练样本 $(\boldsymbol{x}_i, y_i)$,要么 $\lambda_i = 0$,$y_i f(\boldsymbol{x}_i) \neq 1$;要么 $\lambda_i > 0$,$y_i f(\boldsymbol{x}_i) = 1$。在第一种情况下,该样本不会在模型函数的求和中出现,对 $f(\boldsymbol{x})$ 也没有影响;在第二种情况下,由于 $y_i f(\boldsymbol{x}_i) = 1$,所以对应的样本点位于最大间隔边界上,是一个支持向量。这也说明了训练完成后,大部分的训练样本都不需保留,最终模型仅与支持向量有关[11]。DVapnik[12]也说,支持向量机这个名字强调了此类学习器的关键是如何从支持向量构建出解,同时也暗示其复杂度主要与支持向量的数目相关。

怎么求解主优化问题的对偶函数的最大值呢?虽然它是一个二次规划问题,可以使用通用的二次规划算法来求解,但是由于其约束条件的数量为训练样本数量,所以算法的代价比较高。随着研究的深入,研究人员利用问题本身的特性,提出了序列最小优化(Sequential Minimal Optimization,SMO)等比较高效的算法。

在前面的分析中,假设训练样本是线性可分的,即存在一个决策超平面能够将训练数据进行正确分类。然而,在现实任务中,人们会遇到在原始特征空间下决策超平面无解问题,如图 8.4 中的“异或”问题。但是可以通过维度转换函数 $\phi(x)$,将样本从原始特征空间映射到更高维的空间,在新的高维度空间中求解决策超平面。如图 8.4 所示,将数据从原始的二维特征空间映射到合适的三维空间,进而找到一个合适的决策超平面。并且若原始空间维

度是有限的,即属性数有限,则一定存在一个高位特征空间使样本可分[11]。

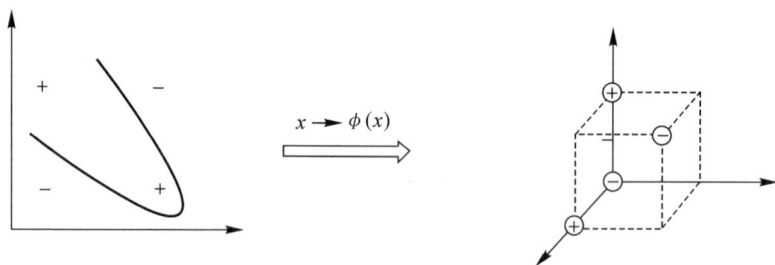

图 8.4 异或问题与非线性映射

令 ϕ 表示变换后的特征空间,$\phi(\boldsymbol{x})$ 表示将 $\boldsymbol{x}$ 映射后的特征向量,则在特征空间中决策超平面对应的模型可表示为

$$f(\boldsymbol{x}) = \boldsymbol{w}^{\mathrm{T}} \phi(\boldsymbol{x}) + b \tag{8-21}$$

式中:$\boldsymbol{w}^{\mathrm{T}}$ 和 b 是模型参数,并且有

$$\left. \begin{array}{l} \min\limits_{w,b} \dfrac{1}{2} \| \boldsymbol{w} \|^2 \\[2mm] \mathrm{s.\,t.\ } y_i(\boldsymbol{w}^{\mathrm{T}}\phi(\boldsymbol{x}_i) + b) \geqslant 1, \quad i = 1, 2, \cdots, n \end{array} \right\} \tag{8-22}$$

其对偶函数表示为

$$\left. \begin{array}{l} \varGamma'(\boldsymbol{\lambda}) = \sum\limits_{i=1}^{n} \lambda_i - \dfrac{1}{2} \sum\limits_{i=1}^{n} \sum\limits_{j=1}^{n} \lambda_i \lambda_j y_i y_j \phi(\boldsymbol{x}_i)^{T} \phi(\boldsymbol{x}_j) \\[3mm] \mathrm{s.\,t.\ } \sum\limits_{i=1}^{n} \lambda_i y_i = 0 \\[3mm] \lambda_i \geqslant 0, \quad i = 1, 2, \cdots, n \end{array} \right\} \tag{8-23}$$

可以看到,求解式(8-23)需要求解 $\phi(\boldsymbol{x}_i)^{T}\phi(\boldsymbol{x}_j)$ 的点积结果,即样本 $\boldsymbol{x}_i$ 与 $\boldsymbol{x}_j$ 映射到特征空间之后的内积。计算该内积有两种方法:一是定义相应的维度转换函数 ϕ,对数据样本完成维度转换后再求新维度向量的点积,但是特征空间维度可能很高甚至是无穷维,这种直接计算的方法是比较困难的。二是利用核函数(Kernel Function),也称核技巧(Kernel Trick),假设该函数:

$$k(\boldsymbol{x}_i, \boldsymbol{x}_j) = \langle \phi(\boldsymbol{x}_i), \phi(\boldsymbol{x}_j) \rangle = \phi(\boldsymbol{x}_i)^{T} \phi(\boldsymbol{x}_j) \tag{8-24}$$

即 $\phi(\boldsymbol{x}_i)^{T}\phi(\boldsymbol{x}_j)$ 的结果等于样本 $\boldsymbol{x}_i$ 与 $\boldsymbol{x}_j$ 在其原始样本空间通过函数 $k(\cdot, \cdot)$ 计算的结果,则对偶函数重写为

$$\left. \begin{array}{l} \varGamma'(\boldsymbol{\lambda}) = \sum\limits_{i=1}^{n} \lambda_i - \dfrac{1}{2} \sum\limits_{i=1}^{n} \sum\limits_{j=1}^{n} \lambda_i \lambda_j y_i y_j k(\boldsymbol{x}_i, \boldsymbol{x}_j) \\[3mm] \mathrm{s.\,t.\ } \sum\limits_{i=1}^{n} \lambda_i y_i = 0 \\[3mm] \lambda_i \geqslant 0, \quad i = 1, 2, \cdots, n \end{array} \right\} \tag{8-25}$$

求解后可得

$$f(\boldsymbol{x}) = \boldsymbol{w}^{\mathrm{T}}\phi(\boldsymbol{x}) + b = \sum_{i=1}^{n}\lambda_i y_i \phi(\boldsymbol{x}_i)^{\mathrm{T}}\phi(\boldsymbol{x}) + b \tag{8-26}$$

$$= \sum_{i=1}^{n}\lambda_i y_i k(\boldsymbol{x}_i, \boldsymbol{x}) + b$$

最终得到的公式体现了模型最优解可以通过训练样本的核函数展开,这一展式也被称为"支持向量展式"(Support Vector Expansion)。常用核函数如表 8.1 所示。

表 8.1　常用核函数

名称	表达式	参数
线性核	$k(\boldsymbol{x}_i, \boldsymbol{x}_j) = \boldsymbol{x}_i^{\mathrm{T}}\boldsymbol{x}_j$	
多项式核	$k(\boldsymbol{x}_i, \boldsymbol{x}_j) = (\boldsymbol{x}_i^{\mathrm{T}}\boldsymbol{x}_j)^d$	$D \geqslant 1$ 为多项式的次数
高斯核	$k(\boldsymbol{x}_i, \boldsymbol{x}_j) = \exp\left(-\dfrac{\|\boldsymbol{x}_i - \boldsymbol{x}_j\|^2}{2\sigma^2}\right)$	$\sigma > 0$ 为高斯核的带宽(width)
拉普拉斯核	$k(\boldsymbol{x}_i, \boldsymbol{x}_j) = \exp\left(-\dfrac{\|\boldsymbol{x}_i - \boldsymbol{x}_j\|}{\sigma}\right)$	$\sigma > 0$
Sigmoid 核	$k(\boldsymbol{x}_i, \boldsymbol{x}_j) = \tanh(\beta\boldsymbol{x}_i^{\mathrm{T}}\boldsymbol{x}_j + \theta)$	Tanh 为双曲正切函数,$\beta > 0, \theta < 0$

在前面的讨论中,一直假定训练数据是严格线性可分的,即存在一个超平面能将不同类别的样本完全划分开。但是在现实任务中,一般很难确定合适的核函数使得训练样本在特征空间中线性可分。图 8.5 所示的数据样本,为了缓解这类问题,引入了"软间隔"(Soft Margin)的概念,即允许支持向量机中少量样本不满足约束:

$$y_i(\boldsymbol{w}^{\mathrm{T}}\boldsymbol{x}_i + b) \geqslant 1 \tag{8-27}$$

这与之前的讨论:在满足约束条件下所有的样本被正确划分为对应的类别(这被称为"硬间隔"(Hard Margin)相对应。

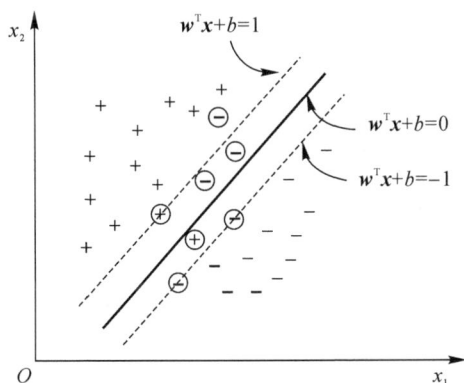

图 8.5　软间隔示意图

为了使不满足约束条件的样本点尽可能少,需要在目标优化函数中新增一个对这些点的惩罚项，最常用的是 Hinge 损失（也可以使用其他替代损失函数）：

$$L_{\text{hinge}}(z) = \max(0, 1 - z) \tag{8-28}$$

即若样本点满足约束条件则损失为 0，否则损失为 $1-z$，则目标优化函数改写为

$$\min_{w,b} \frac{1}{2} \|w\|^2 + C \sum_{i=1}^{n} \max(0, 1 - y_i(w^{\mathrm{T}} x_i + b)) \tag{8-29}$$

式中：$C > 0$ 被称为惩罚参数，它可以让研究者控制对损失值的容忍度，起到惩罚损失值的作用。C 越小对误分类惩罚越小，C 越大对误分类惩罚越大，当 C 取无穷大时就变成了硬间隔优化问题。

如果为了能够容忍部分不满足约束条件的样本引入"松弛变量"（Slack Variable）ε，则式（8-29）可被重写为

$$\left. \begin{array}{l} \min\limits_{w,b,\varepsilon} \dfrac{1}{2} \|w\|^2 + C \sum\limits_{i=1}^{n} \varepsilon \\[2mm] \text{s. t. } y_i(w^{\mathrm{T}} x_i + b) \geqslant 1 - \varepsilon_i \\[2mm] \varepsilon_i \geqslant 0, \quad i = 1, 2, \cdots, n \end{array} \right\} \tag{8-30}$$

式（8-30）所述问题即软间隔支持向量机。

8.2.2 NB

朴素贝叶斯（Naïve Bayes，NB）分类是一种基于贝叶斯定理和特征条件独立性假设的分类方法，它是贝叶斯分类中最简单，也是最常见的一种分类方法。贝叶斯分类算法是统计学的一种概率分类方法，它是一类利用概率统计知识来进行分类的算法。朴素贝叶斯的分类原理是利用贝叶斯公式根据某特征的先验概率计算出其后验概率，然后选择具有最大后验概率的类作为该特征所属的类。

回顾概率统计知识，条件概率（Conditional Probability），即指在事件 B 发生的情况下，事件 A 发生的概率，记为 $P(A|B)$；联合概率即事件 A 与事件 B 同时发生的情况，记为 $P(A \cap B)$。根据文氏图可知，在事件 B 发生的情况下，事件 A 发生的概率就是它们的联合概率除以 $P(B)$，即

$$P(A|B) = \frac{P(A \cap B)}{P(B)} \tag{8-31}$$

对式（8-31）进行简单变换可得：

$$P(A \cap B) = P(A|B)P(B) \tag{8-32}$$

同理有

$$P(A \cap B) = P(B|A)P(A) \tag{8-33}$$

所以

$$P(A|B)P(B) = P(B|A)P(A) \tag{8-34}$$

可得

$$P(A|B) = \frac{P(B|A)P(A)}{P(B)} \tag{8-35}$$

接着看全概率公式,如果事件 $A_1, A_2, \cdots, A_n$ 构成一个完备事件且都有正概率,那么对于任一事件 B 有

$$P(B) = P(BA_1) + P(BA_2) + \cdots + P(BA_n)$$
$$= P(B|A_1)P(A_1) + P(B|A_2)P(A_2) + \cdots + P(B|A_n)P(A_n)$$

$$(8-36)$$

即

$$P(B) = \sum_{i=1}^{n} P(B|A_i)P(A_i) \tag{8-37}$$

根据条件概率和全概率公式,可得贝叶斯公式如下:

$$P(A|B) = \frac{P(B|A)P(A)}{P(B)} \tag{8-38}$$

$$P(A_i \mid B) = \frac{P(B|A_i)P(A_i)}{\sum_{i=1}^{n} P(B|A_i)P(A_i)} \tag{8-39}$$

式中:$P(A)$ 为"先验概率"(Prior Probability),即在 B 事件发生之前,对 A 事件概率的一个判断;$P(A|B)$ 为"后验概率"(Posterior Probability),即在 B 事件发生之后,对 A 事件概率的重新评估;$\dfrac{P(B|A)}{P(B)}$ 称为"可能性函数"(Likely Hood),这是一个调整因子,使得预估概率更接近真实概率。

故条件概率可以理解为:后验概率=先验概率×调整因子。如果"可能性函数"大于 1,那么代表着"先验概率"被增强,事件 A 发生的可能性变大;如果"可能性函数"等于 1,那么代表着事件 B 无助于判断事件 A 的可能性;如果"可能性函数"小于 1,那么代表着"先验概率"被削弱,事件 A 发生的可能性变小。

应用到多分类问题当中,假设有 n 种可能的类别标记,即 $Y = \{c_1, c_2, \cdots, c_n\}$,而数据样本 $X = \{x_1, x_2, \cdots, x_n\}$,其中 x 指数据样本所对应的某一特定维度的特征向量,则某一样本所对应的类别可使用 $P(c|x)$ 这一后验概率表示:

$$P(c|x) = \frac{P(x,c)}{P(x)} \tag{8-40}$$

基于贝叶斯定理,$P(c|x)$ 可写为

$$P(c|x) = \frac{P(c)P(x|c)}{P(x)} \tag{8-41}$$

式中:$P(c)$ 为类先验概率;$P(x|c)$ 为样本 x 相对于类标记 c 的类条件概率(Class-conditional Probability),或称为"似然"(Likelihood);$P(x)$ 为用于归一化的"证据"(Evidence)因子。

对给定样本 x,证据因子 $P(x)$ 与类标记无关,因此计算 $P(c|x)$ 的问题就转化为如何基于数据 D 来估计类先验概率 $P(c)$ 和类条件概率 $P(x|c)$。$P(c)$ 可以通过各类样本出现的频率来估计,最终问题转化为了估计概率 $P(x|c)$。

概率 $P(x|c)$ 涉及了关于 x 所有属性的联合概率,直接通过样本出现的频率来估计十分困难。例如,假设样本的 d 个属性有 n 种可能性,则样本空间中将有 n^d 种可能的取值,

这个值往往远大于训练样本数 n，即许多样本取值在训练集中根本没有出现，直接使用频率来估计 $P(x|c)$ 显然不可行，因为"未被观测到"与"出现概率为零"通常是不同的。

为了解决 $P(x|c)$ 的问题，朴素贝叶斯分类器（Naïve Bayes Classifier）采用了"属性条件独立性假设"（Attribute Conditional Independence Assumption）：对已知类别，假设所有属性相互独立，即假设每个属性独立地对分类结果产生影响，则 $P(c|x)$ 变为

$$P(c \mid x) = \frac{P(c)P(x \mid c)}{P(x)} = \frac{P(c)}{P(x)} \prod_{i=1}^{d} P(x_i \mid c) \qquad (8-42)$$

式中：d 为属性数量；x_i 为 x 在第 i 个属性上的取值。

假设用 λ_{ij} 表示将真实标记为 c_j 的样本误分类为 c_i 所产生的损失，基于后验概率 $P(c_i|x)$ 可获得将样本 x 分类为 c_i 所产生的期望损失（Expected Loss），即在样本上的"条件风险"（Conditional Risk）$R(c_i|x)$：

$$R(c_i \mid x) = \sum_{j=1}^{n} \lambda_{ij} P(c_j \mid x) \qquad (8-43)$$

需要寻找一个判定准则 $H: X \rightarrow Y$ 以最小化总体分险 $R(H)$：

$$R(H) = E_x[R(H(x) \mid x)] \qquad (8-44)$$

式中：$E[f(x)]$ 表示函数在 $f(x)$ 对 x 在分布 D 下的数学期望。

可以发现对每个样本 x，若 H 能使条件风险 $R(H(x)|x)$ 最小化，则可以使总体风险 $R(H)$ 最小化。这就产生了贝叶斯判定准则（Bayes Decision Rule）：为了最小化总体风险，只需在每个样本上选择能使条件风险 $R(c|x)$ 最小的类别标记，即

$$h(x) = \underset{c \in Y}{\arg\min} R(c \mid x) \qquad (8-45)$$

此时，$h(x)$ 为贝叶斯最优分类器（Bayes Optimal Classifier），与之对应的总体风险 $R(h)$ 称为贝叶斯风险（Bayes risk），从而 $1-R(h)$ 为通过机器学习所能产生的模型精度的理论上限。若模型目标为最小化分类错误率，则误判损失 λ_{ij} 可写为 $0-1$ 损失函数形式：

$$\lambda_{ij} = \begin{cases} 0, & i = j \\ 1, & \text{其他} \end{cases} \qquad (8-46)$$

这个时候条件风险为

$$R(c \mid x) = 1 - P(c \mid x) \qquad (8-47)$$

于是，最小化分类错误率的贝叶斯最优分类器为

$$h(x) = \underset{c \in Y}{\arg\max} P(c \mid x) \qquad (8-48)$$

即对于每个样本 x，选择能够使后验概率 $P(c|x)$ 最大的类别标记。根据上面对于 $P(c|x)$ 的转换，该公式改为

$$h(x) = \underset{c \in Y}{\arg\max} \frac{P(c)}{P(x)} \prod_{i=1}^{d} P(x_i \mid c) \qquad (8-49)$$

又因为对于所有类别来说 $P(x)$ 相同，所以在公式里可以省去，得到

$$h(x) = \underset{c \in Y}{\arg\max} P(c) \prod_{i=1}^{d} P(x_i \mid c) \qquad (8-50)$$

这就是朴素贝叶斯分类器的表达式。

8.2.3　RF

随机森林算法(Random Forest,RF)[13]是用于分类、回归和其他任务的集成学习方法,其通过在训练时构建多个决策树并输出作为类的模式(分类)或平均预测(回归)的类来操作。在介绍随机森林算法之前,需要彻底了解决策树。

8.2.3.1　决策树

决策树(Decision Tree)是一类常见的机器学习方法,顾名思义,它是一个树结构(可以是二叉树或非二叉树)。而决策树学习的目标就是为了产生一颗泛化能力强的决策树。决策树学习算法著名的代表是 ID3 决策树学习算法[14-15]、C4.5 决策树算法[16]、分类与回归树(Classification and Regression Tree,CART)决策树算法[17]。首先以周志华老师的《机器学习》[11]书中的部分西瓜数据集为例,介绍著名的 ID3 决策树算法。

部分西瓜数据集如表 8.2 所示,希望根据已有的数据集设计出一个不错的算法,能够自动判断新的数据样本的好坏,即新西瓜是好瓜还是坏瓜。

表 8.2　部分西瓜数据集

编号	色泽	根蒂	敲声	纹理	脐部	触感	好瓜
1	青绿	蜷缩	浊响	清晰	凹陷	硬滑	是
2	乌黑	蜷缩	沉闷	清晰	凹陷	硬滑	是
3	乌黑	蜷缩	浊响	清晰	凹陷	硬滑	是
4	青绿	蜷缩	沉闷	清晰	凹陷	硬滑	是
5	浅白	蜷缩	浊响	清晰	凹陷	硬滑	是
6	青绿	稍蜷	浊响	清晰	稍凹	软粘	是
7	乌黑	稍蜷	浊响	稍糊	稍凹	软粘	是
8	乌黑	稍蜷	浊响	清晰	稍凹	硬滑	是
9	乌黑	稍蜷	沉闷	稍糊	稍凹	硬滑	否
10	青绿	硬挺	清脆	清晰	平坦	软粘	否
11	浅白	硬挺	清脆	模糊	平坦	硬滑	否
12	浅白	蜷缩	浊响	模糊	平坦	软粘	否
13	青绿	稍蜷	浊响	稍糊	凹陷	硬滑	否
14	浅白	稍蜷	沉闷	稍糊	凹陷	硬滑	否
15	乌黑	稍蜷	浊响	清晰	稍凹	软粘	否
16	浅白	蜷缩	浊响	模糊	平坦	硬滑	否
17	青绿	蜷缩	沉闷	稍糊	稍凹	硬滑	否

希望能够构造一颗决策树去帮助人们做决定或者分类,构造过程和决策过程相似,即在"这是好瓜吗?"这一问题最终决策之前,通常会进行一系列的判断或者"子决策":先看它的"色泽?",如果是"青绿色";然后再看它的"根蒂",如果是"蜷缩";然后会再看它的"敲声",如

果是"浊响"；最后做出决策，这是个好瓜。决策过程如图 8.7 所示。

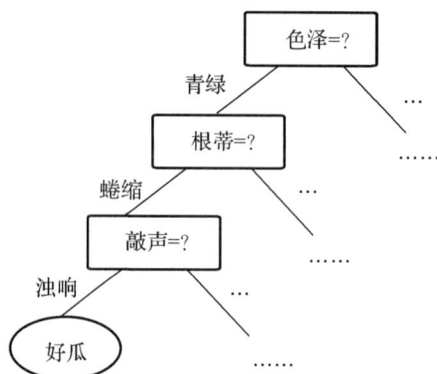

图 8.7　西瓜问题的一颗决策树

通过上述的决策过程，可知道最后的决策结果对应了希望的判断结果，例如"是"或"不是"好瓜；决策过程中提出的每个判定问题都是对某个属性的"测试"，例如："色泽＝?""根蒂＝?"；每个测试的结果要么导出进一步的判定问题，要么导出最终的结论。由此可以看出一颗决策树包含一个根结点、若干内部结点和若干叶结点，其每个非叶结点表示一个特征属性上的测试，每个分支代表这个特征属性在某个值域上的输出，而每个叶结点存放一个类别。使用决策树进行决策的过程就是从根结点开始，测试待分类项中相应的特征属性，并按照其值选择输出分支，直到到达叶结点，将叶子结点存放的类别作为决策结果。

而决策树的构造，重点在于如何选择最优的划分属性，即首先根据哪个因素判断，然后再根据哪个因素判断，使得随着划分不断深入，决策树的分支结点所包含的样本尽可能属于同一类别。这就是 ID3 算法，在介绍该算法之前，先介绍一些基本的概念。

1948 年，克劳德·艾尔伍德·香农（Claude Elwood Shannon）发表的论文《通信的数学原理》[18]，奠定了现代信息论的基础。由此出现了（自）信息量的定义：概率空间中单一事件或离散随机变量的值相关的信息的量度。当某信息被拥有它的实体传递给接收它的实体时，仅当接收实体不知道信息的先验知识时信息才得到传递，如果接收实体事先知道了信息的内容，则这条信息所传递的信息量为 0。因此，一个随机产生的事件 w_n 所包含的自信息量，只与该事件发生的几率相关，且事件发生的几率越低，当事件真的发生时，接收到的信息中，包含的自信息量越大。

既然信息量和随机事件 w_n 发生的概率有关，假设用 $I(w_n)$ 表示随机事件 w_n 的信息量：

$$I(w_n) = f(P(w_n)) \tag{8-51}$$

则 $P(w_n)=1$ 时，$I(w_n)=0$，且当 $P(w_n)<1$ 时，$I(w_n)>0$。此外自信息的量度是非负且可加的。假设事件 C 是独立事件 A 和 B 的交集，那么宣告事件 C 产生的自信息量就等于分别宣告事件 A 和 B 的信息量的和，即

$$I(C) = I(A \bigcap B) = I(A) + I(B) \tag{8-52}$$

因为事件 A 和 B 是独立事件，所以

$$P(C) = P(A \bigcap B) = P(A) \cdot P(B) \tag{8-53}$$

应用函数 $f(x)$，可得
$$f(P(C)) = f(P(A)) + f(P(B)) = f(P(A) \cdot P(B)) \tag{8-54}$$
因此，函数 $f(x)$ 有如下性质：
$$f(x) + f(y) = f(x \cdot y) \tag{8-55}$$
而这对数函数刚好满足这个性质，并且不同底之间的区别只差一个常数（决策树算法使用的是以 2 为底的对数函数），即
$$f(x) = K \log(x) \tag{8-56}$$
由于事件的概率总是在 0 和 1 之间，所以信息量必须是非负的，则 $K < 0$。因此定义随机事件的自信息 $I(w_n)$ 为
$$I(w_n) = -\log(P(w_n)) = \log \frac{1}{P(w_n)} \tag{8-57}$$
香农把随机变量 $X = (x_1, x_2, \cdots, x_n)$ 的熵值定义为
$$\mathrm{Ent}(X) = E[I(X)] = \sum_{i=1}^{n} (P(x_i) I(x_i)) = \sum_{i=1}^{n} \left(P(x_i) \log \frac{1}{p(x_i)} \right) \tag{8-58}$$
并约定 $0 \cdot \log 0 = 0$。对于随机变量 X，以一定的概率 $P(x_i)$ 取得 x_i，当计算随机变量 X 的自信息量时，由于不知道 X 的取值，只能考虑 X 取得每一个 x_i 的情况，而对于每一个 x_i 的自信息量我们是可以计算的。我们称 $\mathrm{Ent}(X)$ 为随机变量 X 的信息熵（Information Entropy）。

综上所述，信息量的大小取决于概率，当随机事件发生的概率越小，它所包含的信息量就越大，而且说明该随机事件不容易去预测，即事件的不确定度高。故某事件的信息量可以描述随机变量的不确定程度。而熵是某个随机变量的信息量的期望，故熵也可以描述随机变量的不确定程度，熵值越大，说明该随机变量的不确定程度越高。

接下来介绍条件熵，它描述了在已知第二个随机变量 X 的值（有这些可能性：$\{x_1, x_2, \cdots, x_n\}$）的前提下，随机变量 Y（有这些可能性：$\{y_1, y_2, \cdots, y_m\}$）信息熵还有多少（在特定条件下随机事件的发生可能性会增大，有个熵减的过程）。基于随机变量 X 条件下 Y 的熵，表示为 $\mathrm{Ent}(Y|X)$，用 X 在取遍所有 x 后取期望的结果来计算：

$$\mathrm{Ent}(Y \mid X) = \sum_{x \in X} (P(x) \cdot \mathrm{Ent}(Y \mid X = x))$$
$$= \sum_{x \in X} \left\{ P(x) \sum_{i=1}^{m} \left(P(y \mid x) \cdot \log \frac{1}{P(y \mid x)} \right) \right\} \tag{8-59}$$

可以看出，条件熵可以描述在某个随机变量确定的条件下，另一个随机变量的不确定程度。在熵和条件熵的定义下，引入信息增益（Information Gain）的定义：
$$\mathrm{Gain}(Y, X) = \mathrm{Ent}(Y) - \mathrm{Ent}(Y|X) \tag{8-60}$$
即在随机变量 X 确定的条件下，随机变量 Y 的熵值较没有任何条件确定时减少了多少，即不确定程度减少的过程。对应于需要判断一个新的西瓜的好坏问题，这正是个从模糊到清晰，不确定度逐渐减小的过程。

在 ID3 决策树算法中，需要做的就是将不确定程度逐渐减小，即熵减的过程。也就是说，在决策树够构造的过程中，最重要的就是决策树节属性的选择。需要依次找到哪个属性

确定后会使研究目标的熵相对下降最多，即该属性对目标属性的信息增益最大，就先把这个属性确定下来，这样目标就会逐渐清晰，依次类推直到最后决策树的叶子结点包含的样本为同一类别。

以表 8.2 这个部分西瓜数据集 D 为例，该数据集有 17 个训练样本，用以学习一颗能够判断一个新的西瓜是否是好瓜的决策树。其中 D 有 $m=2$ 种可能性 $\{d_1, d_2\}$，d_1 表示数据样本是好瓜，d_2 表示数据样本是坏瓜。属性 X 有 $n=6$ 种可能性 $\{x_1, x_2, \cdots, x_6\}$，其中 x_1 到 x_6 分别对应属性 $\{$色泽，根蒂，敲声，纹理，脐部，触感$\}$。若以属性 X 对样本集 D 进行划分，则会产生 n 个分支结点，其中第 i 个分支结点包含了 D 中所有在属性 X 上取值为 x_i 的样本，记为 D_i。

当决策树开始构造时，根结点包含数据集 D 中所有的数据样本，其中正例的概率 $P(d_1)=P(D=\text{"是"})=\dfrac{8}{17}$，反例 $P(d_2)=P(D=\text{"否"})=\dfrac{9}{17}$。首先计算根结点（即目标属性："是否是好瓜"）的信息熵：

$$
\begin{aligned}
\text{Ent}(D) &= \sum_{i=1}^{2}\left[P(d_i) \log_2 \frac{1}{P(d_i)} \right] \\
&= P(D=\text{"是"}) \cdot \left[\log_2 \frac{1}{P(D=\text{"是"})}\right] + P(D=\text{"否"}) \cdot \left[\log_2 \frac{1}{P(D=\text{"否"})}\right] \\
&= \frac{8}{17}\log_2\left(\frac{17}{8}\right) + \frac{9}{17}\log_2\left(\frac{17}{9}\right) = 0.998
\end{aligned}
$$

然后需要计算当前属性集合 $\{$色泽，根蒂，敲声，纹理，脐部，触感$\}$ 中每一个属性对目标属性的信息增益。以"色泽"为例，它有 3 个可能的取值：$\{$青绿，乌黑，浅白$\}$，概率分别为 $\dfrac{6}{17}$、$\dfrac{6}{17}$、$\dfrac{5}{17}$，则 x_1 可取类别：$\{$青绿，乌黑，浅白$\}$，其信息熵如下：

$$
\text{Ent}(D|x_1=\text{"青绿"}) = \frac{3}{6}\log_2\left(\frac{6}{3}\right) + \frac{3}{6}\log_2\left(\frac{6}{3}\right) = 1.000
$$

$$
\text{Ent}(D|x_1=\text{"乌黑"}) = \frac{4}{6}\log_2\left(\frac{6}{4}\right) + \frac{2}{6}\log_2\left(\frac{6}{2}\right) = 0.918
$$

$$
\text{Ent}(D|x_1=\text{"浅白"}) = \frac{1}{5}\log_2\left(\frac{5}{1}\right) + \frac{4}{5}\log_2\left(\frac{5}{4}\right) = 1.722
$$

则

$$
\text{Ent}(D|x_1) = \frac{6}{17}\times 1 + \frac{6}{17}\times 0.918 + \frac{5}{17}\times 1.722 = 0.889
$$

故"色泽"这一属性的信息增益为

$$
\text{Gain}(D, x_1) = \text{Ent}(D) - \text{Ent}(D|x_1) = 0.998 - 0.889 = 0.109
$$

类似地，可以计算出其他属性的信息增益：$\text{Gain}(D, x_2)=0.143$；$\text{Gain}(D, x_3)=0.141$；$\text{Gain}(D, x_4)=0.381$；$\text{Gain}(D, x_5)=0.289$；$\text{Gain}(D, x_6)=0.006$。

显然，x_4（"纹理"）这一属性的信息增益最大，即它对"是否是好瓜"这一问题的不确定程度减少的最多，将其选为第一个划分属性，图 8.8 所示为基于"纹理"属性对根结点的划分，各分支所包含的数据集子集显示在结点中，此时发现，当纹理是模糊时，都是坏瓜，可直接将坏瓜作为纹理的叶子结点。

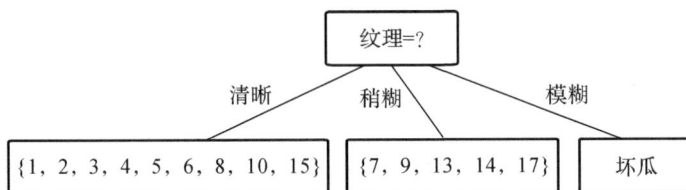

图 8.8　基于"纹理"属性对根结点的划分

对于其他分支结点,使用以上方法进行进一步划分。以图 8.8 中的第一个分支结点("纹理＝清晰")为例,该结点包含的新样本集合 D_1 为 9 个,其中正例 $P(D_1="是")=\dfrac{7}{9}$,反例 $P(D_1="否")=\dfrac{2}{9}$,而 Y_1 的信息熵为

$$\mathrm{Ent}(D_1)=\sum_{i=1}^{2}\left(P(y_i)\log_2\frac{1}{P(y_i)}\right)$$

$$=P(D_1="是")\cdot(\log_2\frac{1}{P(D_1="是")})+P(D_1="否")\cdot(\log_2\frac{1}{P(D_1="否")})$$

$$=\frac{7}{9}\log_2\left(\frac{9}{7}\right)+\frac{2}{9}\log_2\left(\frac{9}{2}\right)=0.764$$

此时新的样本可分类的属性集合为{色泽,根蒂,敲声,脐部,触感},和之前的算法原理一样,计算新样本下各属性信息增益:$\mathrm{Gain}(D_1,"色泽")=0.043$;$\mathrm{Gain}(D_1,"根蒂")=0.458$;$\mathrm{Gain}(D_1,"敲声")=0.331$;$\mathrm{Gain}(D_1,"脐部")=0.458$;$\mathrm{Gain}(D_1,"触感")=0.458$。

此时,"根蒂""脐部"和"触感"3 个属性均取得了最大的信息增益,可任选其中之一作为划分属性。类似地,对每个分支结点都进行以上操作,最终可以得到该问题的决策树,如图 8.9 所示。

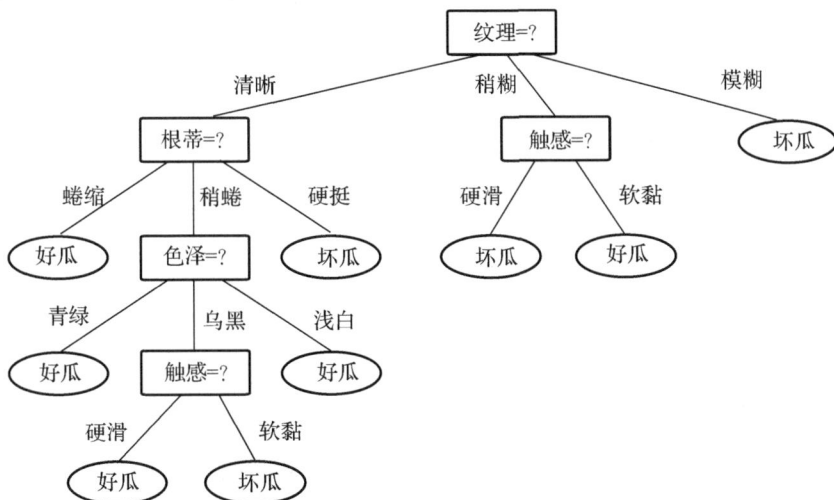

图 8.9　在表 8.2 数据集上基于 ID3 算法生成的决策树

在 ID3 决策树算法中，信息增益准则对可取值数目较多的属性有所偏好，为了减少这种偏好带来的负面影响，人们使用增益率（Gain Ratio）代替信息增益来选择最优划分属性，这就是 C4.5 决策树算法，增益率的定义为

$$\text{Gain}_{\text{ratio}(D,X)} = \frac{\text{Gain}(D,X)}{\text{IV}(X)} \tag{8-61}$$

式中：

$$\text{IV}(X) = \sum_{i=1}^{n} \frac{|D_i|}{|D|} \log_2 \frac{|D|}{|D_i|} \tag{8-62}$$

为属性 X 的固有值（Intrinsic Value），属性 X 的可能取值数目越多（即 n 越大），则 $\text{IV}(X)$ 的值通常越大。对表 8.2 所示的数据集来说，有 $\text{IV}(X=$"触感"$)=0.874(n=2)$，$\text{IV}(X=$"色泽"$)=1.580(n=3)$，$\text{IV}(X=$"编号"$)=4.088(n=17)$。

与信息增益准则相反，增益率准则对可取值数目较少的属性有所偏好，因此 C4.5 算法并不直接选择增益率最大的候选划分属性，而是使用了启发式[16]：先从候选划分属性中找出信息增益高于平均水平的属性，然后再从中选择增益率最高的。此外，与 ID3 没有考虑到连续值和缺失值不同，C4.5 算法对连续值处理和缺失值处理都有相应的解决方法，详细内容可以参考周志华老师的《机器学习》。C4.5 也有一些缺点，比如该算法非常容易导致过拟合，为了减小过拟合的风险，决策树算法使用剪枝（Pruning）的手段，即主动去掉一些属性分支。决策树剪枝的基本策略有预剪枝（PrePruning）和后剪枝（PostPruning）[16]。而且 C4.5 只能用于分类问题，无法解决回归问题。

CART 决策树算法使用基尼指数来选择最优划分属性，基尼指数的定义为

$$\text{Gini}(D) = \sum_{i=1}^{m} \sum_{i' \neq i} P(d_i) P(d_{i'}) = 1 - \sum_{i=1}^{m} [p(d_i)]^2 \tag{8-63}$$

$\sum_{i=1}^{m} [P(d_i)]^2$ 反映的是从数据集 D 中随机抽取两个样本属于同一类的概率，因此 $\text{Gini}(D)$ 反映了这两个样本不属于同一类的概率。当 $\text{Gini}(D)$ 比较大时，表明随机的两个样本属于同一类别的概率比较小，即该数据集里包含的样本类别比较多，纯度（Purity）很低。当 $\text{Gini}(D)$ 比较小时，说明该数据集的纯度比较高，可以计算各属性的基尼指数，然后将基尼指数值最小的属性作为最优划分属性，从而构建出决策树。方差、熵、基尼指数都可以作为数据纯度的指标。

对于连续值的处理，CART 决策树算法采用的是基尼系数的大小来度量特征的各个划分点的优劣情况。该算法比较适合分类模型，但是它也可以用于回归模型，与分类问题不同的是，它使用了常见的和方差的度量方式来选择最优划分属性。对于决策树建立后做预测的方式，CART 采用叶子结点里概率最大的类别作为当前结点的预测类别，而回归树输出不是类别，它采用的是用最终叶子的均值或者中位数来预测输出结果。在剪枝策略上 CART 采用的是后剪枝法，即先生成决策树，然后产生所有可能的剪枝后的 CART，然后使用交叉验证来检验各种剪枝的效果，选择泛化能力最好的剪枝策略。

8.2.3.2　随机森林算法

随机森林算法是一个可以用于分类、回归和其他任务的集成学习方法。集成学习(Ensemble Learning)是指通过构建并结合多个学习器来完成任务的方法,如图 8.10 所示,即先产生一组个体学习器(Individual Learner),再用某种策略将它们结合起来。集成学习通过将多个学习器进行结合,常可获得比单一学习器显著优越的泛化性能。

目前的集成学习方法大致可以分为两大类,即以提升方法(Boosting)为代表的个体学习器之间存在着强依赖关系,必须串行生成的序列化方法;以套袋(Bagging)和随机森林为代表的个体学习器之间不存在强依赖关系,可同时生成的并行化方法。因为随机森林是Bagging 的一个扩展变体,所以先简要介绍一下 Bagging。

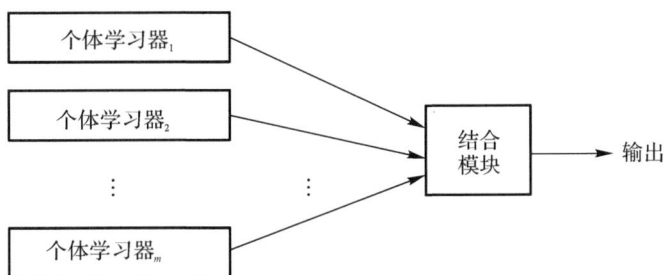

图 8.10　集成学习示意图

Bagging[19]是基于自助采样(Bootstrap Sampling)[20]为基础的方法。这在本书 3.3 节中介绍过,即给定包含 n 个样本的数据集,对它进行采样产生数据集 D',方法是每次随机从 D 中挑选一个样本,将其拷贝到 D' 中,然后再将该样本放回初始数据集 D 中,使得该样本在下次采样时仍有可能被采到。这个过程重复 n 次,就得到了有 n 个样本的数据集 D'。显然,D 中的某些样本会在 D' 中出现多次,也有些样本不在 D' 中。照这样随机采样 m 次,就得到了 m 个含有 n 个训练样本的采样集,然后基于每个采样集训练出一个基学习器(Base Learner),即通过同种类型的算法集成的个体学习器;相反,由不同类型的算法集成的个体学习器叫作组件学习器(Component Learner),然后再将这些基学习器进行结合,这就是Bagging 的基本流程。

随机森林是以决策树为基学习器构建 Bagging 集成的基础上,进一步在决策树的训练过程中引入了随机属性选择。具体来讲,在随机森林算法中,对于决策树中的每一个结点,会先从这些结点的属性集合中随机选择一个包含 k 个属性的子集,然后再从这个子集中选择一个最优的划分属性,即在 k 中选择一个。这与之前传统的决策树构建方法不同,传统的决策树是在当前结点的属性结合(设为 n 个属性)中选择一个最优的划分属性,即 n 中选择一个。这里的 k 控制了随机性引入程度,若令 $k=d$,则随机森林中决策树的构建与传统决策树的构建相同;若令 $k=1$,则是在当前结点的属性集合中随机选择一个属性进行划分。一般情况下,推荐 $k=\log_2 n$[13]。随机森林算法简单易实现,而且计算开销小,在很多现实任务中展现出强大的性能。

8.2.4 MLP

多层感知机(Multi-Layer Perceptron,MLP)也叫人工神经网络(Artificial Neural Network,ANN),除了一般的输入和输出层,它中间可以有多个隐藏层,是常见的一种分类方法。最简单的 MLP 需要有一层隐藏层,即输入层、隐藏层和输出层才能称为一个简单的人工神经网络(后面直接称为神经网络),而神经网络要解决的最基本问题是分类问题。特征值传入隐藏层后,通过带有标签的数据来训练神经网络的参数,使输出值与给出的结果一致,就可以用来预测新的输入值了。在介绍 MLP 之前,先简要介绍神经网络和感知机模型。

8.2.4.1 神经网络

随着计算机领域的迅速发展,神经网络已经发展为一个非常庞大、多学科交叉的学科领域。有学者给出神经网络定义:神经网络是由具有适应性的简单单元组成的广泛、并行互联的网络,它的组织能够模拟生物神经系统对真实世界物体所作出的交互反应[21]。这里的简单单元就是神经元(Neuron)模型,它模拟生物神经元的结构和特性,即接受一组信号并产生输出。一个生物神经元一般由一个轴突和多个树突组成,轴突发送信息,树突则接收信息,当神经元获得的输入信号的积累超过某个阈值时,它就处于兴奋状态,产生电脉冲,并且轴突尾端有许多末梢可以给其他神经元的树突产生连接,并将电脉冲信号传递给其他神经元[10]。

1943 年,McCulloch 等人将生物神经元结构抽象为一个简单的神经元模型,即 MP 神经元模型。现代神经网络中的神经元和 MP 神经元结构并没有太大的不同,只是 MP 神经元中的激活函数 f 为 0 或 1 的阶跃函数,而现代神经网络中的激活函数通常要求是连续可导函数。如果在神经网络中不使用非线性的激活函数,那么不管该网络有多少层,结果都是与特征线性相关的,得不到想要的结果。

假设一个神经元接收 n 个输入信号,用 $\boldsymbol{x}=\{x_1,x_2,\cdots,x_n\}$ 表示,并用净输入(Net Input)$z\in\mathbf{R}$ 来表示这些输入信号的加权和,即

$$z = \sum_{i=1}^{n} w_i x_i + b = \boldsymbol{w}^{\mathrm{T}}\boldsymbol{x} + b \tag{8-64}$$

式中:$\boldsymbol{w}=\{w_1,w_2,\cdots,w_n\}\in\mathbf{R}^n$ 是 n 维的权重向量;$b\in\mathbf{R}$ 是偏置。

净输入 z 在经过一个非线性函数 $f(\cdot)$ 后(即激活函数),得到神经元的活性值(Activation)a,并且

$$\boldsymbol{a} = f(z) \tag{8-65}$$

图 8.11 所示为一个经典的神经元结构示例[10]。

把许多神经元结构按一定的层次结构连接起来就构成了神经网络。在神经网络中,常用的激活函数是 Sigmoid 型函数,即一类 S 型曲线函数,它比较平滑,能够使得权值和偏置非常微小的变动,导致最终的结果也产生非常微小的变动。Sigmoid 型函数将可能在较大

范围内变化的输入值挤压到(0,1)输出值范围内,因此有时也被称为挤压函数(Squashing Function),它的典型代表有 Logistic 函数和 tanh 函数。

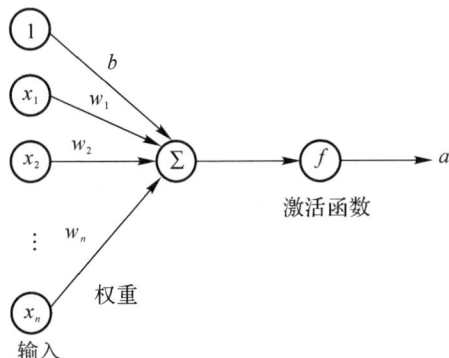

图 8.11　典型的神经元结构示例

Logistic 函数的定义为

$$\sigma(x) = \frac{1}{1 + e^{-x}} \tag{8-66}$$

tanh 函数的定义为

$$\tanh(x) = \frac{e^x - e^{-x}}{e^x + e^{-x}} \tag{8-67}$$

tanh 函数可以看作放大并平移的 Logistic 函数,其值域是(-1,1),Logistic 函数和 tanh 函数图像,如图 8.12 所示。

$$\tanh(x) = 2\sigma(2x) - 1$$

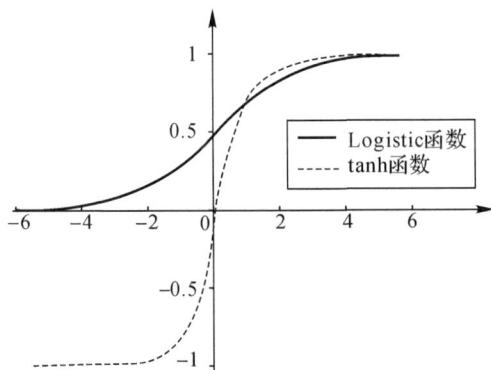

图 8.12　Logistic 函数和 tanh 函数图像

8.2.4.2　感知机

感知机(Perceptron)就是最简单的人工神经网络,它由两层神经元组成。两个输入神经元的感知机网络结构示意图如图 8.13 所示。感知机算法是一个经典的线性分类器的参数学习算法,即给定训练集 $D = \{(\boldsymbol{x}_1, y_1), (\boldsymbol{x}_2, y_2), \cdots, (\boldsymbol{x}_n, y_n)\}$,其中 $y_i \in \{+1, -1\}$,假

设权重为 $\boldsymbol{w}=[w_1 \quad w_2 \quad \cdots \quad w_n]$，偏移为 b，则感知机的输出为

$$y_i = f(\boldsymbol{w}^{\mathrm{T}} \boldsymbol{x}_i + b) \tag{8-68}$$

式中：$f(\cdot)$ 为激活函数，选择合适的激活函数，可以解决分类问题。

而感知机学习就是试图找到一组权重参数 $\boldsymbol{w}=[w_1 \quad w_2 \quad \cdots \quad w_n]$ 和偏置 b，使得对每个样本 $(\boldsymbol{x}_i, y_i)$ 有

$$y_i(\boldsymbol{w}^{\mathrm{T}} \boldsymbol{x}_i + b) > 0 \tag{8-69}$$

倘若出现 $y_i(\boldsymbol{w}^{\mathrm{T}} \boldsymbol{x}_i + b) \leqslant 0$，即对分错的每一个样本 $(\boldsymbol{x}_i, y_i)$，该算法都会对权重和偏置进行更新，这是一种错误驱动的在线学习算法[22]。先初始化权重向量参数 $\boldsymbol{w}=0$，即全零向量；偏置 b 也为 0，当样本 $(\boldsymbol{x}_i, y_i)$ 被分类错误时，做如下更新：

$$\boldsymbol{w} \leftarrow \boldsymbol{w} + y_i \boldsymbol{x}_i \tag{8-70}$$

$$b \leftarrow b + y_i \tag{8-71}$$

直到所有的样本都分类正确。可以知道，这等价于使用批量大小为 1（每次拿一个样本做更新）的梯度下降，而且感知机的损失函数为

$$L(\boldsymbol{x}, \boldsymbol{w}, y) = \max(0, -y(\boldsymbol{w}^{\mathrm{T}} \boldsymbol{x} + b)) \tag{8-72}$$

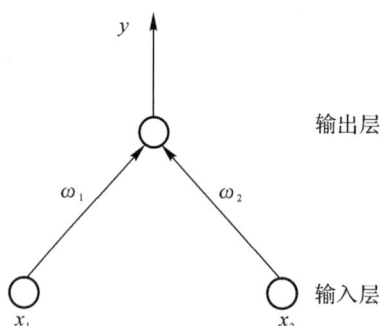

图 8.13　两个输入神经元的感知机网络结构示意图

可以证明[23]，如果训练集是两类线性可分的问题，那么感知机算法可以在有限次迭代后收敛，它的收敛定义如下：

假设所有的样本数据在半径为 r 的区域里（r 也可用训练集中最大的特征向量的模表示），存在一个正常数 ρ，使得

$$y(\boldsymbol{w}^{\mathrm{T}} \boldsymbol{x} + b) > \rho \tag{8-73}$$

对于 $\|\boldsymbol{w}\|^2 + b^2 \leqslant 1$，感知机在 $\dfrac{r^2+1}{\rho^2}$ 步收敛。

感知机不能拟合如图 8.14 所示的异或（XOR）函数，因为它只能产生线性分割面，所以这里要先学习一个简单的函数，再学另外一个简单的函数，再通过第三个函数组合这两个函数。比如先学习图 8.14 中垂直线表示的函数 $f_1(x)$ 对 XOR 进行分类：函数左边为负（样本 1 和 3），函数右边为正（样本 2 和 4）；再学习图 8.14 中水平线表示的函数 $f_2(x)$ 对 XOR 进行分类：函数上边为正（样本 1 和 2），函数下边为负（样本 3 和 4）。然后再对两个结果做乘法，得到如表 8.14 所示结果，最终达到了分类的效果。

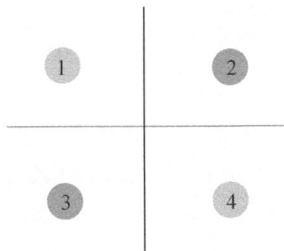

图 8.14　XOR 函数示意图

表 8.4　拟合 XOR 函数

	样本 1	样本 2	样本 3	样本 4
$f_1(x)$	+	−	+	−
$f_2(x)$	+	+	−	−
结果	+	−	−	+

在解决这个问题时,要先学习一个简单的函数,再学习另外一个简单的函数,最后再利用第三个函数对前两个函数进行组合。倘若问题比较复杂,就对更多的简单函数进行组合,这就是多层感知机的思想,对于非线性可分问题,使用多层功能神经元(Functional Neuron),即由激活函数处理的神经元,在输入层和输出层之间的一层或多层神经元,被称为隐层或隐藏层(Hidden Layuer),隐藏层和输出层神经元都是拥有激活函数的功能神经元。具有单隐藏层的多层感知机如图 8.15 所示,它有 4 个输入、含有 5 个神经元的单隐藏层、3 个输出。

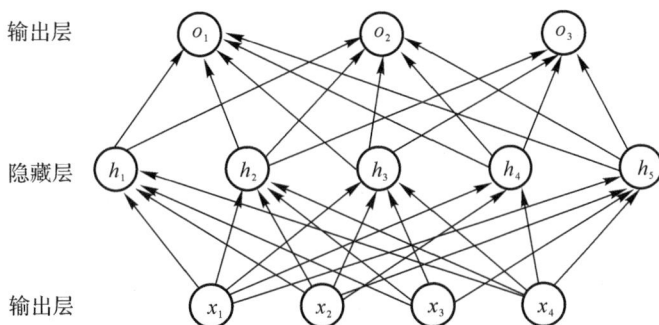

图 8.15　单隐藏层的多层感知机

多层感知机也经常被称为前馈神经网络(Feedforward Neural Network,FNN),前馈神经网络是由一些神经元作为结点构建的直接的拓扑结构的网络。实际上,单层感知机也可以看作是前馈神经网络,只是不包含任何隐藏层。但是将多层感知机和前馈神经网络等价并不合适,因为前馈神经网络其实是由多层的 Logistic 回归模型(连续的非线性函数)组成,而不是由多层的感知机(不连续的非线性函数)组成[24]。

类似地，给出含有单隐藏层的多层感知机的计算过程，即给训练集 $D = \{(\boldsymbol{x}_1, y_1), (\boldsymbol{x}_2, y_2), \cdots, (\boldsymbol{x}_n, y_n)\}$，其中 $y_i \in \{-1, +1\}$，在隐藏层有权重和偏置 $\boldsymbol{W}_1 \in \mathbf{R}^{m \times n}$，$b_1 \in \mathbf{R}^m$，则隐藏层输出为

$$\boldsymbol{h}_i = f(\boldsymbol{W}_1 \boldsymbol{x}_i + b_1) \tag{8-74}$$

式中：$f(\cdot)$ 为激活函数。

在输出层有权重和偏置 $\boldsymbol{w}_2 \in \mathbf{R}^m$，$b_2 \in \mathbf{R}$，则输出层输出为

$$y_i = f(\boldsymbol{w}_2^{\mathrm{T}} \boldsymbol{h}_i + b_2) \tag{8-75}$$

这里是单分类问题，如果是多分类问题时，即 $y_i \in \{c_1, c_2, \cdots, c_k\}$，则输出层的权重和偏置 $\boldsymbol{W}_2 \in \mathbf{R}^{m \times k}$，$\boldsymbol{b}_2 \in \mathbf{R}^k$，则输出层输出为

$$\boldsymbol{o}_i = f(\boldsymbol{W}_2 \boldsymbol{h}_i + \boldsymbol{b}_2) \tag{8-76}$$

$$y_i = \mathrm{softmax}(\boldsymbol{o}_i) \tag{8-77}$$

即在最后使用 Softmax 函数得到类别。

一般使用的多层感知机往往不单单只有一个隐藏层，而是许多隐藏层，并且得到一个隐藏层的输出作为下一个隐藏层的输入，而且每个隐藏层都有各自的权重和偏置。因此这里的超参数有点多：隐藏层层数和每层隐藏层的大小。想要训练多层感知机，之前感知机错误驱动的在线学习算法就完成不了，这个时候需要更强大的学习算法，而反向传播算法（Back-Propagation，BP）就是经常用来训练多层感知机的算法，它是迄今最成功的神经网络学习算法。接下来对反向传播算法进行详细介绍。

反向传播算法也称为"误差反向传播"，是一种与最优化方法（如梯度下降法）结合使用的，用来训练人工神经网络的常见方法。该方法对网络中所有权重计算损失函数的梯度，这个梯度会反馈给最优化方法，用来更新权值以最小化损失函数。从结构上讲，BP 网络具有输入层、隐藏层和输出层；从本质上讲，BP 算法就是采用梯度下降法来计算目标函数（如以网络误差平方作为目标函数）的最小值。为了使读者更好地理解反向传播算法，使用一个简单的实例演示反向传播算法的过程，假设有图 8.16 所示的具有单隐藏层的网络层，它有两个输入 i_1、i_2，含有两个神经元（h_1、h_2）的单隐藏层，两个输出 o_1、o_2，每条线上标的 w_i 是层与层之间连接的权重，并且假设偏置项都为 1，且有对应的权重 b_1、b_2。

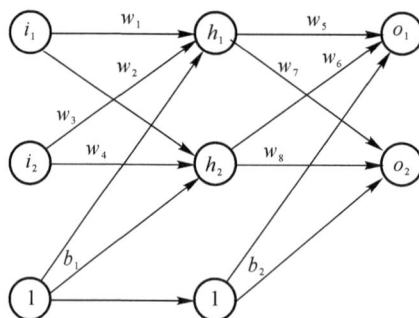

图 8.16 反向传播算法示例

1. 前向传播

计算神经元 h_1 和 h_2 的输入加权和 z_{h_1}、z_{h_2} 为

$$z_{h_1} = w_1 \times i_1 + w_2 \times i_2 + b_1 \times 1$$

$$z_{h_2} = w_3 \times i_1 + w_4 \times i_2 + b_1 \times 1$$

神经元 h_1、h_2 的输出 a_{h_1} 和 a_{h_2} 为[激活函数记为 $f_1(\cdot)$]

$$a_{h_1} = f_1(z_{h_1})$$

$$a_{h_2} = f_1(z_{h_2})$$

类似地,输出神经元 o_1 和 o_2 的值 out_{o_1} 和 out_{o_2} 为[激活函数记为 $f_2(\cdot)$]

$$z_{o_1} = w_5 \times a_{h_1} + w_6 \times a_{h_2} + b_2 \times 1$$

$$z_{o_2} = w_7 \times a_{h_1} + w_8 \times a_{h_2} + b_2 \times 1$$

$$a_{o_1} = f_2(z_{o_1})$$

$$a_{o_2} = f_2(z_{o_2})$$

得到了最终的输出值 a_{o_1} 和 a_{o_2},与实际值 a、b 相比还有差距,因此对两者之间的误差进行反向传播,更新权值,重新计算输出。

2. 反向传播

总误差(这里使用的是平均误差)为

$$E_{\text{total}} = \sum \frac{1}{2} (\text{target} - \text{output})^2$$

但是有两个输出,分别计算 o_1 和 o_2 的误差,总误差为两者之和:

$$E_{o_1} = \frac{1}{2} (a - a_{o_1})^2$$

$$E_{o_2} = \frac{1}{2} (b - a_{o_2})^2$$

$$E_{\text{total}} = E_{o_1} + E_{o_2}$$

以权重参数 w_5 为例,如果想知道 w_5 对整体误差产生了多少影响,可以用整体误差对 w_5 求偏导求出(这里使用了链式法则):

$$\frac{\partial E_{\text{total}}}{\partial w_5} = \frac{\partial E_{\text{total}}}{\partial a_{o_1}} \times \frac{\partial a_{o_1}}{\partial z_{o_1}} \times \frac{\partial z_{o_1}}{\partial w_5}$$

这样就计算出了整体误差对 w_5 的偏导值,假设学习速率为 η,w_5 更新后的值为

$$w'_5 = w_5 - \eta \times \frac{\partial E_{\text{total}}}{\partial w_5}$$

其他权重类似。需要注意的是,当往前一层更新 w_1 等权重时,而 out_{h_1} 会接受 E_{o_1} 和 E_{o_2} 两个地方传来的误差,因此这个地方两个都要计算,即

$$\frac{\partial E_{\text{total}}}{\partial w_1} = \frac{\partial E_{\text{total}}}{\partial a_{h_1}} \times \frac{\partial a_{h_1}}{\partial z_{h_1}} \times \frac{\partial z_{h_1}}{\partial w_1}$$

$$\frac{\partial E_{\text{total}}}{\partial a_{h_1}} = \frac{\partial E_{o_1}}{\partial a_{h_1}} + \frac{\partial E_{o_2}}{\partial a_{h_1}}$$

然后再按照上述方法更新 w_1 这一层的权重。

从上述可以看出,使用代数法一个个地表示输出比较复杂,而如果使用矩阵法则比较简洁。将上面的例子一般化,首先给出描述多层感知机的相关符号,如表 8.3 所示:

表 8.3   多层感知机(前馈神经网络)的符号

符号	含义
L	神经网络的层数 (一般只考虑隐藏层和输出层)
M_l	第 l 层神经元的个数
$f_l(\cdot)$	第 l 层神经元的激活函数
$\boldsymbol{W}^{(l)} \in \mathbf{R}^{M_l \times M_{l-1}}$	第 $l-1$ 层到第 l 层的权重矩阵
$b^{(l)} \in \mathbf{R}^{M_l}$	第 $l-1$ 层到第 l 层的偏置
$z^{(l)} \in \mathbf{R}^{M_l}$	第 l 层神经元的净输入(净活性值)
$a^{(l)} \in \mathbf{R}^{M_l}$	第 l 层神经元的输出(活性值)

令 $\boldsymbol{a}^{(0)} = \boldsymbol{x}, \boldsymbol{x} = \{x_1, x_2, \cdots, x_n\}$ 表示该网络接收的输入信号,则前向传播可以用以下两个公式进行描述:

$$\boldsymbol{z}^{(l)} = \boldsymbol{W}^{(l)} \boldsymbol{a}^{(l-1)} + \boldsymbol{b}^{(l)} \tag{8-78}$$

$$\boldsymbol{a}^{(l)} = f_l(\boldsymbol{z}^{(l)}) \tag{8-79}$$

也就是说,首先根据 $l-1$ 层神经元的活性值 $\boldsymbol{a}^{(l-1)}$ 得到 l 层神经元的净活性值 $\boldsymbol{z}^{(l)}$,再通过一个激活函数得到第 l 层神经元的 $\boldsymbol{a}^{(l)}$,这两个公式也可以合并为

$$\boldsymbol{z}^{(l)} = \boldsymbol{W}^{(l)} f_{l-1}(\boldsymbol{z}^{(l-1)}) + \boldsymbol{b}^{(l)} \tag{8-80}$$

或者

$$\boldsymbol{a}^{(l)} = f_l(\boldsymbol{W}^{(l)} \boldsymbol{a}^{(l-1)} + \boldsymbol{b}^{(l)}) \tag{8-81}$$

类似地,给定一个输入样本 $(\boldsymbol{x}, \boldsymbol{y})$,得到的网络输出为 y',损失函数为 $L(\boldsymbol{y}, y')$,则损失函数对 l 层参数矩阵和偏置的偏导数为

$$\frac{\partial L(\boldsymbol{y}, y')}{\partial \boldsymbol{W}^{(l)}} \tag{8-82}$$

以及

$$\frac{\partial L(\boldsymbol{y}, y')}{\partial \boldsymbol{b}^{(l)}} \tag{8-83}$$

对式(8-81)的计算涉及向量对矩阵的微分,不易求出,因此先计算损失函数对参数矩阵中每个元素的偏导数 $\dfrac{\partial L(\boldsymbol{y}, y')}{\partial w_{ij}^{(l)}}$。根据链式法则,有

$$\frac{\partial L(\boldsymbol{y}, y')}{\partial w_{ij}^{(l)}} = \frac{\partial \boldsymbol{z}^{(l)}}{\partial w_{ij}^{(l)}} \frac{\partial L(\boldsymbol{y}, y')}{\partial \boldsymbol{z}^{(l)}} \tag{8-84}$$

$$\frac{\partial L(\boldsymbol{y}, y')}{\partial \boldsymbol{b}^{(l)}} = \frac{\partial \boldsymbol{z}^{(l)}}{\partial \boldsymbol{b}^{(l)}} \frac{\partial L(\boldsymbol{y}, y')}{\partial \boldsymbol{z}^{(l)}} \tag{8-84}$$

由式(8-77)可得

$$\frac{\partial \boldsymbol{z}^{(l)}}{\partial w_{ij}^{(l)}} = \left[\frac{\partial z_1^{(l)}}{\partial w_{ij}^{(l)}}, \cdots, \frac{\partial z_i^{(l)}}{\partial w_{ij}^{(l)}}, \cdots, \frac{\partial z_{M_l}^{(l)}}{\partial w_{ij}^{(l)}} \right]$$
$$= \left[0, \cdots, \frac{\partial (w_{i:}^{(l)} a^{(l-1)} + b_i^{(l)})}{\partial w_{ij}^{(l)}}, \cdots, 0 \right] \qquad (8-86)$$
$$= \left[0, \cdots, a_j^{(l-1)}, \cdots, 0 \right]$$
$$\triangle \boldsymbol{I}_i (a_j^{(l-1)}) \in \mathbf{R}^{1 \times M_l}$$

式中：$w_{i:}^{(l)}$ 为权重矩阵 $\boldsymbol{W}^{(l)}$ 的第 i 行；$\boldsymbol{I}_i(a_j^{(l-1)})$ 表示第 i 个元素为 $a_j^{(l-1)}$，其他元素为 0 的行向量。

由式(8-77)可得

$$\frac{\partial \boldsymbol{z}^{(l)}}{\partial \boldsymbol{b}^{(l)}} = \boldsymbol{I}_{M_l} \in \mathbf{R}^{M_l \times M_l} \qquad (8-87)$$

式中：$\boldsymbol{I}_{M_l}$ 为 $M_l \times M_l$ 的单位矩阵。

$\frac{\partial L(\boldsymbol{y}, \boldsymbol{y}')}{\partial \boldsymbol{z}^{(l)}}$ 是目标函数关于第 l 层的神经元 $\boldsymbol{z}^{(l)}$ 的偏导项，表示第 l 层神经元对最终损失的影响，也反映了最终损失对第 l 层神经元的敏感程度，因此被称为第 l 层神经元的误差项，用 $\delta^{(l)}$ 表示。误差项也间接反映了不同神经元对网络能力的贡献程度，从而可以很好地解决深度学习中的贡献率分配问题(参见本书 8.3 节)。

根据 $\boldsymbol{z}^{(l+1)} = \boldsymbol{W}^{(l+1)} \boldsymbol{a}^{(l)} + \boldsymbol{b}^{(l+1)}$，有

$$\frac{\partial \boldsymbol{z}^{(l+1)}}{\partial \boldsymbol{a}^{(l)}} = (\boldsymbol{W}^{(l+1)})^{\mathrm{T}} \in \mathbf{R}^{M_l \times M_{l+1}} \qquad (8-88)$$

根据 $\boldsymbol{a}^{(l)} = f_l(\boldsymbol{z}^{(l)})$，其中 $f_l(\cdot)$ 为按位计算的函数，因此有

$$\frac{\partial \boldsymbol{a}^{(l)}}{\partial \boldsymbol{z}^{(l)}} = \frac{\partial f_l(\boldsymbol{z}^{(l)})}{\partial \boldsymbol{z}^{(l)}} = \mathrm{diag}(f'_l(\boldsymbol{z}^{(l)})) \in \mathbf{R}^{M_l \times M_l} \qquad (8-89)$$

因此，根据链式法则，第 l 层神经元的误差项 $\boldsymbol{\delta}^{(l)}$ 为

$$\boldsymbol{\delta}^{(l)} \triangle \frac{\partial L(\boldsymbol{y}, \boldsymbol{y}')}{\partial \boldsymbol{z}^{(l)}}$$
$$= \frac{\partial \boldsymbol{a}^{(l)}}{\partial \boldsymbol{z}^{(l)}} \cdot \frac{\partial \boldsymbol{z}^{(l+1)}}{\partial \boldsymbol{a}^{(l)}} \cdot \frac{\partial L(\boldsymbol{y}, \boldsymbol{y}')}{\partial \boldsymbol{z}^{(l+1)}}$$
$$= \mathrm{diag}(f'_l(\boldsymbol{z}^{(l)})) \cdot (\boldsymbol{W}^{(l+1)})^{\mathrm{T}} \cdot \delta^{(l+1)}$$
$$= f'_l(\boldsymbol{z}^{(l)}) \odot ((\boldsymbol{W}^{(l+1)})^{\mathrm{T}} \cdot \delta^{(l+1)}) \in \mathbf{R}^{M_l} \qquad (8-90)$$

式中：$\odot$ 为向量的点积运算符，表示每个元素相乘。

由此可以看出，第 l 层的误差项可以通过第 $l+1$ 层的误差项计算得出，这就是误差的反向传播。反向传播算法的含义是：第 l 层的一个神经元的误差项(或敏感性)是所有与该神经元相连的第 $l+1$ 层的神经元的误差项的权重和，然后再乘该神经元激活函数的梯度[10]。

综上，可得

$$\frac{\partial L(\boldsymbol{y}, \boldsymbol{y}')}{\partial w_{ij}^{(l)}} = \boldsymbol{I}_i(a_j^{(l-1)})\delta_i^{(l)}$$

$$= [0, \cdots, a_j^{(l-1)}, \cdots, 0][\delta_1^{(l)}, \cdots, \delta_i^{(l)}, \cdots, \delta_{M_l}^{(l)}]^{\mathrm{T}} \qquad (8-91)$$

$$= \delta_i^{(l)} a_j^{(l-1)}$$

在这里，$\delta_i^{(l)} a_j^{(l-1)}$ 等同于向量$\boldsymbol{\delta}^{(l)}$和向量$\boldsymbol{a}^{(l-1)}$的外积的第$i$、$j$个元素，因此式(8-89)可以进一步写为

$$\left[\frac{\partial L(\boldsymbol{y}, \boldsymbol{y}')}{\partial \boldsymbol{W}^{(l)}}\right]_{ij} = [\boldsymbol{\delta}^{(l)}(\boldsymbol{a}^{(l-1)})^{\mathrm{T}}]_{ij} \qquad (8-92)$$

因此，$L(\boldsymbol{y}, \boldsymbol{y}')$关于第$l$层权重矩阵$\boldsymbol{W}^{(l)}$和偏置$\boldsymbol{b}^{(l)}$的梯度为

$$\frac{\partial L(\boldsymbol{y}, \boldsymbol{y}')}{\partial \boldsymbol{W}^{(l)}} = \boldsymbol{\delta}^{(l)}(\boldsymbol{a}^{(l-1)})^{\mathrm{T}} \in \mathbf{R}^{M_l \times M_{l-1}} \qquad (8-93)$$

$$\frac{\partial L(\boldsymbol{y}, \boldsymbol{y}')}{\partial \boldsymbol{b}^{(l)}} = \boldsymbol{\delta}^{(l)} \in \mathbf{R}^{M_l} \qquad (8-94)$$

更新参数时，首先反向传播计算出每一层的误差$\boldsymbol{\delta}^{(l)}$，计算出每一层参数的偏导数，根据已知的学习率进行参数学习。

根据式(8-90)可知，误差反向传播时，每一层都需要乘以该层激活函数的导数。当使用 Sigmod 函数，即 Logistic 函数$\sigma(x)$和 tanh 函数，它们的导数分别为

$$\sigma'(x) = \sigma(x)(1-\sigma(x)) \in [0, 0.25] \qquad (8-95)$$

$$\tanh'(x) = 1-(\tanh(x))^2 \in [0, 1] \qquad (8-96)$$

Sigmod 型函数的导数值域都小于或等于 1。这样的话，误差经过每一层的传递时都乘以一个小于或等于 1 的数，它就会不断衰减，当网络层数足够深时，梯度甚至会消失，这就是著名的梯度消失(Vanishing Gradient Problem)问题，也称为梯度弥散问题。

常被 MLP 用来进行学习的反向传播算法，在深度学习的各个领域(如模式识别)中算是标准监督学习算法，并在计算神经学及并行分布式处理领域中，持续成为被研究的课题。而 MLP 也已被证明是一种通用的函数近似方法，可以被用来拟合复杂的函数，或解决分类问题。

8.3 基于深度学习的方法

深度学习(Deep Learning，DL)是机器学习领域中一个重要的研究方向，它被引入机器学习使其更接近于最初的目标——人工智能(Artificial Intelligence，AI)[25]。深度学习的概念源于人工神经网络的研究，含多个隐藏层的多层感知机可以说是一种深度学习结构。深度学习通过组合低层特征形成更加抽象的高层特征表示属性类别或特征，以发现数据的分布式特征表示。本质上来说，深度学习仍然是一种基于对数据进行表征学习的算法。与机器学习的核心区别在于，传统机器学习的特征提取主要依赖人工，即先通过主成分分析或者特征转换等方法抽取出有效的特征，然后再基于特征来训练具体的机器学习模型；而深度学习将特征的表示学习和机器学习的预测学习有机地统一到一个模型中，使用机器来自动地学习特征。

与浅层学习不同,深度学习需要解决一个难点问题是贡献度分配问题,即系统中不同的组件或其参数(这里指的是表示学习)对最终系统输出结果的贡献或影响[26]。从某种意义上来讲,深度学习可以看作是一种强化学习(Reinforcement Learning,RL),即每个组件并不能直接得到监督信息,需要通过整个模型的最终监督信息(奖励)得到,并且有一定的延时性[10]。由于神经网络模型可以使用误差反向传播算法有效解决贡献度分配问题,所以深度学习采用的模型主要是神经网络模型。

深度神经网络(Deep Neural Network,DNN)是基本的深度学习框架,它可以理解为有很多隐藏层的神经网络,也就是说,它和多层感知机一样,有输入层、多层隐藏层和输出层,层与层之间也是全连接的,因此可以将深度神经网络和多层感知机等价。

人类从经验中学习知识,经验越丰富,可以学到的知识越多。许多传统机器学习算法学习能力有限,数据量的增加并不能持续增加学到的知识总量,而深度学习系统可以通过访问更多数据来提升性能,即"更多经验"的机器代名词。它一开始用来解决机器学习中表示学习的问题,但是由于其强大的能力,它渐渐应用于一些通用的人工智能问题,比如自然语言处理、决策、推理等。

本小节将对一些应用比较多的深度学习模型进行介绍,主要是 CNN、RNN、LSTM 和 Transformer。此外,BERT 和 GPT 也是非常出名的深度学习模型,本书 6.2.1 节已经进行了详细的介绍,所以这里不再阐述。

8.3.1　CNN

卷积神经网络(Convolutional Neutral Network,CNN)是一种具有局部连接、权重共享等特性的前馈神经网络[10]。它在图像处理、检测任务、分类与检索、人脸识别、医学任务、无人驾驶等任务中的准确率远远超出了其他神经网络模型。近年来随着它的迅速发展,研究人员也将其从原来的图像信息处理领域扩展运用到自然语言处理、推荐系统等领域。这些年它更多地被用在图形处理领域。

与神经网络一样,CNN 本质上也是进行特征提取的一种方法,但是使用之前的全连接前馈神经网络会有以下两点问题:①权重参数矩阵比较大,即参数太多。如果输入图像大小为 64×64×3(图像高度和宽度都为 64 以及含有 RGB3 个颜色通道),在传统的神经网络中,第一个隐藏层的每一个神经元到输入层都有 64×64×3=12 288 个连接,而每个连接都对应着一个权重参数,随着隐藏层神经元的增多,权重参数快速增加。这不仅会导致整个神经网络的训练过程很缓慢,而且还会导致过拟合的发生。②局部不变性特征无法提取。自然图像中的物体都具有局部不变性特征,对其进行尺度缩放、旋转、平移等操作都不会影响它之前包含的语义信息,而全连接的前馈神经网络很难提取这些局部不变性特征,一般需要数据增强来提高性能[10]。

从传统的神经网络结构图(见图 8.17)和卷积神经网络结构图(见图 8.18)的对比可以看出,传统神经网络好像是二维的,而卷积神经网络是三维的,这是因为传统神经网络输入层输入的是 64×64=4 096 个像素点,而在卷积神经网络输入层输入的直接是原始的一张图像 64×64×3,这个时候输入的数据不再是一列特征向量,而是三维的长方体矩阵(height × width ×

depth)，这里的 depth 不是指神经网络的深度，而是用来描述神经元的维度。目前的卷积神经网络是由卷积层、池化层和全连接层交叉堆叠而成的前馈神经网络。接下来将对这几部分进行详细介绍。

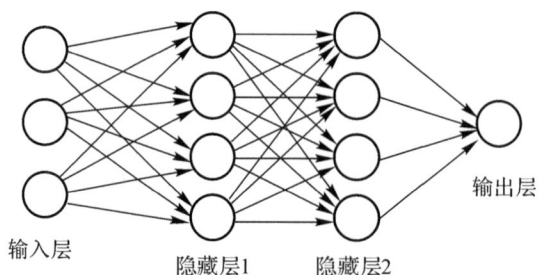

图 8.17　传统的神经网络结构图

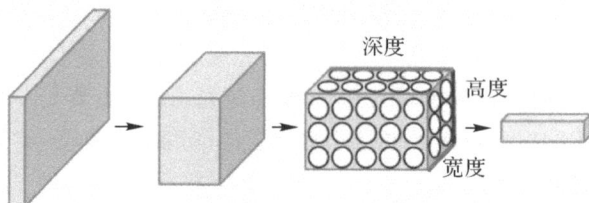

图 8.18　卷积神经网络结构图

简单来说，卷积层的作用是提取一个局部区域的特征，不同的卷积核相当于不同的特征提取器。因为研究者一般也是通过局部的重要特征来判断图片的种类。使用卷积运算的目的是提取输入的不同特征，第一层卷积层可能只能提取一些低级的特征，如边缘、线条和角等层级，更多层的网络能从低级特征中迭代提取更复杂的特征。卷积层的激活函数使用的是 ReLU 函数。

首先介绍卷积的概念，卷积(Convolution)也叫褶积，在信号处理和图像处理中，研究人员分别使用的是一维卷积和二维卷积。而 CNN 中的卷积就是对输入图像的不同局部的矩阵和卷积核矩阵各个位置的元素相乘，然后相加得到。卷积核(Convolution Kernel)也称为滤波器(Filter)，相当于权重参数矩阵。研究者的任务还是要找一组最好的权重参数矩阵，使得图像的特征提取完之后的效果最好。假设图像为 $X \in \mathbf{R}^{M \times N}$，滤波器为 $W \in \mathbf{R}^{U \times V}$，则卷积为

$$y_{ij} = \sum_{u=1}^{U} \sum_{v=1}^{V} w_{uv} x_{i-u+1, j-v+1} \tag{8-93}$$

一般 $U \ll M, V \ll N$，且为了简单起见，卷积的输出 y_{ij} 的下标 (i, j) 从 (U, V) 开始。

输入信息 X 和滤波器 W 的二维卷积定义为

$$Y = X * W \tag{8-94}$$

式中：$*$ 表示二维卷积运算，具体的二维卷积示例如图 8.19 所示，输入是二维的 3×4 矩阵，卷积核是二维的 2×2 矩阵，假设卷积的步长即每次移动的像素数是 1。将卷积核依次向右向下移动进行卷积后得到输出矩阵 Y 的各个元素，由于卷积核在输入上能进行六次卷积运

算,Y 矩阵最终是一个 2×3 的矩阵。

实际上一个彩色图像是有 3 个颜色通道(RGB)的,在计算时需要在每个颜色通道进行卷积运算,再把每个通道的计算结果相加,且需要额外加入偏置项。当然若图像在某个通道会显现出使用一个卷积核进行特征提取显然是不充分的,一般需要使用多个卷积核进行计算,这样就可以得到多种特征。需要注意的是,卷积核必须具有与输入图像相同数量的通道。一个图像在经过卷积操作后得到的结果称为特征图或特征映射(Feature Map)。假设输入是 $32 \times 32 \times 3$,卷积核为 $5 \times 5 \times 3$,步长为 1,卷积核的通道数和输入图像的通道数是一致的,都是 3,使用 6 个不同的卷积核进行卷积,则得到的特征图的深度为 6。卷积结果输出的宽 W_2 和高 H_2 为

$$W_2 = \frac{W_1 - F_w + 2P}{S} + 1 \qquad (8-95)$$

$$H_2 = \frac{H_1 - F_h + 2P}{S} + 1 \qquad (8-96)$$

式中:W_1 和 H_1 为输入图像的宽度和高度;F_w 和 F_h 为卷积核的宽度和高度;P 为填充(为了充分提取到边缘特征);S 为移动步幅。

因此得到的特征图为 $28 \times 28 \times 6$。然后再使用 10 个不同的卷积核进行卷积,这就是堆叠的卷积层,其示例如图 8.20 所示。

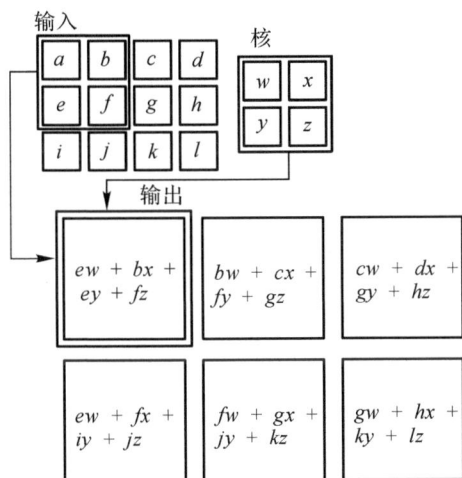

图 8.19 二维卷积示例

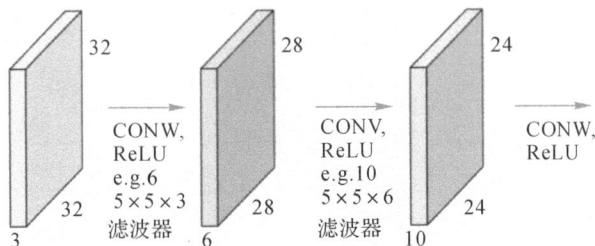

图 8.20 堆叠的卷积层

在卷积的时候，使用同一个卷积核对图像不同的区域进行卷积运算，实现了参数共享。在卷积后还需要使用 ReLU 激活函数，其定义为

$$\mathrm{ReLU}(x)=\begin{cases}x,x\geqslant 0\\0,x<0\end{cases} \qquad (8-97)$$
$$=\max(0,x)$$

通过 ReLU 激活函数，将输出的张量中的小于 0 的位置对应的元素值都变为 0。

池化层（Pooling Layer）也叫压缩、子采样层和下采样层，目的是进行特征选择，降低特征数量，从而减少参数数量。如果运算资源较好，也可以不使用池化层减少运算量。卷积层虽然可以显著减少网络中连接的数量，但特征映射组中的神经元个数并没有减少，如果后面接一个分类器，分类器的输入维数依然很高，很容易出现过拟合，为了解决这个问题，池化层出现了，它降低了特征维数。

常见的池化标准有两个：最大池化（Maxmum Pooling）和平均池化（Mean Pooling）。即用对应区域的最大值或者平均值来作为池化后的元素值。图 8.21 所示为最大值（Maxmum）池化方法，采用的是 2×2 的池化，步幅为 2，即取局部 2×2 区域特征值的最大值为最后的池化结果，最终将输入的 4×4 矩阵池化后变成了 2×2 的矩阵，进行了压缩。

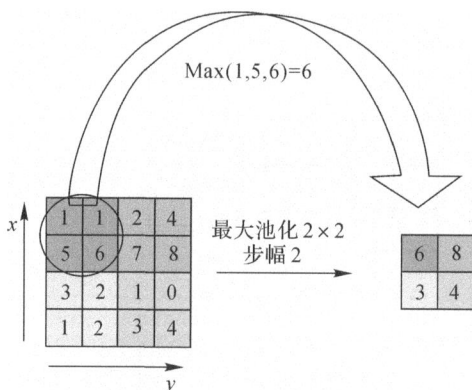

图 8.21　最大值池化方法

一个简单的图像识别中的 CNN 模型如图 8.22 所示。其中，卷积层加池化层的组合可以在隐藏层出现很多次，图 8.22 中出现两次，而实际上这个次数是根据模型需要而设置的。也可以使用卷积层加卷积层，或者卷积层加卷积层加池化层的组合，这些在构建模型的时候没有限制。但是最常见的 CNN 都是若干卷积层加池化层的组合，如图 8.22 中的 CNN 结构。

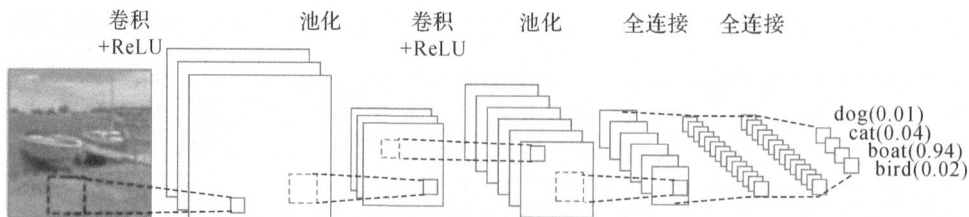

图 8.22　图像识别中的 CNN 模型

在若干卷积层加池化层后面是全连接层(Fully Connected Layer,FC),全连接层其实就是前面讲的 DNN 结构,只是输出层使用了 Softmax 激活函数来做图像识别的分类。虽然 CNN 在图像处理领域应用广泛,但是它不能处理图像放大、缩小和旋转等问题,因此出现了 Spatial Transfomer 架构,这里不在详细介绍。

在 CNN 的基础上,研究人员又提出了几种应用广泛的典型深层卷积神经网络,例如 LeNet-5[27]、AlexNet[28]、Inception 网络[29-31]、ResNet 网络[32]等。其中深度残差网络(Deep residual network,ResNet)的提出是 CNN 图像史上的一件里程碑事件,它在图像分类、目标检测等任务中的表现大幅超越以往网络的性能水准。接下来简要介绍 ResNet 网络。

提出 ResNets 的目的是解决深度神经网络的退化问题。按照经验来看,网络的深度对模型的性能至关重要,当增加网络深度时,网络应该可以提取更加复杂的特征,因此当网络深度增加时,网络性能应该更好才是,可是相关研究者做实验发现,深度网络出现了退化问题(Degradation problem):随着网络深度的增加,网络准确度出现饱和,甚至出现下降。显然这不是过拟合问题,因为过拟合在训练集上的表现会更加出色,可是深层网络无论从训练误差或是测试误差来看,都有可能比浅层误差更差。而随着网络深度的增加出现的梯度消失和梯度爆炸问题,也有正则初始化(normalized initialization)和中间的正则化层(intermediate normalization layers)等方式来缓解。那为什么深度网络会出现退化问题呢?

按照常理,给网络叠加更多层,浅层网络的解空间是包含在深层网络的解空间中的,深层网络的解空间至少存在不差于浅层网络的解,因为只要将增加的层变成恒等映射(Identity Mapping),其他层的权重直接完全复制浅层网络的,就可以得到和浅层网络一样的性能。可是最后深层网络找到的解却是更差的解,这其实反映出结构相似的模型,优化难度其实是不一样的,且难度的增加不是线性的,越深度模型越难以优化。为了解决该问题,可以从两个方面入手,其一是调整求解方法,比如更好的初始化、更好的梯度下降算法等;其二则是调整模型结构,让模型更易于优化——改变模型结构,实际上是改变了 Error Surface(误差曲面,即根据不同参数得到的 Loss 画出来的这个等高线图)的形态。ResNet 就是从第二个方面入手,探求更好的模型结构。

ResNet 是由多个相似的 Residual Block(残差块)串联构成的,一个残差块的结构图如图 8.23 所示,一个残差块有 2 条路径 x("弯线"部分)和 $F(x)$(非"弯线"剩余部分),$F(x)$ 路径拟合残差,称为残差路径(Residual Mapping),x 路径为恒等映射(Identity Mapping),也被称为"Shortcut"。因此它是由 $F(x)+x$ 构成的 Block,其中 x 为输入,$F(x)$ 为残差,F 通常包括了卷积、激活等操作。图 8.23 中的 $\oplus$ 为 Element-wise Addition,要求参与运算的 $F(x)$ 和 x 的尺寸要相同。

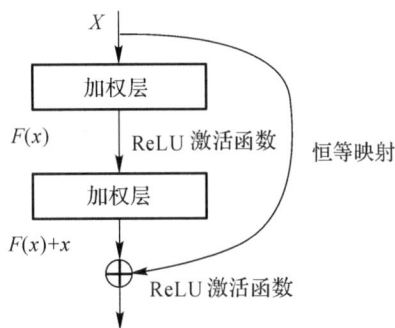

图 8.23　列差块的结构图

假设当输入为 x 时,其学习到的特征为 $H(x)$,现在希望可以学到残差 $F(x)$:

$$F(x) = H(x) - x \qquad (8-98)$$

则学习特征就变成了 $F(x)+x$,这样设计是因为残差学习相比原始特征学习更容易,当残差为 0 时，就构成了一个恒等映射 $H(x)=x$，模型就退化成浅层网络，可以保证网络性能不会下降。下面从数学的角度分析为什么残差学习更容易，首先残差块可以表示为

$$y_l = h(x_l) + F(x_l, W_l) \tag{8-99}$$

$$x_{l+1} = f(y_l) \tag{8-100}$$

式中：x_l 和 x_{l+1} 分别表示的是第 l 个残差块的输入和输出；F 是残差函数，表示学习到的残差，f 是 ReLU 激活函数；$h(x_l)=x_l$ 表示恒等映射。

通过递归，可以得到任意深层单元 L 特征的表达：

$$x_L = x_l + \sum_{i=l}^{L-1} F(x_i, W_i) \tag{8-101}$$

即对于任意深的单元 L 的特征 x_L 可表示为一个浅层单元特征 x_l，再加上一个形如 $\sum_{i=l}^{L-1} F(x_i, W_i)$ 的残差函数，这表明了任何单元 L 和 l 之间都具有残差特性。

对于反向传播，假设损失函数为 Loss，根据链式法则可得

$$\frac{\partial \text{Loss}}{\partial x_l} = \frac{\partial \text{Loss}}{\partial x_L} \cdot \frac{\partial x_L}{\partial x_l} = \frac{\partial \text{Loss}}{\partial x_L} \cdot \left(1 + \frac{\partial \sum_{i=l}^{L-1} F(x_i, W_i)}{\partial x_l}\right) \tag{8-102}$$

式（8-102）的第一个因子 $\frac{\partial \text{Loss}}{\partial x_L}$ 不通过权重层的传递，保证了网络特征可以传回任意的浅层 l；第二个因子通过了权重层的传递，梯度不是直接传递过来的，而且 1 的存在保证了不会出现梯度消失的现象，可见残差学习会更容易。

ResNet 结构非常容易修改和扩展，通过调整 Block 内的 Channel 数量和堆叠的 Block 数量，就能够很容易地调整网络的宽度和深度，来得到不同表达能力的网络，而不用过多地担心网络的退化问题，只要训练数据足够，逐步加深网络，就可以获得更好的性能表现。它在设计之初，主要是服务于卷积神经网络（CNN），在计算机视觉领域应用较多，但是随着 CNN 结构的发展，它在很多文本处理、文本分类（N-gram）里面，也同样展现出很好的效果。

8.3.2 RNN 与 LSTM

对于图片分类，输入的每张图片往往都是独立、前后无关的，CNN 就可以解决该问题；但是对于很多语言类的问题，输入的语境和语序都是非常重要的，这个时候循环神经网络的作用就体现出来了。循环神经网络（Recurrent Neural Network, RNN）通过加入记忆门来保留历史信息，能够更好地应对序列输入[33]。然而，循环神经网络也暴露出不足之处，由于梯度爆炸或消失问题[34-35]，所以它实际上只能学习到短期的依赖关系，不能够处理长期依赖问题。为了解决该问题，长短期记忆（Long Short-term Memory, LSTM）网络引入门控机制去控制信息的积累速度，选择性的加入新的信息或遗忘历史信息[36]。本小节将对这两个网络进行详细的介绍。

最基本的循环神经网络由输入层、一个隐藏层和一个输出层构成，基本 RNN 结构示意图如图 8.24 所示。这个图比较抽象，可以先将有 W 的那个带箭头的圈去掉，剩下的就是一

个简单的神经网络结构,即 x 为输入向量,y 为输出向量,h 也是一个向量,它表示隐藏层的值(这里隐藏层只画了一个节点,其实这一层有多个节点,节点数和向量 h 的维度相同)。RNN 的隐藏层的值 h 不仅仅取决于当前这次的输入 x,还取决于上一次隐藏层的值 h。而 W 其实是一个权重矩阵,它就代表着隐藏层上一次的值作为这一次的输入的权重。U 是输入层到隐藏层的权重矩阵,V 是隐藏层到输出层的权重矩阵。

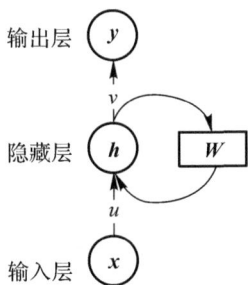

图 8.24　基本 RNN 结构示意图

为了更好地理解 RNN 结构,将其按照时间维度展开后得到了如图 8.25 所示的 RNN 时间线展开图。在隐藏层状态值(即隐藏层神经元活性值)h_t 和隐藏层状态值 h_{t-1} 之间有一个 Memory cell(记忆门),用于存储隐藏层上一次的值,而 W 即隐藏层上一次的值作为这一次的输入的权重矩阵,因为 RNN 是一个链式结构,所以每个时间片使用的是相同的参数,每一步的参数(U、V、W)共享是 RNN 的重要特点。

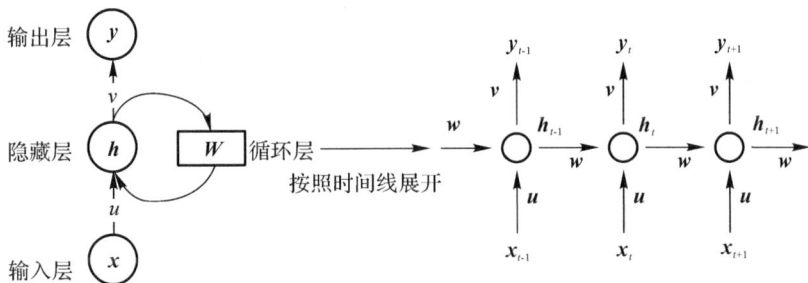

图 8.25　RNN 时间线展开图

现在看上去就比较清楚了,RNN 在 t 时刻接收到输入向量 x_t 后,隐藏层状态值为 h_t,得到的输出向量 y_t。其中 h_t 的值不仅仅取决于输入向量 x_t,还取决于上一时刻的隐藏层状态 h_{t-1}。可以用以下公式来表示循环神经网络的计算方法:

输出层的计算公式为

$$y_t = g(V \cdot h_t) \tag{8-103}$$

式中:V 为隐藏层到输出层的权重矩阵;g 为输出层的激活函数。

隐藏层的计算公式为

$$h_t = f(U \cdot x_t + W \cdot h_{t-1} + b) \tag{8-104}$$

式中:U 为输入层到隐藏层的权重矩阵;b 为偏置向量;$f(\cdot)$ 为隐藏层的非线性激活函数,通常为 Logistic 函数或 Tanh 函数。

若以z_t表示隐藏层的净输入,则

$$z_t = U \cdot x_t + W \cdot h_{t-1} + b \tag{8-105}$$

当然以上的介绍是基于单隐藏层的循环神经网络,可以通过增加隐藏层得到 Deep RNN。此外,RNN 有很多变形,之前介绍的是 Elman Network,此外还有 Jordan Network 和 Bidirectional RNN。Jordan Network 存的是整个网络的输出值,是将上个时间点的输出值存到记忆门中,在下个时间点和输入层的输出一起进入隐藏层的输入层。由于输出层的值是有目标的,因此可以很好地控制记忆门中的信息是什么样子的,从而使得整个网络的性能更好。这里不再详细介绍 Jordan Network 的运行过程,而是着重介绍一下双向循环神经网络(Bidirectional RNN)。

对于一些语言模型的任务,很多时候光看前面的词是不够的,比如预测下面这句话空格中的文字:"我的电脑坏了,我打算_一台新的脑",这个时候还需要看后面的单词,这就需要双向循环神经网络,它的结构示意图如图 8.26 所示。

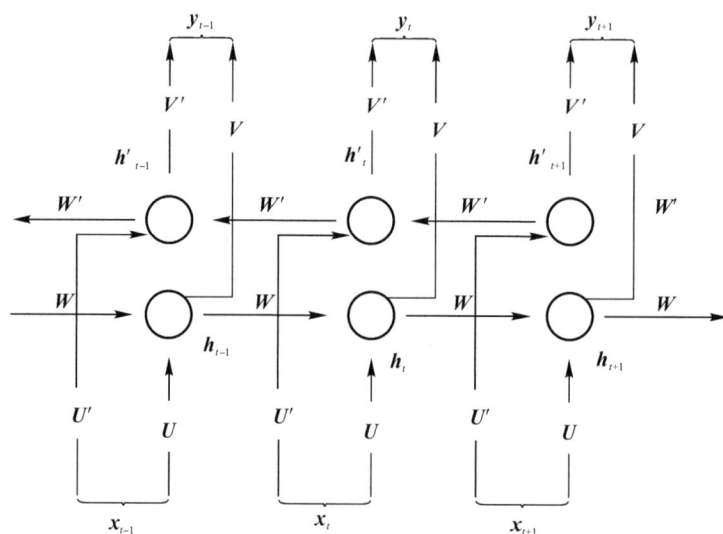

图 8.26　双向循环神经网络结构示意图

从图 8.26 可以看出,双向循环网络有两条循环网络链,一条是正向的链,另外一条是反向的链。输入向量x_t参加正向计算,也参加反向计算。正向计算时,隐藏层状态值h_t取决于隐藏层的状态值h_{t-1}和输入向量x_t;而反向计算时,隐藏层状态值h'_t取决于隐藏层的状态值h'_{t+1}和输入向量x_t。输出向量y_t则是与h_t和h'_t两者相关。使用以下公式表示双向循环神经网络的计算方法:

$$y_t = g(V \cdot h_t + V' h'_t) \tag{8-106}$$

$$h_t = f(U \cdot x_t + W \cdot h_{t-1} + b) \tag{8-107}$$

$$h'_t = f(U' \cdot x_t + W' \cdot h'_{t+1} + b') \tag{8-108}$$

式中:$g(\cdot)$是输出层的激活函数;$f(\cdot)$是隐藏层的激活函数;V和V'是隐藏层到输出层的权重矩阵;U和U'是输入层到输出层的权重矩阵;W和W'是隐藏层上一次的值作为这一次的输入的权重矩阵;b和b'是偏置向量。

可以看出,正向计算和反向计算不共享权重,即 V 和 V'、U 和 U'、W 和 W' 都是不同的矩阵。

根据以上的介绍可以看出,RNN 之所以被称为循环神经网络,是因为网络会对前面的信息进行记忆并应用于输出的计算中,即隐藏层的节点不再无连接而是有连接的,并且隐藏层的输入不仅包括输入层的输出,还包括上一时刻隐藏层的输出。由于是时序上的层级结构,所以 RNN 在输入输出关系上具备了更大的灵活性,能够解决不同的问题,比如序列到类别模式(n-to-1)、同步的序列到序列模式(n-to-n)和异步的序列到序列模式(n-to-m,也被称为 Encoder-Decoder 模型或者 Seqence-to-Sequence 模型)。接下来对这三种模式进行相应的介绍。

序列到类别模式主要用于处理序列数据的分类问题:输入为序列,输出为类别。如输入一段文字判别它所属的类别,输入一个句子判断其情感倾向,输入一段视频判断它的类别等等。假设一个样本 $x=\{x_1,x_2,\cdots,x_T\}$ 为长度为 T 的序列,输出类别 $y\in\{c_1,c_2,\cdots,c_k\}$。将 x 按照不同时刻输入 RNN 中,可以得到不同时刻的隐藏层状态 $h_1,h_2,\cdots,h_T$,将 h_T 当成整个序列的最终表示,并通过分类器[假设为 $g(\cdot)$]进行相应的分类。它的模式结构图如图 8.27(a)所示,计算公式为

$$y'=g(h_T) \qquad (8-109)$$

除了将最后的隐藏层状态当做整个序列的表示外,还可以将整个序列的隐藏层状态求平均,把这个平均值 h 当成整个序列的最终表示。序列到类别模式结构示意图如图 8.27(b)所示,计算公式为

$$y'=g\left(\frac{1}{T}\sum_{t=1}^{T}h_t\right) \qquad (8-110)$$

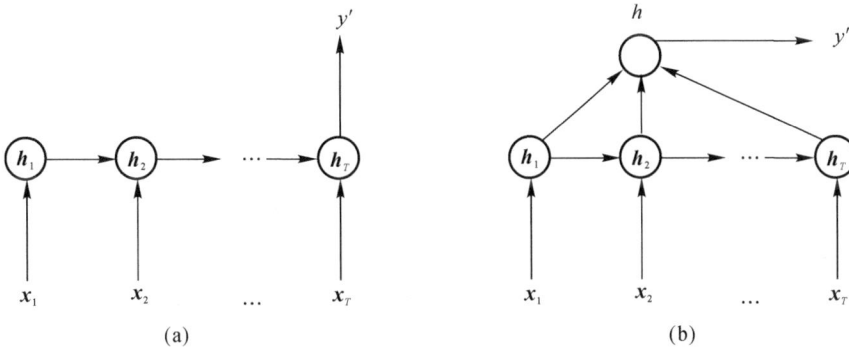

图 8.27　序列到类别模式结构示意图

同步的序列到序列模式是最经典的 RNN 结构,常被用于序列标注任务,即每一时刻都有输出,输入、输出都是等长的序列数据。比如词性标注任务,对于序列中的每一个单词,都需要标注其对应的词性。假设输入为一个长度为 T 的序列样本 $x=\{x_1,x_2,\cdots,x_T\}$,输出为等长度的序列 $y=\{y_1,y_2,\cdots,y_T\}$。将 x 按照不同时刻输入 RNN 中,可以得到不同时刻的隐藏层状态 $h_1,h_2,\cdots,h_T$,每个时刻的隐藏层状态 h_t 都通过分类器[假设为 $g(\cdot)$]得到相应的标签 y'_t。其模式结构图如图 8.28 所示,计算公式为

$$y'_t = g(\boldsymbol{h}_t), \forall t \in [1, T] \tag{8-111}$$

异步的序列到序列模式是 RNN 的一个重要变种。原始的 n-to-n 的 RNN 要求序列等长，然而遇到的大部分问题序列都是不等长的，如机器翻译中，源语言和目标语言的单词序列往往并没有相同的长度。假设输入为一个长度为 T 的序列样本 $\boldsymbol{x} = \{x_1, x_2, \cdots, x_T\}$，输出为长度为 M 的序列 $y \in \{y_1, y_2, \cdots, y_M\}$。异步的序列到序列模式会通过先编码后解码的方式解决该问题，它会先将 $\boldsymbol{x}$ 按照不同时刻输入一个 RNN（编码器）中得到隐藏层状态 $\boldsymbol{h}_T$。然后再使用另外一个 RNN（解码器），得到输出序列 $y'_t, t \in [1, M]$。为了建立输出序列之间的依赖关系，在解码器中通常使用非线性的自回归模型[10]。假设 $g(\boldsymbol{\cdot})$ 为分类器，$f_1(\boldsymbol{\cdot})$ 和 $f_2(\boldsymbol{\cdot})$ 分别为编码器和解码器的循环神经网络，则异步的序列到序列模型可以写为

$$\boldsymbol{h}_t = f_1(\boldsymbol{h}_{t-1}, \boldsymbol{x}_t), \forall t \in [1, T] \tag{8-112}$$
$$\boldsymbol{h}_{T+t} = f_2(\boldsymbol{h}_{T+t-1}, \boldsymbol{y}'_{t-1}), \forall t \in [1, M] \tag{8-113}$$
$$y'_i = g(\boldsymbol{h}_{T+t}), \forall t \in [1, M] \tag{8-114}$$

式中：$\boldsymbol{y}'_t$ 为预测输出 y'_t 的向量表示，解码器中通常采用自回归模型，每一个时刻的输入为上一个时刻的预测结果 y'_{t-1}。

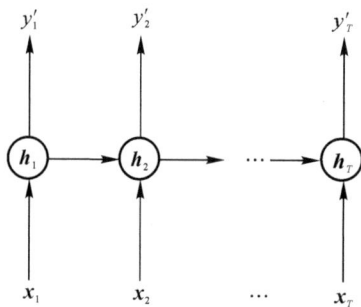

图 8.28　同步的序列到序列模式示意图

异步的序列到序列模式示意图如图 8.29 所示，其中〈EOS〉表示输入序列的结束。

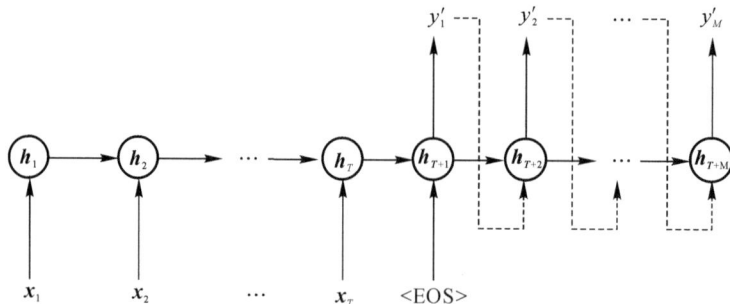

图 8.29　异步的序列到序列模式示意图

接下来以同步的序列到序列模式为例来介绍循环神经网络的参数学习。它仍然可以以梯度下降法来进行学习，只是 RNN 中存在一个递归调用的函数 $f(\boldsymbol{\cdot})$，因此 RNN 计算梯度的方式与前馈神经网络不太相同。RNN 主要有两种计算梯度的方式：随时间反向传播

(BPTT)算法和实时循环学习算法(RTRL),这里主要介绍 BPTT 算法。

给定一个训练样本$(\boldsymbol{x},\boldsymbol{y})$,其中 $\boldsymbol{x}=\{\boldsymbol{x}_1,\boldsymbol{x}_2,\cdots,\boldsymbol{x}_T\}$ 是长度为 T 的输入序列,相对应的标签序列是 $y=\{y_1,y_2,\cdots,y_T\}$,假设分类器为 $g(\cdot)$,在时刻 $t\in[1,T]$ 时,$g(h_t)$ 为在时刻 t 时的输出,而 y_t 为时刻 t 时的监督信息,可以定义时刻 t 的损失函数为

$$L_t=L(y_t,g(\boldsymbol{h}_t))\qquad(8-115)$$

式中:L 为可微的损失函数,且整个序列的损失函数为

$$L=\sum_{t=1}^{T}L_t\qquad(8-116)$$

由此可得,整个序列的损失函数对参数 W 的梯度为

$$\frac{\partial L}{\partial W}=\sum_{t=1}^{T}\frac{\partial L_t}{\partial W}\qquad(8-117)$$

即每个时刻的损失函数对参数 W 的偏导数之和。为了求出结果,下面对随时间反向传播(Back Propagation Through Time,BPTT)算法进行简要介绍。

随时间反向传播算法的主要思想也是通过错误反向传播算法来计算梯度。它将循环神经网络看作一个展开的多层前馈神经网络,如图 8.25 所示,BPTT 将 RNN 的"每一个时刻"对应于多层前馈神经网络中的"每一层",而且这个前馈网络中的所用层的参数都是共享的,因此参数的真实梯度是所有"展开层"的参数梯度之和。

先来计算式(8-112)中第 i 时刻对参数 W 的偏导数 $\dfrac{\partial L_t}{\partial W}$,由于参数 W 和隐藏层在每一时刻 $k,k\in[1,t]$ 的净输入 $\boldsymbol{z}_k=U\cdot\boldsymbol{x}_k+W\cdot\boldsymbol{h}_{k-1}+\boldsymbol{b}$ 有关,所以根据链式法则,可得

$$\frac{\partial L_t}{\partial w_{ij}}=\sum_{k=1}^{t}\frac{\partial^{+}\boldsymbol{z}_k}{\partial w_{ij}}\frac{\partial L_t}{\partial \boldsymbol{z}_k}\qquad(8-118)$$

式中:$\dfrac{\partial^{+}\boldsymbol{z}_k}{\partial w_{ij}}$ 表示"直接"导数,即在公式 $\boldsymbol{z}_k=U\cdot\boldsymbol{x}_k+W\cdot\boldsymbol{h}_{k-1}+\boldsymbol{b}$ 中保持 $\boldsymbol{h}_{k-1}$ 不变,对 w_{ij} 求偏导,可得

$$\frac{\partial^{+}\boldsymbol{z}_k}{\partial w_{ij}}=[0,\cdots,[\boldsymbol{h}_{k-1}]_j,\cdots,0]$$
$$\triangle \boldsymbol{I}_i([\boldsymbol{h}_{k-1}]_j)\qquad(8-119)$$

式中:$[\boldsymbol{h}_{k-1}]_j$ 为第 $k-1$ 时刻隐状态的第 j 维,$I_i(x)$ 为除了第 i 行值 x 为外,其余都为 0 的行向量。

将 $\delta_{t,k}=\dfrac{\partial L_t}{\partial \boldsymbol{z}_k}$ 作为第 t 时刻的损失对第 k 时刻隐藏神经元的净输入 $\boldsymbol{z}_k$ 的导数,当 $1\leqslant k<t$ 时,有

$$\begin{aligned}\delta_{t,k}&=\frac{\partial L_t}{\partial \boldsymbol{z}_k}\\&=\frac{\partial \boldsymbol{h}_k}{\partial \boldsymbol{z}_k}\frac{\partial \boldsymbol{z}_{k+1}}{\partial \boldsymbol{h}_k}\frac{\partial L_t}{\partial \boldsymbol{z}_{k+1}}\\&=\mathrm{diag}(f'(\boldsymbol{z}_k))\boldsymbol{W}^{\mathrm{T}}\delta_{t,k+1}\end{aligned}\qquad(8-122)$$

将式(8-117)和式(8-114)代入式(8-113)，可得

$$\frac{\partial L_t}{\partial w_{ij}} = \sum_{k=1}^{t} [\delta_{t,k}]_i [\boldsymbol{h}_{k-1}]_j \tag{8-123}$$

写成矩阵形式为

$$\frac{\partial L_t}{\partial \boldsymbol{W}} = \sum_{k=1}^{t} \delta_{t,k} \boldsymbol{h}_{k-1}^{\mathrm{T}} \tag{8-124}$$

将式(8-119)代入式(8-112)，得到整个序列的损失函数 L 关于参数 W 的梯度为

$$\frac{\partial L}{\partial \boldsymbol{W}} = \sum_{t=1}^{T} \sum_{k=1}^{t} \delta_{t,k} \boldsymbol{h}_{k-1}^{\mathrm{T}} \tag{8-125}$$

同理可得，整个序列的损失函数 L 关于权重 U 和偏置 b 的梯度为

$$\frac{\partial L}{\partial \boldsymbol{U}} = \sum_{t=1}^{T} \sum_{k=1}^{t} \delta_{t,k} \boldsymbol{x}_k^{\mathrm{T}} \tag{8-126}$$

$$\frac{\partial L}{\partial \boldsymbol{b}} = \sum_{t=1}^{T} \sum_{k=1}^{t} \delta_{t,k} \tag{8-127}$$

将式(8-117)展开，可得

$$\delta_{t,k} = \prod_{\tau=k}^{t-1} (\mathrm{diag}(f'(\boldsymbol{z}_\tau)) \boldsymbol{W}^{\mathrm{T}}) \delta_{t,t} \tag{8-128}$$

假设 $\gamma \cong \| \mathrm{diag}(f'(\boldsymbol{z}_\tau)) \boldsymbol{W}^{\mathrm{T}} \|$，则

$$\delta_{t,k} \cong \gamma^{t-k} \delta_{t,t} \tag{8-129}$$

若 $\gamma > 1$，当 $t-k \to \infty$ 时，$\gamma^{t-k} \to \infty$，即当间隔 $t-k$ 比较大时，则梯度也会很大，从而造成系统不稳定，这就是梯度爆炸问题(Gradient Exploding Problem)。若 $\gamma < 1$，当 $t-k \to \infty$ 时，$\gamma^{t-k} \to 0$，即当间隔 $t-k$ 比较大时，梯度会变得非常小，这个时候就会出现 8.2.4 小节所介绍的梯度消失问题(Vanishing Gradient Problem)。

上述所说的梯度爆炸和梯度消失问题，使得循环神经网络只可以建立短期的状态之间的依赖关系。如果时刻 t 的输出$\boldsymbol{y}_t$ 依赖于时刻 k 的输入$\boldsymbol{x}_k$，当时间间隔 $t-k$ 比较大时，简单神经网络难以建模这种长距离的依赖关系，这种问题被称为长期依赖问题(Long-Term Dependencies Problem)，或者长程依赖问题。为了缓解梯度消失问题，研究者提出了循环神经网络的一个最重要的变体长短期记忆网络(Long Short-Term Memory Network, LSTM)。它引入了门控机制去控制信息的积累速度，包括选择性地加入新的信息或遗忘之前累积的历史信息。

LSTM 中新增加的状态 c，称为单元状态。人们把 LSTM 按照时间维度展开可得如图 8.30 所示的 LSTM 网络结构示意图。

从图 8.30 中可以看出，在 t 时刻，LSTM 的输入有 3 个，即 t 时刻该网络的输入值$\boldsymbol{x}_t$、上一时刻 LSTM 的输出值$\boldsymbol{h}_{t-1}$、以及上一时刻的记忆单元向量$\boldsymbol{c}_{t-1}$；LSTM 的输出有 3 个，即当前时刻 LSTM 输出值$\boldsymbol{h}_t$、当前时刻的隐藏状态向量$\boldsymbol{h}_t$ 和当前时刻的记忆单元状态向量$\boldsymbol{c}_t$。需要注意的是，记忆单元是在 LSTM 层内部结束工作的，不向其他层输出，LSTM 的输出仅有隐藏状态向量 $\boldsymbol{h}$。

LSTM 网络引用了门控机制(Gating Mechanism)来控制信息传递的途径。门控机制

在数字电路时,门(gate)为一个二值变量{0,1},0 表示门是关闭状态,信息无法通过;1 表示门是打开状态,所有信息都可通过。而 LSTM 通常包含一个记忆单元、一个遗忘门、一个输入门以及一个输出门。这个记忆单元可以在某个时刻捕捉关键信息,并能够保存一定的时间,而 3 个门各自有用处。

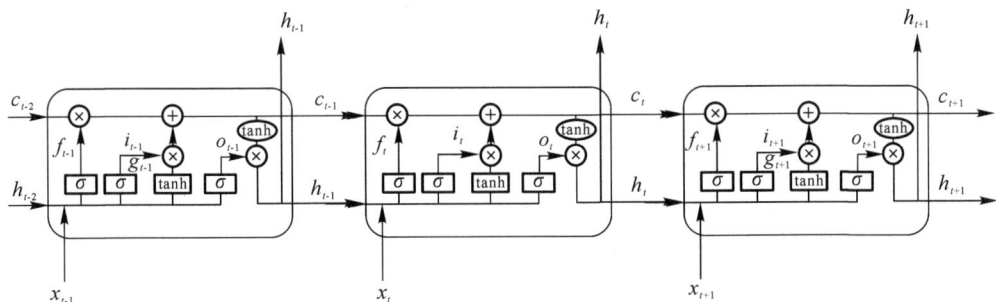

图 8.30　LSTM 网络结构示意图

(1)遗忘门f_t:控制上一个时刻的记忆单元c_{t-1}需要遗忘多少信息。

(2)输入门i_t:控制当前时刻的候选状态g_t有多少信息需要保存。

(3)输出门o_t:控制当前时刻的记忆单元c_t有多少信息需要输出给外部状态h_t。

其中g_t是原始输入信息通过非线性函数得到的候选状态:

$$g_t = \tanh(W_{xg}x_t + W_{hg}h_{t-1} + b_g) \tag{8-130}$$

可以看出,当$f_t=1$,$i_t=0$时,记忆单元将复制上一时刻的内容,不再写入新的信息;当$f_t=0$,$i_t=1$时,记忆单元将清空历史信息,并将候选状态g_t写入,但此时记忆单元c_t仍然和上一时刻的历史信息相关。

LSTM 网络中的门是一种软门,即取值在(0,1)之间,代表着以一定比例允许信息通过。这 3 个门的计算方式为

$$f_t = \sigma(W_{xf}x_t + W_{hf}h_{t-1} + b_f) \tag{8-131}$$

$$i_t = \sigma(W_{xi}x_t + W_{hi}h_{t-1} + b_i) \tag{8-132}$$

$$o_t = \sigma(W_{xo}x_t + W_{ho}h_{t-1} + b_o) \tag{8-133}$$

从而记忆单元c_t的计算公式为

$$c_t = f_t \odot c_{t-1} + i_t \odot g_t \tag{8-134}$$

同时该时刻的输出值、当前时刻的隐藏状态向量h_t为

$$h_t = o_t \odot \tanh(c_t) \tag{8-135}$$

式中:W_{xf}、W_{hf}、W_{xi}、W_{hi}、W_{xo}、W_{ho}、W_{xg}、$W_{hg} \in \mathbf{R}^{d \times d}$ 都为权重矩阵;b_g、b_f、b_i、$b_o \in \mathbf{R}^d$ 为偏置;$\odot$为向量元素乘积。

8.3.3　Transformer

之前介绍的 RNN 和 LSTM 模型需要从左向右或从右向左依次计算,这种机制导致了两个问题:①这个时刻的计算依赖于上个时刻的计算结果,导致模型无法并行,这大幅度地降低了计算效率。②顺序计算的过程中信息会丢失,虽然 LSTM 等门机制的结构在一定程

度上缓解了长期依赖问题，但是 LSTM 也无法解决特别长期的依赖问题。为了解决以上问题，研究者们提出了 Transformer，它是谷歌大脑在 2017 年底发表的论文 Attention Is All You Need[37] 中所提出的 Seqence-to-Sequence（简称 Seq2Seq）模型，即输入是一个序列，输出也是一个序列，且输出的长度是由模型自己确定的模型，也是本质上是 Encoder-Decoder 结构的模型。Transformer 可以应用在语音辨别、机器翻译、语音翻译、问答系统和目标检测等领域。

整个 Transformer 网络结构完全是由 Attention 机制组成，更准确地讲，Transformer 只是由自注意力（Self-Attenion）和前馈神经网络（Feed Forward Neural Network）构成。Transformer 模型主要可分为两大部分：编码器（Encoder）和解码器（Decoder）。Encoder 负责把输入隐射成隐藏层，然后把隐藏层输入到解码器得到输出。它的整体结构如图 8.31 所示，左半边为 Encoder 部分，右半边为 Decoder 部分。

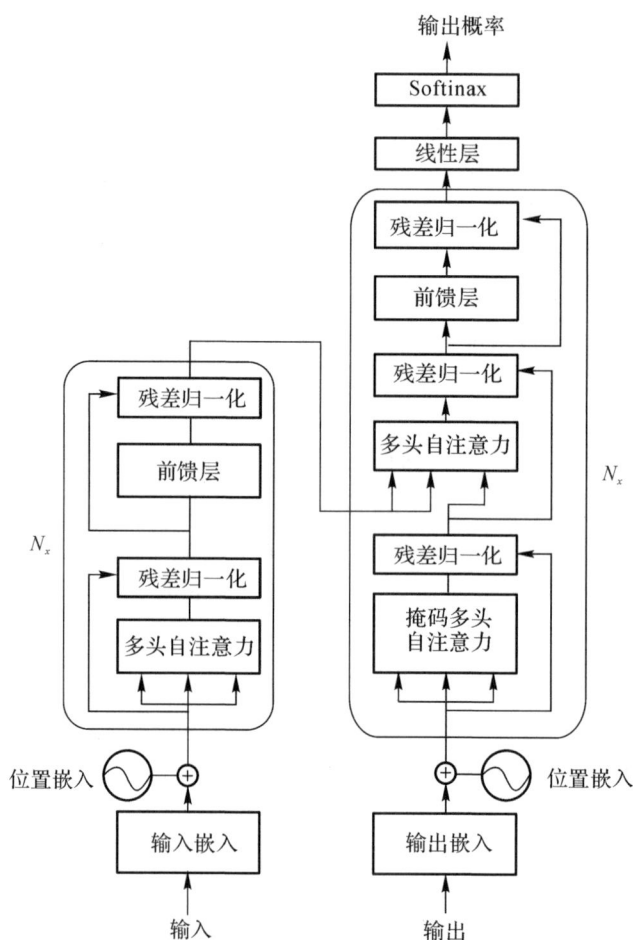

图 8.31　Transformer 网络结构示意图

按照 Transformer 运行的流程，从图 8.31 可以看到，输入信息表示向量（Input Embedding）和位置编码（Positional Encoding）相加作为输入向量（设为 X）进入到多个（N_x 个），

Encode 结构得到隐藏层,然后将隐藏层信息表示向量(Output Embedding)和位置编码(Positional Encoding)进入到多个(N_x 个)Dncode 结构得到输出信息,输出信息经过线性模型(Linear)后再通过 Softmax 函数得到结果的概率值,一般选取概率值大的作为最终结果。接下来,通过依次具体分析 Transformer 的 Encoder 和 Decoder 的各个组件,对 Transformer 的构成进行详细介绍。

1. 输入向量

为了使读者理解更加透彻,以机器翻译(中译英)为例,假设输入信息为"情感分析",需要将其表示为单词 Embedding,可以通过许多方式得到表示向量,例如可以采用 Word2Vec、Glove 等算法预训练得到,也可以在 Transformer 中训练得到。而之所以还引入了一个位置嵌入(Positional Embedding,PE),是因为 Transformer 模型没有循环神经网络的迭代操作,所以必须提供每个字的位置信息给 Transformer,这样它才能识别出语言中的顺序关系。位置编码(Positional Encoding)的维度表示为[Max_Sequence_Length,Embedding_Dimension],其中 Max_Sequence_Length 属于超参数,限定了每个句子最长由多少单词构成,Embedding_Dimension 是 Positional Encoding 的维度,单词 Embedding 的维度与它相同。

用公式来计算提供给模型位置信息:

$$PE(pos,2i) = \sin\left(\frac{pos}{10\,000^{\frac{2i}{d_{model}}}}\right) \qquad (8-136)$$

$$PE(pos,2i+1) = \cos\left(\frac{pos}{10\,000^{\frac{2i+1}{d_{model}}}}\right) \qquad (8-137)$$

式中:pos 表示单词在某个句子中的位置,取值范围为[0,Max_Sequence_Length);i 表示单词向量的维度序数,取值范围是[0,Embedding_Dimension/2),则 $2i$ 表示偶数的维度,$2i+1$ 表示奇数维度;d_{model} 表示 Embedding_Dimension 的值。

将单词 Embedding 和位置 Embedding 相加,就可以得到单词的表示向量 X,X 就是 Transformer 的输入。图 8.32 所示为机器翻译实例的输入向量,即表示出了上述机器翻译例子的 Transformer 输入向量。它是一个矩阵,每一行是一个单词的表示。

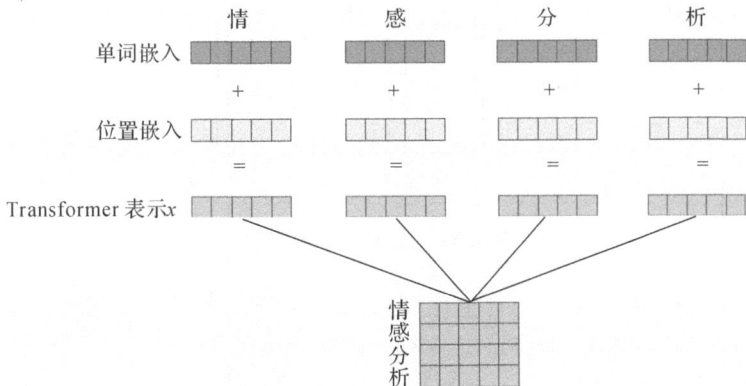

图 8.32 机器翻译实例的输入向量

另一种位置编码的方法是通过训练学习得到位置编码。从测试结果来看，两者几乎没什么差别，不过作者最终还是使用了前面介绍的正弦曲线（sin 与 cos）的方法，首先正弦曲线可以很好的编码两个词之间的相对位置关系，因为三角函数有比较方便的和差化积公式，其次正弦曲线可以使模型适应比训练时更长的序列。

2. 多头注意力机制（Multi-Head Attention）

为了比较清楚地讲解 Multi-Head Attention，先介绍一下注意力机制（Attenion Mechanism）和自注意力机制（Self-Attenion Mechanism）。

在之前介绍的 Seq2Seq 中，使用了两个 RNN，一个作为编码器（Encoder），一个作为解码器（Decoder）：编码器的作用是将输入数据编码成特征向量，然后解码器将这个特征向量解码成输出结果，如图 8.29 所示，可以发现，编码器只将编码器的最后一个节点的结果 h_{T+1} 进行了输出，若是有一个序列长度非常长的特征，则这种方式肯定会遗忘许多前面时间片的特征。研究人员为了给解码器提供更好的特征，将每个时间片的输出都提供给解码器，而解码器如何使用这些特征，就是注意力机制的作用。

这个时候，Attenion Mechanism 相当于解码器和编码器之间的接口，目的是将编码后的结果以一种比较有效的方式传递给解码器。一个简单有效的方式就是让解码器知道每个特征的重要性程度，即让解码器明白如何进行当前时间片的预测结果和输入编码的对齐。Attenion Mechanism 模型学习了编码器和解码器的对齐方式，因此也被叫做对齐模型（Alignment Model）。因此可以认为，注意力机制的本质是从大量信息中有筛选出数量相对较少的重要信息，并聚焦到这些重要信息上，而忽略大多不重要的信息。

根据文献[38]，Attenion Mechanism 有两种类型，一种是作用于编码器的全部时间片，被称为全局注意力机制（Global Attention Mechanism），另一种只作用于时间片的一个子集，被称为局部注意力机制（Local Attention Mechanism）。Transformer 中使用的是 Global Attention Mechanism，接下来对全局注意力机制的计算过程进行简要介绍，注意力机制模型如图 8.33 所示。

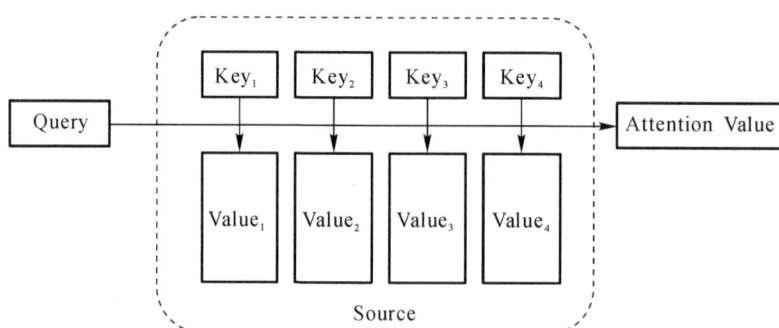

图 8.33 注意力机制模型

其中，Query 是查询条件，代表自主性提示（在 Seq2Seq 模型中就是编码器的最后一个输出作为解码器的第一个输入隐层状态）；Key 是键，代表非自主性提示（在 Seq2Seq 模型中就是经过编码器得到的隐层状态）。注意力机制就是通过注意力汇聚将自主性提示和非自主性提示结合在一起得到权重，根据权重对值（输入）进行倾向性选择，即权重越大研究者会越聚焦于其对应的信息(Value 值)上,即权重代表了信息的重要性。

通过对大多数方法进行抽象,Attenion Mechanism 的具体计算过程可以归纳为两个步骤:第一步是结合 Query 和 Key 计算权重系数,它可细分为两个阶段,第一阶段是根据 Query 和 Key 计算两者的相似性或相关性,第二阶段则是对第一阶段的结果进行归一化处理;第二步则是根据权重对 Value 值进行加权求和。因此,可以将 Attenion Mechanism 的计算过程抽象为图 8.34 所示的示意图。

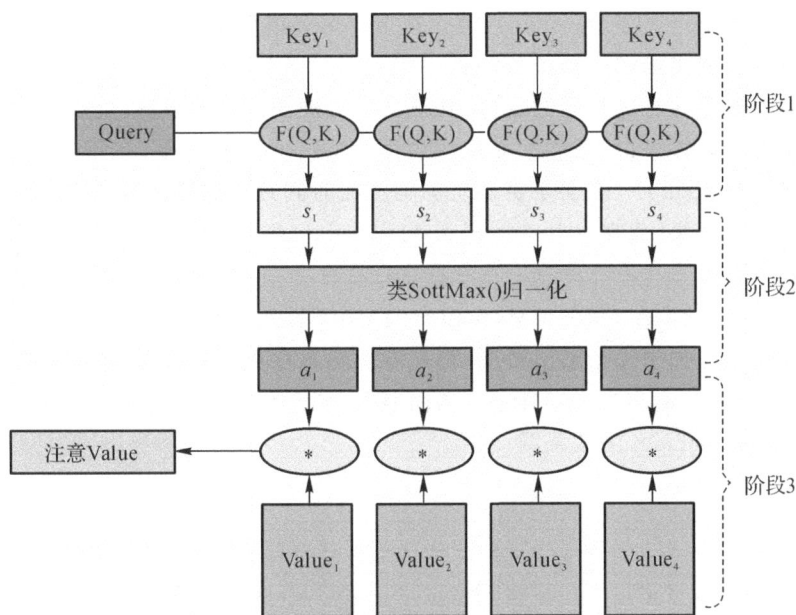

图 8.34　注意力机制的计算过程示意图

首先在第一步,为了计算 Query 和某个 Key_i 两者的相似性或相关性,可以使用求两者之间的向量点积、求两者的向量余弦(Cosine)相似性或通过额外的神经网络等不同的计算方法,公式如下:

点积:

$$Similarity(Query, Key_i) = Query \cdot Key_i \tag{8-138}$$

Cosine 相似性:

$$Similarity(Query, Key_i) = \frac{Query, Key_i}{\|Query\| \|Key_i\|} \tag{8-139}$$

MLP 网络:

$$Similarity(Query, Key_i) = MLP(Query, Key_i) \tag{8-140}$$

在这一阶段,通过不同的计算方法产生的分值,其数值取值范围肯定不同,在第二阶段引入类似 Softmax 的计算方法对第一阶段得到的数值进行处理,既可以进行归一化,将原始数值整理为权重和为 1 的概率值,也可以通过 Softmax 的内在机制更加突出重要元素的权重,公式如下:

$$a_i = \text{Softmax}(\text{Similarity}_i) = \frac{e^{\text{Similarity}_i}}{\sum_{j=1}^{L_x} \text{Similarity}_j} \qquad (8-141)$$

式中：a_i 为 Value_i 对应的权重系数；L_x 为总的输入长度。

第二步进行加权求和即可得到 Attention 数值，公式如下：

$$\text{Attention}(\text{Query}, \text{Input}) = \sum_{i=1}^{L_x} a_i \cdot \text{Value}_i \qquad (8-142)$$

最终求出了针对 Query 的 Attention 数值。在 Seq2Seq 模型中，最后会将含有 Attention 的编码器编码的结果提供给解码器进行解码。

自注意力机制是注意力机制的变体，其减少了对外部信息的依赖，更擅长捕捉数据或特征内部的相关性。具体来讲，当注意力机制应用在 Seq2Seq 模型中，在每一个时间片 t 中，在 Attenion Mechanism 中，除了需要当前解码器在时间片 t 的输入外，还需要用到所有输入序列经过编码器结果，而在 Self-Attenion Mechanism 中，并不需要解码器的输入，而是仅用编码器的输入。

需要注意的是，Self-Attention Mechanism 应用于输入一个序列，输出一个同等长度的序列的情况。输出序列中每个输出特征，都是看过输入序列中每个输入特征的信息后生成的，即每一个输出都与所有的输入有关，从而有效地利用了上下文信息。图 8.35 所示为 Self-Attention Mechanism 的效果图。

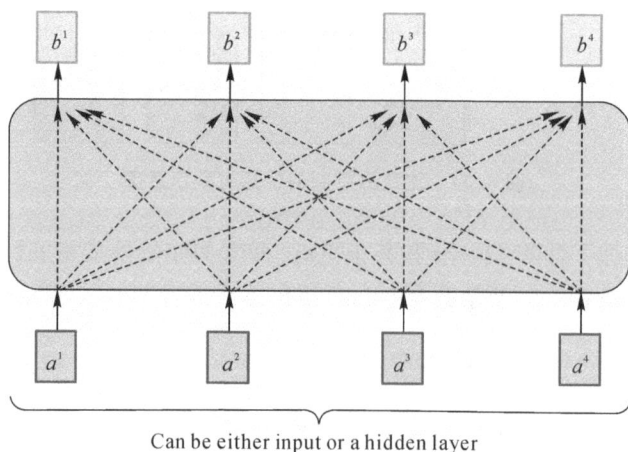

Can be either input or a hidden layer

图 8.35　Self-Attention Mechanism 的效果图

其中 $a^i (i \in \{1,2,3,4\})$ 是输入序列，$b^i (i \in \{1,2,3,4\})$ 是输出序列，输入序列可能是整个网络原始的输入序列，也有可能是经过一些处理后的输出序列（在 Transformer 这里输入的是整个网络的原始序列）。Self-Attention Mechanism 是考虑整个序列的输入信息，从而有效利用上下文信息，但是假设输入序列特征特别长，也无法将其全部包含，因此利用 Attention Mechanism 的思想，考虑到对于某个查询条件（或自主性提示），其他每个特征的重要性程度。Self-Attention Mechanism 的具体计算过程可以分为以下两步（以 b^1 为例）：

（1）第一步，找出与向量 a^1 相关的其他输入向量的相关性，用 ∂ 来表示，它被称为 Attention 分数，$\partial_{1,2}$ 表示对于向量 $\boldsymbol{a}^1$ 来说，向量 $\boldsymbol{a}^2$ 和它的相关性。具体计算公式为

$$\boldsymbol{q}^i = \boldsymbol{W}^q \boldsymbol{a}^i \tag{8-143}$$

$$\boldsymbol{k}^i = \boldsymbol{W}^k \boldsymbol{a}^i \tag{8-144}$$

式中：$\boldsymbol{q}^i$ 为 Query；$\boldsymbol{k}^i$ 为 Key；$\boldsymbol{W}^q$、$\boldsymbol{W}^k$ 都为矩阵（或向量），通过学习得到。

得到 Query 和 Key 之后，根据式（8-133）～式（8-135），都可以得到 ∂，这里还是以点积的形式得到两个的相关性，即

$$\partial_{1,i} = \boldsymbol{q}^1 \cdot \boldsymbol{k}^i, i \in \{1,2,3,4\} \tag{8-145}$$

在实际计算过程中，也会计算 $\boldsymbol{a}^1$ 与自己的关联性，因此到最后，得到了 $\partial_{1,1}$、$\partial_{1,2}$、$\partial_{1,3}$、$\partial_{1,4}$ 4 个 Attention 分数，然后会一般会使它们经过 Softmax 层对应得到 $\partial'_{1,1}$、$\partial'_{1,2}$、$\partial'_{1,3}$、$\partial'_{1,4}$ 这四个概率值。

（2）第二步，求出输入的特征，结合上一步的得到的概率值得到对应的结果 $\boldsymbol{b}^1$。首先，输入序列会与另外一个通过学习得到的矩阵（或向量）$\boldsymbol{W}^v$ 相乘得到对应的特征 $\boldsymbol{v}^i$，即

$$\boldsymbol{v}^i = \boldsymbol{W}^v \boldsymbol{a}^i \tag{8-146}$$

然后特征 $\boldsymbol{v}^i$ 与对应的 Attention 分数相乘，相加得到最终的结果 $\boldsymbol{b}^1$，即

$$\boldsymbol{b}^1 = \sum_i \partial_{1,i} \boldsymbol{v}^i, i \in \{1,2,3,4\} \tag{8-147}$$

同理可得 $\boldsymbol{b}^2$、$\boldsymbol{b}^3$、$\boldsymbol{b}^4$。由此发现，某个输入的 Attention 分数越大，则最后得到的结果越接近与这个输入的特征，整个计算过程如图 8.36 所示。

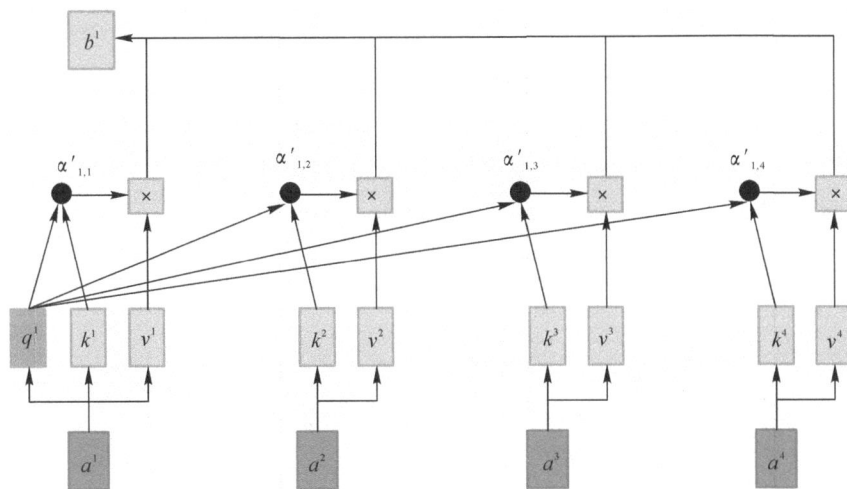

图 8.36 Self-Attention Mechanism 的计算图示例

从矩阵运算的角度来看，用 $\boldsymbol{I} = [\boldsymbol{a}^1 \quad \boldsymbol{a}^2 \quad \boldsymbol{a}^3 \quad \boldsymbol{a}^4]$ 表示输入序列，$\boldsymbol{Q} = [\boldsymbol{q}^1 \quad \boldsymbol{q}^2 \quad \boldsymbol{q}^3 \quad \boldsymbol{q}^4]$ 表示 Query，$\boldsymbol{K} = [\boldsymbol{k}^1 \quad \boldsymbol{k}^2 \quad \boldsymbol{k}^3 \quad \boldsymbol{k}^4]$ 表示 Key，$\boldsymbol{V} = [\boldsymbol{v}^1 \quad \boldsymbol{v}^2 \quad \boldsymbol{v}^3 \quad \boldsymbol{v}^4]$ 表示输入序列的特征序列，则以上的步骤可表示为

$$\boldsymbol{Q} = \boldsymbol{W}^q \boldsymbol{I} \tag{8-148}$$

$$\boldsymbol{K} = \boldsymbol{W}^k \boldsymbol{I} \tag{8-149}$$

$$\boldsymbol{V} = \boldsymbol{W}^v \boldsymbol{I} \tag{8-150}$$

$$A = K^{\mathrm{T}} \cdot Q \tag{8-151}$$

式中：A 为输入序列两两输入向量之间的 Attention 分数，即

$$A = \begin{bmatrix} \partial_{1,1} & \cdots & \partial_{4,1} \\ \vdots & \ddots & \vdots \\ \partial_{1,4} & \cdots & \partial_{4,4} \end{bmatrix}$$

再对得到的 Attention 分数做 Softmax 操作，记为 A'，它被称为 Attention Matrix：

$$A' = \mathrm{Softmax}(A) \tag{8-152}$$

则有

$$O = V \cdot A' \tag{8-153}$$

式中：O 为 Self-Attention Mechanism 的输出，$O = (b^1, b^2, b^3, b^4)$，整个运算过程可以简写为

$$\mathrm{Attention}(Q, K, V) = V\mathrm{Softmax}\left(\frac{K^{\mathrm{T}}Q}{\sqrt{d_k}}\right) \tag{8-154}$$

这里主要是为了与之前的运算过程统一，实际上，更多人对该公式这样表示：

$$\mathrm{Attention}(Q, K, V) = \mathrm{Softmax}\left(\frac{QK^{\mathrm{T}}}{\sqrt{d_k}}\right)V \tag{8-155}$$

式中：d_k 为 Q, K 矩阵的列数，即输入向量维度。

点积得到的结果维度很大，使得结果处于 Softmax 函数梯度很小的区域，因此除以 $\sqrt{d_k}$ 以缓解这种情况。

Transformer 中的多头注意力机制（Multi-Head Attention）其实是 Self-Attention Mechanism 的进阶版本，它的本质其实是每个输入向量对应的 q、k、v 的数量变多，解决的相关性的形式可能不是一种，因此想要提取到更多的相关性，称为 Multi-Head Attention。图 8.37 所示为 Head＝2 时的 Multi-Head Attention 示例图。

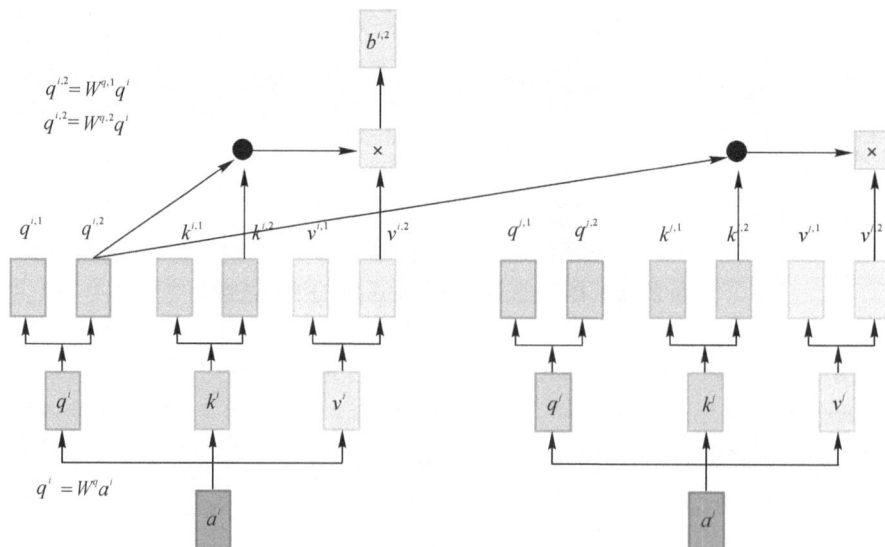

图 8.37　Head＝2 时的 Multi-Head Attention 示例图

在 Self-Attention Mechanism 中，使用 Query 来找相关的 Key，当有两种不同的相关性时，就会使用两个不同的 Query 来负责不同种类的相关性，这里就是 $q^{i,1}$，$q^{i,2}$，其中 i 代表的是输入向量的位置，它们是通过两个不同的矩阵得到的：

$$q^{i,1} = W^{q,1} q^i \tag{8-156}$$

$$q^{i,2} = W^{q,2} q^i \tag{8-157}$$

既然 q^i 有两个，那 k^i 和 v^i 对应的也会有两个，对另外一个输入向量 a^j 也是一样的操作。当计算输出结果时，会先只看第一种相关性时，得到：

$$b^{i,1} = (q^{i,1} \cdot k^{i,1}) v^{i,1} + (q^{i,1} \cdot k^{j,1}) v^{j,1}$$

同理，另外一种相关性：

$$b^{i,2} = (q^{i,2} \cdot k^{i,2}) v^{i,2} + (q^{i,2} \cdot k^{j,2}) v^{j,2}$$

不管相关性有几种，即 Head 有几个，计算过程都是类似的。

3. 残差归一化（Add&Norm）层

Multi-Head Attention 上方是一个 Add&Norm 层，Add 表示残差连接（Residual Connection）用于防止网络退化，Norm 表示 Layer Normalization[39]，用于对每一层的激活值进行归一化。

残差连接（Residual Connection）就是之前在本书 8.3.1 节中介绍的 ResNet，即残差与输入相加，这里指的是输入向量 $\boldsymbol{X}$ 和多头注意力机制得到的结果，将其记为 $\boldsymbol{X}_1$，即

$$\boldsymbol{X}_1 = \boldsymbol{X} + \text{MultiHeadAttention}(\boldsymbol{X})$$

然后再通过层规范化（Layer Normalization），计算同一个特征、同一个输入里面不同的维度的均值 m 和方差 σ，根据以下公式，得到 $\boldsymbol{X}_1 = \begin{bmatrix} x_1 & x_2 & x_3 & x_4 \end{bmatrix}$ 的 Layer Normalization 结果，记为 $\boldsymbol{X}_{\text{hidden1}} = \begin{bmatrix} x'_1 & x'_2 & x'_3 & x'_4 \end{bmatrix}$，则

$$x'_i = \frac{x_i - m}{\sigma}, i \in \{1, 2, 3, 4\}$$

4. 前馈（FeedForward）层

FeedForward 层是一个两层的全连接层，第一层的激活函数为 ReLU，第二层不使用激活函数，假设得出的结果记为向量 $\boldsymbol{X}_{\text{hidden2}}$，其对应公式为

$$\boldsymbol{X}_{\text{hidden2}} = \text{Linear}(\text{ReLU}(\text{Linear}(\boldsymbol{X}_{\text{hidden1}})))$$

目标函数（损失函数）为 CrossEntropyLoss（这里不再详细介绍），只用 Encoder 最后一层对应每一层 Decoder。

5. 输出结果

可以看到在 Encoder 中，FeedForward 层后又接了 Add&Norm 层，假设最后结果为 $\boldsymbol{X}_{\text{Encoder}}$，则

$$\boldsymbol{X}_{\text{Encoder}} = \text{LayerNormalization}(\boldsymbol{X}_{\text{hidden1}} + \boldsymbol{X}_{\text{hidden2}})$$

图 8.31 中的 N_x 表示从输入到输出这个 Block 重复 N 次，在原论文中，Encoder 和 Decoder 都重复了 6 次。

得到 Encoder 输出 $\boldsymbol{X}_{\text{Encoder}}$ 后，根据图 8.31，它会参加 Decoder 中 Multi-Head Attention 的计算，接下来也按照运算顺序对 Decoder 进行详细介绍。

（1）输入层。在 Decoder 中，可以看到图 8.31 中有个 shifted right，表示右移一位，是为了在给 Decoder 第一次输入时，添加一个起始符。以之前的机器翻译为例，预测时的输入为

起始符"＜start＞"（训练时的输入就是已经准备好的对应的目标数据），然后后面每次输入是上一时刻 Transformer 的输出。起始符的 Embedding 和 Positional Encoding 拼接后得到第一个输入，表示为 Y。

（2）Masked Multi-Head Attention 层。这里其实和 Encoder 的 Multi-Head Attention 计算原理一样，只是多加了一个 Mask 码。Mask 表示掩码，它对某些值进行掩盖，使其在参数更新时不产生效果，本书 6.2.1 节也介绍过掩码。Transformer 中涉及两种 Mask，分别是 Padding Mask 和 Sequence Mask，这里对这两种 Mask 进行简要介绍。

1）Padding Mask：由于每个批次输入序列长度是不一样的，所以需要对输入的序列进行对齐，即对较短的序列后面填充 0。如果输入的序列太长，那么会对这样的序列进行截断，即只取左边规定长度的内容，其余的舍弃。这些填充的位置其实是没有意义的，因此需要对这些位置进行一些适当的处理，即把它们的值加上非常大的负数（负无穷），这样经过 softmax，这些位置的概率就会接近 0，这样的 Attention 机制就不会把注意力放在它们身上。

2）Sequence Mask：在翻译过程中是顺序翻译的，即翻译完第 i 单词后，才能翻译出第 $i+1$ 个单词。即在时刻 t，解码器的输出应该只能依赖 t 时刻之前的输出，而不能依赖 t 时刻之后的输出。在训练时，为了将输入向量中时刻 t 之后的目标信息给隐藏起来，需要产生一个上三角矩阵，上三角的值全为 0。把这个矩阵作用在每一个序列上，就可以达到这种效果。

Encoder 中的 Multi-Head Attention 也是需要进行 Mask 的，只不过 Encoder 中只需要填充掩码（Padding Mask），而在 Decoder 中 Padding Mask 和序列掩码（Sequence Mask）都需要。Masked Multi-Head Attention 层的计算图例如图 8.38 所示（这里只有一个 Head），即 b^2 的计算只依赖于 a^1 和 a^2。假设经过 Masked Multi-Head Attention，得到的结果记为 Y_{Maked}，即

$$Y_{\text{Maked}} = \text{MaskedMulti} - \text{HeadAttention}(Y)$$

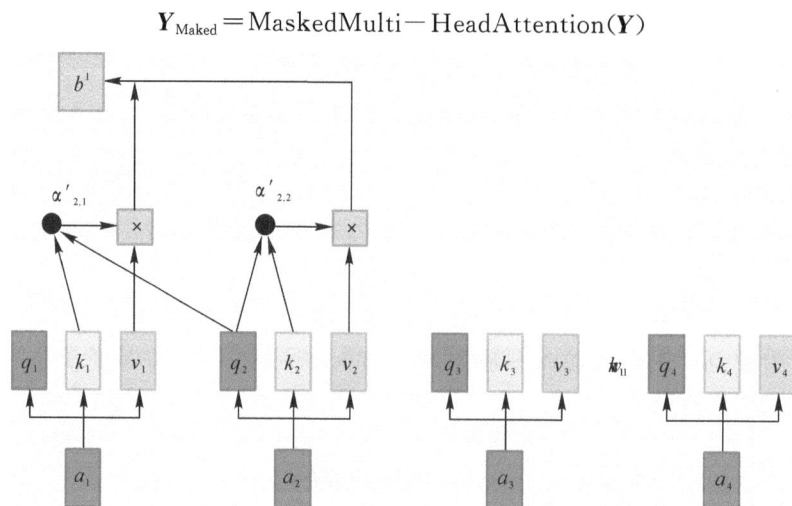

图 8.38　**Masked Multi-Head Attention 计算图例**

（3）Add&Norm 层：它与 Encoder 中的一样，假设得出的结果记为向量Y_{hidden1}，则

$$Y_{\text{hidden1}} = \text{LayerNormalization}(Y + Y_{\text{Maked}})$$

（4）Multi-Head Attention 层。这个 Multi-Head Attention 又与 Encoder 中有一点不同，Encoder 中的 Multi-Head Attention 是基于 Self-Attention，而 Decoder 中的第二层则只是基于 Attention，它的输入 Query 来自于 Masked Multi-Head Attention 的输出，Keys 和 Values 来自于 Encoder 中最后一层的输出X_{Encoder}。假设经过 Multi-Head Attention，得到的结果记为Y_{MHA}，即

$$Y_{\text{MHA}} = \text{Multi} - \text{HeadAttention}(Y_{\text{hidden1}}, X_{\text{Encoder}})$$

（5）Add&Norm 层。它与之前的一样，假设得出的结果记为向量Y_{hidden2}，则

$$Y_{\text{hidden2}} = \text{LayerNormalization}(Y_{\text{hidden1}} + Y_{\text{MHA}})$$

随后的 FeedForward 层和 Add&Norm 层与之前介绍的一样，这里不赘述。当全部执行完 Decoder 层后，在结尾再添加一个全连接层和 Softmax 层，将得到的向量映射成需要的结果。

8.4　本 章 小 结

本章主要围绕着 3 种思路介绍一些经典的多模态情感分析方法，即基于情感词典的方法、基于机器学习的方法以及基于深度学习的方法。这 3 种方法是随着研究的深入逐渐发展起来的，彼此关联，层层递进，互为支撑。

基于情感词典的情感分析主要是通过识别单词的情感信息来判断情感极性，本章分别介绍了一些经典的中文情感词典和英文情感词典的构成和优缺点。在中文情感词典方面，介绍了知网情感词典、台湾大学评价词词典以及中文情感词汇本体库等。在英文情感词典方面，介绍了 SentiWordNet、General Inquirer、MPQA Subjectivity Cues Lexicon、LIWC、Sentiment lexicon 以及 Emotion lexicon。这种方法依赖于情感词典和人工构建的情感规则，对情感词典的质量、领域适用性以及研究者的专业程度都有一定的要求。

基于机器学习的情感分析则是将数据表示为特征向量后输入预测模型中，将预测结果与真实结果对比，进而微调预测模型得到最优的模型。在介绍机器学习时，首先对机器学习的基本流程进行了仔细的梳理，然后详细介绍了几种在机器学习中应用比较广泛的算法的原理，分别是支持向量机、朴素贝叶斯分类、随机森林算法和多层感知机。基于深度学习的情感分析与基于机器学习的原理一样，只是机器学习的特征是靠人工经验或特征转换来提取，而深度学习的特征则是使机器来自动地学习特征，将特征的表示学习和机器学习的预测学习有机地统一到一个模型中。类似地，本章还介绍了卷积神经网络、循环神经网络、长短期记忆网络、Transformer 等几种经典的算法。

参 考 文 献

[1] 王治敏，朱学锋，俞士汶. 基于现代汉语语法信息词典的词语情感评价研究[J]. 中文计算语言学期刊，2005，10(4)：581-591.

[2] 朱嫣岚，闵锦，周雅倩. 基于 HowNet 的词汇语义倾向计算[J]. 中文信息学报，2006，20(1)：16-22.

[3] 谢丽星，周明，孙茂松. 基于层次结构的多策略中文微博情感识别和特征抽取[J]. 中文信息学报，2011，26(1)：73-83.

[4] ESULI A, SEBASTIANI F. Determining the semantic orientation of terms through gloss analysis[C]//Proceedings of the ACM SIGIR Conference on Information and Knowledge Management. New York：ACM，2005：617-624.

[5] STONE P. The general inquirer：a computer approach to content analysis[J]. Journal of Regional Science，1968，8(1)：113-116.

[6] WILSON T, WIEBE J, HOFFMANN P. Recognizing contextual polarity in phrase-level sentiment analysis[C]//Proceedings of the Human Language Technology Conference and Empirical Methods in Natural Language Processing. Stroudsburg：Association for Computational Linguistics，2005：347-354.

[7] PENNEBAKER J W, FRANCIS M E, BOOTH R J. Linguistic inquiry and word count (LIWC)[J]. Lawrence Erlbaum Associates Mahwah NJ，1999：1-20.

[8] HU M, LIU B. Mining and summarizing customer reviews[C]//Proceedings of ACM SIGKDD International Conference on Knowledge Discovery and Data Mining. Washington，：ACM，2004：168-177.

[9] MOHAMMAD S M, TURNEY P D. Emotions evoked by common words and phrases：using mechanical turk to create an emotion lexicon[C]//Proceedings of the NAACL HLT 2010 Workshop on Computational Approaches to Analysis and Generation of Emotion in Text. Stroudsburg：Association for Computational Linguistics，2010：26-34.

[10] 邱锡鹏. 神经网络与深度学习[M]. 北京：机械工业出版社，2020.

[11] 周志华. 机器学习[M]. 北京：清华大学出版社，2016.

[12] VAPNIK V N. An overview of statistical learning theory[J]. IEEE Transactions on Neural Networks，1999，10(5)：988-999.

[13] BREIMAN L. Random forests[J]. Machine Learning，2001，45(1)：5-32.

[14] QUINLAN J R. Discovering rules by induction from large collections of examples [J]. Expert Systems in the Microelectronics Age，1979：1-15.

[15] QUINLAN J R. Induction of decision trees[J]. Machine Learning，1986，1(1)：81-106.

[16]　QUINLAN J R. C4. 5: programs for machine learning [M]. Amsterdam: Elsevier, 2014.

[17]　BREIMAN L, FRIEDMAN J H, OLSHEN R A, et al. Classification and regression trees[M]. London: Routledge, 2017.

[18]　SHANNON C E. A mathematical theory of communication[J]. ACM SIGMOBILE Mobile Computing and Communications Review, 2001, 5(1): 3 - 55.

[19]　BREIMAN L. Bagging predictors[J]. Machine Learning, 1996, 24(2): 123 - 140.

[20]　EFRON B, TIBSHIRANI R J. An introduction to the bootstrap[M]. London: Chapman and Hall, 1993.

[21]　KOHONEN T. An introduction to neural Computing[J]. Neural Networks, 1988, 1(1): 3 - 16.

[22]　ROSENBLATT F. The perceptron: a probabilistic model for information storage and organization in the brain[J]. Psychological Review, 1958, 65(6): 386.

[23]　NOVIKOFF A B. On convergence proofs for perceptrons[R]. Stanford Research Institute, Menlo Park, CA, 1963.

[24]　BISHOP C M, NASRABADI N M. Pattern recognition and machine learning[M]. New York: Springer, 2006.

[25]　陈先昌. 基于卷积神经网络的深度学习算法与应用研究[D]. 杭州: 浙江工商大学, 2014.

[26]　MINSKY M. Steps toward artificial intelligence[J]. Proceedings of the IRE, 1961, 49(1): 8 - 30.

[27]　LECUN Y, BOTTOU L, BENGIO Y, et al. Gradient-based learning applied to document recognition[J]. Proceedings of the IEEE, 1998, 86(11): 2278 - 2324.

[28]　KRIZHEVSKY A, SUTSKEVER I, HINTON G E. Imagenet classification with deep convolutional neural networks[J]. Advances in Neural Information Processing Systems, 2017, 60(6):84 - 90.

[29]　SZEGEDY C, LIU W, JIA Y, et al. Going deeper with convolutions[C]//Proceedings of the IEEE Conference on Computer Vision and Pattern Recognition. Boston: IEEE Computer Society, 2015: 1 - 9.

[30]　SZEGEDY C, VANHOUCKE V, IOFFE S, et al. Rethinking the inception architecture for computer vision[C]//Proceedings of the IEEE Conference on Computer Vision and Pattern Recognition. Seattle: IEEE Conference on Computer Vision and Pattern Recognition, 2016: 2818 - 2826.

[31]　SZEGEDY C, IOFFE S, VANHOUCKE V, et al. Inception-v4, inception-resnet and the impact of residual connections on learning[C]// Proceedings of the Thirty-first AAAI Conference on Artificial Intelligence. San Francisco: AIII Press, 2017: 4278 - 4284.

[32]　HE K, ZHANG X, REN S, et al. Deep residual learning for image recognition

[C]//Proceedings of the IEEE Conference on Computer Vision and Pattern Recognition. Las Vegas:IEEE,2016: 770 - 778.

[33] MIKOLOV T, KARAFIAT M, BURGET L, et al. Recurrent neural network based language model[C]//Proceedings of the Eleventh Annual Conference of the International Speech Communication Association. Chiba: ISCA,2010:1045 - 1048.

[34] BENGIO Y, SIMARD P, FRASCONI P. Learning long-term dependencies with gradient descent is difficult[J]. IEEE Transactions on Neural Networks, 1994, 5 (2): 157 - 166.

[35] HOCHREITER S, BENGIO Y, FRASCONI P, et al. Gradient flow in recurrent nets: the difficulty of learning long-term dependencies[J]. 2001,3(12):237 - 243.

[36] HOCHREITER S, SCHMIDHUBER J. Long short-term memory[J]. Neural Computation, 1997, 9(8): 1735 - 1780.

[37] VASWANI A, SHAZEER N, PARMAR N, et al. Attention is all you need[C]// Proceedings of the 31st Annual on Neural Information Processing Systems. Long Beach: Neural Information Processing System Foundation Curran Associates, 2017: 5998 - 6008.

[38] LUONG M T, PHAM H, MANNING C D. Effective approaches to attention-based neural machine translation[C]// Proceedings of the Conference on Empirical Methods in Natural Language Processing. Lisbon: ACL,2015: 1412 - 1421.

[39] BA J L, KIROS J R, HINTON G E. Layer normalization[J]. arXiv preprint arXiv:1607.06450, 2016: 1 - 10.

第 9 章　量子概率方法

从语言哲学范畴上看,人类情感固有的不确定性体现在:①情感活动的自发性,它不经过任何先前的知觉,而由身体的组织、精力或由对象接触外部感官而发生于自身的原始感官印象,即主观性情感无需经过任何理性推理过程而自动生成。②情感变化的不可预知性,情感活动的变化无需任何符合理性逻辑的理由。即使已经收集了全部先验知识,人们也可能无法提前预知人类的情感起伏,反映到情感表达上,指的是表达的不完备性,使得其无法孤立地表达确切的情感。

传统信息处理的方法都是建立在经典概率和经典逻辑基础上,认为在任何时刻(即使在决策判断之前),建模对象的状态也是确定的。而牛津大学数学物理学家彭罗斯提出,人类智能不可能按这种简单的经典计算方式来处理信息,而是靠更深一层次的物理学,即量子理论[1]。我国量子物理学家潘建伟院士同样认为人类大脑里面的思维机制和量子纠缠、量子叠加具有紧密的联系[2],原因在于量子理论与经典理论存在本质上的差异[3],例如量子理论认为,建模对象的状态并不是时刻确定的,而是以一定量子概率处于几种本征态(譬如积极与消极情感)的叠加态。叠加态是量子理论的核心原理之一,刻画了更为本质的不确定性。针对这种不确定性的研究,经典理论认为是因为信息的缺失(譬如无法获取先验信息)才导致状态的不确定性,但是量子理论认为即使已获得最大可能的信息,状态仍然是不可确定的。此外,量子理论对系统状态的表示、演化变换以及测量提供了一套统一的公理化体系。

本章介绍如何基于量子概率的方法来进行情感分析,第一对量子概率的引入进行了介绍;第二简要介绍了量子概率的基础知识;第三分析了情感、情绪与量子理论的相互关联;第四将经典概率与量子概率进行对比来分析量子理论的优势;第五对量子概率代表性方法(如一些量子语言模型、QMSA、QMN、CFN 复值表示等方法)进行了介绍。

9.1　量子概率必要性解释

在语言哲学范畴上,根据已有的研究成果[4-5],自然语言固有的不确定性是指人类情感活动的自发性,不经过任何先前的知觉,而由身体的组织、精力或由对象接触外部感官而发生于自身的原始感官印象,即主观情感无需经过任何理性推理过程而自动生成,且情感活动的变化无需任何符合理性逻辑的理由。即使已经收集了全部先验知识,也可能无法提前预知人类的情感起伏。例如:小明发现他的手机坏了,小明可能会感到难过、生气,也可能感到高兴。如果小明生性节俭,那么小明自然会感到伤心;如果小明正好想换一部新手机,那么小明会有一种找到借口的高兴。再如:《生活大爆炸》中主角谢尔顿的口头禅"bazinga"经常应用于各种场景中,当在"Howard, I wish you nothing but happiness. Bazinga, I don't"中表达出讽刺与挖苦的意味,而在"You can try, but you'll never catch me. Bazinga."中并没有表达出讽刺意味,而是高兴与愉悦。因此,情感规律具备这样的内在不确定性,反映到书面语言(文本)上,指的是情感表达的不完备性与上下文性,使得其无法孤立地表达确切的情感[5]。

　　已有的多模态情感识别方法都是建立在经典概率和经典逻辑基础上,认为在任何时刻(即使在决策判断之前),建模对象的状态也是确定的。然而一旦面对情感活动的不确定性时,经典概率有时很难发挥作用。国内外的科学家们已经证实人类的情感与决策并不总是遵循经典概率,譬如琳达问题[6]、次序选择(即人们对先听好消息后听坏消息与先听坏消息后听好消息两种顺序有不同的情感态度)[7]、合取谬误、攻击性判断[8]等。彭罗斯提出人类智能不可能按这种简单的经典概率方式来处理信息,而是依靠量子理论[9]。马苏米认为情感不是一种投入物质,而是量子的,而且远不平衡[10],潘建伟院士、施一公院士同样认为人类大脑里面的思维机制和量子纠缠、量子叠加具有紧密的联系[2-11]。

　　作为经典理论与量子理论的数学基础,经典概率与量子概率也存在本质上差异[12]。例如量子概率认为,建模对象的状态并不是时刻确定的,而是以一定量子概率处于几种本征态(譬如积极与消极)的叠加态。叠加态是量子理论的核心原理之一,刻画了更为本质的不确定性。只有在测量之后,该对象的状态才会塌缩到本征态。针对这种不确定性的研究,经典概率认为是由于信息的缺失(譬如无法获取先验信息)才导致状态的不确定性,但是量子概率认为即使已获得最大可能的信息,状态仍然是不可确定的,这类似于情感活动的自发性(无需经过任何理性推理过程而自动生成)与不确定性(情感状态的变化无需任何符合理性逻辑的理由)[5]。量子概率与经典概率的详细比较请参阅 9.4.1 节。

　　近些年,量子概率(Quantum Probability, QP)作为量子物理中建模不确定粒子行为的数学框架,已被用于描述人工智能中各种自然语言处理任务,例如 Sordoni 与聂建云教授提出量子语言模型去建模信息检索中的词依赖问题[13]。张鹏教授提出基于神经网络的量子语言模型,学习问答对的密度矩阵表示[14]。张亚洲等人提出量子情感表示模型同时捕捉语义与情感,应用于推文情感分析[15]。李秋池等人定义了一个复数语义希尔伯特空间,并提出了复数神经网络,旨在建模自然语言中的类量子特性[16]。Melucci 等人受量子认知启发,提出一种多模态决策融合方法,建模不兼容判断问题[17]。Liu 等人提出量子概率驱动的深度神经网络去建模语句中不同粒度的语义单元,例如单词、词组等,并能够将其嵌入为复值向量,相比于 Word2Vec 方法具有准确的语义[18]。Yan 等人通过结合量子概率与图学习,提出量子概率驱动的图注意力网络,旨在将量子概率从单词建模拓展到文本序列对任务中,并在情感原因抽取与多任务学习中获得最佳实验结果[19]。这些方法从理论与实验的角度,验证了量子概率的优势与有效性。此外,认知科学领域已经涌现出一系列基于量子概率的研究成果,例如基于 Bell 不等式设计判别实验,验证并分析了词语间的量子纠缠特性[20];通过用户实验,研究了用户在情感分析过程中的相关性判断的量子干涉现象[21]。这些成果不仅判定并验证了自然语言中宏观类量子现象的存在,也表明量子概率为描述同样不确定的人类情感活动,提供了体系化的数学理论框架。因此,作为量子力学背后的抽象数学与统计解释,量子概率不应只被用于描述微观物理世界的规律,而同样可以脱离原始的物理背景(类似于微积分学),作为一种数学框架应用于信息科学等宏观领域。注意,这种应用并不是把宏观系统还原为微观粒子的量子效应,而是将它看作是一个整体系统。

9.2　量子概率基础知识

量子理论由普朗克于 1900 年首先提出,并经过玻尔、德布罗意、玻恩、海森柏、薛定谔、狄拉克、爱因斯坦等许多物理科学家的创新努力,形成的一套量子力学理论[22]。作为现代物理学的理论基础,它提供了新的关于自然界的观察、思考与表述方法,揭示原子和亚原子水平上物质和能量的本质与行为,很好地解释了光电效应、量子干涉、量子纠缠等非经典问题,为原子物理学、核物理学、粒子物理学以及现代信息技术奠定了理论基础。本章抛开量子物理那些繁杂的实验观察,而是从数学角度出发,简要介绍了量子概率、量子测量与量子干涉的基本概念和符号方法,意在为后续基于量子概率进行情感分析方法的介绍提供必要的数学支持。

9.2.1　量子概率

量子概率理论是由冯·诺依曼发展建立的一种基于线性代数的一般化概率理论,目的是解释量子理论的数学基础[23]。作为经典概率的量子扩展,量子概率理论是量子力学背后的抽象数学与统计解释,它更关心的是符号之间抽象的关系与结构,而非符号对应的实物(例如物理量)[24]。因此,量子概率并不是只能描述微观粒子,同样可以脱离原始物理背景,而去描述宏观系统中的类量子现象,例如人类行为判断次序效应、非经典效应、认知干涉等[25-28]。注意,这种描述并不是把认知行为还原为大量的微观粒子的量子效应,而是将它看作是一个完整的系统。众所周知,数学领域内的许多发现和突破经常是由物理学的需要而引起的,例如微积分学的创立,而后微积分作为一个独立的学科应用到了经济、金融、生物等其他领域中。类似地,量子概率也可以单纯地作为一套数学主义应用到人工智能、自然语言处理、认知科学等领域。

事件,亦称随机事件,是随机现象的表现,它是概率论的基础。在经典概率中,事件对应于集合,即样本空间的一个子集,通常由随机变量 X 表示。集合之间通过交、并、补等运算组合出更多的事件。由于集合的无序性,所以集合内每个事件的地位相同,事件之间都是无序发生,即事件的先后发生顺序不会对结果造成影响。然而,在量子概率体系中,量子概率空间封装于希尔伯特空间 H。希尔伯特空间是欧式空间的直接推广,是一个无限维的内积空间,被广泛应用于分析数学与量子力学中。在量子理论中,每个事件对应于希尔伯特空间的一个子空间(直线、平面或超平面),由投影算符(projector)Π 表示。量子事件的否、与、或运算也有其截然不同的定义:假设事件 A 对应于子空间 S_A,那么 A 事件对应着垂直于 S_A 的子空间;假设事件 A 对应于子空间 S_A,事件 B 对应于子空间 S_B,那么事件 A 与事件 B

对应的子空间是 $S_A \bigcap S_B$;相应地,事件 S_A 或 S_B 对应于的子空间为 S_A 和 S_B 的张量积,即 $S_A \bigotimes S_B$ [29]。

此外,与经典概率不同的是,量子概率允许存在不相容事件,也就是认为不相容事件之间的发生顺序会影响事件的结果。量子理论认为,如果事件 A 与事件 B 之间的顺序并不影响它们的结果,那么事件 A 与事件 B 是相容事件,否则是不相容事件。假设事件 A 有两个不同的结果 $A = \{A_1, A_2\}$,这两个结果张成一个二维空间 H_{A_1}。同样地,事件 B 也有两个不同的结果 $B = \{B_1, B_2\}$,张成另外一个二维空间 H_{B_1},图 9.1 所示为不兼容事件的发生顺序。从图 9.1 中可以观察到,当事件 A 先发生,事件 B 后发生的概率 $P(AB)$ 与事件 B 先发生,事件 A 后发生的概率 $P(BA)$ 是不相同的,即 $P(AB) \neq P(BA)$,不同的事件发生顺序导致了不同的结果。

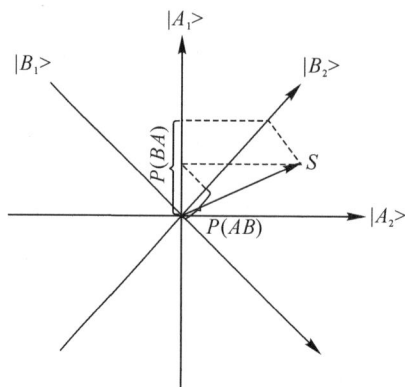

图 9.1 不兼容事件的发生顺序

量子理论中,一个长度是 1 的量子状态向量 $\boldsymbol{u} \in \boldsymbol{H}$,可以表示为列向量,记作 $|u\rangle = [u_1 \quad u_2 \quad \cdots \quad u_n]^T$,称为左矢。相应地,它的转置 $(\boldsymbol{u})^T$ 可以表示为行向量,记作 $\langle u| = [u_1^* \quad u_2^* \quad \cdots \quad u_n^*]$,称为右矢。两个量子态 $|u\rangle$,$|v\rangle$ 的内积记作 $\langle u|v\rangle$,形式化为

$$\langle u|v\rangle = [u_1^* \quad u_2^* \quad \cdots \quad u_n^*] \begin{bmatrix} v_1 \\ v_2 \\ \vdots \\ v_n \end{bmatrix} = u_1^* v_1 + u_2^* v_2 + \cdots + u_n^* v_n \quad (9-1)$$

相应地,两个量子态 $|u\rangle$,$|v\rangle$ 的外积记作 $|u\rangle\langle v|$,可以表示为

$$|u\rangle\langle v| = \begin{bmatrix} u_1 \\ u_2 \\ \vdots \\ u_n \end{bmatrix} [v_1^* \quad v_2^* \quad \cdots \quad v_n^*] = \begin{bmatrix} u_1 v_1^* & \cdots & u_1 v_n^* \\ \vdots & \ddots & \vdots \\ u_n v_1^* & \cdots & u_n v_n^* \end{bmatrix} \quad (9-2)$$

对于一个单位状态向量 $|u\rangle$,在 $\boldsymbol{u}$ 方向上的投影可以写作 $\prod = |u\rangle\langle u|$,代表量子概率空间的基本事件。假设 $e_1, e_2, \cdots, e_n$ 是 n 个量子事件,$\prod_{e_1}$,$\prod_{e_2}$,$\cdots$,$\prod_{e_n}$ 代表相应的投影,那么 $\prod_{i=1}^{n} \prod_{e_i}$ 就代表这 n 个量子事件同时发生。

在量子力学中,量子态可以是处于纯态,也可以处于混合态。混合态是由几种纯态依照量子概率组成的量子态。纯态对应于希尔伯特空间中的状态向量 $|u\rangle$ 或复值波函数 $\phi(x,t)$,而混合态可以由密度矩阵(density matrix)表示。密度矩阵是经典理论中位置和状态概率分布的量子扩展,将量子态与经典不确定性容纳进同一体系下[30],它既可以描述纯态,又可以描述混合态。对于纯态 $|u\rangle$,对应的密度矩阵定义为 $\rho = \Pi = |u\rangle\langle u|$。假设系统处于纯态,$|u_1\rangle$、$|u_2\rangle$、$|u_3\rangle$ 等的概率分别是 ϕ_1、ϕ_2、ϕ_3 等,则其对应的密度矩阵 ρ 定义为

$$\rho = \sum_i \phi_i \, |u_i\rangle\langle u_i| \tag{9-3}$$

其中,每一个概率都是非负实值,所有概率的总和为 1,即满足 $\sum \phi_i = 1$。密度矩阵作为量子状态表示方式,拥有自己独特的性质:①密度矩阵是自伴算子,$\rho_{ij} = \rho_{ij}^*$;②密度矩阵的迹始终是 1,即 $\mathrm{tr}(\rho) = 1$;③密度矩阵是半正定矩阵,$\rho \geqslant 0$;④对于纯态,$\mathrm{tr}(\rho^2) = 1$,对于混合态,$\mathrm{tr}(\rho^2) < 1$。

依据 Gleason 定理,投影算符 $|u\rangle\langle u|$ 与相应的概率建立起联系:

$$\mu_\rho(|u\rangle\langle u|) = \mathrm{tr}(\rho|u\rangle\langle u|) = \langle \mu|\rho|u\rangle \tag{9-4}$$

简而言之,量子概率提供了另外一套不同于经典概率的概率运算法则,比经典概率蕴含了更多内容的概率运算系统。经典概率的性质都可以在量子概率的兼容事件测量中找到对应,但是反过来,量子概率中的不兼容属事件具备的性质则具有特殊性。

9.2.2　量子测量

经典力学中的测量是对事物作出量化描述,测量过程与测量设备独立于被测对象,不会影响到被测对象。然而,量子测量(Quantum Measurement,QM)不同,它不是独立于所观测的物理系统而单独存在的,而是会对被测量对象产生影响,例如改变被测量子系统的状态,使得处于相同状态的量子系统被测量后可能得到完全不同的结果,这些结果符合一定的量子概率分布。量子测量包含常规测量(为了方便区分,本文称为强测量)和弱测量。

强测量是由一组作用在被测系统的状态空间上的测量算符集合 $\{M_m\}$ 描述,下标 m 表示试验中可能得到的测量结果。假设被测系统在测量前处于状态 $|\psi\rangle$,那么测量后得到结果 m 的概率是 $p(m) = \langle\psi|M_m^*M_m|\psi\rangle$,而且被测系统的状态发生改变,处于:

$$\frac{M_m|\psi\rangle}{\sqrt{\langle\psi|M_m^*M_m|\psi\rangle}} \tag{9-5}$$

其中,测量算符必须满足完备性条件:$\sum_m M_m^*M_m = I$,这个条件决定了测量得到各个结果的概率和为 1。如果当测量算符集合 $\{M_m\}$ 是一组投影算符 $\{\Pi_m\}$,那么称之为投影测量。本章举例解释强测量过程:假设量子态处于叠加态 $|\psi\rangle = \alpha|0\rangle + \beta|0\rangle$,测量算符集合 $\{M_m\} = \{M_0, M_1\}$,$M_0 = |0\rangle\langle 0|$,$M_1 = |1\rangle\langle 1|$,那么得到测量结果 $m=0$ 和 $m=1$ 的概率分别可以计算为

$$P(0) = \langle\psi|M_0^*M_0|\psi\rangle = \langle\psi|0\rangle\langle 0|\psi\rangle = \alpha^2 \tag{9-6}$$

$$p(1) = \langle\psi|M_1^*M_1|\psi\rangle = \langle\psi|1\rangle\langle 1|\psi\rangle = \beta^2 \tag{9-7}$$

完成强测量之后，系统的状态将变为 $\frac{\alpha}{|\alpha|}|0\rangle$ 或者 $\frac{\beta}{|\beta|}|1\rangle$，引起量子态的不可逆改变。量子态在测量坍缩时，会表现出 3 个重要特征，即随机性、不可逆性、空间非定域性[31]。

弱测量作为量子非破坏测量理论的一种尝试，已经受到越来越多学者的重视与认可[32-33]。弱测量理论假设测量作用比较微弱，即相互作用强度弱而且时间短暂，在完成测量后，被测系统并不会坍缩到本征态，而是发生小幅度的偏移。因此，弱测量可以视作是强测量的一种扩展，用于逐渐获得系统信息。在弱测量理论中，测量装置和被测系统都是量子系统，测量包括以下两个过程：①弱耦合被测系统与测量装置；②强测量测量装置所得到的结果即是弱测量的结果，称为弱值，由于被测系统的初末态不相同，也不正交，所以弱值一般是复数。假设 $|\phi_d\rangle$ 表示测量装置的波函数，可以记为

$$|\phi_d|=\int_x \phi(x)|x\rangle \mathrm{d}x \tag{9-8}$$

式中：x 为测量指数的位置变量，它的初始状态通常假设由一个 $\phi(x)$ 函数建模：

$$\phi(x)=(2\pi\sigma^2)^{-\frac{1}{4}}\mathrm{e}^{-\frac{x^2}{4\sigma^2}} \tag{9-9}$$

本书采用 S 表示被测系统，$O=\frac{h}{2}|0\rangle-\frac{h}{2}|1\rangle$ 表示系统 S 上的哈密特算符，其中 h 是普朗克常数。假设存在以 $|0\rangle$ 和 $|1\rangle$ 为特征向量，0 和 1 为特征值的量子态 $|\psi\rangle=\alpha|0\rangle+\beta|0\rangle$，其中 α 和 β 是概率幅，满足 $|\alpha|^2+|\beta|^2=1$。首先进行弱测量的第一步：弱耦合被测系统与测量装置组成大系统 $S\otimes\phi_D$，得到以下结果，详细的纠缠过程已经超出本书的范围，请参阅文献[34]。

$$\int_x [\mathrm{e}^{-\frac{(x-0)^2}{4\sigma^2}}\alpha|0\rangle \otimes|x\rangle+\mathrm{e}^{-\frac{(x-1)^2}{4\sigma^2}}\beta|1\rangle \otimes|x\rangle]\mathrm{d}x \tag{9-10}$$

然后，进行弱测量的第二步：强测量测量装置指示器读数，由于测量作用很弱，可以假定相互作用为瞬时，假设指示器读数坍缩到位置向量 $|x_0\rangle$，耦合的大系统演化的积分消失，推导公式为

$$[\mathrm{e}^{-\frac{(x_0-0)^2}{4\sigma^2}}\alpha|0\rangle+\mathrm{e}^{-\frac{(x_0-1)^2}{4\sigma^2}}\beta|1\rangle]\otimes|x_0\rangle \tag{9-11}$$

式中：x_0 可以是 0 和 1 附近，也可以是距离他们很远。

测量装置指示器读数的方差 $\Delta=\sigma^2$ 决定了量子测量是强测量或是弱测量，方差越大，测量作用越弱，被测系统的偏移就越小，越近似于初始状态。弱测量分析过程如表 9.1 所示。

表 9.1　弱测量分析过程

概念	强测量		弱测量	
方差	$\sigma<$ |特征值|		$\sigma\geqslant$ |特征值|	
公式	左边	右边	左边	右边

概念	强测量		弱测量	
假定x_0 在1附近	$\dfrac{-(x-0)^2}{4\sigma^2} \to -\infty$	$\dfrac{-(x-1)^2}{4\sigma^2} \to 0$	$\dfrac{-(x-0)^2}{4\sigma^2} \to 0$	$\dfrac{-(x-1)^2}{4\sigma^2} \to 0$
	$e^{\frac{-(x-0)^2}{4\sigma^2}} \to 0$	$e^{\frac{-(x-1)^2}{4\sigma^2}} \to 1$	$e^{\frac{-(x-0)^2}{4\sigma^2}} \to 1$	$e^{\frac{-(x-1)^2}{4\sigma^2}} \to 1$
测量后量子 态结果	塌缩到本征态$\lvert1\rangle$		少许偏移	

9.2.3 量子干涉

量子干涉是量子理论中最具挑战性的原理之一,被称作"包含了量子力学中唯一的奥秘"[35]。该原理表明,不仅基本粒子群(如光束)可以在任何给定时间(通过叠加)位于多个位置,表现出波动性,单个粒子(如光子、电子)的轨迹同样可以沿着自身路径叠加发生干涉,形成干涉图案,双缝干涉实验示意图如图9.2所示。双缝实验是一种演示光子或电子等微观物体的波动性与粒子性的实验。在双缝实验里,任意时间最多只有一个粒子存在于发射器与探测屏之间,单个粒子以粒子的形态从发射器出发,以波的形态同时通过两个缝隙,从初始点抵达探测板。这两个缝隙的路径长度的变化促使微观粒子的量子态发生相移,与自身产生干涉。在此实验里,如果关闭其中一个缝隙,粒子只通过特定缝隙,干涉图案就会消失。更令人惊讶的是,如果用另一个监测器对双缝进行精确测量,试图观察粒子到底从哪个缝经过,那么干涉条纹同样会消失。当去除装在双缝上的监测器后,干涉条纹又会重新出现。这种奇特的微粒子行为,已经超出了传统经典理论的可解释范围,它包含着量子力学的神秘之处,因此引入量子理论对其阐释也是顺理成章。

在量子理论中,波函数$\varphi(x)$是关于位置x的概率幅函数,通常是复函数,定量地描述微观粒子的状态。假设刚发射的粒子处于缝隙1和缝隙2的叠加态,可以形式化为

$$\varphi_p(x) = \alpha\varphi_1(x) + \beta\varphi_2(x) \tag{9-12}$$

式中:$\varphi_1(x)$表示缝隙1的波函数;$\varphi_2(x)$表示缝隙2的波函数;α和β是任意的复值权重,满足权重和为1的条件,$\lvert\alpha\rvert^2 + \lvert\beta\rvert^2 = 1$。

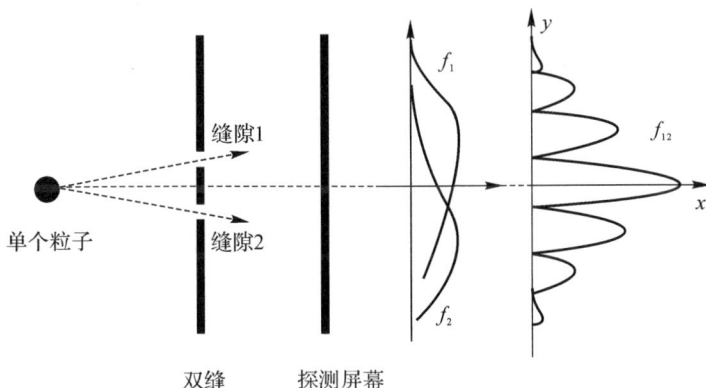

图 9.2 双缝干涉实验示意图

$P(x) = |\varphi(x)|^2$ 决定了 $\varphi(x)$ 的出现在位置 x 的概率。$P_\alpha = |\alpha|^2$ 是粒子通过缝隙 1 的概率，而 $P_\beta = |\beta|^2$ 是粒子通过缝隙 2 的概率。因此，图 9.2 中 f_1 和 f_2 曲线可以分别得到：

$$f_1 = |\alpha|^2 |\varphi_1(x)|^2 \tag{9-13}$$

$$f_2 = |\beta|^2 |\varphi_2(x)|^2 \tag{9-14}$$

得到 f_1 和 f_2 后，本章可以推导出 f_{12} 的曲线：

$$
\begin{aligned}
f_{12}(x) &= |\varphi_p(x)|^2 = |\alpha\varphi_1(x) + \beta\varphi_2(x)|^2 \\
&= [\alpha\varphi_1(x) + \beta\varphi_2(x)] \cdot [\alpha\varphi_1(x) + \beta\varphi_2(x)]^+ \\
&= \alpha\varphi_1(x) \cdot (\alpha\varphi_1(x))^+ + \beta\varphi_2(x) \cdot (\beta\varphi_2(x))^+ + \\
&\quad \alpha\varphi_1(x) \cdot [\beta\varphi_2(x)]^+ + \beta\varphi_2(x) \cdot [\alpha\varphi_1(x)]^+ \\
&= \alpha\varphi_1(x) \cdot [\alpha\varphi_1(x)]^+ + \beta\varphi_2(x) \cdot [\beta\varphi_2(x)]^+ + \\
&\quad \alpha\varphi_1(x) \cdot [\beta\varphi_2(x)]^+ + \{\alpha\varphi_1(x) \cdot [\beta\varphi_2(x)]^+\}^+ \\
&= |\alpha\varphi_1(x)|^2 + |\beta\varphi_2(x)|^2 + 2\mathrm{Re}(\alpha\varphi_1(x) \cdot [\beta\varphi_2(x)]^+) \\
&= |\alpha\varphi_1(x)|^2 + |\beta\varphi_2(x)|^2 + 2|\alpha\varphi_1(x)\beta\varphi_2(x)|\cos\theta \\
&= f_1 + f_2 + 2\sqrt{f_1 f_2}\cos\theta
\end{aligned}
\tag{9-15}
$$

式中：θ 为 $\alpha\varphi_1(x)\beta\varphi_2(x)$ 的相位角度；$2|\alpha\varphi_1(x)\beta\varphi_2(x)|\cos\theta$ 为干涉项（interference term），用于刻画当两个缝隙都打开时，探测器探测的粒子频率分布，也描述了粒子自身的干涉程度。

9.3　情感、情绪与量子理论的相互关联

情感和情绪体现了人类看待外物的态度和心理，是对作用于人的感官的外界事物进行信息获取、处理、加工、吸收并反映的过程。正如微观粒子的行为是概率性的、不确定性的且很容易受到周围环境的影响，人类情感情绪决策也同样如此。此外，人类情感过程具有高度互文性（contextuality），对于同样的事件针对同样的人，在不同的上下文情境下其情感起伏也会不同[36]。这种不确定性与互文性在量子理论框架下，例如量子互文，可以得到很好的解释。实际上，人类情感认知经常违背传统的经典概率理论，例如著名的琳达问题、合取谬误、次序效应问题等。理解人类的情感和情绪，就必须要超越传统经典理论的观念，而量子理论为改善情感计算理论和数学模型提供了新颖而完整的数学理论框架。

目前国内外发表了许多关于情感和情绪不确定性的研究成果。国外方面，Hume 在《人性论》中认为爱与恨等基本情感，没有原因，也不需要推理，是人类潜意识自动生成[4]。Birru 与 Teigen 等人认为人类语言与情感中体现着复杂且不确定性的认知活动[37-39]。国内领域，被誉为"情感逻辑国内第一人"的北京大学孙绍振教授总结出情感逻辑的 3 个特性，即自由化、绝对化、自相背逆[40]。谭光辉、胡霞认为情感活动应当遵循 4 条基本规律，其中包括

自动生成律（情感不需要经过意识推理即形成）与测不准律（不可预测性）[5,41]。

因此，作为用户认知活动的一种非理性主观反映，情感和情绪的产生具有自发性，无需经过认知活动的理性推理过程即可自动产生。情感和情绪的活动规律也具有不可预测性，主要体现于用户在不同时间、不同环境下对同一主题、事件可能产生截然不同的情感或者从一种情感状态转移到另外一种情感状态。而这种情感和情绪产生或跳转一般不需要理性逻辑的参与，即便获得所有外在信息，也可能无法提前预测到。这一点非常类似于量子领域的不确定性。例如："我"看到瓶子里有半瓶水，"我"可能会感到失望，也可能感到开心。如果"我"是比较积极乐观的人，那么"我"会庆幸还好还有半瓶水；如果"我"是消极悲伤的人，"我"会因为只有这半瓶水而失望。因此，情感和情绪也具备这样的内在不确定性。这种情感和情绪产生或跳转一般不需要理性逻辑的参与，即便获得所有外在信息，也可能无法提前预测到。这一点非常类似于量子领域的不确定性。量子理论认为，建模对象的状态并不是时刻确定的，而是以一定量子概率处于几种本征态（譬如积极和消极）的叠加态，即使已获得最大可能的信息，状态仍然是不可确定的。量子理论为建模人类情感与情绪中的不确定性提供了一套统一的理论体系与技术思路。

9.4 经典概率与量子概率对比、量子理论优势

本节具体介绍经典概率和量子概率本质上的差异，并通过表格对比了经典概率和量子概率中具体定义、规律、公式。然后通过对比，再以命题的形式介绍了量子理论的优势。

9.4.1 经典概率与量子概率对比

作为经典理论与量子理论的数学基础，经典概率与量子概率也存在本质上差异[12]。经典概率以集合论和测度论为基础建立形式化体系，而量子概率是基于子空间投影的测量方法，通过希尔伯特空间将几何、逻辑和概率模型相统一，通过引入复数增强对不确定性与非经典现象的描述能力，可以视作建立在一个更加开放的公理集合之上。量子概率更关心的是符号之间抽象的关系与结构，而非符号对应的实物（例如物理量）。相比于经典概率，量子概率考虑到测量对被测系统的影响，因而能够更好的解释一些经典概率理论难以解释的认知问题。表9.2所示为经典概率与量子概率比较。

表9.2 经典概率与量子概率比较

经典概率	量子概率
（1）事件是全集 U 的子集，例如事件 A 和 B 都是 U 的子集，$A \subseteq U, B \subseteq U$	（1）事件是希尔伯特空间的子空间 H，类似于超平面。例如事件 A 和事件 B 对应于两个子空间 H_A 与 H_B。子空间由投影算符表征 Π_A 与 Π_B

续表

经典概率	量子概率
(2)事件 A 和 B 的似然性是概率 $P(A)$,$P(B)$,且 $P(A)>0$,$P(B)>0$	(2)事件 A 和 B 的似然性是复数概率幅 z_A 与 z_B,概率幅的平方是概率 $P_A=z_A^2$ 与 $P_B=z_B^2$。同时,事件 A 和 B 的概率同样可以由状态向量 $\lvert u\rangle$ 在 A 和 B 子空间上的投影的模平方表示:$P_A=\lvert\Pi_A\lvert u\rangle\rvert^2$,$P_B=\lvert\Pi_B u\rangle\rvert^2$
(3)事件 A 和 B 满足:如果 $A\cap B=\phi$,那么遵循 $P(A\cup B)=P(A)+P(B)$	(3)事件 A 和 B 满足:如果 $\Pi_A\Pi_B=0$,那么遵循 $P_{A+B}=P_A+P_B$
(4)条件概率:在事件 A 发生的条件下,事件 B 发生的概率是 $P(B\lvert A)=\dfrac{P(A\cap B)}{P(A)}$	(4)条件概率:在事件 A 发生的条件下,事件 B 发生的概率是 $P_{B\lvert A}=\dfrac{\lvert\Pi_B\,\Pi_A\lvert u\rangle\rvert^2}{\lvert\Pi_A\lvert u\rangle\rvert^2}$
(5)遵循全概率公式:$P(B)=\sum_i P(B\lvert A_i)P(A_i)$	(5)违背全概率公式
(6)遵循交换律:$P(A\cap B)=P(B\cap A)$	(6)事件 A 和 B 是相容事件,才满足交换律 $P_A P_B=P_B P_A$;事件 A 和 B 不相容,则不满足交换律
(7)遵循结合律:$P(A\cup(B\cup C))=P((A\cup B)\cup C)$	(7)并不满足结合律:$P A\cup(B\cup C)\neq P(A\cup B)\cup C$
(8)遵循分配律:$P(A\cap(B\cup C))=P((A\cap B)\cup(A\cap C))$	(8)并不满足分配律:$P A\cap(B\cup C)\neq P(A\cap B)\cup(A\cap C)$

9.4.2 量子理论优势

本节以命题的形式来阐述量子概率的理论优势。

命题 1:量子概率能够更加一般地建模人类语言中的不确定性。

解释:假设 $z(x)=r\,e^{i\theta}$ 表示事件 x 的量子复数概率幅,其中 $r\in\mathbf{R}$ 是振幅,$\theta\in(-\pi,\pi)$ 是相位角。量子概率定义复数概率幅的模二次方构成经典概率,即 $P(x)=\lvert z(x)\rvert^2=r^2$。因此,存在 $r_1,r_2\in\mathbf{R}$ 且 $r_1\neq r_2$,对于任意 $\theta_1,\theta_2\in(-\pi,\pi)$ 且 $\theta_1\neq\theta_2$,使得 $z_1(x)=r_1\,e^{i\theta_1}$、$z_2(x)=r_2\,e^{i\theta_2}$,存在以下关系:

$$\left.\begin{array}{c}\lvert z_1(x)\rvert^2=P(x)=\lvert z_2(x)\rvert^2\\ \text{s.t}\quad r_1^2=r_2^2\end{array}\right\} \tag{9-16}$$

从式(9-16)中可以推出,量子概率幅与经典概率之间存在多对一的映射关系,不同的量子概率幅可以得到相同的经典概率。例如,假设文本中单词 w 的出现概率是 0.5,即 $P(w)=\dfrac{1}{2}$,那么相应的量子概率幅可能是 $z_1(w)=\dfrac{\sqrt{2}}{2}\mathrm{e}^{\mathrm{i}\frac{\pi}{4}}$ 或者是 $z_2(w)=-\dfrac{\sqrt{2}}{2}\mathrm{e}^{\mathrm{i}\frac{2\pi}{5}}$ 等。鉴于经典概率仅与振幅 r 有关,相位角 θ 可以与隐藏的情感倾向联系起来,将话语的情感倾向程度赋给相位角。本书这么做的原因有两点:①鉴于词嵌入的分布式假设,如果给定相似的上下文语境,那么单词"好人"与"坏人"将训练出相似的词向量,即便它们情感截然相反。因此,引入额外的信息(情感知识)是非常必要的。②对于复数,它的振幅与相位表示不同维度的信息。在自然语言中,单词也携带多种维度的信息(即语义与情感)。因此,采用振幅-相位形式同时捕捉语义与情感两种维度的信息是一种合理且可行的方法。这样一来,两个反义词可以具有相似的语义信息,但是具有截然不同的情感信息。本书将每句话语表示为复数向量,从而同时表达语义与抽象情感[16]。

命题 2:量子叠加体现出基态的非线性融合。

解释:如果两个单词 w_1、w_2 的量子复数概率幅分别是 $z_1(w_1)$ 与 $z_2(w_2)$,那么单词 w_1 与 w_2 构成的组合词或短语 $c\propto(w_1w_2)$ 的量子概率幅,计算为

$$\left.\begin{array}{l} z_3(c)=\alpha z_1(w_1)+\beta z_2(w_2)\\ \mathrm{s.t}\quad \alpha^2+\beta^2=1\\ \alpha,\beta\in H \end{array}\right\} \tag{9-17}$$

基于命题 1,可以推出单词 w_1、w_2 的经典概率:

$$\left.\begin{array}{l} P(w_1)=|z_1(w_1)|^2\\ P(w_2)=|z_2(w_2)|^2 \end{array}\right\} \tag{9-18}$$

则组合词 c 的概率可以由以下公式计算得到:

$$\begin{aligned} P(c)&=|z_3(c)|^2=|\alpha z_1(w_1)+\beta z_2(w_2)|^2\\ &=[\alpha z_1(w_1)+\beta z_2(w_2)]\cdot[\alpha z_1(w_1)+\beta z_2(w_2)]^+\\ &=|z_1(w_1)|^2+|\beta z_2(w_2)|^2+2\mathrm{Re}(\alpha z_1(w_1)\cdot[\beta z_2(w_2))^+]\\ &=\alpha^2 P(w_1)+\beta^2 P(w)_2+2\alpha\beta\sqrt{p(w_1)p(w_2)}\cos\theta \end{aligned} \tag{9-19}$$

鉴于 $2\alpha\beta\sqrt{P(w_1)P(w_2)}\cos\theta$ 具有非线性性质,可证 $P(c)$ 也是非线性函数。因此,组合词或短语的概率是基础词概率的非线性融合,提供了高级的抽象。自然语言中讽刺表达具有非线性性质,例如"智捉"是"智"与"捉"的组合,但是却表示的是"智商很低,让人着急"。"智"与"捉"线性相加无法建模这种抽象的情感含义。而量子叠加实现非线性的效果,可以抽象出情感特征[17]。

命题 3:量子复合以"全局到局部"方式建模上下文交互。

解释:假设两个上下文话语 u_1、u_2 分别是由两个基础单词 w_1、w_2 组成(例如事故与故事、球星与星球等),那么它们分别表示为

$$\left.\begin{array}{l} |u_1\rangle=\alpha_1|w_1\rangle+\beta_1|w_2\rangle\\ |u_2\rangle=\alpha_2|w_1\rangle+\beta_2|w_2\rangle\\ \mathrm{s.t}\ \alpha_1{}^2+\beta_1{}^2=1\\ \alpha_2{}^2+\beta_2{}^2=1 \end{array}\right\} \tag{9-20}$$

其中，单词的顺序可以通过调整不同的 $\alpha_1,\beta_1,\alpha_2,\beta_2$ 值建模。例如 α_1,β_1 取正值表示"事故"，而 α_1,β_1 取负值表示"故事"。那么，两个话语 u_1、u_2 之间的交互构成一个量子复合系统 ψ_{u_1,u_2}：

$$\begin{aligned}
\psi_{u_1,u_2} &= |u_1\rangle \otimes |u_2\rangle \\
&= (\alpha_1|w_1\rangle + \beta_1|w_2\rangle) \otimes (\alpha_2|w_1\rangle + \beta_2|w_2\rangle) \\
&= \alpha_1|w_1\rangle \otimes (\alpha_2|w_1\rangle + \beta_2|w_2\rangle) + \\
&\quad \beta_1|w_2\rangle \otimes (\alpha_2|w_1\rangle + \beta_2|w_2\rangle) \\
&= \alpha_1\alpha_2|w_1w_1\rangle + \alpha_1\beta_2|w_1w_2\rangle + \\
&\quad \beta_1\alpha_2|w_2w_1\rangle + \beta_1\beta_2|w_2w_2\rangle
\end{aligned} \tag{9-21}$$

从式（9-21）可以观察到，量子复合将话语之间的交互体现为单词的交互，以一种"全局到局部"的方式建模话语上下文交互。这种方式不同于传统的向量处理（例如相加、内积等），而是引入张量扩展并细化话语交互（受益于张量的优势）。

9.5 代表性方法介绍

有研究者根据量子概率理论提出了量子语言模型，它将单词视作量子基本事件，将组合词视作单词的叠加态事件，均表示为希尔伯特空间的投影算符（projector）。每一个量子语言模型对应一个密度矩阵，表示所有量子事件的量子概率分布。量子语言模型出现后在经典信息检索领域取得了巨大的成功，充分说明了量子概率理论可以作为一种数学主义应用于宏观场景。因此，研究者探索量子概率在情感分析中的适用性。

在介绍经典量子语言模型的基础知识后，考虑在面临长文本时到它采用的 One-hot 编码构造投影算符很容易造成维数灾难，笔者提出了一个基于全局收敛的量子语言模型。但是它的重心仍然是围绕如何高效地捕捉句法与语义信息，忽视了情感分析任务中最为重要的情感信息，没有将学习情感信息的过程融入到统一的学习模型中。为此，笔者在该模型的基础上，提出了一个面向文本情感分析任务的类量子情感表示模型和面向图形情感分析任务的基于类量子图像表示模型。

多模态情感分析通常涉及复杂的认知过程，不同的模态纠缠在一起共同表达谈话者的情感，产生认知干涉现象。这种认知干涉现象类似于量子力学领域的量子干涉，难以用经典概率理论解释，却可以通过量子理论予以建模，因此对该问题进行建模并形式化，发展出了一套新型的类量子多模态决策交互框架（QMSA）。

会话情感分析与传统情感分析最本质的不同是谈话者之间的上下文交互，体现在文本上是话语间上下文交互。为了解决该问题，笔者在标准 LSTM 的基础上探索出了上下文交互式 LSTM，并结合类量子表示模型提出了一个类量子上下文情感交互网络模型（QCIN），最后在多模态类量子表示模型、量子干涉启发的多模态决策融合方法与类量子上下文情感交互网络模型等核心理论的基础上提出了类量子多模态交互网络框架（QMN）。受到以上工作的启发，笔者还提出一种量子概率启发式对话讽刺识别网络（Quantum Probability Inspired Network，QPIN）。

9.5.1　量子语言模型

文本情感分析的一个核心任务是文本表示。而文本表示是通过某种形式(方法)将文本字符串所蕴含的语义信息表征为计算机能够处理的实值向量,同时要求这些向量能够具备优秀的表达能力与区别能力。因此,基于向量的文本表示方法占据了主流,其性能在各大数据集上也经过了充分的验证,比如之前介绍的 One-hot 编码、词频-逆文档频率(Term Frequency - Inverse Document Frequency,TF - IDF)、词嵌入(Word Embeddings)等。近年来,信息检索领域涌现出一系列基于量子概率理论的杰出成果,表明量子概率理论可以作为一种扩展的数学框架应用于文本表征、文档排序等任务中[42-46]。其中,最具有代表性的是 Sordoni 等人针对经典信息检索任务提出的量子语言模型(Quantum Language Model,QLM)[47]。作为经典语言模型的一种扩展,量子语言模型致力于解决词项依赖问题。在经典语言模型中,一个单词表示一个基本事件,一个文本(查询或文档)可以表示为一个离散概率分布,每一个元素对应一个单词在文本中出现的概率。而量子语言模型认为每个单词都是一个量子基本事件,每个组合词对应一种特殊的投影算符,表示多个单词的叠加态。每个文本(查询和文档)是量子事件的序列。根据量子概率理论,每个量子事件是由希尔伯特空间的投影算符(projector)表示,而投影算符列表可以封装到对应的量子概率分布(密度矩阵),该密度矩阵可以通过最大似然估计训练得到。下面将详细介绍一下量子语言模型。

2013 年,Sordoni 等人在国际计算机协会信息检索大会(SIGIR)发表了量子语言模型的工作。传统的词袋模型认为一个文档 d 是一组无序的单词事件 w_i 的集合,即 $d = \{w_1, w_2, \cdots, w_n\}$。沿着这种思路,量子语言模型将单词视作量子基本事件,将组合词视作单词的叠加态事件,均表示为希尔伯特空间的投影算符。每一个量子语言模型对应一个密度矩阵,表示所有量子事件的量子概率分布。于是,每个查询词与文档均被表示为投影算符的序列,通过最大似然估计训练出各自的密度矩阵,然后运用 VN 散度计算查询与文档之间的相似度,根据相似度分数排序文档。本小节重点介绍量子语言模型的基本概念和训练方法。

1. 单词

量子理论中的向量构成的空间是复数域上无限维的希尔伯特空间,记作 H^n。为了方便计算与表达,以及考虑到复数的虚部在自然语言处理中并无对应的含义,量子语言模型将其限制到实数空间,记作 R^n。量子语言模型认为每个单词都是一个量子基本事件,对应于量子概率空间的一个子空间,由投影算符表示,记作 Π,过程如下:

$$\Pi_i = |w_i\rangle\langle w_i| \tag{9-22}$$

假定给定一个词典 $V = \{\text{computer, games, virus}\}$,那么对于一个文档"computer games"中每个单词的 One-hot 表示是 $w_{\text{computer}} = \begin{bmatrix} 1 & 0 & 0 \end{bmatrix}$ 与 $w_{\text{games}} = \begin{bmatrix} 0 & 1 & 0 \end{bmatrix}$,相应的投影算符分别计算为

$$\Pi_{\text{computer}} = |w_{\text{computer}}\rangle\langle w_{\text{computer}}| = \begin{bmatrix} 1 \\ 0 \\ 0 \end{bmatrix} \begin{bmatrix} 1 & 0 & 0 \end{bmatrix} = \begin{bmatrix} 1 & 0 & 0 \\ 0 & 0 & 0 \\ 0 & 0 & 0 \end{bmatrix} \tag{9-23}$$

$$\Pi_{\text{games}} = |w_{\text{games}}\rangle\langle w_{\text{games}}| = \begin{bmatrix} 0 \\ 1 \\ 0 \end{bmatrix} \begin{bmatrix} 0 & 1 & 0 \end{bmatrix} = \begin{bmatrix} 0 & 0 & 0 \\ 0 & 1 & 0 \\ 0 & 0 & 0 \end{bmatrix} \tag{9-24}$$

2. 组合词

量子语言模型设置不同的窗口长度、移动窗口来划定组合词,然后将组合词视作是量子事件的叠加态,叠加态只可能存在于量子概率空间,既非独立于各个单词,亦非传统意义上的联合事件,而是以更加灵活的方式看待每个单词的重要性。量子语言模型定义组合词的表示形式为

$$m(k) = m(\{w_1, w_2, \cdots, w_k\}) = |k\rangle\langle k|, \quad |k\rangle = \sum_{i=1}^{k} \sigma_i |w_i\rangle \qquad (9-25)$$

式中:σ_i 为权重参数,满足 $\sum_i \sigma_i^2 = 1$。

假定组合词是"computer games",$|k_{ca}\rangle = \dfrac{\sqrt{2}}{2} |w_c\rangle + \dfrac{\sqrt{2}}{2} |w_g\rangle$,得

$$\boldsymbol{m}(k_{ca}) = |k_{ca}\rangle\langle k_{ca}| = \begin{bmatrix} \dfrac{1}{2} & \dfrac{1}{2} & 0 \\ \dfrac{1}{2} & \dfrac{1}{2} & 0 \\ 0 & 0 & 0 \end{bmatrix}$$

3. 密度矩阵

在 9.2.1 节中,本书已经提到过密度矩阵的基本概念与计算公式,但没有深入研究其数学性质。在信息检索中,密度矩阵是经典概率分布的一种扩展,是多个投影算符的混合,给每个量子事件(单词)分配相应的概率。根据上面的例子,假设密度矩阵

$$\boldsymbol{\rho} = \begin{bmatrix} \dfrac{1}{3} & 0 & 0 \\ 0 & \dfrac{1}{3} & 0 \\ 0 & 0 & \dfrac{1}{3} \end{bmatrix}$$

根据 Gleason 定理,单词"computer"的概率是 $P(\text{computer}) = \text{tr}(\rho|w_{\text{computer}}\rangle\langle w_{\text{computer}}|) = 1/3$。任意一个 n 维的密度矩阵,总可以分解为 n 个相互正交的特征投影算符(eigendyads),特征投影算符对应密度矩阵的特征向量,即 $\boldsymbol{\rho} = R\Lambda R^{\text{T}} = \sum_{i=1}^{n} \sigma_i |\lambda_i\rangle\langle\lambda_i|$,其中,$|\lambda_i\rangle$ 既是特征向量,也可以视作投影算符。

量子语言模型已经将文档中的每个单词与组合词表示为投影算符 Π,那么一个文档可以暂且形式化为文档中所有投影算符的序列,即 $P_D = \{\Pi_1, \Pi_2, \cdots, \Pi_n\}$,$n$ 是投影算符的数目。量子语言模型认为密度矩阵既然对应于一个离散的概率分布,那么根据此分布,应该可以最大可能的采样到该文档,即概率最大化问题。据此,量子语言模型通过最大似然估计的方法训练得到最终的密度矩阵 $\boldsymbol{\rho}_D$。因此,似然函数可以定义为

$$\zeta(\boldsymbol{\rho}_D) = \infty \prod_i \text{tr}(\boldsymbol{\rho}_D \Pi_i) \qquad (9-26)$$

$\zeta(\boldsymbol{\rho}_D)$ 的实际意义是根据给定的密度矩阵,得到文档中各单词的联合概率。鉴于对数函数是单调性函数,那么似然函数可以转化为下面的最优化问题:

$$
\left.
\begin{aligned}
&F(\boldsymbol{\rho}_D) \equiv \max_{\boldsymbol{\rho}_D} \sum_i \log(\mathrm{tr}(\boldsymbol{\rho}_D \Pi_i)) \\
&\mathrm{s.t.}\ \ \mathrm{tr}(\boldsymbol{\rho}_D) = 1 \\
&\boldsymbol{\rho}_D \geqslant 0
\end{aligned}
\right\}
\tag{9-27}
$$

鉴于对密度矩阵的准确计算十分困难,量子语言模型采用"$R\rho R$"迭代算法近似估计。"$R\rho R$"迭代算法从一个随机初始值$\boldsymbol{\rho}_D(0)$估计出发寻找一系列近似得到$\boldsymbol{\rho}_D(k)$,并基于第 k 次的旧值$\boldsymbol{\rho}_D(k)$迭代递推得到$\boldsymbol{\rho}_D(k+1)$,直到目标函数收敛或迭代次数超过一定范围后停止。为了进行迭代,定义了下列操作符:

$$
R(\rho) = \sum_{i=1}^{M} \frac{1}{\mathrm{tr}(\rho \Pi_i)} \Pi_i
\tag{9-28}
$$

基于此操作符,量子语言模型定义了迭代规则:

$$
\hat{\rho}_{(k+1)} = \frac{1}{Z} R(\hat{\rho}_{(k)}) \hat{\rho}_{(k)} R(\hat{\rho}_{(k)})
\tag{9-29}
$$

式中:$Z = \mathrm{tr}(R(\hat{\rho}_{(k)}) \hat{\rho}_{(k)} R(\hat{\rho}_{(k)}))$是归一化因子,用于保证在迭代过程中密度矩阵总能满足相应的约束。

"$R\rho R$"迭代算法是期望最大化(Expectation Maximization,EM)一种扩展,整个迭代过程是非线性的增长,可能会出现"overshooting"的问题。为了保证收敛性,量子语言模型做了改进性处理,如果在第 $k+1$ 轮迭代时出现了目标函数降低的情况,那么应用如下更新规则:

$$
\tilde{\rho}_{(k+1)} = (1-\gamma)\hat{\rho}_{(k)} + \gamma \hat{\rho}_{(k+1)}
\tag{9-30}
$$

式中:$\gamma \in [0,1]$,控制着拟合程度。

当不同迭代次数中目标函数的变化低于一定阈值时,整个迭代过程停止,输出此时的密度矩阵。

4. 排序

当迭代过程终止,分别训练得到密度矩阵ρ_{query}和ρ_{doc},表示信息检索的查询词和检索返回的文档。在经典信息检索任务中,相对熵(或称 KL 距离)常作为一种排序函数用于自上而下排序文档。类似地,量子语言模型采用了相对熵的量子扩展版本:量子相对熵(或称 VN 散度)去衡量量子概率分布的相似性,即计算查询与待排序文档的密度矩阵$\boldsymbol{\rho}_{\mathrm{query}}$和$\boldsymbol{\rho}_{\mathrm{doc}}$的相似性,定义如下:

$$
\begin{aligned}
-\Delta_{\mathrm{VN}}(\boldsymbol{\rho}_{\mathrm{query}} \| \boldsymbol{\rho}_{\mathrm{doc}}) &= -\mathrm{tr}(\boldsymbol{\rho}_{\mathrm{doc}}(\log\boldsymbol{\rho}_{\mathrm{query}} - \log\boldsymbol{\rho}_{\mathrm{doc}})) \\
&\propto \mathrm{tr}(\boldsymbol{\rho}_{\mathrm{query}}\log\boldsymbol{\rho}_{\mathrm{doc}})
\end{aligned}
\tag{9-31}
$$

量子语言模型是针对经典信息检索提出的,并不适用于多模态情感分析任务,它无法建模情感信息,特别是图像情感。此外,量子语言模型在应对长文本的密度矩阵训练时,无法保证有效的收敛。但是,密度矩阵是一种离散概率分布,对应于所有量子事件的发生概率,相较于基于向量的表示方法,它能够编码更多的语义信息,展示单词向量之间的二阶相关性。因此,使用密度矩阵操纵量子概率与向量空间对于发展新颖的情感表示模型仍旧是一个值得探索的思路。在量子语言模型的启发下,研究者提出一个基于全局收敛的量子语言模型(GQML)。

前面介绍了量子语言模型具有优良的表征能力，在经典信息检索领域取得了成功，表明量子概率理论可以作为一种数学主义应用于宏观场景。因此，笔者探索量子概率在自然语言处理另一子领域——情感分析中的适用性。情感分析虽然也涉及文本表示问题，但是一般针对长文本、段落篇章级的评论，例如电影评论、产品评论等。这种风格的文本一般具有语义关系复杂、词项间交互频繁以及上下文深度依赖等特质，相比于信息检索任务更需要优良的表示学习模型。然而，标准的量子语言模型采用 One-hot 编码构造投影算符，当面临长文本时，很容易造成维数灾难，例如，假设词典尺寸是 1 000，那么每个词都是 1 000 维的 One-hot 向量，对应的投影算符及密度矩阵将是 1 000×1 000 的矩阵。量子语言模型在训练这种高维密度矩阵时，暴露出无法收敛的问题，追溯原因是现有"$R\rho R$"算法的迭代规则并不能保证高维矩阵每一次迭代都有效收敛。此外，One-hot 编码很难建模复杂的语义关系，如上下文交互等。为了解决以上问题，笔者提出了一个基于全局收敛的量子语言模型，将其应用于无监督的情感分析任务中。

首先，人工创建两个情感词典，分别为正（积极）情感词典与负（消极）情感词典。顾名思义，正情感词典中包含积极情感极性的单词，而负情感词典由消极情感极性的单词构成。其次，提出一个基于全局收敛的量子语言模型（Globally Convergence based Quantum Language Model，GQLM），分别学习两种情感词典与主观性文档的密度矩阵表示。最后，运用量子相对熵衡量情感词典与主观性文档分布的相似性分数，认为当主观性文档与正情感词典分布接近时，其情感极性属于积极；当主观性文档与负情感词典分布接近时，其情感极性属于消极。

5.创建情感词典

通常情况下人们往往通过一系列主观词抒发他们的情感。他们会选择使用一些譬如 "happy""amazing""glad"与"awesome"等积极情感单词去传达喜悦、舒心的感觉；他们会使用一些譬如"sad""hate""boring"与"shit"等消极情感单词去表达自己恶劣的心情。因此，人们认为当一个文档携带积极情感时，它会和积极情感单词产生强烈的关联；同样，当一个文档携带消极情感时，它也会同消极情感单词产生共鸣。

受此思想启发，笔者将基于少量的种子词（seed words）和训练集，构建两个情感词典，试图表达人类最基本的两种情感：积极与消极，为了简洁起见，称作正情感词典（Positive Sentiment Dictionary，PSD）与负情感词典（Negative Sentiment Dictionary，NSD）。其整个构建过程如下：①手动挑选七组极性相反的种子词对，分别是"positive/negative""good/bad""love/hate""excellent/poor""amazing/shit""nice/terrible"与"awesome/crap"。因此，最初的正情感词典 PSD＝(positive, good, love, excellent, amazing, nice, awesome)，最初的负情感词典 NSD＝(negative, bad, hate, poor, shit, terrible, crap)。②在情感分析领域，已有研究表明形容词与副词可以当作个人情感很好的指示器[48]，因此通过隐马尔可夫词性标注器去提取训练集中所有的形容词与副词，将这些词作为候选情感词。隐马尔可夫词性标注器就是对句子中的每个单词 w_i 都指派一个合适的词性 t_i，即确定每个单词是名词、动词、形容词或其他词性，最终挑选一个词性序列 t_{seq} 使得 P（单词|词性）·P（词性|前 n

个词性)结果最大化,可以形式化为

$$t_{seq} = \arg\max P(t_{seq} \mid w_{seq}) \approx \arg\max \prod_{i=1}^{n} P(w_i \mid t_i) P(t_i \mid t_{i-1}) \quad (9-32)$$

词性标注对应于隐马尔可夫(HMM)的学习问题,可以根据已知的训练语库,统计频率获得 HMM 的三个参数(即隐藏状态、观测状态和转移矩阵)后,计算每个单词对应的词性,完成词性标注过程。③使用点互信息–信息检索(Point Mutual Information-Information Retrieval,PMI-IR)算法[49]分别计算每个候选情感词与正情感词典、负情感词典里种子词之间语义关联度,获得每个候选情感词的情感分数:

$$\text{Score}(word) = \sum_{seeds \in PSD} \text{PMI}(word, seeds) - \sum_{seeds \in NSD} \text{PMI}(word, seeds) \quad (9-33)$$

如果该词的情感分数大于零,就认为它是积极情感词,否则认为它是消极情感词,图 9.3 所示为 SS-Tweet 数据集上候选情感词的极性分布。为了减小语义计算带来的误差,本章只挑选那些具有强烈情感的单词,譬如它的分数要大于等于 2 或者小于等于 −2,并将它们加入对应的情感词典中。最终,正情感词典包含 142 个积极情感单词,而负情感词典包含 72 个消极情感词。表 9.3 所示为正、负情感词典部分单词展示。

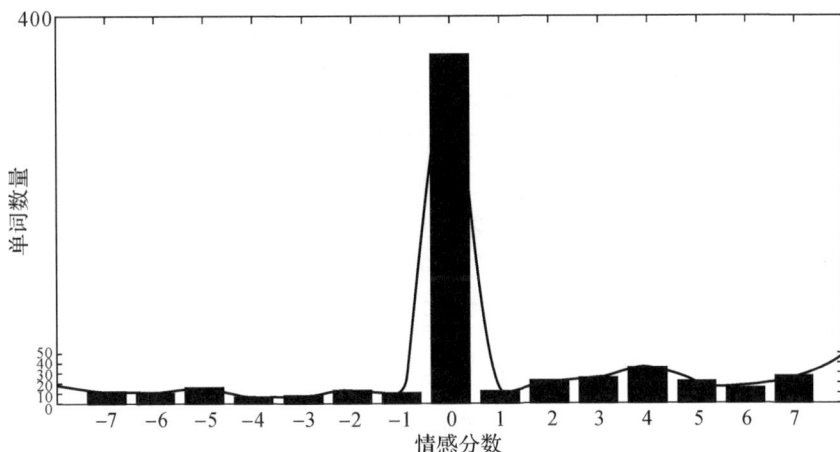

图 9.3　SS–Tweet 数据集上候选情感词的极性分布

表 9.3　正、负情感词典部分单词展示

情感词典	情感单词	情感分数	情感单词	情感分数
正情感词典	best	4.66	excellent	11.01
	healthy	4.55	glad	6.12
	amazing	6.12	favorite	4.71
	beautiful	3.86	awesome	8.84
	thinkful	10.38	smart	2.76
	juicy	3.92	thinkful	10.38

续表

情感词典	情感单词	情感分数	情感单词	情感分数
负情感词典	anxious	-7.70	fake	-4.95
	dirty	-5.55	bloody	-6.16
	sad	-8.04	weird	-3.46
	scary	-6.13	not	-2.03
	dumb	-5.95	bad	-7.28
	offensively	-7.14	terrible	-11.04

6. 基于全局收敛的量子语言模型（GQLM）

完成正、负情感词典的构建之后，笔者提出了一个基于全局收敛的量子语言模型以表征情感词典与主观性文档。沿袭着标准量子语言模型的思路，同样将文档中的单词 w_i 视作量子基本事件，记作 $|w_i\rangle = [w_{i1} \quad w_{i2} \quad \cdots \quad w_{id}]^{\mathrm{T}}$，那么投影算符 Π 表示为

$$\prod_i = |w_i\rangle\langle w_i| = \begin{bmatrix} w_{i1} \\ w_{i2} \\ \vdots \\ w_{id} \end{bmatrix} [w_{i1} \quad w_{i2} \quad \cdots \quad w_{id}] \qquad (9-34)$$

同样地，每个文档暂且形式化为 $P_D = \{\Pi_1, \Pi_2, \cdots, \Pi_n\}$，然后定义目标函数：

$$F(\rho) \equiv \max_\rho \sum_i \log(\mathrm{tr}(\Pi_i \rho)) \qquad (9-35)$$

但是，由于"$R_\rho R$"算法暴露出的不收敛问题，本章采用另外一种经过严格数学证明的算法——全局收敛算法去估计最大似然值。全局收敛算法在"$R_\rho R$"的基础上做了大幅度扩展，认为似然值的增长方向 D^k 是由另外两条上升方向共同决定，而这两条上升方向分别由步长 t 控制。这允许算法可以应用不精确地线性搜索确定步长 t 的值，从而保证似然函数值的有效增长，而非每次迭代都必须寻求最优值，这样能够使似然函数达到全局收敛。具体而言，给定目标函数 $F(\rho)$，其梯度定义为 $\nabla F(\rho) = \sum_i \dfrac{f_i}{\mathrm{tr}(\Pi_i \rho)} \Pi_i$。此外，全局收敛算法定义只有当 $\mathrm{tr}(\nabla F(\rho^k) D^k)$ 大于零时，第 k 次迭代似然函数的方向 D^k 是增长方向，从而保证似然函数的阶段性增长。

全局收敛算法规定似然函数的搜索方向 D^k 由另外两条上升方向 $\bar{D}^k$ 和 $\widetilde{D}^k$ 共同决定。$\widetilde{D}^k$ 是在密度矩阵空间 $\mathbb{S}$ 的一条路径，而 $\bar{D}^k$ 一般会出现在密度矩阵空间外（见图9.4）。从图9.4中可观察到，当 t 趋近于无穷大时，D^k 趋向于 $\widetilde{D}^k$ 的方向，当 t 接近于零时，D^k 趋向 $\bar{D}^k$ 的方向。因此，全局收敛算法定义似然函数的第 k 次迭代过程中的搜索方向 D^k 为

$$D^k = \frac{2}{q(t_k)} \bar{D}^k + \frac{t_k \mathrm{tr}(\nabla F(\rho^k) \rho^k \nabla F(\rho^k))}{q(t_k)} \widetilde{D}^k \qquad (9-36)$$

式中：$q(t_k)$、$\bar{D}^k$、$\widetilde{D}^k$ 被定义为

$$\bar{D}^k = \frac{\nabla F(\rho^k) \rho^k + \rho^k \nabla F(\rho^k)}{2} - \rho^k \qquad (9-37)$$

$$\widetilde{D}^k = \frac{\nabla F(\rho^k) \rho^k \nabla F(\rho^k)}{\mathrm{tr}(\nabla F(\rho^k) \rho^k \nabla F(\rho^k))} - \rho^k \qquad (9-38)$$

$$q(t_k)=1+2t_k+t_k{}^2\mathrm{tr}(\nabla F(\rho^k)\rho^k\,\nabla F(\rho^k)) \tag{9-39}$$

式中:$t_k\in[0,1]$,$q(t_k)\geqslant1$。

为了展示全局收敛算法的鲁棒性,在迭代开始时,随机初始化一个对角矩阵$\boldsymbol{\rho}^0$,但它必须满足密度矩阵的一切性质,例如$\boldsymbol{\rho}^0\geqslant0$,$\mathrm{tr}(\boldsymbol{\rho}^0)=1$。

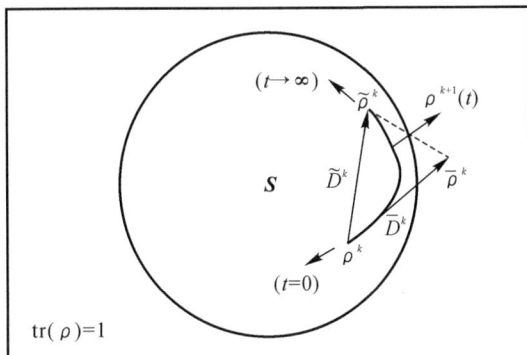

图 9.4　收敛方向$\mathbf{D}^k$的几何解释

自从获得了每一次迭代过程中的迭代方向D^k,那么定义每次迭代密度矩阵的更新规则为

$$\boldsymbol{\rho}^{k+1}=\boldsymbol{\rho}^k+t_k D^k \tag{9-40}$$

式中:t_k是步长,满足$t_k\in[0,1]$,保证$t_k=\mathrm{argmax}F(\boldsymbol{\rho}^{k+1}(t_k))$。

同时,定义目标函数的前后变化为$\Delta F(\boldsymbol{\rho})=F(\boldsymbol{\rho}^{k+1})-F(\boldsymbol{\rho}^k)-\varepsilon$,且$\varepsilon=10^{-3}$。当目标函数的变化$\Delta F(\rho)$小于某一个阈值$\gamma$时,整个迭代过程结束并输出此时的密度矩阵。在本章中,观察到当$\Delta F(\rho)$小于$\gamma=10^{-5}$时,目标函数的收敛速度明显下降且值逐渐稳定。因此,本书将阈值设置为$\gamma=10^{-5}$。

每一篇文档对应的密度矩阵都经过狄利克雷平滑。假设$\boldsymbol{\rho}_{\mathrm{doc}}$和$\boldsymbol{\rho}_{\mathrm{col}}$分别对应文档量子语言模型和文本集(collection)量子语言模型,那么平滑后的密度矩阵可以根据以下公式得到:

$$\boldsymbol{\rho}_d=(1-\gamma)\boldsymbol{\rho}_{\mathrm{doc}}+\gamma\boldsymbol{\rho}_{\mathrm{col}} \tag{9-41}$$

式中:$\gamma=\dfrac{\mu}{\mu+M}$是著名的 Dirichlet 平滑的参数形式[50]。

7. 量子相对熵

在量子信息理论中,量子相对熵用于衡量两个量子态的可区分性,是相对熵的量子扩展[51]。与量子信息理论中的许多其他对象一样,量子相对熵通过将经典定义从概率分布扩展到密度矩阵完成定义,因此可以用于衡量密度矩阵之间的"距离"。本文采用量子相对熵衡量主观性文档与情感词典的相似性。给定两个密度矩阵$\boldsymbol{\rho}_{\mathrm{text}}$和$\boldsymbol{\rho}_{\mathrm{dict}}$分别表示推文和情感词典,相应地,量子相对熵可以定义为

$$\begin{aligned}S(\boldsymbol{\rho}_{\mathrm{text}}\parallel\boldsymbol{\rho}_{\mathrm{dict}})&=\mathrm{tr}(\boldsymbol{\rho}_{\mathrm{text}}\log\boldsymbol{\rho}_{\mathrm{text}})-\mathrm{tr}(\boldsymbol{\rho}_{\mathrm{text}}\log\boldsymbol{\rho}_{\mathrm{dict}})\\&=\mathrm{tr}(\boldsymbol{\rho}_{\mathrm{text}}(\log\boldsymbol{\rho}_{\mathrm{text}}-\log\boldsymbol{\rho}_{dict}))\end{aligned} \tag{9-42}$$

式中:$S(\boldsymbol{\rho}_{\mathrm{text}}\parallel\boldsymbol{\rho}_{\mathrm{dict}})\geqslant0$,当且仅当$\boldsymbol{\rho}_{\mathrm{text}}=\boldsymbol{\rho}_{\mathrm{dict}}$时,$S(\boldsymbol{\rho}_{\mathrm{text}}\parallel\boldsymbol{\rho}_{\mathrm{dict}})=0$。

前面的内容已经验证了量子理论可以作为一种数学框架,启发新型表示学习模型的发展,并在此启发下提出基于全局收敛的量子语言模型,在推文情感分析任务中取得不错的效果。然而,这种方法如同其他文本表示方法(例如词频－逆文档频率与词嵌入等)一样,重心仍然是围绕如何高效地捕捉句法与语义信息,却忽视了情感分析任务中最为重要的情感信息,没有将学习情感信息的过程融入到统一的学习模型中。为了解决这一问题,在基于全局收敛的量子语言模型基础之上,研究者提出一个面向文本情感分析任务的类量子情感表示模型。该模型不仅能够表示文档的语义内容,也能够捕捉其蕴含的情感信息。鉴于形容词与副词被认为是主观态度表达的指示器,首先,设计出几种典型的情感模式并根据情感模式提取情感短语。其次,情感短语与文本词项一起用于构建投影算符,然后通过最大似然估计算法训练出相应的密度矩阵。

8.提取情感短语

首先介绍隐马尔可夫词性标注器(HMM part-of-speech tagger),它的目的是提取文档中的情感短语。隐马尔科夫词性标注器假设对于给定的语句或词序列,为每一个单词 w_i 选择最有可能的标签 t_i,然后选择能够满足最大概率的 P(单词|标签)·P(标签|前 n 个标签)的词性标记序列 t_{seq},整个过程可以见式(9－32)。隐马尔可夫词性标注器会给每一个单词分配一个合理的词性标签。如果给定一句话:

The Lord of the Rings is an amazing movie

那么它的输出为

The /DT Lord /NNP of /IN the /DT Rings /NNP is /VBZ an /DT amazing /JJ movie /NN

式中:DT 标签指代限定词;NNP 标签指代的是专有名词;IN 标签指代的介词;VBZ 标签指代第三人称单数动词;JJ 标签表示该词是形容词;NN 标签表示该词是名词。

表 9.4 所示为词性标签描述。

表 9.4 词性标签描述

索引	标签	描述	索引	标签	描述
1	CC	Coordin. conjunction	13	PRP	Personal pronoun
2	CD	Cardin. number	14	RB	Adverb
3	DT	Determiner	15	RBR	Adverb, comparative
4	FW	Foreign word	16	RBS	Adverb, superlative
5	IN	Preposition/sub-conj	17	RP	Particle
6	JJ	Adjective	18	SYM	Symbol
7	LS	List-item marker	19	VB	Verb, base form
8	NN	Noun/singular/mass	20	VBD	Verb, past tense
9	NNS	Noun, plural	21	VBP	Verb, non-3rd person singular present
10	NNP	Proper noun, singular	22	VBZ	Verb, 3rd person singular present
11	PDT	Predeterminer	23	VBN	Verb, past participle
12	POS	Possessive ending	24	WP	Wh-pronoun

鉴于学术界广泛认可形容词与副词是情感表达的有效指示器[52-53]，将提取形容词与副词短语去表示相应的情感信息。例如"amazing movie""good day"与"interesting scenario"等短语将会被视作情感短语。具体而言，笔者设计出六种典型的情感短语模式，并且将完美匹配这些模式提取出来的形容词和副词短语(见表 9.5)。最后，将全部提取出的情感短语作为组合词添加到对应的文档中，开始构建文档单词与情感短语对应的投影算符。

表 9.5 用于提取情感短语的情感模式

数目	第一个词	第二个词	第三个词	提取边界
1	JJ	NN, NNS, NNP	任何词	前两个词
2	JJ	JJ	NN, NNS, NNP	三个词
3	RB, RBR, RBS	JJ	NN, NNS, NNP	三个词
4	NN, NNS, NNP	RB	任何词	前两个词
5	NN, NNS, NNP	VBZ	JJ	第一个与最后一个词
6	VB, VBZ, VBD, VBP	RB, RBR, RBS	任何词	前两个词

9. 词项与情感短语表示学习

为了发展高效优良的表示学习模型，研究者沿袭之前所描述的基于全局收敛的量子语言模型的计算框架，在此基础上提出类量子情感表示(Quantum-like Sentiment Representation，QSR)模型用于同时建模情感与语义信息。与基于全局收敛的量子语言模型相比，类量子情感表示模型加入了情感信息的提取与表示，并与语义表示融入到统一的学习架构中。

理论上讲，文档中的单词被视作量子基本事件，而情感短语被视作量子叠加态事件，都会被表示为投影算符 Π，进而利用最大似然估计训练得到文档对应的密度矩阵 $\boldsymbol{\rho}$，编码单词与情感短语的概率分布。因此，对于文档中的单词 w_i，假设 $|w_i\rangle$ 是它的归一化词向量，那么相应的投影算符 Π_{word} 可以表示为

$$\prod\nolimits_{\text{word}} = |w_i\rangle\langle w_i| \qquad (9-43)$$

将情感短语认为是情感单词的叠加态(superposition)事件，叠加态事件是量子概率理论定义的一种特殊事件，它既不脱离于情感单词，也不完全是传统含义的联合。本章将情感短语的投影算符 Π_{phrase} 定义为

$$\prod\nolimits_{\text{phrase}} = |w_{\text{phrase}}\rangle\langle w_{\text{phrase}}|, \quad |w_{\text{phrase}}\rangle = \sum_{j=1}^{k} \alpha_j |w_j\rangle \qquad (9-44)$$

式中：α_j 为权值参数，满足 $\sum_j \alpha_j^2 = 1$。本书将平等地看待每个情感单词的重要程度，即设置 $\alpha_j = \sqrt{1/k}$，k 是情感短语包含的单词数量。

在完成文档中所有单词与情感短语投影算符的构建后，该文档就暂时用投影序列 $P_U = \{\Pi_1, \Pi_2, \cdots, \Pi_n\}$ 表示，n 是文档中词项与情感短语的数量。仍然采用最大似然估计最大化量子基本事件的联合概率。但是，考虑到形容词与副词对情感识别的重要性，为不同的投影算符分配不同的权重，将目标函数形式化为

$$\zeta(\boldsymbol{\rho}) \propto \prod w_i \text{tr}(P_U \boldsymbol{\rho}) = \prod_i w_i \text{tr}(\Pi_i \boldsymbol{\rho}) \qquad (9-45)$$

继续使用全局收敛算法去训练与学习密度矩阵，具体的训练步骤前面也介绍过。

详细介绍了如何将量子概率理论作为一种数学主义启发文本表示学习模型的发展，并成功验证了该理论在文本领域的可行性。那么，图像处理与图像情感分析领域同样面临着低级图像内容特征与高级语义理解之间的"语义鸿沟"问题。对于图像，最基本的表示单位是像素点，然而单个的像素点毫无意义，无法表达复杂的语义与情感信息，必须相互组合为区域后方可形成具体的含义。为了解决这一问题，受类量子文本表示模型及词袋模型的启发，笔者探索量子概率理论应用于图像表示任务中，并针对性地提出一套基于类量子图像表示模型。该模型将图像视作一种特殊文档，将像素点视为图像文档的基本元素，在此基础上提取出视觉词汇[54]，并将该词汇构建投影算子，进而封装到密度矩阵。

10. 提取视觉词汇

恰如文本中的单词一般，笔者认为图像是由一系列视觉词汇集合而成的，且图像中每个视觉词汇的出现都是独立的，不依赖于其他词汇是否出现。但是，图像中的视觉词汇并不是显而易见的，而是由不同的像素点组合成的抽象语义区域，因此需要首先从图像中提取出相互独立的视觉词汇。这一过程通常包含3个步骤：①提取特征；②学习视觉词典；③利用视觉词典量化图像特征。

按照视觉词袋模型的步骤，首先，要挖掘图像中的关键词（特征），这些关键词（特征）必须具备很高的区分度，而且要满足旋转不变性以及尺寸不变性等性质。鉴于尺度不变特征变换（Scale-Invariant Feature Transform，SIFT）具有对图像旋转、尺度缩放、亮度变化保持不变性，对视角变化、仿射变换、噪声也能够保证相当的稳定性，且区分度较高，包含信息量丰富等优点，因此采用 SIFT 去描述每幅图像的局部特征。SIFT 会将图像表示为数以千计的特征点，每个特征点默认是 128 维的向量，最终得到一个庞大的特征向量集合。其次，完成所有 SIFT 特征的提取后，本章将所有的 SIFT 特征集合在一起，利用 K-Means 聚类算法构造视觉词典。随机选取 $K=300$ 个词汇作为初始的聚类中心，计算每个词汇与各个 SIFT 特征聚类中心之间的距离，把每个词汇分配给距离它最近的聚类中心，聚类中心以及分配给它们的词汇就代表一个聚类。一旦全部词汇都被分配完毕，每个聚类的聚类中心会根据聚类中现有的词汇被重新计算。这个过程将不断重复直到聚类中心不再变化或者误差平方和局部最小。这 300 个聚类中心就构成图像的视觉词典，每个聚类中心被认为是一个视觉单词，所有的图像都是由视觉词典中的单词集合而成。最后，进一步对图像特征进行量化。对每幅图像而言，提取出其对应的 SIFT 特征点，每个 SIFT 特征点都会与视觉词典中的单词比较，找到与其最相似的视觉词汇。这样一来，该图像被表达为不同的视觉单词的集合。

11. 视觉词汇表示学习

得到每幅图像的视觉词汇 $|s_i\rangle=[s_{i1} \quad s_{i2} \quad \cdots \quad s_{id}]^T$ 后，与文本类似，同样将图像视作一个量子混合系统，可以由密度矩阵表示。将图像中的视觉词汇视为量子基础事件，定义为希尔伯特空间的子空间，可以表示为投影算符 Π_i：

$$\Pi_i = |s_i\rangle\langle s_i| = \begin{bmatrix} s_{i1} \\ s_{i2} \\ \vdots \\ s_{id} \end{bmatrix} \begin{bmatrix} s_{i1} & s_{i2} & \cdots & s_{id} \end{bmatrix} \qquad (9-46)$$

同样地,完成图像中所有视觉单词投影算子的构建后,该图像可以用投影序列 $P_U = \{\Pi_1, \Pi_2, \cdots, \Pi_n\}$ 表示,n 是图像中视觉单词的数量。然后,采用最大似然估计最大化每个量子基本事件的联合概率,似然函数是给定密度矩阵得到量子基本事件的概率,形式化为

$$\zeta(\rho) \propto \Pi \mathrm{tr}(P_U\rho) = \prod_i \mathrm{tr}(\Pi_i\rho) \tag{9-47}$$

本章将继续使用全局收敛算法去估计目标函数的最大似然值,学习密度矩阵。通过对视觉词袋模型的引入与扩展,可以将图像表示为密度矩阵,相比于传统的 SIFT 向量,密度矩阵编码更多的全局信息与语义信息,也建模了视觉单词的离散概率分布。

9.5.2　QMSA

多模态情感分析除了涉及模态内的词项交互外,另外一个核心子问题是多模态交互。多模态交互旨在将多个模态的信息整合,建模模态间的关联与交互,从而获得更加丰富与准确的多模态输出,提高多模态模型的有效性与鲁棒性,保证其能够在不同状况下正常工作。多模态交互包含多种媒体数据间的交互、多模态特征间的交互以及多模态决策间的交互。多模态情感分析不仅仅是一个分类任务,同样是一个复杂且主观的认知决策过程。不同的模态纠缠在一起共同表达作者的情感,它们之间并非独立,而是相互关联、共同影响用户的的判断决策,表现为对不同模态不同的阅读顺序,可能产生不同的判别结果,促使用户自身的认知状态产生干涉现象。这种认知干涉现象类似于量子力学领域的量子干涉,难以用经典概率理论解释,却可以通过量子理论予以建模。因此,如何建模并形式化该问题,发展出一套新型的类量子多模态决策交互框架将是本小节的主要目标。

多模态情感分析通常涉及复杂的认知过程,不同模态的信息会纠缠到一起共同影响决策者的决策判断,产生认知干涉现象。例如,决策者对于文本的情感判断会影响其对图像的情感判断,反之亦然。图 9.5 所示为 Flickr 多模态数据集的典型样例。对于图 9.5(a),无论用户首先阅读文本或是阅览图像,都可以清晰地判断出该多模态文档表达消极的情感。对于图 9.5(b),当用户首先阅读图像时,明亮且温和的色彩可能会让他认为该文档传达积极的情感。而当他阅读完文本之后,他可能会改变之前的决策。但是,如果顺序调转,用户首先阅读文本,随后阅览图像,他会很容易做出准确地情感判断。对于图 9.5(c),当用户首先阅读文本时,"狗与音乐"的描述容易让用户感动惬意舒和。但是当用户阅览图像之后,阴郁黑暗的色调可能改变他原本的认知。因此,阅读顺序的不同对用户的决策判断结果产生了影响,这就是"次序效应"。

用户的初始认知状态是不确定的,并在决策过程中产生了自我干涉现象。该现象被许多研究者认为在用户认知与决策中至关重要[55-57]。然而已有的多模态情感分析方法主要关注如何提取有效的特征以及如何训练算法模型,忽略了这种模态间的交互干涉问题。为了解决该问题,笔者从认知的角度重新看待多模态情感分析问题,仔细调查经典概率理论与量子概率理论。经典概率理论源自于 Kolmogorov 概率论与经典力学,遵从交换律性质,即

事件发生的顺序不会影响最终结果[58]。很显然，这条公理体系很难解释上面的非经典现象。量子概率理论源自于量子力学的数学体系，为解决许多认知问题提供了更加一般化的理论框架[59-61]。它不必要遵从交换律，认为不相容事件的发生顺序会对结果产生影响。此外，它能够为解决这种非经典、宏观类量子现象等提供统一的数学体系，允许用户的认知状态在做出决策之前处于不确定状态。出于以上动机，笔者致力于采用量子理论解决多模态情感分析中的模态交互干涉问题。笔者首先介绍量子双缝实验，其次将多模态情感分析类比于量子干涉过程。最后创建多模态情感分析范式，并提出一个量子干涉启发的多模态决策融合方法。

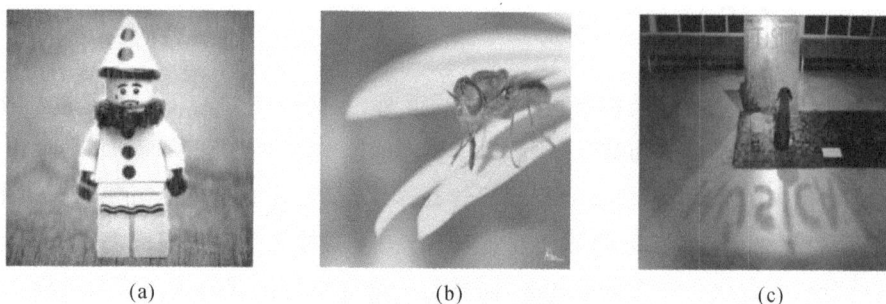

图 9.5　Flickr 多模态数据集的典型样例
(a)雨中哭泣的玩偶；(b)悲伤的苍蝇；(c)狗与音乐

1. 双缝干涉实验

在量子力学中，双缝干涉实验演示了光子或电子等微观粒子以粒子形式发射运动，以波的形式同时穿过双缝与自身产生干涉的现象[62]。如果将一个缝隙开启，另外一个缝隙关闭，则不会产生干涉条纹。如果将探测器放置于其中任何一个缝隙，确定光子或电子通过哪个缝隙，那么也不会产生干涉条纹。这种奇怪的粒子行为很难用经典理论解释，却可以通过量子理论轻松地建模。

在量子理论中，波函数 $\varphi(x)$ 是描述微观粒子位置 x 的概率幅复函数，代表了微观粒子出现位置概率的波动[63]，将用于解释双缝干涉实验。在发射前，微观粒子的状态处于缝隙 1 与缝隙 2 的叠加态，形式化为

$$\varphi_p(x)=\alpha\varphi_1(x)+\beta\varphi_2(x)$$

式中：$\varphi_1(x)$ 为缝隙 1 的波函数；$\varphi_2(x)$ 为缝隙 2 的波函数；α 和 β 满足 $|\alpha|^2+|\beta|^2=1$。

$P(x)=|\varphi(x)|^2$ 决定了 $\varphi(x)$ 的微观粒子出现在位置 x 的概率（密度）。那么，曲线 f_{12} 可最终推导出：

$$f_{12}(x)=|\varphi_p(x)|^2=|\alpha\varphi_1(x)+\beta\varphi_2(x)|^2$$
$$=|\alpha\varphi_1(x)|^2+|\beta\varphi_2(x)|^2+2|\alpha\varphi_1(x)\beta\varphi_2(x)|\cos\theta$$

式中：θ 为 $\alpha\varphi_1(x)\beta\varphi_2(x)$ 的相位角度；$2|\alpha\varphi_1(x)\beta\varphi_2(x)|\cos\theta$ 为干涉项，是描述粒子干涉概率分布的必要组成部分。

关于量子干涉详细的介绍与数学推导详见 9.2.3 节。

2.多模态情感分析与量子双缝实验的类比

当用户阅读文本和阅览图片之前,用户的认知状态同样处于文本情感与图像情感的叠加态,是一种不确定的认知状态。处于这种叠加状态下,用户尚未对多模态文档的情感极性做出判断。当用户阅读完文本与图片后,他的认知状态就会坍缩到基态上,即情感分数(+2,+1,-1,-2)。

将多模态情感分析与双缝干涉实验做了类比,将用户的认知状态类比为微观粒子状态,将文本与图像双认知通道类比为双缝,将最后的情感分数类比于探测板上的粒子位置(见图9.6)。因此,用户的认知状态是处于文本情感与图像情感的类叠加态,以至于每个模态信息都会同时影响最终的情感分数。如果文本与图像的情感都是+1(或-1),那么用户最终的情感分数会变为+2(或-2),这一现象可以视作相长干涉。如果文本的情感与图像的情感相反,那么用户决策的置信度会下降,这一现象视作相消干涉。

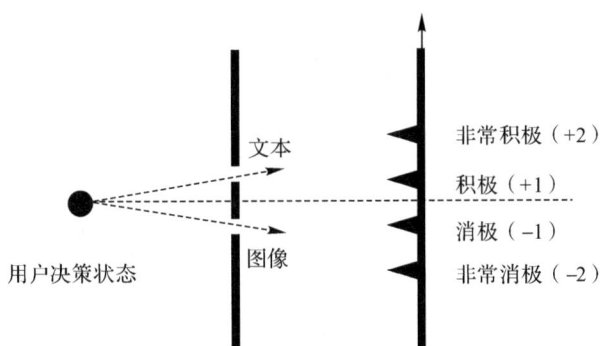

图 9.6　多模态情感分析与量子双缝实验的类比

采用波函数 $\varphi(x)$ 形式化多模态情感分析类比过程。用户的认知状态可以定义为

$$\varphi_u(x) = \alpha\varphi_t(x) + \beta\varphi_i(x) \tag{9-48}$$

式中:$\varphi_t(x)$ 为文本情感的波函数;$\varphi_i(x)$ 为图像情感的波函数。

而文本与图像情感分数的概率分布可以分别表示为

$$f_t = |\alpha|^2 |\varphi_t(x)|^2 \tag{9-49}$$

$$f_i = |\beta|^2 |\varphi_i(x)|^2 \tag{9-50}$$

最终,用户阅读文本与图像之后,其决策的概率分布可以描述为

$$\begin{aligned}
f_u(x) &= |\varphi_u(x)|^2 = |\alpha\varphi_t(x) + \beta\varphi_i(x)|^2 \\
&= |\alpha\varphi_t(x)|^2 + |\beta\varphi_i(x)|^2 + 2|\alpha\varphi_t(x)\beta\varphi_i(x)|\cos\theta \\
&= f_t + f_i + 2\sqrt{f_t f_i}\cos\theta
\end{aligned} \tag{9-51}$$

量子干涉启发的多模态决策融合方法:设计出一个认知范式去研究多模态的交互干涉现象,如图9.7所示。对该范式展开分析,发展出量子干涉启发的多模态决策融合方法。

如图9.7所示,将从用户(User)到文本(Text)路径的概率幅记为 $\langle T|U\rangle$,概率幅可以通过取其二次方转为概率,即 $P(T|U) = |\langle T|U\rangle|^2$。因此,用户选择阅读文本的概率幅为 $\langle T|U\rangle$,而用户选择阅读图片(Image)的概率幅记为 $\langle I|U\rangle$。当用户阅读文本后,其认知状

态为积极情感的概率幅是$\langle T|U\rangle \cdot \langle P|T\rangle$。当用户阅览图片后，其认知状态为积极情感的概率幅是$\langle I|U\rangle\langle P|I\rangle$。与此类似，用户阅读文本之后，其认知状态转为消极情感的概率幅是$\langle T|U\rangle \cdot \langle N|T\rangle$。用户阅览图片之后，其认知状态转为消极情感的概率幅是$\langle I|U\rangle \cdot \langle NIT\rangle$。

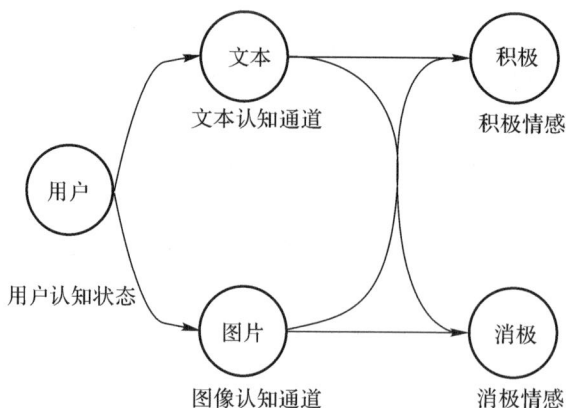

图 9.7 多模态情感分析范式

当用户同时阅读文本与图片后，其认知状态转为积极或消极的概率可以分别表示为

$$P(U\to P)=|\langle T|U\rangle \cdot \langle P|T\rangle+\langle I|U\rangle \cdot \langle P|I\rangle|^2$$
$$=|\langle T|U\rangle|^2 \cdot |\langle P|T\rangle|^2+|\langle I|U\rangle|^2|\langle P|I\rangle|^2+$$
$$2\langle T|U\rangle\langle P|T\rangle\langle I|U\rangle\langle P|I\rangle\cos\theta \tag{9-52}$$

$$P(U\to N)=|\langle T|U\rangle \cdot \langle N|T\rangle+\langle I|U\rangle \cdot \langle N|I \cdot |^2$$
$$=|\langle T|U\rangle|^2 \cdot |\langle N|T \cdot |^2+|\langle I|U\rangle|^2 \cdot |\langle N|I \cdot |^2+$$
$$2\langle T|U\rangle\langle N|T\rangle\langle I|U\rangle\langle N|I\rangle\cos\theta \tag{9-53}$$

式中：$|\langle T|U\rangle|^2$的含义等同于式(9-51)中的α^2；$|\langle I|U\rangle|^2$的含义等同于式(9-51)的β^2；$|\langle P|T\rangle|^2$等同于$|\varphi_t(x=+1)|^2$，$\langle P|I\rangle|^2$等同于$|\varphi_i(x=+1)|^2$。

基于以上分析，研究者在决策层面探索模态间的交互，提出一个量子干涉启发的多模态决策融合方法(Quantum Interference inspired Multimodal decisionFusion, QIMF)。对比已有的多模态融合方法，QIMF方法考虑到模态间的交互作用，推导出干涉项以建模它们的干涉程度。本小节以$P(x)=|\varphi(x)|^2$描述位置x的概率，在决策层，将$P(x)$视作情感分数$x(x=+1,+2,-1,-2)$的概率。于是，本小节将$P_t(x)=|\varphi_t(x)|^2$解释为文本的情感极性为x的概率(0到1之间)，简写为P_t。本小节将$P_i(x)=|\varphi_i(x)|^2$解释为图像情感极性为x的概率(0到1之间)，简写作P_i。最终多模态情感极性的概率形式化为

$$P_u=\alpha^2 P_t+\beta^2 P_i+2\alpha\beta\sqrt{P_t P_i}\cos\theta \tag{9-54}$$

式中：α^2与β^2为文本与图片的权重参数；$2\alpha\beta\sqrt{P_t P_i}\cos\theta$为多模态融合方法的干涉项，描述模态间的交互程度。

本书 9.5.1 节详细介绍过多模态类量子表示模型,能够分别将文本与图像表示为蕴含更多语义依赖的密度矩阵。结合类量子多模态表示模型与量子干涉的多模态决策融合方法,设计出一套类量子多模态决策交互框架(QMSA),用于同时建模词项交互与多模态决策交互。

该框架首先采用类量子多模态表示模型分别完成对文本与图片的表征,封装到密度矩阵 $\boldsymbol{\rho}_{\text{text}}$ 与 $\boldsymbol{\rho}_{\text{image}}$。其次以密度矩阵作为输入,采用合适的分类器(记为 C_{text} 与 C_{image})分别得到局部决策结果,即 P_{text} 与 P_{image}。最后该框架将采用量子干涉的多模态决策融合方法建模模态间的交互作用,完成决策层级的融合,获得最终的多模态情感决策 P_u。

9.5.3　QMN

多模态(会话)情感分析中另一典型交互子问题是位于模态外层面的话语上下文交互。由于自然语言的复杂性与语言描述的外部世界的复杂性,同样一句话在不同语境下可以理解为不同的含义,传达不同的情感。上下文(语境)对话语的理解至关重要,能够对不同的话语起到约束和补充解释的作用。例如,“你开心就行”在“父母对你没有别的要求”对话上下文中传达的是积极的情绪,然而在“我懒得跟你争论”对话上下文中暗示消极的无奈。这使得分析上下文(语境)交互变得很重要,以便准确地理解在不同背景下它们的含义。特别是在会话聊天场景中,谈话者表达的语句里蕴含着强烈而重复的交互,甚至于在不同的聊天背景下,暗示着不同类型的交互。通常,每个谈话者的答语既充当对上一谈话者话语的响应,也演变为下一谈话者的上下文。然而在传统的情感分析领域,对会话情感的研究局限于孤立地对待每条话语,对话语之间的交互影响缺乏系统性的研究。如何理解并建模话语间的上下文交互一直是本领域的核心难题。

交互的基本定义是参与者(可以是人类、机器或其他系统)信息的一种交换,交换过程中一方能够对另外一方产生影响[64]。例如,当用户走近时,自动感应门就会开启,当用户走远后,它也会自动关闭。类似地,聊天会话也可以视作是谈话者之间的一系列信息交换过程,描述出一种动态、双向的信息流。在聊天会话中,本节将每一位谈话者视作一种学习系统,那么他们之间的交互可以表征为学习系统之间的耦合。具体而言,每位谈话者向其他谈话者释放信号,可能是提出问题、发出邀请或日常寒暄等,而其他谈话者收到信号后,选择具体的回应方式,作为对信号的反馈[65]。

基于以上观察,双人聊天会话中的上下文交互定义为如下过程:首先,一个信息源发射出信息流(即说话者表达的话语),将会成为另外一位接收者的输入。其次,该接收者接收信息流,理解其蕴含的语义与情感,衡量该信息的可信程度。最后,该接收者计算该信息产生的影响,做出回应,发射回应信息流。整个过程周而复始,循环往复,直至聊天结束,聊天会话中的交互过程如图 9.8 所示。因此,话语间上下文交互包含 3 种特性,即可理解性、可信性与影响。本节将针对以上特性,提出其计算方法。

(1)可理解性。在聊天会话中,理解消息(话语)是回应消息的前提。可理解性涉及对消息携带的信息的准确解码与翻译。在人机交互领域,通常通过检测用户解释其含义、总结其含义的能力来对其进行评估。但是,本节选择采用自然语言处理技术,而非开展用户实验,去完成该任务。鉴于语义信息能够相当程度地反映一条消息携带的含义,本节采用话语的语义向量去表示该消息的可理解性。

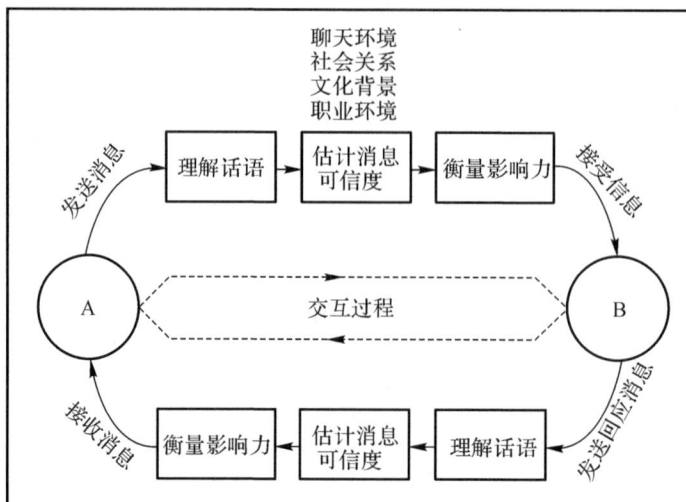

图 9.8 聊天会话中的交互过程

(2)可信性。通常指代对消息源或消息的信任程度,即接收者会对该消息是否值得信任做出相应的判断。在聊天会话中,谈话者是否信任该消息会直接影响到他的回应。如果谈话者不信任该信息,那么他可能会拒绝回应或者直接忽视。一般意义上,不同角色的消息提供者,例如陌生人、朋友或是专家学者等,都会影响接收者对消息的信任程度,众所周知,权威专家提供的消息往往具有更高的可信度,素不相识的陌生人的话语往往难以信任,而朋友话语的可信度介于两者之间。此外,如果一个消息或消息源获得其他消息或消息源的支持,那么它的可信度也将提升。

本节提出两种假设用于计算聊天会话中每条话语的可信性:一是更高的支持率将传递更高的可信度;二是一条话语若是语义上或位置上越接近其他话语,它将获得更高的支持[66]。基于以上假设,本节通过计算话语间的语义相似度去捕捉它们之间的可信度,整个计算过程如下所述。

首先,给定两句话语 u_i 和 u_j,它们的语义向量分别是 $\boldsymbol{v}_i = \begin{bmatrix} v_{i1} & v_{i2} & \cdots & v_{in} \end{bmatrix}$ 与 $\boldsymbol{v}_j = \begin{bmatrix} v_{j1} & v_{j2} & \cdots & v_{jn} \end{bmatrix}$,两句话语的相似度定义为

$$\mathrm{sim}(\boldsymbol{u}_i, \boldsymbol{u}_j) = \frac{\sum_{k=1}^{n}(v_{ik} \times v_{jk})}{\sqrt{\sum_{k=1}^{n}(v_{ik})^2} \times \sqrt{\sum_{k=1}^{n}(v_{jk})^2}} \tag{9-55}$$

其次,话语 u_i 的支持度可以定义为

$$\sup(\boldsymbol{u}_i) = \sum_{j=1, j \neq i}^{N} w_j \operatorname{sim}(\boldsymbol{u}_i, \boldsymbol{u}_j) \tag{9-56}$$

式中：N 是该聊天会话的长度。

鉴于话语的位置信息会影响到支持度，本节定义 $w_j = \dfrac{3\,\mathrm{e}^{-x}}{1+3\,\mathrm{e}^{-x}}x$ 是话语索引 i 和 j 之间的距离。

最后，话语 $\boldsymbol{u}_i$ 的可信度可以形式化为

$$\operatorname{cred}(\boldsymbol{u}_i) = \frac{\sup(\boldsymbol{u}_i) - \operatorname{Min}[\sup(u)]}{\operatorname{Max}[\sup(u) - \operatorname{Min}(\sup(u))]} + \in \tag{9-57}$$

式中：$\in = 0.05$，是平滑参数，为了避免零可信度问题。

（3）影响。影响是一种间接、不可见的改变其他实体行为或思想的交互方式。当人们与其他人交谈时，人们自然地会被他们的交互模式所影响。鉴于影响机理的复杂性与不可见性，如何捕捉这种影响一直是一项困难的任务。在会话情感分析领域，如果将话语视作观察数据，将话语的情感状态视作隐藏状态，那么隐马尔可夫相关模型比较适合解决该问题。

本节引入并扩展动态影响力模型[67]去解决该问题。假定系统中存在 C 个实体，每个实体 e 都有有限个可能的状态 $1,2,\cdots,S$。在不同的时刻（轮）u，每个实体 e 可能处于其中一种状态，表示为 $q_u^e \in \{1,2,\cdots,S\}$。同时每个实体以一定概率 $P(o_u^e | q_u^e)$ 输出一个可见状态 o_u^e。实体间的影响被视为每个实体在当前时刻（轮）u 的状态 q_u^e 与上一时刻（轮）所有实体状态 $q_{u-1}^1, q_{u-1}^2, \cdots, q_{u-1}^C$ 的条件依赖，可以形式化为

$$P(q_u^e \mid q_{u-1}^1, q_{u-1}^2, \cdots, q_{u-1}^e, \cdots, q_{u-1}^C) = \sum_{c \in \{1,2,\cdots,C\}} \boldsymbol{R}_{e,c} \times \operatorname{Infl}(q_u^e \mid q_{u-1}^c) \tag{9-58}$$

式中：$\boldsymbol{R}$ 是一个 $C \times C$ 的影响力矩阵（$\boldsymbol{R}_{e,c}$ 表示的是矩阵中第 e 行第 c 列的元素），$u = 1, \cdots, T$。$\operatorname{Infl}(q_u^e | q_{u-1}^c)$ 类似于状态转移矩阵，由一个 $S \times S$ 的矩阵 $\boldsymbol{M}^{c,e}$ 建模，即 $\operatorname{Infl}(q_u^e | q_{u-1}^c) = \boldsymbol{M}_{q_{u-1}^c, q_u^e}^{c,e}$。$\boldsymbol{M}_{q_{u-1}^c, q_u^e}^{c,e}$ 表示的是第 q_{u-1}^c 行第 q_u^e 列的元素，可以简化为两个 $S \times S$ 的矩阵：$\boldsymbol{E}^c$ 和 $\boldsymbol{F}^c$。$\boldsymbol{E}^c$ 捕捉的是自身状态的转移，即 $\boldsymbol{E}^c = \boldsymbol{M}^{c,c}$，而 $\boldsymbol{F}^c$ 捕捉的是其他状态的转移，即 $\boldsymbol{E}^c = \boldsymbol{M}^{c,e}, \forall e \neq c$。因此，影响力模型可以由参数 R、E、F 以及 $P(o_u^e | q_u^e)$ 定义而成。详细的推导过程请参阅文章[68]。

影响力模型认为网络中每个实体状态都会受到前一时刻所有实体的影响。然而，这一定义并不符合聊天会话场景中影响的描述。在聊天会话中，只有每一轮第一个谈话者的情感状态，记为 $q_u^e |_{e=1}$，会受到前一轮 $u-1$ 所有谈话者的影响，而每一轮交谈中剩余尚未发言的谈话者，记为 $q_u^e |_{e \geqslant 2}$，既会受到当前轮 u 下前面谈话者的影响，即 $q_u^1, q_u^2, \cdots, q_u^{e-1}$，也同样受到尚未发言的谈话者自身上一轮 $u-1$ 的影响，即 $q_{u-1}^e, q_{u-1}^{e+1}, \cdots, q_{u-1}^C$。因此，在聊天会话场景下，每个实体的条件依赖分为两部分：

$$\left. \begin{array}{l} P(q_u^e, e=1 \mid q_{u-1}^1, q_{u-1}^2, \cdots, q_{u-1}^C) \\ P(q_t^e, e \geqslant 2 \mid q_u^1, q_u^2, \cdots, q_u^{e-1}, q_{u-1}^e, q_{u-1}^{e+1}, \cdots, q_{u-1}^C) \end{array} \right\} \tag{9-59}$$

参考表 9.6 展示的聊天样例(该样例来自我们创建的面向上下文交互式情感分析的文本会话数据集 ScenarioSA[69])，在整个聊天会话场景中，共有两位谈话者，即 $C=\{A,B\}$。每位谈话者时刻处于积极、消极、中性三种情感状态，即 $S=3$，q_u^A，$q_u^B \in \{-1,0,1\}$。值得强调的是，时刻(time)与聊天轮数(turn)在本节中含义相同，经常会替换着使用。因此，对于谈话者 A，在时刻 u 时 A 的情感状态 q_u^A 将会受到前一时刻 $u-1$ 时谈话者 A 和 B(记为 q_{u-1}^A 和 q_{u-1}^B)的共同影响。对于谈话者 B，在时刻 u 时 B 的情感状态 q_u^B 既会受到在时刻 u 时谈话者 A 的情感状态 q_u^A 的影响，也会受到前一时刻 $u-1$ 时 B 的情感状态 q_{u-1}^B 的影响。因此，条件依赖可以形式化为

$$\left.\begin{aligned} P(q_u^A|q_{u-1}^A,q_{u-1}^B) &= \boldsymbol{R}(r_u)_{AA} \cdot \text{Infl}(q_u^A|q_{u-1}^A) + \boldsymbol{R}(r_u)_{AB} \cdot \text{Infl}(q_u^A|q_{u-1}^B) \\ \boldsymbol{P}(q_u^B|q_{u-1}^A,q_{u-1}^B) &= \boldsymbol{R}(r_u)_{BA} \cdot \text{Infl}(q_u^B|q_u^A) + \boldsymbol{R}(r_u)_{BB} \cdot \text{Infl}(q_u^B|q_{u-1}^B) \end{aligned}\right\}$$

$$(9-60)$$

式中：$\boldsymbol{R}(r_u)_{AA}$、$\boldsymbol{R}(r_u)_{AB}$、$\boldsymbol{R}(r_u)_{BA}$ 和 $\boldsymbol{R}(r_u)_{BB}$ 为影响力矩阵 $\boldsymbol{R}(r_u)$ 的元素，描述谈话者 A 如何影响自身，B 如何影响 A，A 如何影响 B，B 自身的影响；$\text{Infl}(q_u^A|q_{u-1}^A)$、$\text{Infl}(q_u^A|q_{u-1}^B)$、$\text{Infl}(q_u^B|q_u^A)$ 与 $\text{Infl}(q_u^B|q_{u-1}^B)$ 描述状态间的转移概率。

谈话者 A 和 B 话语之间的上下文交互如下：

A：Hi B. What are you doing? [0]

B：Hi A. I'm planning a birthday party for NAME. [0]

A：How is that going? [0]

B：Not well. I can't think of anything to do. My ideas are a mess. [-1]

A：How many kids do you want to invite? [0]

B：He wants to invite all of the boys in his classroom. That's 12 boys. [0]

A：No girls? [0]

B：He doesn't want to invite any girls. He doesn't like playing with girls at all. [-1]

A：How about an outdoor party? [0]

B：We did that last year and it rained. We were not happy. [-1]

A：Oh! That's not fun. [-1]

B：I was thinking about taking the kids to a pizza place. [0]

A：Kids like pizza. How about taking them to a movie,

A：Hi B. What are you doing? [0]

B：Hi A. I'm planning a birthday party for NAME. [0]

A：How is that going? [0]

B：Not well. I can't think of anything to do. My ideas are a mess. [-1]

A：How many kids do you want to invite? [0]

B：He wants to invite all of the boys in his classroom. That's 12 boys. [0]

A：No girls? [0]

B：He doesn't want to invite any girls. He doesn't like playing with girls at all. [−1]

A：How about an outdoor party? [0]

B：We did that last year and it rained. We were not happy. [−1]

A：Oh! That's not fun. [−1]

B：I was thinking about taking the kids to a pizza place. [0]

A：Kids like pizza. How about taking them to a movie,too? [1]

B：I don't like that idea. That's too expensive. [−1]

A：Yeah. How about renting a movie and watching it at home after the pizza place? [0]

B：I love that idea! Then, they can play in our backyard if it doesn't rain. [1]

A：That sounds like a great party. [1]

B：Yes. Hey, would you like to join us? [0]

A：Sounds great! I will be there. [1]

B：Ok. Thanks for your help. See you later. [1]

A：Ha, See you. [1]

The final affective state：A：[1] B：[1]

进一步地,认为可信度的高低也与影响程度存在密切关联。如果谈话者的话语越值得信任,那么他的影响往往越强,例如专家学者的话语往往具有更强更广的影响力。根据话语的可信度定义出四个信任等级,分别是低[$0 < \mathrm{cred}(u_i) \leqslant 0.3$]、中[$0.3 < \mathrm{cred}(u_i) \leqslant 0.5$]、高[$0.5 < \mathrm{cred}(u_i) \leqslant 0.8$]以及极高[$0.8 < \mathrm{cred}(u_i) \leqslant 1$],并将它们与影响力联系起来,每一个信任等级对应于一个影响力矩阵,即 $J=4$, $r_u \in \{-1,0,1\}$。为了简便起见,本书命名为会话影响力模型。给定模型描述与超参数,会话影响力模型的目标函数可以定义为

$$
\zeta(o_{1:T}^{A:B}, q_{1:T}^{A:B} \mid E^{A:B}, F^{A:B}, R(1:J), r_{1:T})
$$

$$
= \prod_{e}^{C} P(o_1^e \mid q_1^e) P(q_1^e) \times \tag{9-61}
$$

$$
\prod_{u=2}^{T} \{ P(r_u) P(o_u^A \mid q_u^A) P(q_u^A \mid q_{u-1}^A, q_{u-1}^B) \} \times
$$

$$
P(o_u^B \mid q_u^B) P(q_u^B \mid q_u^A, q_{u-1}^B) \}
$$

根据训练集是否包含状态序列,隐马尔可夫相关模型的学习算法可以分为监督与无监督方法[70]。鉴于有标注的数据经常难以获得,原来的影响力模型采用了无监督方法,例如前向后向算法、变分推断算法等训练参数。但是,笔者是根据已经搭建出的数据集 ScenarioSA,因此将采用监督性方法推断参数。整个推断过程如下:

$$
E_{s_i,s_j}^e \big|_{e \in \{A,B\}} = \frac{\sum_u \mathrm{count}(q_u^e = s_i, q_{u+1}^e = s_j)}{\sum_u \sum_s \mathrm{count}(q_u^e = s_i, q_{u+1}^e = s)} \tag{9-62}
$$

$$F^B_{s_i,s_j} = \frac{\sum_u \text{count}(q^B_u = s_i, q^A_{u+1} = s_j)}{\sum_u \sum_s \text{count}(q^B_u = s_i, q^A_{u+1} = s)} \tag{9-63}$$

$$F^A_{s_i,s_j} = \frac{\sum_u \text{count}(q^A_u = s_i, q^B_{u+1} = s_j)}{\sum_u \sum_s \text{count}(q^A_u = s_i, q^B_{u+1} = s)} \tag{9-64}$$

$$R^j_{e_1,e_2} = \begin{cases} \dfrac{F^{e_2}_{s_i,s_j}}{E^{e_1,}_{s_i,s_j} + F^{e_2}_{s_i,s_j}}, & e_1 \neq e_2, r_t = j \\[4mm] \dfrac{E^{e_1,}_{s_i,s_j}}{E^{e_1,}_{s_i,s_j} + F^{e'}_{s_i,s_j}}, & e_1 = e_2, e' = C - e_1, r_t = j \end{cases} \tag{9-65}$$

问答模式、回应模式与日常寒暄模式将 ScenarioSA 数据集划分为 3 个互不重叠的子数据集,针对每个子数据集分别训练出 4 个影响力矩阵(分别对应 4 个可信程度),用于捕捉不同交互场景下的影响力。

会话情感分析与传统情感分析最本质的不同是谈话者之间的上下文交互,体现在文本上是话语间上下文交互。毫无疑问,这种交互对于准确地判断话语的情感极性非常重要。标准的 LSTM 网络(本书 8.3.2 节介绍的网络)既无法描述聊天会话流,也无法高效地建模上下文交互。为了解决该问题,修改并扩展标准 LSTM 网络,提出上下文交互式 LSTM 网络。其核心思想是:①在每个 LSTM 隐藏单元前加入控制门,命名为"可信门",用以衡量前面话语的可信度,控制可信信息的流入;③将输出门与学习到的影响力矩阵加权组合,捕捉上下文影响。值得注意的是,可信门与遗忘门的角色截然不同,遗忘门控制记忆单元的信息保存程度,而可信门充当信息过滤的角色,仅用于筛选可靠的信息流入。图 9.9 所示为上下文交互式 LSTM 整体框架图。

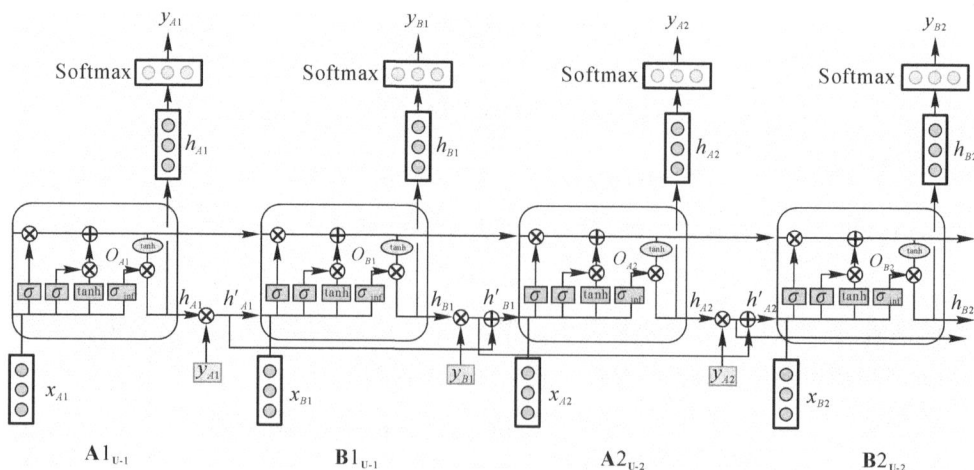

图 9.9　上下文交互式 LSTM 整体框架图

首先形式化描述该网络。x_{A_t}，x_{B_t} 和 h_{A_t}，h_{B_t} 分别表示模型的输入与输出。$u=\{1,2,\cdots,T\}$，T 是整个聊天的话语轮数。x_{A_u}，$x_{B_u}=\{x_1,x_2,\cdots,x_k\}$ 表示聊天中每个话语向量。h_{A_u} 与 h_{B_u} 被认为是话语的特征表示。将 h_{A_u} 与 h_{B_u} 输出到 softmax 函数中获得情感标签，即

$$y_{C_u}=\text{softmax}(W_s h_{C_u}+b_s) \tag{9-66}$$

式中：$C=\{A,B\}$，W_s 与 b_s 均为参数。

在聊天对话过程中，谈话者经常会将信任的信息融入到他们的回应中，拒绝或忽视回应不可靠的信息。受此启发，在每个 LSTM 单元前加入可信门，控制前一单元对当前单元的信息输入量，形式化为

$$\left.\begin{array}{l}h'_{A_{u|u=1}}=\gamma_{A_u}h_{A_u}\\h'_{A_{u|u\geqslant2}}=\gamma_{B_{u-1}}h_{B_{u-1}}+\gamma_{A_u}h_{A_u}\\h'_{B_{u|u\geqslant1}}=\gamma_{A_u}h_{A_u}+\gamma_{B_u}h_{B_u}\end{array}\right\} \tag{9-67}$$

式中：γ_{A_u}，$\gamma_{B_{u-1}}$，γ_{B_u} 分别表示话语 A_u，B_{u-1} 与 B_u 的可信度。

此外，谈话者之间的影响也与他们的回应有密切关联。从图 9.9 中观察，两位谈话者 A 和 B 在第一轮的谈话中，A_1 实际上控制了 B_1 的回复。第二轮聊天中，A_2 的回复会被 A_1 和 B_1 同时影响，而 B_2 的构造会被 A_2 和 B_1 同时影响。影响力控制着信息的流出，与输出门的角色类似。因此，将学习到的影响力融入到输出门中，建模前面话语的影响，形式化为

$$\left.\begin{array}{l}o_{A_{u|u=1}}=\sigma(W_{xo}x_{A_u}+b_o)\\o_{B_{u|u=1}}=\sigma(W_{xo}x_{B_u}+W_{ho}h'_{A_u}+b_o)+\sigma(R_{BA}\cdot x_{B_u})\\o_{A_{u|u\geqslant2}}=\sigma(W_{xo}x_{A_u}+W_{ho}h'_{B_{u-1}}+b_o)+\sigma(W_A[R_{AA},R_{AB}]\cdot x_{A_u})\\o_{B_{u|u\geqslant2}}=\sigma(W_{xo}x_{B_u}+W_{ho}h'_{A_u}+b_o)+\sigma(W_B[R_{BB},R_{BA}]\cdot x_{B_u})\end{array}\right\} \tag{9-68}$$

式中：W_A 与 W_B 是权值参数。R_{BA}，R_{AA}，R_{AB} 与 R_{BB} 是影响力矩阵 $\boldsymbol{R}(r_u)$ 的元素。

以上这些工作在推动会话情感分析领域发展的同时，也启发笔者对交互动力学的进一步思考。笔者认为聊天会话中的交互动力学不仅包含话语间（上下文）交互，也同样蕴含话语内交互，即词项关联。

近些年，量子理论已经作为一种数学主义，不仅用于建模量子物理中复杂的交互动力，也经常用于学习自然语言处理领域中的文本交互[13-14,16,21,44,46]。这些工作成果作为经典方法的延伸，有能力处理交互中的棘手难题，也鼓励本章探索将量子理论作为一种数学框架用于捕捉聊天会话中的两种复杂交互。因此，依据类量子表示模型与上下文交互式 LSTM 网络，笔者提出一个类量子上下文情感交互网络模型（Quantum-like Contextual Interactive Networks，QCIN），用于同时建模话语内交互与话语间交互。首先，类量子上下文情感交互网络模型（QCIN）通过一个基于密度矩阵的 CNN 模型提取话语内文本特征，捕捉话语内的词项关联。其次，受量子测量理论启发，QCIN 提出一个强-弱影响力模型，用于建模话语间的强、弱交互。最后，将捕捉到的强、弱交互融入到 LSTM 的输出门，获得情感预测结果。接下来将详细描述该模型。

之前的章节表明了密度矩阵可以作为一种优良的表征模型应用于自然语言处理领域。

相比于词嵌入，密度矩阵能够编码更多的语义依赖与词项二阶关联。受天津大学张鹏副教授的相关工作支持[14,21,71]，笔者发展一个基于密度矩阵的 CNN 模型用以提取话语特征，整个过程如下所述。

假设 $|\boldsymbol{w}_i\rangle = [\begin{matrix} w_{i1} & w_{i2} & \cdots & w_{id} \end{matrix}]^{\mathrm{T}}$ 是归一化词向量，那么该词对应的投影算符 $\Pi_i = |w_i\rangle\langle w_i|$，而整句话语对应的密度矩阵 $\boldsymbol{\rho}_u$ 可以表示为

$$\boldsymbol{\rho}_u = \sum_i p_i \Pi_i = \sum_i p_i |w_i\rangle\langle w_i| \qquad (9-69)$$

式中：p_i 是每个事件 Π_i 的发生概率，满足 $\sum_i p_i = 1$，本章平等看待所有事件，即 $p_i = \dfrac{1}{D}$，D 是话语中单词数目。

将话语表示为密度矩阵 $\boldsymbol{\rho}_u$ 后，输入一个深度卷积神经网络模型中去获得抽象语义特征。该模型包含两个卷积层、一个全连接层与一个 softmax 层。第一个卷积层具有八个 5×5 滤波器，第二个卷积层具有 16 个 3×3 滤波器。最后输出的文本特征 $\vec{x} = [\begin{matrix} \vec{r_1} & \vec{r_2} & \cdots \end{matrix}$ $\vec{r_n}]$ 被作为 QCIN 模型的输入。

在聊天会话过程中，上下文交互强度的不同对话语情感极性产生不同程度的影响，可能影响前后话语的情感变化与否。笔者认为强上下文交互会强烈影响话语，导致话语情感前后发生转变，而弱上下文交互一般造成微弱的影响，不会造成话语前后情感的转变。在量子理论中，量子测量描述了量子系统与测量系统之间的交互（耦合）。强测量一般导致量子态塌缩到本征态，而弱测量对量子态的干扰足够微弱，只会造成量子态的偏移而非塌缩[72]。本书 9.2 小节的量子基础理论部分已经详细介绍这两种测量理论，表明测量指针读数的方差可以区分强、弱测量。反映到聊天会话场景中，本章将每位谈话者视作一个学习系统，二者之间的交互刻画为系统之间的耦合。量子系统与测量系统之间的交互类似于谈话者之间的交互。受此理论启发，笔者将量子强、弱测量理论与强、弱交互建模建立联系，发展出一个强-弱影响力模型。

具体而言，笔者依旧沿着会话影响力模型的思路，与之前所说不同的是，现在侧重于对交互强度的区分。受量子测量理论的启发，笔者采用强影响矩阵与弱影响矩阵，分别表示强交互与弱交互，即 $J = 4$，$r_u \in \{1, 2\}$。r_u 的切换是由谈话者情感变化的标准差决定，而不再假设其服从先验正态分布。将谈话者情感状态的特征值（消极、中性与积极）记为 $r_u \in \{-1, 0, 1\}$，那么 r_u 的切换可以为形式化为

$$r_u = \begin{cases} r_u = 1, & \sigma_{\mathrm{avg}} \geqslant \sum_x p(x)|x| \text{ 弱交互} \\ r_u = 2, & \sigma_{\mathrm{avg}} < \sum_x p(x)|x| \text{ 强交互} \end{cases} \qquad (9-70)$$

式中：$p(x) = (2\sigma^2\pi)^{-\frac{1}{2}} \mathrm{e}^{-(x-\mu_{\mathrm{avg}})^2/2\sigma^2}$，$\mu_{\mathrm{avg}}$ 设置为平均期望。

通过这种扩展，学习到强、弱影响力矩阵 $\boldsymbol{R}(2)$ 与 $\boldsymbol{R}(1)$，并将此矩阵融入到每个 LSTM 单元的输出门，用以捕捉上下文影响。

笔者提出类量子上下文情感交互网络（QCIN）模型以建模会话情感分析中的话语内交互与话语间交互。其核心思想：①将学习到的影响力信息融入到每个 LSTM 单元的输出门，合并形成新输出门；②将基于密度矩阵的 CNN 模型训练得到的文本向量作为 QCIN 模

型的输入。图 9.10 所示为类量子上下文情感交互网络 QCIN 模型的整体框架。

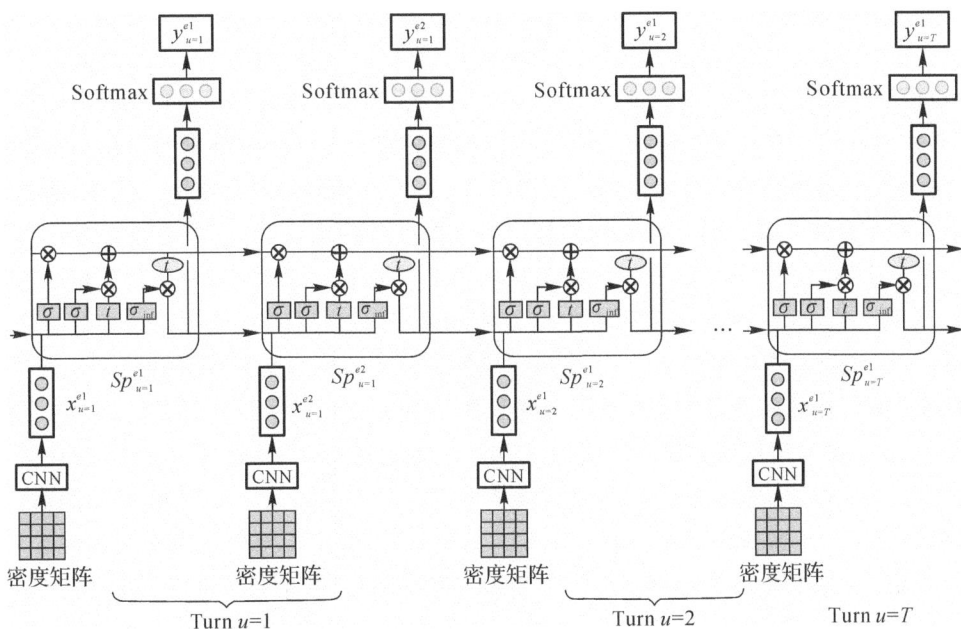

图 9.10 类量子上下文情感交互网络 QCIN 模型的整体框架

假设 $\overrightarrow{x_u^{e_i}} = [\overrightarrow{r_1} \quad \overrightarrow{r_2} \quad \cdots \quad \overrightarrow{r_n}]$ 表示说话者 e_i 的输入, $h_u^{e_i}$ 表示对应的输出。本书将 $h_u^{e_i}$ 输入到 softmax 层得到预测情感标签,即

$$y_u^{e_i} = \mathrm{softmax}(W_s h_u^{e_i} + b_s) \tag{9-71}$$

式中: W_s 与 b_s 都是参数。

将学习到的影响力矩阵融入到每个 LSTM 单元的输出门,融入策略与之前所述类似,形式化为

$$\left.\begin{aligned}
o_{u|u=1}^{e_1} &= \sigma(W_{xo}\overrightarrow{x_u^{e_1}} + b_o) \\
o_{u|u=1}^{e_2} &= \sigma(W_{xo}\overrightarrow{x_u^{e_2}} + W_{ho}h_u^{e_1} + b_o) + \sigma(R_{e_2,e_1} \cdot \overrightarrow{x_u^{e_2}}) \\
o_{u|u\geqslant2}^{e_1} &= \sigma(W_{xo}\overrightarrow{x_u^{e_1}} + W_{.o}h_{u-1}^{e_2} + b_o) + \sigma(W_{e_1}[R_{e_1,e_1}, R_{e_1,e_2}] \cdot \overrightarrow{x_u^{e_1}}) \\
o_{u|u\geqslant2}^{e_2} &= \sigma(W_{xo}\overrightarrow{x_u^{e_2}} + W_{ho} \cdot {}_u^{e_1} + b_o) + \sigma(W_{e_2}[R_{e_2,e_2}, R_{e_2,e_1}]\overrightarrow{hx_u^{e_2}})
\end{aligned}\right\} \tag{9-72}$$

式中: W_{e_1} 与 W_{e_2} 为正则化参数; R_{e_1,e_1} , R_{e_1,e_2} , R_{e_2,e_1} 与 R_{e_2,e_2} 为影响力矩阵 $\boldsymbol{R}(r_t)$ 的元素。

多模态会话情感分析既继承了传统的多模态情感分析与会话情感分析,也与之有所区别。传统的多模态情感分析很少涉及话语间交互,而会话情感分析并不考虑多模态之间的交互。在多模态会话情感分析领域,交互动力学更加复杂,同时包含了模态内交互(词项交互)、模态间交互(多模态交互)与模态外交互(话语上下文交互)。这些交互共同影响多模态话语的情感分析过程。

为了全面解决以上 3 种交互建模问题,笔者融合上述的研究成果,建立起一套完整的多

模态交互建模理论体系。该理论体系以量子概率理论（量子测量、量子概率、量子干涉等）为启发性研究方法和理论工具，包括了多模态类量子表示模型、量子干涉启发的多模态决策融合方法与类量子上下文情感交互网络模型等核心理论，既能够应用单一理论方法应对特定交互，也能够全面建模多种复杂交互。值得强调的是，该理论体系并不是将3种方法简单相加，而是按照它们各自的内在特征，在同一交互建模主题下，进行融合贯通。作为重要组成部分，每种理论方法既与整个理论体系密切联系，又来源于整个理论体系。其中，多模态类量子表示模型是多模态类量子交互建模理论体系的基础性内容，它支撑着整个理论体系的框架。量子干涉启发的多模态决策融合方法与类量子上下文情感交互网络模型都是在其基础上发展而来的，进一步深入交互的本质，为描述模态间与模态外交互提供基本的理论前提。最后，在该理论体系的指导下，发展出相应的类量子多模态交互网络框架（QMN）。

QMN 框架首先采用基于密度矩阵的卷积神经网络（DM-CNN）分别提取文本与图像特征 $x^{\overrightarrow{text}}$，$x^{\overrightarrow{img}}$，作为该框架的输入。其次，QMN 采用上述的强-弱影响力模型，去计算话语上下文的影响力，将影响力分数融入到类量子多模态交互网络每个 LSTM 单元的输出门。再次，分别以文本与图像特征作为输入，QMN 分别采用 LSTM 网络获得它们的隐含状态，输入 softmax 层获得其预测结果 h_u^{text} 与 h_u^{img}。最后，QMN 框架采取量子干涉启发的多模态决策融合方法建模文本与图像的决策交互，获得多模态情感预测结果。类量子多模态交互网络整体框架如图 9.11 所示。

首先，对于文本，$|w_i\rangle = [w_{i1} \quad w_{i2} \quad \cdots \quad w_{id}]^{\mathrm{T}}$ 是归一化词向量，那么文本对应的密度矩阵可表达为 $\boldsymbol{\rho}_t = \sum_i \Pi_i = \sum_i p_i |w_i\rangle\langle w_i|$。将文本密度矩阵输入到深度卷积神经网络学习更加抽象的文本特征，即 $x^{\overrightarrow{text}} = [\overrightarrow{r_1^t} \quad \overrightarrow{r_2^t} \quad \cdots \quad \overrightarrow{r_n^t}]$。该神经网络包含两个卷积层，一个全连接层与一个 softmax 层。第一个卷积层具有 8 个 5×5 卷积核，第二个卷积层具有 16 个 3×3 卷积核。对于图像，假定 $|s_i\rangle = [s_{i1} \quad s_{i2} \quad \cdots \quad s_{id}]^{\mathrm{T}}$ 是归一化的视觉词向量，其图像对应的密度矩阵表达为 $\boldsymbol{\rho}_i = \sum_i \Pi_i = \sum_i p_i |s_i\rangle\langle s_i|$。将图像密度矩阵输入卷积神经网络学习更加抽象的图像特征，即 $x^{\overrightarrow{img}} = [\overrightarrow{r_1^i} \quad \overrightarrow{r_2^i} \quad \cdots \quad \overrightarrow{r_n^i}]$。该卷积神经网络由 6 个卷积层、一个全连接层与一个 softmax 层构成。每个卷积层的卷积核数量分别是 8、16、32、64、128 与 128，卷积核尺寸分别对应于 7×7、5×5、5×5、3×3、3×3 与 2×2。

其次，类量子多模态交互网络 QMN 将从强-弱影响力模型学习到影响力分数 R 融入到每一个 LSTM 单元的输出门，用以建模前面话语的影响。详细形式化过程见式（9-72）。

最后，将文本特征 $x^{\overrightarrow{text}}$ 与图像特征 $x^{\overrightarrow{img}}$ 视作 QMN 框架的输入，将 h_u^{text} 与 h_u^{img} 视作类量子多模态交互网络的输出。QMN 框架将 h_u^{text} 与 h_u^{img} 分别输入 softmax 层获得各自的预测标签 y_u^{text} 与 y_u^{img}，采用量子干涉的多模态决策融合方法合并两者，获得最终的多模态情感标签 y_u^d，形式化为

$$y_u^S = \mathrm{softmax}(W_s h_u^S + b_s) \tag{9-73}$$

$$y_u^d = \alpha^2 y_u^{text} + \beta^2 y_u^{img} + 2\alpha\beta \sqrt{y_u^{text} y_u^{img}} \cos\theta \tag{9-74}$$

式中；$S\in\{\text{text},\text{img}\}$；$W_s$ 与 b_s 是模型参数；α^2 与 β^2 是归一化权值参数；$2\alpha\beta\sqrt{y_u^{\text{text}}y_u^{\text{img}}}$ 是干涉项，表达局部决策的信息交互程度。

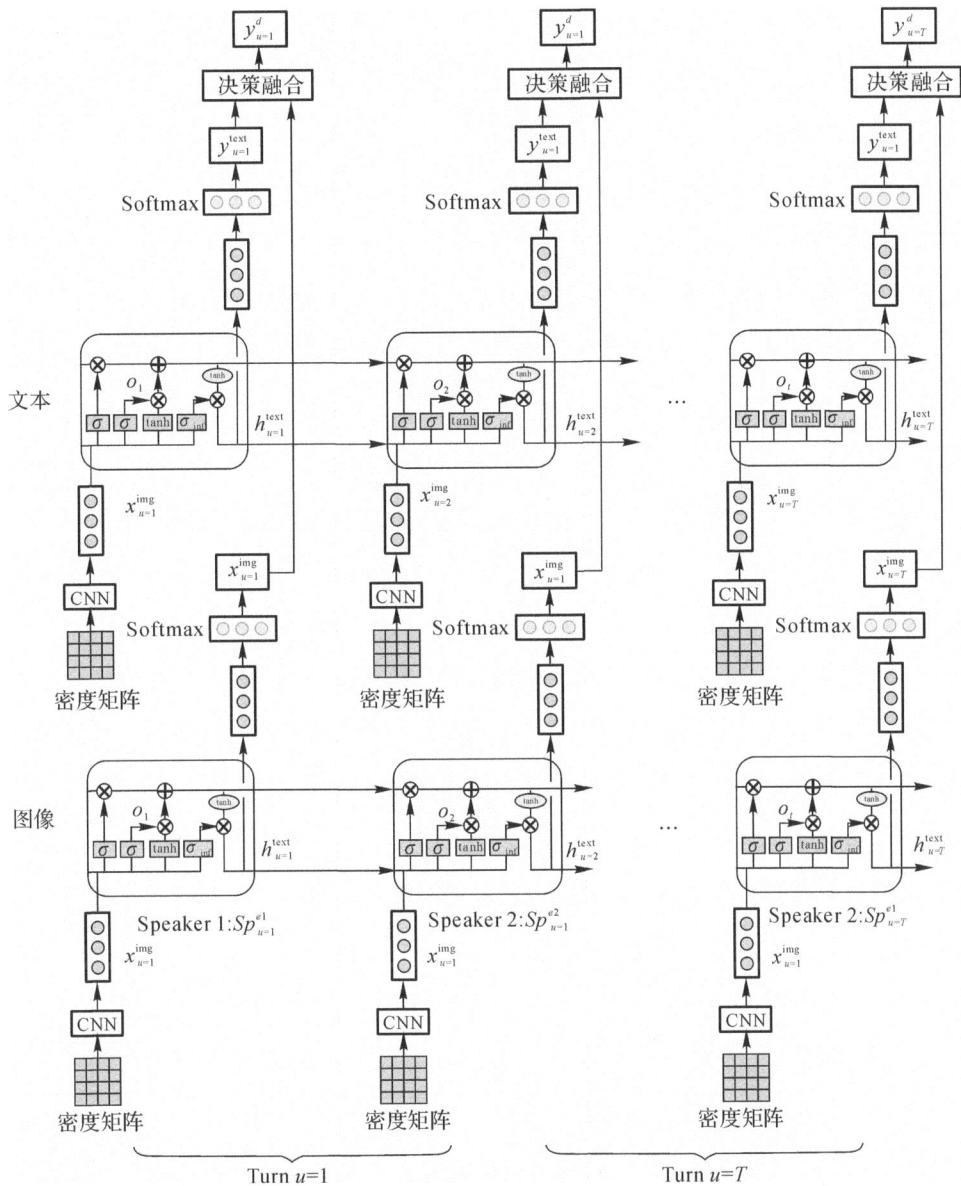

图 9.11　类量子多模态交互网络整体框架

9.5.4　CFN 复值表示

受到以上工作的启发，笔者还提出一种量子概率启发式对话讽刺识别网络（Quantum Probability Inspired Network，QPIN）。QPIN 模型包含一个复值嵌入层、一个量子复合层、一个量子测量层以及一个全连接层，类量子交互网络结构示意图如图 9.12 所示。

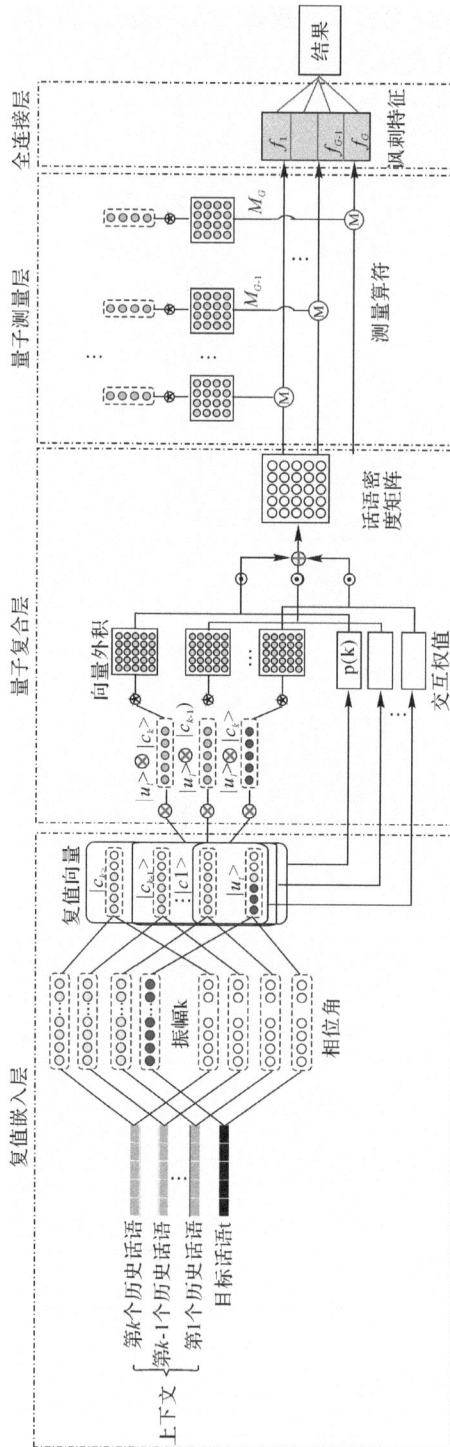

⊗表示张量积，⊛表示向量外积操作，⊙表示逐位相乘，⊕表示矩阵相加，Ⓜ表示量子测量操作

图 9.12　类量子交互网络结构示意图

1. 复值嵌入层

受施一会的工作启发[11]，本书采用复值嵌入表示方法。鉴于单词是组成人类语言的基本单元，本书将对话中的每个单词 w 视作一个基态 $|w\rangle$，假设 $\{|w_1\rangle,|w_2\rangle,\cdots,|w_n\rangle\}$ 构成对话希尔伯特空间 H_{dig} 的正交基向量。采用独热编码（One-hot Encoding）去表示每一个单词基向量例如第 j 个基向量：

$$|w_j\rangle=\begin{bmatrix}0 & 0 & \cdots & \underset{j-1}{0} & \underset{j}{1} & \underset{j+1}{0} & \cdots,0\end{bmatrix}^{\mathrm{T}}$$

为了捕捉讽刺话语中的不确定性，将每句话语视作是一组单词基向量 $\{|w_1\rangle,|w_2\rangle,\cdots,|w_n\rangle\}$ 的量子叠加，那么目标话语 u_t 可以表示为

$$\left.\begin{aligned}|u_t\rangle&=\sum_{j=1}^{n}z_j\,|w_j\rangle\\z_j&=r_j\mathrm{e}^{\mathrm{i}\theta_j}\end{aligned}\right\}\qquad(9-75)$$

式中：z_j 为第 j 个单词的复数概率幅，满足 $\sum z_j{}^2=1$；i 为虚数单位；r 为概率幅的振幅；θ 为相位角。

赋予振幅与相位具体的含义，将振幅与语义信息关联，将相位角置为情感倾向程度，从而同时建模了语义与情感信息。

2. 量子复合层

在量子概率中，理想的量子测量描述了被测系统，测量装置以及周围环境（例如临近系统）的完全交互。但是，在实际测量中，笔者认为测量装置与周围环境并不会同等地参与被测系统的交互，即它们的参与程度不是相等的，例如距离远的系统与距离近的系统对被测系统的影响是不同的。这种交互类似于对话中不同话语之间的交互。不同的上下文话语表达着不同强度的人际交互。

本书将目标话语 $|u_t\rangle$ 视作被测系统，将其上下文 $\{|c_1\rangle,|c_2\rangle,\cdots,|c_\lambda\rangle,\cdots,|c_k\rangle\}$ 视作周围环境。两者的交互构成一个量子复合系统。例如目标话语 $|u_t\rangle$ 与第 λ 个上下文话语 $|c_\lambda\rangle$ 之间的交互构成了一个量子复合系统 $|\Psi_t^\lambda\rangle$。考虑到所有上下文的影响，我们建模每一个上下文与目标语句的交互，构造出 k 个不同的复合系统。其中，第 λ 个复合系统形式化为

$$|\Psi_t^\lambda\rangle=|u_t\rangle\otimes|c_\lambda\rangle=\begin{bmatrix}\Psi_{t,1}^\lambda & \Psi_{t,2}^\lambda & \cdots & \Psi_{t,d}^\lambda\end{bmatrix}^{\mathrm{T}}\qquad(9-76)$$

式中：$\lambda\in[1,2,\cdots,k]$。

根据式（9-76），可以得到 k 个复合系统，即 $|\Psi_k\rangle=\{|\Psi_t^1\rangle,|\Psi_t^2\rangle,\cdots,|\Psi_t^k\rangle\}$，从而学习到全部的上下文交互。接下来，目标话语的最终表示将被视作是 k 个复合系统上的量子混合态，表示为密度矩阵 $\boldsymbol{\rho}_t$，即

$$\begin{aligned}\boldsymbol{\rho}_t&=\sum_{\lambda=1}^{k}P(\lambda)\,|\Psi_t^\lambda\rangle\,|\Psi_t^\lambda|\\&=\begin{bmatrix}\sum\limits_{\lambda=1}^{k}P(\lambda)(\Psi_{t,1}^\lambda)^2 & \cdots & \sum\limits_{\lambda=1}^{k}P(\lambda)\Psi_{t,1}^\lambda\Psi_{t,d}^\lambda\\\vdots & \ddots & \vdots\\\sum\limits_{\lambda=1}^{k}P(\lambda)\Psi_{t,d}^\lambda\Psi_{t,1}^\lambda & \cdots & \sum\limits_{\lambda=1}^{k}P(\lambda)(\Psi_{t,d}^\lambda)^2\end{bmatrix}\end{aligned}\qquad(9-77)$$

式中：$P(\lambda)$ 为第 λ 个复合系统的交互概率，衡量第 λ 个上下文话语的交互程度，在模型训练过程中自动更新它的值。

根据式(9-77)，目标话语已经由密度矩阵 $\boldsymbol{\rho}_t$ 表示。使用密度矩阵表示的原因是：密度矩阵能够统一目标话语的全部信息与性质，例如语义知识，情感信息，上下文交互，概率分布信息等。

3. 量子测量层

在量子概率中，量子系统的信息或性质，将由测量结果的概率分布描述。受此启发，笔者构造一组不同测量角度的测量算符 $\{M_\gamma\}_{\gamma=1}^G$ 对目标话语的密度矩阵 $\boldsymbol{\rho}_t$ 测量，以进一步抽取讽刺特征 $\vec{f}_t=(f_1,f_2,\cdots,f_G)$。

测量算符 $\{M_\gamma\}_{\gamma=1}^G$ 中，M_γ 表示第 γ 个测量算符，由第 γ 个测量向量 $|v_t\rangle$ 通过外积计算得到，即 $M_\gamma=|v_\gamma\rangle\langle v_\gamma|$。第 γ 个特征分量提取过程为

$$
\begin{aligned}
f_\gamma &= \mathrm{tr}(M_\gamma(M_\gamma)^+\boldsymbol{\rho}_t) \\
&= \mathrm{tr}(M_\gamma(M_\gamma)^+\sum_{\lambda=1}^k P(\lambda)|\Psi_t^\lambda\rangle\langle\Psi_t^\lambda|) \\
&= \sum_{\lambda=1}^k P(\lambda)\mathrm{tr}(M_\gamma(M_\gamma)^+|\Psi_t^\lambda\rangle\langle\Psi_t^\lambda|)
\end{aligned}
\tag{9-78}
$$

式中：tr 为迹操作，$\gamma\in[1,2,\cdots,G]$；f_γ 为特征向量 $\vec{f}_t$ 的第 γ 个特征分量，得到

$$
\vec{f}_t=[f_1 \quad f_2 \quad \cdots \quad f_\gamma \quad \cdots \quad f_G]
$$

4. 卷积层

同样设计一个卷积层针对密度矩阵提取特征，目的是调查量子测量与卷积层的特征提取效率对比，旨在理解量子测量对宏观信息提取的潜力，图 9.13 所示为卷积层对话密度矩阵提取特征框架。

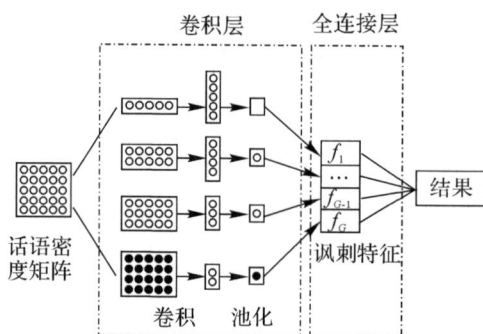

图 9.13 卷积层对话语密度矩阵提取特征框架

笔者尝试了不同的卷积核，并根据最优实验结果，设置了 4 个卷积核，卷积核大小分别是 $\{1,2,3,4\}\times d$，对目标话语的密度矩阵进行卷积操作，对卷积后的特征最大池化，将池化后的信息连接到一起构成讽刺特征 $\vec{f}_t=[f_1 \quad f_2 \quad \cdots \quad f_G]$。

5. 全连接层

将讽刺特征 $\vec{f}_t$ 输入全连接层得到输出 $\vec{x}_t=[x_1 \quad x_2 \quad \cdots \quad x_\delta]$，通过 softmax 分类器

产生讽刺标签 $\hat{y} \in \{ y_{\text{sar}}, y_{\text{non}} \}$：

$$\hat{y} = \text{softmax}(\boldsymbol{W}\overrightarrow{x_t} + \boldsymbol{b}) \tag{9-79}$$

式中：$\boldsymbol{W}$ 和 $\boldsymbol{b}$ 表示权值矩阵与偏置向量。

采用交叉熵作为损失函数，形式化为

$$J = -\frac{1}{N} \sum_t \sum_{\in} y_t^{\in} \log \hat{y_t^{\in}} + \mu \parallel \varphi \parallel^2$$

式中：N 为训练集样本量；$y_t^{\in}$ 为真值标签；$\hat{y_t^{\in}}$ 为预测标签；t 为话语索引；$\in$ 为类别索引，$\mu \parallel \varphi \parallel^2$ 为正则项。

使用反向传播算法训练网络模型并更新参数。为了避免训练过程中出现过拟合现象，使用随机剪枝策略。

介绍量子概率启发式对话讽刺识别网络（QPIN）之后，接下来详细阐述并讨论其与现有深度神经网络方法的相似与区别。

（1）相似之处。从模型构建角度分析，QPIN 与深度神经网络，如卷积神经网络、全连接神经网络及长短期记忆网络等类似，仍然采用深度学习与逐层训练的思路，包含了输入层、隐藏层、输出层等基本组件，通过深度多层抽象，逐渐将初始的"低层"特征表示转化为"高层"特征表示。整个训练是一个端到端式监督学习与拟合过程。

（2）区别之处。从模型构建角度分析，QPIN 与已有的神经网络存在五点不同：①整体架构不同，QPIN 是量子概率驱动的架构，由量子理论中的核心组件自下而上搭建而成，具备量子概率的数学支撑，每一个组件都有物理解释，不是作为"黑盒子"使用。②输入层不同，首次将复数带入讽刺识别任务中，将每句话表征为复值表示，不再是实数向量。③隐藏层不同，QPIN 采用量子符合与混合态构建隐藏层。目标话语与上下文的交互，被视作是 k 个复合系统上的量子混合态，表示为密度矩阵。④特征提取方式不同，已有方法通常直接采用全连接层提取特征和降维，而 QPIN 以一种测量的视角，采用 G 个测量算符对目标话语的密度矩阵表示进行量子测量，提取最终特征。从研究目标分析，QPIN 作为量子讽刺识别领域的有效尝试，旨在推动量子人工智能与量子信息处理的发展。

9.6　本　章　小　结

本章引入了另外一种多模态情感分析的方法，即量子概率的方法。这来自人类情感固有的不确定性的启发，因为量子理论认为，建模对象的状态并不是时刻确定的，而是以一定量子概率处于几种本征态（譬如积极与消极情感）的叠加态。叠加态是量子理论的核心原理之一，刻画了更为本质的不确定性。与经典理论认为不确定性是因为信息的缺失（譬如无法获取先验信息）才导致的不同，量子理论认为即使已获得最大可能的信息，状态仍然是不可确定的。这与人类情感固有的高度不确定性相匹配，促使了自然语言处理的研究者对量子理论应用到情感分析的研究。

本章 9.1 节介绍了量子概率的必要性解释，即科学家们已经证实人类的情感与决策并不总是遵循经典概率，如琳达问题、次序选择（即人们对先听好消息后听坏消息与先听坏消息后听好消息两种顺序有不同的情感态度)、合取谬误、攻击性判断等,有些研究者认为依靠量子理论并且将其应用到各自的研究中,取得了不错的结果。9.2节介绍了量子概率的基础知识,这一节主要是从数学角度出发,简要介绍了量子概率、量子测量与量子干涉的基本概念和符号方法,旨在为后续进行基于量子概率进行情感分析方法的介绍提供必要的数学支持。

在9.3节,笔者进一步强调了情感、情绪与量子理论的相互关联,即情感与情绪的不确定性与互文性在量子理论框架下,例如量子互文,可以得到很好的解释。在9.4节,笔者将经典概率理论和量子概率理论进行了对比,它们本质的区别在于:经典概率以集合论和测度论为基础建立形式化体系,而量子概率是基于子空间投影的测量方法,通过希尔伯特空间将几何、逻辑和概率模型相统一,通过引入复数增强对不确定性与非经典现象的描述能力,可以视作建立在一个更加开放的公理集合之上。笔者以表(见表9.2)的形式详细对比了经典概率与量子概率中的定理。通过分析得出了量子理论有以下几点优势:①量子概率能够更加一般地建模人类语言中的不确定性;②量子叠加体现出基态的非线性融合;③量子复合以"全局到局部"方式建模上下文交互。本章最后介绍了基于量子概率的集中模型,先是介绍了最基本的量子语言模型、经典量子语言模型的基础知识,对于认知干涉现象提出了类量子多模态决策交互框架(QMSA);在多模态类量子表示模型、量子干涉启发的多模态决策融合方法与类量子上下文情感交互网络模型等核心理论的基础上提出了类量子多模态交互网络框架(QMN);并在以上工作的启发下,笔者提出一种量子概率启发式对话讽刺识别网络(Quantum Probability Inspired Network,QPIN)。

参 考 文 献

[1] PENROSE R. The emperor's new mind: concerning computers, minds, and the laws of physics [J]. American Journal of Physics, 1998, 58 (12): 1214 – 1216.

[2] 大数据实验室. 意识的本质是量子纠缠吗? 量子、生命、AI与科学的极限 [N/OL]. 搜狐新闻, 2016 – 07 – 23 [2019 – 09 – 06]. http://www.sohu.com/a/107260807_236505.

[3] BENNETT C H, DIVINCENZO D P. Quantum information and computation [J]. nature, 2000, 404(6775): 247.

[4] HUME D. A treatise of human nature[M]. Chicago: Courier Corporation, 2003.

[5] 谭光辉. 情感分析的几条基本规律[J]. 内蒙古社会科学(汉文版), 2018, 39(1): 8 – 14.

[6] TVERSKY A. AND KAHNEMAN D. Extensional versus intuitive reasoning: the conjunction fallacy in probability judgment[J]. Psychol. Rev. 1983, 90: 293 – 315.

[7] WANG B, ZHANG P, LI J, et al. Exploration of quantum interference in document relevance judgement discrepancy[J]. Entropy. 2016, 18(4): 144 – 150.

[8] BRUZA P D, WANG Z, BUSEMEYER J R. Quantum cognition: a new theoretical approach to psychology[J]. Trends in cognitive sciences. 2015, 19(7): 383 – 393.

[9] PENROSE R. The emperor's new mind: concerning computers, minds, and the laws of physics[J]. American Journal of Physics, 1998, 58 (12): 1214 – 1216.

[10] MASSUMI, B. Parables for the Virtual: Movement, Affect, Sensation[M]. Durham: Duke University Press, 2002.

[11] 施一公. 生命科学认知的极限[EB/OL], 2015, 未来论坛年会, http://toutiao. com/i6241001785603916290.

[12] BORGHETTI L, WANG Z, BUSEMEYER J. Communication and quantum cognition[J]. In the Handbook of Communication Science and Biology. 2020: 441 – 455.

[13] SORDONI A, NIE JY, BENGIO Y. Modeling term dependencies with quantum language models for IR[C]//Proceedings of the 36th international ACM SIGIR conference on Research and development in information retrieval. Dublin: ACM, 2013. 653 – 662.

[14] ZHANG P, NIU J, SU Z, et al. End-to-End quantum-like language models with application to question answering[C]//Proceedings of the AAAI Conference on Artificial Intelligence. New Orleans: AAAI, 2018: 5666 – 5673.

[15] ZHANG Y, SONG D, ZHANG P, et al. A quantum-inspired sentiment representation model for twitter sentiment analysis[J]. Applied Intelligence, 2019, 49(8): 3093 – 3108.

[16] WANG B, LI Q, MELUCCI M, et al. Semantic hilbert space for text representation learning[C]// Proceedings of the World Wide Web conference, San Francisco: WWW, 2019. 3293 – 3299.

[17] LI Q, GKOUMAS D, LIOMA C, et al. Quantum-inspired multimodal fusion for video sentiment analysis[J]. Information Fusion, 2021, 65(1): 58 – 71.

[18] LIU G, HOU Y, SONG S. A quantum-inspired complex-valued representation for encoding sentiment information (student abstract)[C]//Proceedings of the AAAI Conference on Artificial Intelligence, Online. 2021, 35(18): 15831 – 15832.

[19] YAN P, LI L, ZENG D. Quantum probability-inspired graph attention network for modeling complex text interaction. Knowledge-Based Systems. 2021, 234(12): 107557 – 107567.

[20] KHRENNIKOV A, WATANABE N. Order-stability in complex biological, social, and ai-systems from quantum information theory[J]. Entropy, 2021, 23(3): 355 – 360.

[21] ZHANG Y, SONG D, ZHANG P, et al. A quantum-inspired multimodal sentiment analysis framework[J]. Theoretical Computer Science. 2018, 752: 21 – 40.

[22] FEYNMAN R P. Feynman lectures on physics[M]. New York: Basic Books, 1964.

[23] NEUMANN J V. Mathematische grundlagen der quantenmechanik[M]. Berlin: Springer-Verlag, 2013.

[24] REDEI M, SUMMERS S J. Quantum probability theory[J]. Studies in History

and Philosophy of Science Part B：Studies in History and Philosophy of Modern Physics，2007，38(2)：390 - 417.

[25] BASIEVA I，KHRENNIKOVA P，POTHOS E M，et al. Quantum-like model of subjective expected utility[J]. Journal of Mathematical Economics，2018，78：150 - 162.

[26] KHRENNIKOV A. Quantum-like model of cognitive decision making and information processing[J]. Biosystems，2009，95(3)：179 - 187.

[27] POTHOS E M，BUSEMEYER J R. Can quantum probability provide a new direction for cognitive modeling? [J]. Behavioral and Brain Sciences，2013，36(3)：255 - 274.

[28] BRUZA P D，WANG Z，BUSEMEYER J R. Quantum cognition：a new theoretical approach to psychology[J]. Trends in Cognitive Sciences，2015，19(7)：383 - 393.

[29] 张江. 当概率成为复数：量子概率简介[N/OL]. 集智俱乐部，2010 - 08 - 06[2019 - 09 - 06]. http://swarmagents. cn. 13442. m8849. cn/swarma/detail. php? id=13362.

[30] NARASIMHACHAR V，POOSTINDOUZ A，GOUR G. Uncertainty，joint uncertainty，and the quantum uncertainty principle[J]. New Journal of Physics，2016，18(3)：033019.

[31] BRAGINSKY V B，BRAGINSKI，THORNE K S. Quantum Measurement[M]. Cambridge：Cambridge University Press，1995.

[32] PRYDE G，O'BRIEN J，WHITE A，et al. Measurement of quantum weak values of photon polarization[J]. Physical Review Letters，2005，94(22)：220405.

[33] KOROTKOV A，AVERIN D. Continuous weak measurement of quantum coherent oscillations[J]. Physical Review B，2001，64(16)：165310.

[34] VON NEUMANN J. Mathematical foundations of quantum mechanics：new edition[M]. Princeton：Princeton University Press，2018.

[35] FEYNMAN R P. Feynman lectures on physics. volume 2：mainly electromagnetism and matter[M]. Reading：Addison-Wesley，1964.

[36] BRUZA P D，WANG Z，BUSEMEYER J R. Quantum cognition：a new theoretical approach to psychology[J]. Trends in Cognitive Sciences，2015，19(7)：383 - 393.

[37] BIRRU J，YOUNG T. Sentiment and uncertainty[J]. Fisher College of Business Working Paper，2020，15：10 - 15.

[38] TEIGEN K H. The language of uncertainty[J]. Acta Psychologica，1988，68(1)：27 - 38.

[39] GOODMAN N D，LASSITER D. Probabilistic semantics and pragmatics：uncertainty in language and thought[M]//The Handbook of Contemporary Semantic Theory. 2nd Edition. Wiley-Blackwell，2015：1362 - 1368.

[40] 余岱宗. 原创与分析：评孙绍振《审美价值结构与情感逻辑》[J]. 华中师范大学学报（人文社会科学版），2000(3)：14 - 17.

[41] 胡霞. 论艺术语言的情感逻辑规律[J]. 社会科学家，2015(6)：156 – 160.

[42] ZHANG Y, SONG D, ZHANG P, et al. A quantum-inspired multimodal sentiment analysis framework[J]. Theoretical Computer Science, 2018(752)：21 – 40.

[43] VAN RIJSBERGEN C J. The geometry of information retrieval[M]. Cambridge：Cambridge University Press, 2004.

[44] XIE M, HOU Y, ZHANG P, et al. Modeling quantum entanglements in quantum language models[C]//Proceedings of the Twenty-Fourth International Joint Conference on Artificial Intelligence. Seattle：AAAI Press, 2015：1362 – 1368.

[45] ZHANG P, NIU J, SU Z, et al. End-to-End quantum-like language models with application to question answering[C]//Proceedings of the Thirty-Second AAAI Conference on Artificial Intelligence. New Orleans：AAAI Press, 2018：5666 – 5673.

[46] LI Q, LI J, ZHANG P, et al. Modeling multi-query retrieval tasks using density matrix transformation[C]//Proceedings of the 38th International ACM SIGIR Conference on Research and Development in Information Retrieval. Santiago：ACM, 2015：871 – 874.

[47] SORDONI A, NIE J-Y, BENGIO Y. Modeling term dependencies with quantum language models for IR[C]//Proceedings of the 36th International ACM SIGIR Conference on Research and Development in Information Retrieval. Dublin：ACM, 2013：653 – 662.

[48] TURNEY P D. Thumbs up or thumbs down？：semantic orientation applied to unsupervised classification of reviews[C]//Proceedings of the 40th Annual Meeting of the Association for Computational Linguistics. Philadelphia：ACL, 2002：417 – 424.

[49] TURNEY P D. Mining the web for synonyms：PMI-IR versus LSA on TOEFL[C]//Proceedings of the European Conference on Machine Learning. Freiburg, Germany：Springer, 2001：491 – 502.

[50] ZHAI C, LAFFERTY J. A study of smoothing methods for language models applied to ad hoc information retrieval[C]//Proceedings of the ACM SIGIR Forum. New York：ACM, 2017：268 – 276.

[51] SORDONI A, NIE J Y, BENGIO Y. Modeling term dependencies with quantum language models for IR[C]//Proceedings of the 36th International ACM SIGIR Conference on Research and Development in Information Retrieval. Dublin：ACM, 2013：653 – 662.

[52] LIU B. Sentiment analysis：mining opinions, sentiments, and emotions[M]. Cambridge：Cambridge University Press, 2015.

[53] TURNEY P D. Thumbs up or thumbs down？：semantic orientation applied to unsupervised classification of reviews[C]//Proceedings of the 40th Annual Meeting of the Association for Computational Linguistics. Philadelphia：ACL, 2002：417 – 424.

[54] TSAI C F. Bag-of-words representation in image annotation: A review[J]. ISRN Artificial Intelligence, 2012, 2012: 1 – 9.

[55] BRUZA P D, WANG Z, BUSEMEYER J R. Quantum cognition: a new theoretical approach to psychology[J]. Trends in Cognitive Sciences, 2015, 19 (7): 383 – 393.

[56] TRUEBLOOD J S, BUSEMEYER J R. A quantum probability account of order effects in inference[J]. Cognitive Science, 2011, 35(8): 1518 – 1552.

[57] MELUCCI M. An investigation of quantum interference in information retrieval [C]//Proceedings of the Information Retrieval Facility Conference. Vienna: Springer, 2010: 136 – 151.

[58] KOLMOGOROV A. Foundations of the Theory of Probability: Second English Edition[M]. Chelsea: Chelsea Publishing Company, 1956.

[59] MELUCCI M. Can information retrieval systems be improved using quantum probability? [C]//Proceedings of the Conference on the Theory of Information Retrieval. Bertinoro: Springer, 2011: 139 – 150.

[60] AERTS D, AERTS J, BELTRAN L, et al. Context and interference effects in the combinations of natural concepts[C]//Proceedings of the International and Interdisciplinary Conference on Modeling and Using Context. Paris: Springer, 2017: 677 – 690.

[61] WANG Z, BUSEMEYER J R, ATMANSPACHER H, et al. The potential of using quantum theory to build models of cognition[J]. Topics in Cognitive Science, 2013, 5(4): 672 – 688.

[62] SCHUSTER R, BUKS E, HEIBLUM M, et al. Phase measurement in a quantum dot via a double-slit interference experiment[J]. Nature, 1997, 385(6615): 417.

[63] DIEKS D. The formalism of quantum theory: an objective description of reality? [J]. Annalen der Physik, 1988, 500(3): 174 – 190.

[64] KELLEY H H. Attribution in social interaction[C]//Preparation of this paper grew out of a workshop on attribution theory held at University of California, Los Angeles. New York: Springer, 1987.

[65] DUBBERLY H, PANGARO P, HAQUE U. What is interaction? Are there different types? [J]. Interactions, 2009, 16(1): 69 – 75.

[66] YONG D, WENKANG S, ZHENFU Z, et al. Combining belief functions based on distance of evidence[J]. Decision Support Systems, 2004, 38(3): 489 – 493.

[67] PAN W, DONG W, CEBRIAN M, et al. Modeling dynamical influence in human interaction[J]. IEEE Signal Processing Magazine, 2012, 29(2): 77 – 86.

[68] PAN W, DONG W, CEBRIAN M, et al. Modeling dynamical influence in human interaction[J]. IEEE Signal Processing Magazine, 2012, 29(2): 77 – 86.

[69] ZHANG Y, ZHAO Z, WANG P, et al. ScenarioSA: a dyadic conversational data-

base for interactive sentiment analysis[J]. IEEE Access，2020,8：90652－90664.

[70]　李航. 统计机器学习[M]. 北京：清华大学出版社，2012.

[71]　ZHANG Y，LI Q，SONG D，et al. Quantum-inspired interactive networks for conversational sentiment analysis[C]//Proceedings of the Twenty-Eighth International Joint Conference on Artificial Intelligence. Macao：AAAI Press，2019：5436－5442.

[72]　TAMIR B，COHEN E. Introduction to weak measurements and weak values[J]. Quanta，2013，2(1)：7－17.

第10章　总结与展望

随着科技的进步和社交媒体的迅速兴起,人们在大量以文字形式表达意见的同时,以图片、视频形式发布的意见也越来越多。分析多模态主观性文档的重要性已经被社会各行各业认识到。多模态情感分析已经成为自然语言处理领域的核心研究课题,越来越受到学术界与工业界的重视。本文在上述章节中详细介绍多模态情感分析的各个方面,通过这些描述,相信读者对多模态情感分析的研究背景、问题定义、发展脉络与最新现状、相关性工作及已存在的科学问题具备清晰的了解。

笔者从情感分析的应用出发,沿着情感分析的定义、单模态情感分析、多模态情感分析的大致脉络,详细介绍了该领域经典的模型、数据集和成果。多模态情感分析虽起源于单模态情感分析,但是它才是近几年研究者们主要探讨的方向,针对现有工作的不足,本书探讨若干未来可能的发展方向。

(1)目前多模态情感分析的研究者们主要采用文本、图像、视频与音频形式去完成多模态情感分析任务。然而,如何去挖掘整合其他模式内容,譬如触感反馈、生理信号等,值得研究者进一步调查。

(2)叙述式多模态情感分析领域已经创建了许多高质量数据集供研究者自由使用。但是,交互式多模态情感分析领域仍然比较缺乏被广泛认可的基准情感数据集。部分研究者选择了 MELD 与 IEMOCAP 数据集去测试他们的模型,但是由于这两个数据集均收集自刻意演绎的情景剧,可能无法体现真实生活场景中的交互。

(3)目前更多的研究成果是围绕在特征级交互领域,譬如利用深度学习模型(CNN、LSTM、GCN 等)构建一个共享隐层去学习它们的共同表示。基于决策级交互的多模态情感分析缺乏足够的重视,其潜力值得进一步挖掘。

(4)如何搭配出最佳的模态内容以便更好地完成词项交互与多模态交互仍然是被忽视的问题。绝大多数现有模型都是将所有模态信息全部融入框架内,忽视了在特定任务中模态之间可能出现的信息冲突现象。例如,对于多模态会话情感分析,如何在模态集合{文本、图像、视频、音频}中挑选出最佳的子集值得研究者们进一步思考。

(5)多模态情感分析不仅仅是一个分类任务,同样是一个复杂且主观的认知决策过程。在判别情感过程中,对不同模态不同的阅读顺序,可能产生不同的判别结果,促使用户自身的认知状态产生干涉现象。如何建模并形式化该问题,发展出一套新型的多模态决策交互模型值得进一步探索。

(6)作为一种不可见的信息交换与反馈方式,话语流交互的本质比较复杂,通常涉及多个谈话者,在不同的谈话环境下呈现出不同的特征,难以用具体的理论给予准确的定义。因此,提出一个更加一般性的交互理论体系与形式化建模思路,使其能够应对不同的交互类型,是所有研究者的主要研究方向。